21世纪高职高专规划教材

计算机应用系列

AutoCAD 2014
案例教程

李　妍　主编
付涌玉　李　毅　副主编

清华大学出版社
北　京

内 容 简 介

本书重点介绍AutoCAD 2014中文版在设计中的应用方法与技巧，主要内容包括AutoCAD 2014基础知识、二维绘图命令、编辑命令、文字、表格与尺寸标注、辅助工具、绘制和编辑三维实体、装饰设计、环境艺术设计、建筑设计、工程实例等知识要点，并通过指导学生实训，加强实践、强化应用技能培养。

由于本书具有内容丰富、结构合理、流程清晰、图文并茂、通俗易懂、突出实用性等特点，并采用新颖统一的格式化体例设计。因此本书既可作为专升本院校及高职高专院校计算机和设计专业教学的首选教材，也适用于IT企业和各类设计公司从业者的职业教育与岗位培训，对于自学者也是一部非常有益的参考读物。

图书在版编目(CIP)数据

AutoCAD 2014案例教程/李妍主编. —北京：清华大学出版社，2014(2018.2重印)
21世纪高职高专规划教材. 计算机应用系列
ISBN 978-7-302-38310-9

Ⅰ. ①A… Ⅱ. ①李… Ⅲ. ①AutoCAD软件—高等职业教育—教材 Ⅳ. ①TP391.72

中国版本图书馆CIP数据核字(2014)第241236号

责任编辑：田 梅
封面设计：傅瑞学
责任校对：刘 静
责任印制：沈 露

出版发行：清华大学出版社
网　　址：http://www.tup.com.cn，http://www.wqbook.com
地　　址：北京清华大学学研大厦A座　　邮　　编：100084
社 总 机：010-62770175　　邮　　购：010-62786544
投稿与读者服务：010-62776969，c-service@tup.tsinghua.edu.cn
质量反馈：010-62772015，zhiliang@tup.tsinghua.edu.cn
课件下载：http://www.tup.com.cn，010-62795764
印 装 者：三河市少明印务有限公司
经　　销：全国新华书店
开　　本：185mm×260mm　　**印　　张**：17.5　　**字　　数**：399千字
版　　次：2014年12月第1版　　**印　　次**：2018年2月第2次印刷
印　　数：2501～3300
定　　价：43.00元

产品编号：061217-02

编审委员会

序 言

随着微电子技术、计算机技术、网络技术、通信技术、多媒体技术等高新科技日新月异的飞速发展和普及应用,不仅有力地促进了各国经济发展、加速了全球经济一体化的进程,而且推动着当今世界跨入信息社会的步伐。以计算机为主导的计算机文化,正在深刻地影响着人类社会的经济发展与文明建设,以网络为基础的网络经济,正在全面地改变着人们传统的生活方式、工作方式和商务模式。如今,计算机应用水平、信息化发展速度与程度,已经成为衡量一个国家经济发展和竞争力的重要指标。

没有计算机,就没有现代化!没有计算机网络,就没有经济的大发展!为此,国家出台了一系列关于加强计算机应用和推动国民经济信息化进程的文件及规定,启动了"电子商务、电子政务、金税"等富有深刻意义的重大工程,加速推进"国防信息化、金融信息化、财税信息化、企业信息化、教育信息化、社会管理信息化",因而全社会又掀起了新一轮的计算机学习与应用的热潮。

针对我国高职教育"计算机应用"等专业知识老化、教材陈旧、重理论轻实践、缺乏实际操作技能训练的问题,为了适应我国国民经济信息化发展对计算机应用人才的需要,为了全面贯彻国家教育部关于"加强职业教育"的精神和"强化实践实训、突出技能培养"的要求,根据企业用人与就业岗位的真实需要,结合高职高专院校"计算机应用"和"网络安全"等专业的教学计划及课程设置与调整的实际情况,我们组织北京联合大学、陕西理工学院、北方工业大学、沈阳师范大学、北京财贸职业学院、山东滨州职业学院、首钢工学院、包头职业技术学院、北方工业技术学院、广东理工学院、北京城市学院、黑龙江工商大学、北京石景山社区学院、海南职业学院、北京西城经济科学大学、北京朝阳社区学院、北京宣武社区学院等全国30多所高校及高职院校多年从事计算机教学的主讲教师和具有丰富实践经验的企业人士共同撰写了此套教材。

本套教材包括《计算机基础实例教程》、《中小企业网站建设与管理》等16本书。在编写过程中,全体作者都自觉坚持以科学发展观为统领,严守统一的创新型格式化设计;注重校企结合、贴近行业企业岗位实际,注重实用技术与能力的训练培养,注重实践技能应用与工作背景紧密结合,同时也注重计算机、网络、通信、多媒体等现代化信息技术的新发展,具有集成性、系统性、针对性、实用性、易于实施教学等特点。

本套教材不仅适合高职高专及应用型院校“计算机应用、网络、电子商务”等专业学生的学历教育，同时也可作为工商、外贸、流通等企事业单位从业人员的职业教育和在职培训，对于广大社会自学者也是有益的学习参考读物。

系列教材编委会

2014 年 5 月

前　言

AutoCAD(Auto Computer Aided Design)是美国 Autodesk 公司首次在 1982 年用于计算机辅助设计的软件,多见于二维绘图、详细绘制、设计文档和基本三维设计。现已成为国际上广为流行的绘图工具。它的多文档设计环境,让非计算机专业人员也能很快地学会使用。在不断实践的过程中可以更好地掌握它的各种应用和开发技巧,从而不断提高工作效率。AutoCAD 具有广泛的适应性,它可以在支持各种操作系统的微型计算机和工作站上运行。

"AutoCAD 计算机辅助设计"是计算机应用专业非常重要的专业课程,无论是即将毕业的计算机应用、网络专业学生,还是从业在岗的 IT 工作者,努力学好、真正掌握 AutoCAD 计算机辅助设计的知识与技能,对于今后发展都具有极其重要的作用。它也是从事信息产业和工程等各种设计工作所必须具备的关键技能。本书共 11 章,以培养读者应用能力为主线,坚持以科学发展观为统领,根据计算机辅助设计的发展和操作规程,结合案例系统介绍:AutoCAD 2014 入门、二维绘图命令、编辑命令、文字、表格与尺寸标注、辅助工具、绘制和编辑三维实体、装饰设计、环境艺术设计、建筑设计、工程实例等知识要点,并通过指导学生实训,加强实践、强化应用技能培养。

本书作为高等职业教育计算机专业的特色教材,严格按照教育部关于"加强职业教育、突出实践能力培养"的教学改革精神,针对该课程教学的特殊要求和职业应用能力为培养目标,既注重系统理论知识讲解,又突出实际操作技能与从业训练,力求做到"课上讲练结合、重在流程和方法的掌握,能够具体应用于计算机辅助设计、三维设计、工业设计等实际工作之中;这将有助于学生尽快掌握 AutoCAD 计算机辅助制图的应用技能、熟悉业务操作规程,对于学生毕业后顺利走上社会就业具有重要意义。

由于本书采取任务为驱动、通过案例教学进行演练,降低学习难度、使学生体会创意设计乐趣。采用新颖统一的格式化体例设计,使本书既可作为专升本院校及高职高专院校计算机和设计专业教学的首选教材,也适用于 IT 企业和各类设计公司从业者的职业教育与岗位培训,对于社会自学者也是一部有益的参考读物。

本书由李大军进行总体方案策划,并具体组织,李妍为主编并统改稿,付涌玉、李毅为副主编,由具有丰富计算机辅助设计教学实践经验的金光教授审订。作者编写分工:李妍(第 1 章、第 2 章、第 6 章),薛静(第 3 章、第 4 章),徐军(第 5 章),李毅(第 7 章、第 8 章),温志华(第 9 章),付涌玉(第 10 章、第 11 章),关忠(附录),华燕萍、李晓新(文字修改、版式调整、制作教学课件)。

在本书编写过程中，我们参阅并借鉴了大量国内外有关计算机辅助设计的最新书刊和相关网站的资料，精选收录了具有实用性的案例，并得到业界专家教授的具体指导，在此一并致谢。为配合本书的发行使用，我们提供配套电子课件，读者可以从清华大学出版社网站(www.tup.com.cn)免费下载。由于作者水平有限、书中难免存在疏漏和不足，恳请同行和读者批评指正。

编 者

2014 年 11 月

目　录

第1篇　二维绘图

第3篇 实 战 篇

第1篇 二维绘图

第 1 章

AutoCAD 2014 基础知识

本章要点

- AutoCAD 的功能。
- AutoCAD 的界面与界面设置。
- AutoCAD 的绘图环境设置及绘图系统配置。
- AutoCAD 的坐标系统及坐标输入法。

1.1 AutoCAD 软件介绍

AutoCAD(Auto Computer Aided Design)是 Autodesk(欧特克)公司首次于 1982 年开发的自动计算机辅助设计软件,多用于二维绘图、详细绘制、设计文档和基本三维设计。现已成为国际上广为流行的绘图工具。AutoCAD 具有良好的用户界面,通过交互菜单或命令行方式便可以进行各种操作。它的多文档设计环境,让非计算机专业人员也能很快学会使用。在不断实践的过程中可以更好地掌握它的各种应用和开发技巧,从而不断提高工作效率。

AutoCAD 具有广泛的适用性,它可以在各种操作系统支持的微型计算机和工作站上运行。AutoCAD 将向智能化、多元化方向发展。例如,云计算三维核心技术将是未来的发展趋势。

1.1.1 AutoCAD 的应用领域

AutoCAD 软件具有完善的图形绘制功能和强大的图形编辑功能,可以进行多种图形格式的转换,具有较强的数据交换能力,支持多种硬件设备和多种操作平台,具有通用性、易用性,适用于各类用户,因此它在全球广泛使用,可用于土木建筑,装饰装潢,工业制图,工程制图,电子工业,服装加工等多方面领域,如图 1-1 所示。

工程制图:建筑工程、装饰设计、环境艺术设计、水电工程、土木施工等。

工业制图:精密零件、模具、设备等。

服装加工:服装制版。

电子工业:印刷电路板设计。

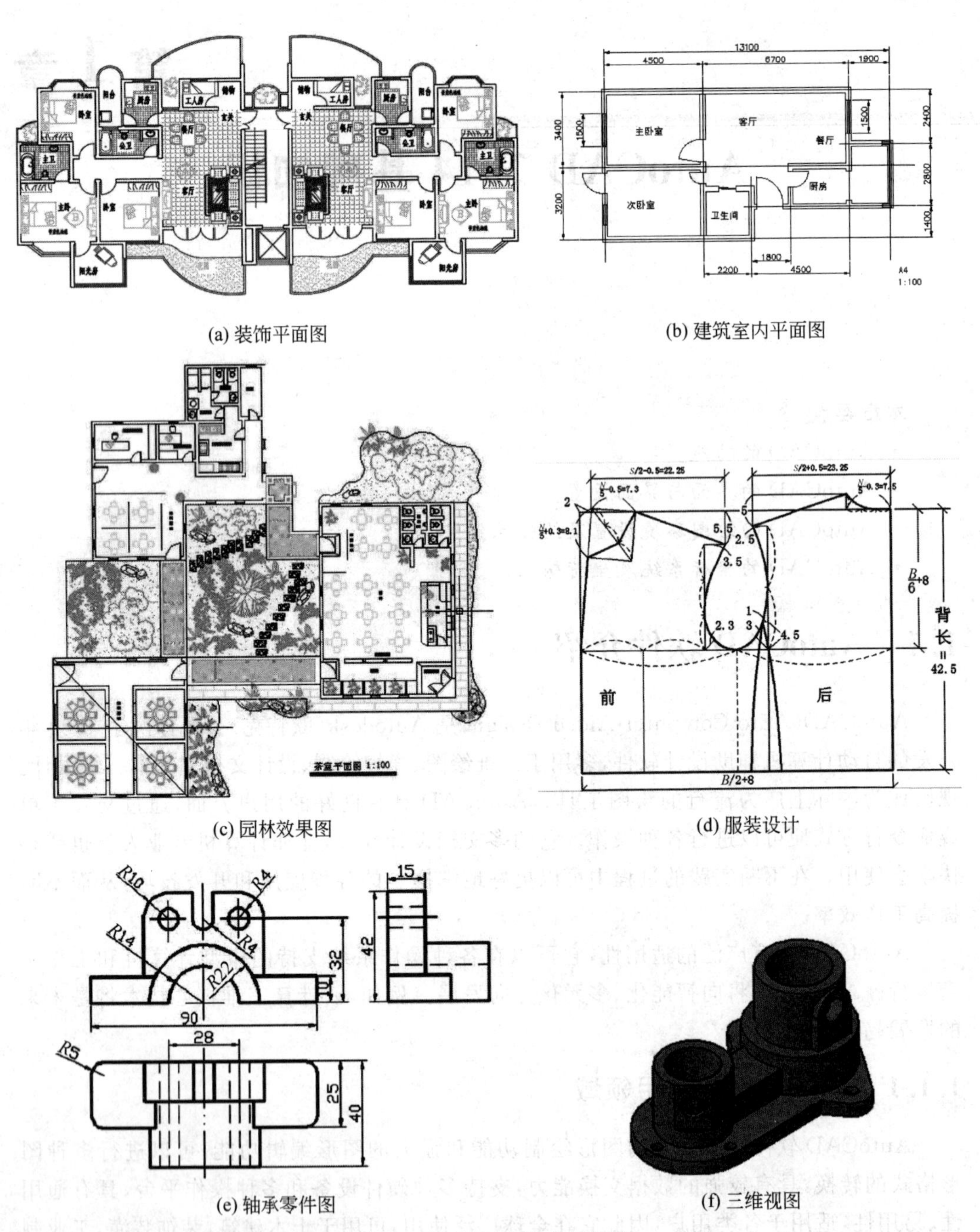

(a) 装饰平面图 (b) 建筑室内平面图

(c) 园林效果图 (d) 服装设计

(e) 轴承零件图 (f) 三维视图

图 1-1 AutoCAD 的应用领域

1.1.2 AutoCAD 2014 新增功能概述

1. 增强的命令行功能

命令行得到了增强，可以提供更智能、更高效地访问命令和系统变量。而且，用户可以使用命令行来找到其他诸如阴影图案、可视化风格以及联网帮助等内容。命令行的颜色和透明度可以任意改变。它在不停靠的模式下很好使用，同时也做得更小，其半透明的提示历史可显示多达 50 行。

如果命令输入错误，不会再显示“未知命令”，而是会自动更正成最接近且有效的 AutoCAD 命令。例如，如果用户输入了 TABEL，它就会自动启动 TABLE 命令。

自动完成命令输入增强到支持中间字符搜索。例如，如果在命令行中输入 SETTING，那么显示的命令建议列表中将包含任何带有 SETTING 字符的命令，而不是只显示以 SETTING 开始的命令。

2. 文件选项卡

AutoCAD 2014 版本提供了图形选项卡，它在打开的图形间切换或创建新图形时非常方便。可以使用“视图”功能区中的“图形选项卡”控件来打开图形选项卡工具条。当文件选项卡打开后，在图形区域上方会显示所有已经打开的图形选项卡。

文件选项卡是以文件打开的顺序来显示的。用户可以拖动选项卡来更改它们之间的位置。如果上面没有足够的空间来显示所有的文件选项卡，就会在其右端出现一个浮动菜单来访问更多打开的文件。

如果选项卡上有一个锁定的图标，则表明该文件是以只读的方式打开的。如果有个冒号则表明自上一次保存后此文件被修改过。当把光标移到文件标签上时，可以预览该图形的模型和布局。如果把光标移到预览图形上，则相对应的模型或布局就会在图形区域临时显示出来，并且打印和发布工具在预览图中也是可用的。

利用文件选项卡的右键菜单可以新建、打开或关闭文件，包括可以关闭除所单击文件外的其他所有已打开的文件。也可以复制文件的全路径到剪贴板或打开资源管理器并定位到该文件所在的目录。图形右边的加号(＋)图标可以使用户更容易地新建图形，在图形新建后其选项卡会自动添加进来。

3. 图层管理器

显示功能区上的图层数量增加了。图层现在是以自然排序显示出来的。例如，图层名称是 1、4、25、6、21、2、10，现在的排序法是 1、2、4、6、10、21、25，而不像以前的 1、10、2、21、25、4、6。

在图层管理器上新增了合并选择，它可以从图层列表中选择一个或多个图层并将这些层上的对象合并到另外的图层上去，而被合并的图层将会自动被图形清理掉。

4. 外部参照增强

在 AutoCAD 2014 中，外部参照图形的线型和图层的显示功能加强了。外部参照线型不再显示在功能区或属性选项板上的线型列表中，外部参照图层仍然会显示在功能区中以便用户可以控制它们的可见性，但它们已不在属性选项板中显示了。

通过双击“类型”列表可以改变外部参照的附着类型，在附着和覆盖之间切换。右键菜单中的一个新选项可以使用户在同一时间改变多个选择的外部参照类型。外部参照选项板包含了一个新工具，利用它可轻松地将外部参照路径更改为“绝对”或“相对”路径。也可以完全删除路径，XREF 命令包含了一个新的 PATHTYPE 选项，可通过脚本来自动完成路径的改变。

5. 点云支持

点云功能在 AutoCAD 2014 中得到了增强，除了以前版本支持的 PCG 和 ISD 格式外，还支持由 Autodesk ReCap 产生的点云投影(RCP)和扫描(RCS)文件。

可以使用从“插入”功能区选项卡的点云面板上的“附着”工具来选择点云文件。

在点云附着后，与此被选点云上下文关联的选项卡将会显示，使得操作点云更为容易。现在可以基于以下几种方式来改变点云的风格(着色)：在原有扫描颜色(扫描仪捕捉到的色彩)的基础上，或对象彩色(指定给对象的颜色)，或普通(基于点的法线方向着色)或强度(点的反射值)。如果普通或强度数据没有被扫描捕获，那这些格式就是无效的。除此之外，更多的裁剪工具显示在功能区上，使它更容易剪点云。

自动更新默认为关闭，用以防止在每次视图改变时点云被自动更新，以便能在操作大型点云时提高性能。可以用“刷新”按钮手动更新点云。

6. 受信任位置

AutoCAD 2014 在支持地理位置方面有较大的增强。它与 Autodesk AutoCAD Map 3D 以及实时地图数据工具统一在同一坐标系库上。

在图形中定义位置有很多好处，如在地理位置图形中输入地理位置数据时，AutoCAD 2014 会基于图形的地理位置转换数据。用户可以看到自己的设计位于相对应的位置下，如果渲染该模型，它将有正确的太阳角度。如果输出图形到像 Google 地球这样的地图服务器，它会自动显示在正确的位置。当在地理参考图形中插入用户的地理参考图片或块时，它们会按照正确的比例自动地安放在正确的位置上。

7. 其他新增功能

AutoCAD 2014 还包含了大量的绘图增强功能以帮助用户更高效地完成绘图。例如，按住 Ctrl 键来切换所要绘制的圆弧的方向，这样可以轻松地绘制不同方向的圆弧。多段线可以通过自我圆角来创建封闭的多段线。当在图纸集中创建新图纸时，保存在关联的模板(.dwt)中的 CreatDate 字段将显示新图纸的创建日期而非模板文件的创建日期。

1.2 操作界面

打开 AutoCAD 2014 软件，默认新建了一个文档 Drawing1.dwg，界面效果如图 1-2 所示。从打开的 AutoCAD 2014 操作界面中可以看出，其操作界面主要包括标题栏、菜单栏、快速访问工具栏、绘图区、命令行、状态栏、UCS 坐标、滚动条、功能区、布局标签和状态托盘等内容。

1.2.1 标题栏

AutoCAD 2014 工作界面的最上端就是标题栏。在标题栏中，显示系统当前正在使用的图形文件，主要包括：快速访问工具栏、图形文件名称、信息中心和窗口控制按钮等内容。

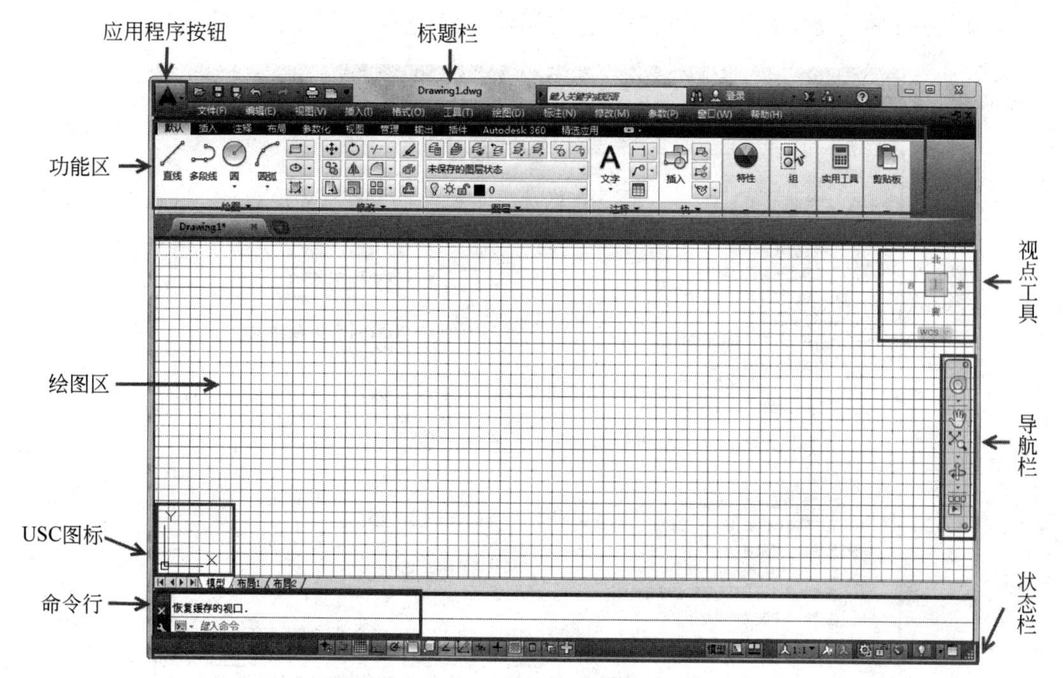

图 1-2 AutoCAD 2014 工作界面

1.2.2 绘图区

AutoCAD 2014 界面中央大片的空白区域即为绘图区，也称视图窗口（视窗），此区域是图形文件的设计与修改区域，也是用户的工作区域。在默认状态下，绘图区没有边界，是一个无限大的电子屏幕，而利用视窗的缩放功能就可实现绘图区的无限增大或减小。

当鼠标在绘图区移动时，绘图区会出现一个随光标移动的十字符号，即“十字光标”。十字光标中的“十字线”又名“拾点光标”，用来判断当前点相对于其他对象的鼠标位置；小方框（靶框）也称“选择光标”，用于拾取对象，如图 1-3 所示。

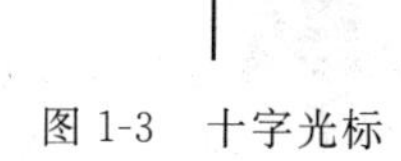

图 1-3 十字光标

AutoCAD 2014 通过十字光标的中心坐标值显示当前点的位置，移动鼠标即可改变十字光标的位置。十字光标的大小及靶框的大小可自定义设置，其设置方法如下。

- 执行“工具”|“选项”|“显示”命令，在“十字光标大小”文本框中输入数值或拖动滑块调整十字光标大小，如图 1-4 所示。
- 执行“工具”|“选项”|“绘图”命令，在“靶框大小”区域中，通过拖动滑块对十字光标的靶框大小进行调整，如图 1-5 所示。

1.2.3 坐标系图标

在绘图区的左下角，有一个箭头指示的图标，即为 AutoCAD 2014 的坐标系图标，表示用户绘图时正在使用的坐标系样式，如图 1-6 所示。坐标系图标的主要作用是为点的坐标确定一个参考系，用户也可根据工作的需要，自行决定坐标系图标的开与关。

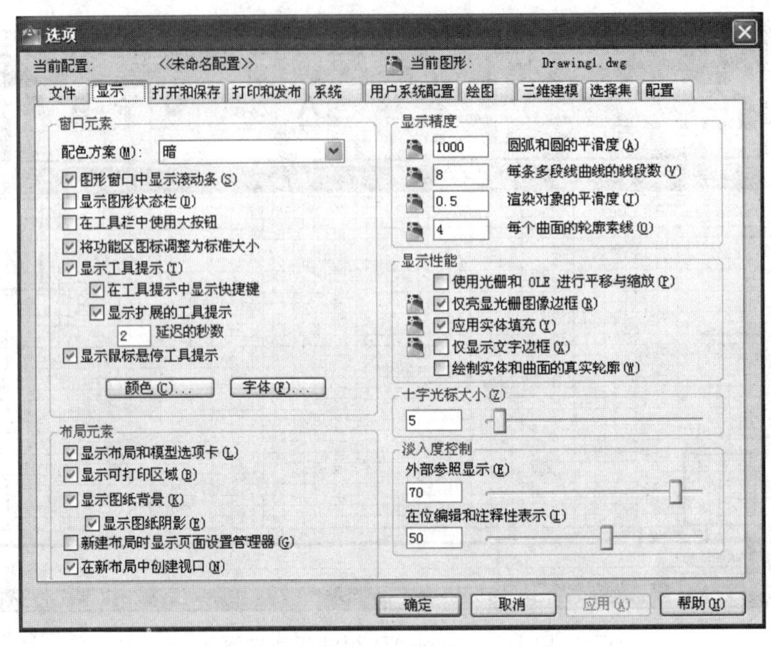

图 1-4 设置十字光标大小

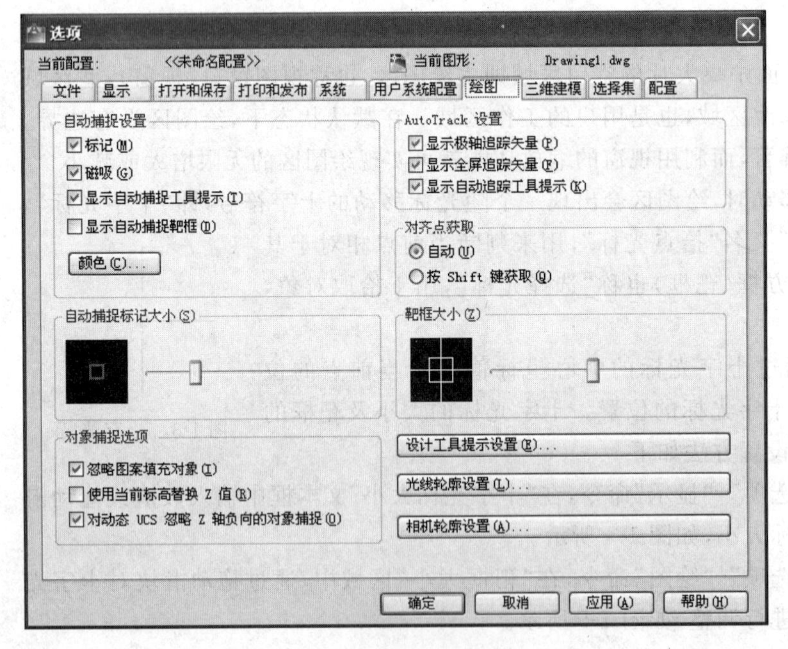

图 1-5 设置靶框大小

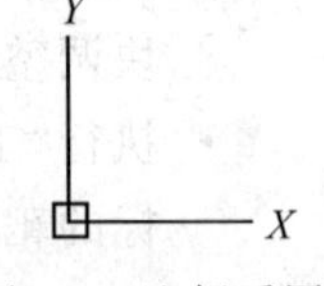

图 1-6 坐标系图标

1.2.4 菜单栏

标题栏下方即为菜单栏，如图 1-7 所示，AutoCAD 2014 常用的绘图工具和管理编辑工具都排列在这些菜单里，菜单为下拉式，并在主菜单中还包括子菜单，用户可以便捷地使用各菜单的相关菜单项进行图形的绘制工作。

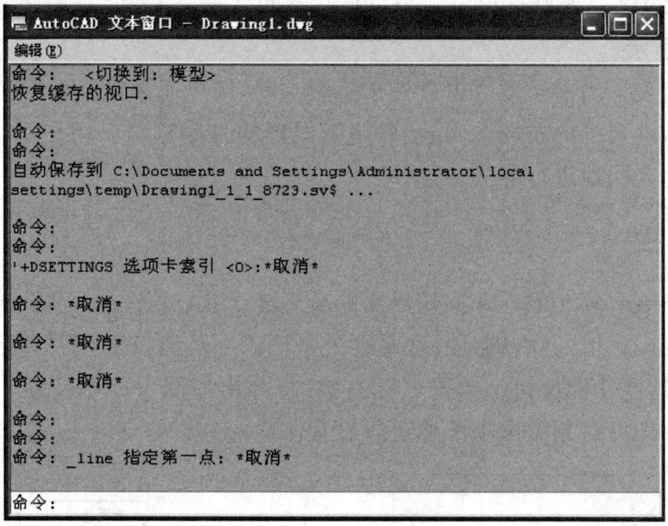

```
AutoCAD 文本窗口 - Drawing1.dwg
编辑(E)
命令:   <切换到: 模型>
恢复缓存的视口.

命令:
命令:
自动保存到 C:\Documents and Settings\Administrator\local
settings\temp\Drawing1_1_1_8723.sv$ ...

命令:
命令:
'+DSETTINGS 选项卡索引 <0>:*取消*

命令: *取消*

命令: *取消*

命令: *取消*

命令:
命令:
命令: _line 指定第一点: *取消*

命令:
```

图 1-7　文本行窗口

菜单命令一般通过单击菜单项打开和执行；也可通过按 Alt＋菜单中带下划线的字母打开和执行相关菜单项；还可通过十字光标的移动键在菜单项中进行选择，再按 Enter 键执行。

1.2.5　工具栏

位于绘图窗口两侧和上方的工具栏是一组按钮工具的集合，用户只需要将十字光标移至某一按钮并稍作停留，十字光标指针的一侧即可显示此按钮的名称和相应的功能提示，单击此按钮即可激活相应的命令。

默认状态下，系统为用户提供了位于绘图区顶部的“标准”、“样式”、“图层”、“特性”、“工作空间”工具栏；以及位于绘图区两侧的“绘图”、“修改”和“绘图次序”工具栏。

1.2.6　命令行窗口

命令行窗口位于绘图区的下方，它是用户与 AutoCAD 2014 软件进行数据交流的平台，其主要功能就是用于提示和显示用户的命令操作过程，包括命令行窗口和文本行窗口两部分。AutoCAD 2014 通过命令行窗口反馈各种绘图信息，也包括错误的绘图信息，因此，用户要时刻注意在此区域出现的各种信息，同时命令行窗口也是可以拖放的浮动窗口，可通过拖动来扩大或缩小命令行窗口。

文本行窗口是记录 AutoCAD 2014 命令的窗口，也是放大的命令行窗口，其中记录了已执行的命令，并可使用文本编辑的方法对已执行的命令进行编辑，还可用来输入新命令。在 AutoCAD 2014 中，可输入 Textscr 命令，或按 F2 键或选择“视图”|“显示”|“文本窗口”命令来打开文本行窗口，如图 1-7 所示系统会显示更多的历史命令信息。

1.2.7 布局标签

AutoCAD 2014 系统默认设定一个“模型”空间、“布局 1”和“布局 2”图样空间的布局标签，如图 1-8 所示。

模型标签代表了当前绘图区窗口处于模型空间，用户通常在模型空间进行绘图工作。布局标签是默认设置下的布局空间，主要用于图形的打印输出。用户可以通过单击标签在这两种空间中来回地进行切换。

1.2.8 状态栏

状态栏位于 AutoCAD 2014 操作界面的最底部。状态栏左端可显示绘图窗口中十字光标所处位置的坐标值，其右端是一些重要的精确绘图功能按钮，主要用于绘制点的精确定位和追踪，在这些功能按钮上单击鼠标右键，将弹出如图 1-9 所示的快捷菜单，单击其中的“设置”命令即可对相关选项配置进行设置。

图 1-8 模型与布局

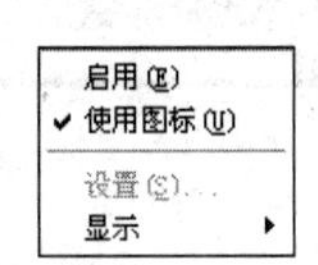

图 1-9 状态栏“正交模式”按钮的快捷菜单

1.2.9 状态托盘

状态托盘位于状态栏的右侧，具有一些辅助绘图的功能，包括一些常见的显示工具和注释工具按钮，以及对工具栏、窗口的固定、模型与布局空间的转换等按钮，通过这些按钮可以控制图形或绘图区的状态。

1.2.10 快速访问工具栏和交互信息工具栏

“快速访问工具栏”位于标题栏的左侧，其不仅可以快速访问某些命令（如“新建”、“打开”、“保存”、“另存为”、“打印”、“放弃”、“重做”、“工具空间”等最常用的工具按钮），还可添加常用的命令按钮到工具栏上、控制菜单栏的显示以及各工具栏的开关状态等。在“快速访问工具栏”上单击右键，在弹出的菜单上即可实现上述操作。

“交互信息工具栏”位于标题栏的右侧，包括“搜索”、“速博应用中心”、“通讯中心”、“收藏夹”和“帮助”5 个常用的数据交互访问工具按钮。

1.2.11 功能区

“功能区”以面板的形式把 AutoCAD 2014 的众多工具条集合在选项卡内。“功能区”内包括“常用”、“插入”、“注释”、“参数化”、“视图”、“管理”和“输出”7 个功能区，每个功能区都集成了相关的操作工具，方便用户的使用。用户可以根据所需功能单击功能区选项面板标签，以控制功能的展开与收缩。

1.3　基本输入操作

1.3.1　命令输入方式

AutoCAD 2014 在进行交互绘图时必须要输入相关的指令和参数。命令的输入方式包括键盘输入、菜单输入、按钮输入及鼠标输入等方式。

- 键盘输入：在命令行输入命令或其相应的缩写形式，执行该命令后，在命令提示行会出现命令提示信息或命令选项（选项中＜ ＞内的提示为默认选项）。若需选择其他选项，则应先输入该选项的标识字符，然后按系统提示输入数据即可。
- 菜单输入：选取相应的菜单栏，进行命令输入。
- 按钮输入：单击相应工具栏的对应按钮，命令行窗口可以看到相应的命令说明及命令名称。
- 鼠标输入：鼠标在绘图区内为十字光标时，单击鼠标左键将显示出该点的坐标；单击鼠标右键则会弹出不同的快捷菜单。鼠标在绘图区域外将变为一空心箭头，此时可使用鼠标来选择命令或移动滚动滑块或选择命令提示行中的中文。

1.3.2　命令执行方式

有的命令有两种执行方式，通过对话框或命令行输入命令。两者的执行方式的区别在于：若在命令行窗口输入的命令前加短划线，则表示该命令将会用命令行方式来执行；而如果在命令行窗口直接输入命令，则系统会以打开对话框的方式来执行命令。

有的命令则同时存在命令行、菜单和工具栏三种执行方式，此时若选择菜单或工具栏方式执行命令，则在命令行会显示该命令，并在命令前面加一下划线。但无论以哪种方式来执行命令，其执行过程和结果都相同。

1.3.3　命令的重复、撤销、重做

1. 命令重复

- 按 Enter 键或空格键可快速重复执行上一条命令。
- 在命令提示区或绘图区单击鼠标右键，在弹出的快捷菜单中选择“近期使用的命令”，则可在最近执行的 6 条命令之中选择任意一条命令来重复执行。
- 若需多次重复执行同一条命令，则可在命令提示行中输入 Multiple 命令，在“输入要重复的命令名”的提示符后输入要重复执行的命令，则该命令会在命令行中自动地重复使用，直到按下 Esc 键为止才可结束重复执行的命令。

2. 命令撤销

在命令执行的任何时刻都可以取消和终止命令的执行。

- 在命令提示符后输入 Undo（“撤销”）命令或单击，可以撤销前面执行的命令，并返回存盘或打开图形文件的状态，也可单击后面的按钮，撤销指定的若干次命令或回到做好的标记处。

- 按 Esc 键将使正在执行的命令终止。
- 执行“编辑”|“放弃”命令。

3. 命令重做

已被撤销的命令要恢复重做，可以恢复撤销的最后一个命令。

- 在命令提示符后输入 Redo(“重做”)命令或单击⮫，但重做命令仅限于恢复最近的一条命令，无法恢复以前被撤销的命令。
- 执行“编辑”|“重做”命令。
- 在命令提示符后输入 MRedo(“重做”) 命令或单击⮫后面的▾按钮，则会弹出重做命令列表，在其中进行拖动选择，可指定重做命令的数目，即可恢复多重被撤销的命令。

1.4 设置绘图环境

使用 AutoCAD 2014 绘图时，要进行绘图前的准备，最基本的设置包括图形单位设置和图形界限设置。

1.4.1 图形单位设置

绘图前要制定图形大小的单位，根据单位设置绘制实际图形。在 AutoCAD 中绘制的图形都是根据图形单位进行测量的。在默认状态下，AutoCAD 2014 的图形单位(Units)为十进制单位，在使用过程中可根据工作需要对单位类型和数据精度进行设置。

设置图形单位有以下两种方法。

- 执行“格式”|“单位”命令，打开“图形单位”对话框，如图 1-10 所示。
- 在命令提示符后输入 Units/DDUnits/UN。

在“图形单位”对话框中，用户可对当前图形文件的长度、角度的类型与精度、插入时的缩放单位、光源进行设置。

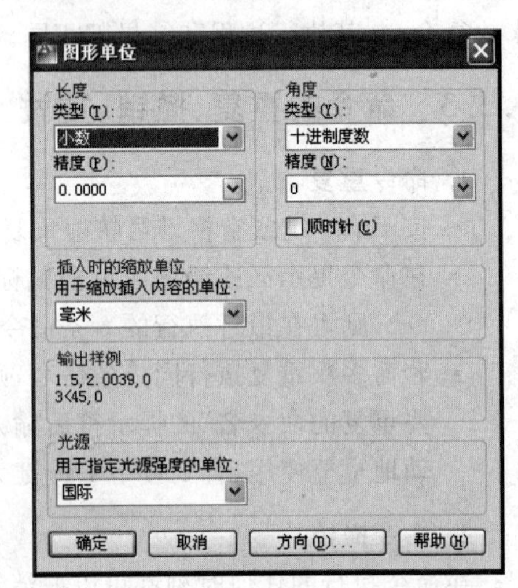

图 1-10 “图形单位”对话框

1. 长度

在设置长度单位时，“类型”下拉列表框有以下选项供用户使用。

- 分数：分数单位。小数部分用分数表示。
- 工程：工程单位。数值单位为英尺、英寸，英寸用小数表示。
- 建筑：建筑单位。数值单位为英尺、英寸，英寸用小数表示。
- 科学：科学记数。
- 小数：十进制单位。此为系统默认设置。

2. 角度

在设置角度单位时，“类型”下拉列表框有以下选项供用户使用。

- 百分度：AutoCAD 2014 规定在百分度格式中，直角为 100°，整个圆周为 400°（即 400g）。
- 度/秒/分：按六十进制划分。
- 弧度：弧度角度。180°为 π，即 3.14 个弧度。
- 勘测单位：勘测角度。角度从正北方向开始测量，默认的正角度方向是逆时针方向。
- 十进制度数：系统默认单位设置。

若选中“顺时针”复选框，则系统将以顺时针方向计算正向角度值。

3. 精度

单位类型设置完毕以后，用户可根据需要进行精度设置，AutoCAD 2014 提供的最大精度为小数点后保留 8 位。

4. 光源

对话框下方的“光源”选项主要用于指定在绘制三维对象照明时所使用的光源强度单位，包括“国际”和“美国”两种选项。

5. 方向

在“图形单位”对话框的下部还有一个“方向”按钮，选择它即可弹出“方向控制”对话框，如图 1-11 所示。用户可在该对话框中规定角度测量的起始方向，系统默认水平向右（东）为角度测量的起始位置。

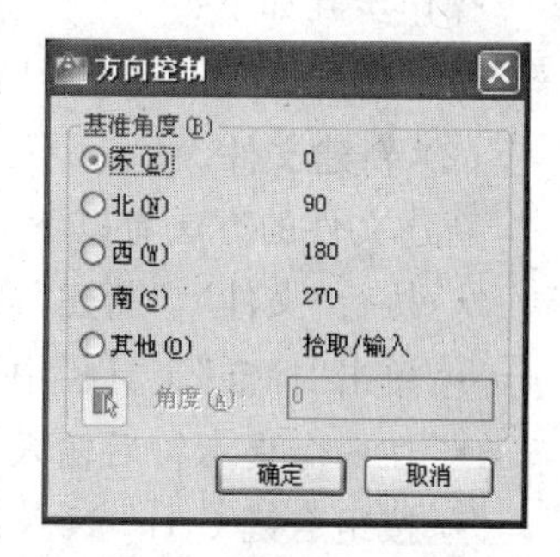

图 1-11　“方向控制”对话框

1.4.2　图形边界设置

AutoCAD 2014 的绘图区域是无限大的，用户绘制的图形应尽可能地充满整个绘图窗口，以便观察图形。因此，对绘图区域进行边界设置就显得尤为重要。在 AutoCAD 2014 中，绘图界限（Limits）就是标明用户的工作区域和图纸边界的命令。

设置图形单位有以下两种方法。

- 执行“格式”|“图形界限”命令。
- 在命令提示符后输入 Limits 并按 Enter 键。

执行 Limits 命令后，命令行出现以下所示：

```
命令：LIMITS
重新设置模型空间界限：
指定左下角点或 [开(ON)/关(OFF)] <0.0000,0.0000>: 0,0   //指定图形界限左下角坐标点
指定右上角点 <420.0000,297.0000>: 297,210               //指定图形界限右上角坐标点
```

提示：设置图形界限左下角点的位置时，默认值为（0,0）。可直接按 Enter 键接受其默认值或输入新值。指定右上角点的位置时，同样也可接受系统的默认值或输入一个新

坐标以确定绘图界限右上角点的位置。

在执行 Limits 命令时，有一项设置[开(ON)/关(OFF)]，默认是 OFF 状态，当处于 ON 状态时，如果用户绘图超出设置的图形界限将不能绘制。用户可以根据需要随时设置 ON 或 OFF 状态。

1.5 案例实战

在这一节中我们通过具体案例掌握文件的管理，包括文件的新建、保存、密码设置等。绘图环境的设置，包括图形单位、图形界限、光标大小、绘图区颜色设置等。

1.5.1 文件管理

在 AutoCAD 2014 中，利用样板文件 acadiso. dwt 新建一个文件，并保存文件名为 first. dwg，同时设置密码 135790 保护该文档。

操作步骤如下：

(1) 双击 AutoCAD 2014 图标，打开该软件。

(2) 新建文件。

新建文件的方法有以下 4 种：

- 执行“文件”|“新建”命令。
- 单击“标准”工具栏中的按钮。
- 在命令提示符后输入 New 并按 Enter 键。
- 按组合键 Ctrl+N。

用以上任一方法执行该命令，均将弹出如图 1-12 所示的“选择样板”对话框。

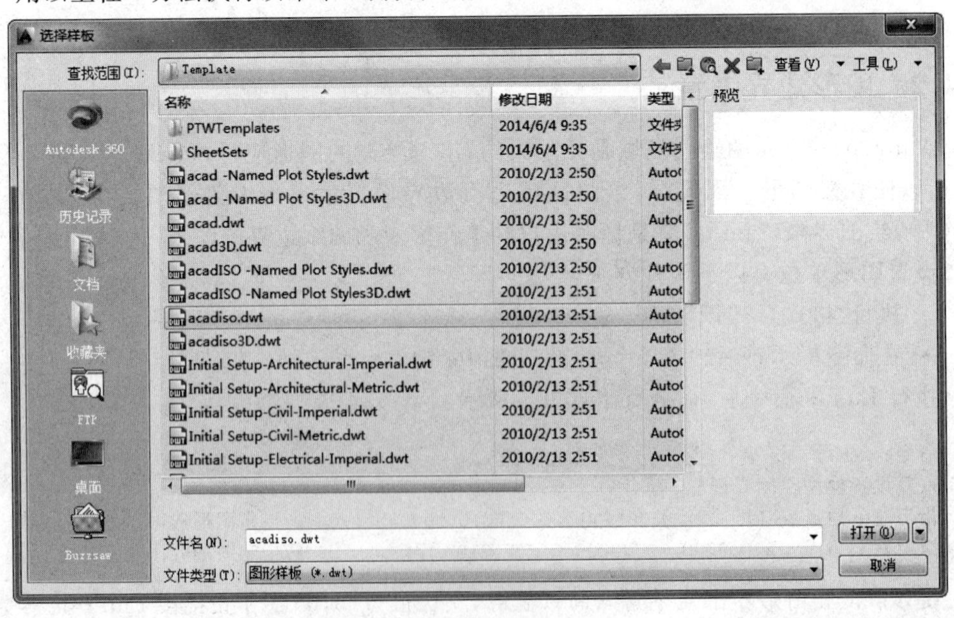

图 1-12 “选择样板”对话框

在此对话框中，可选择样板文件 acadiso.dwt 后单击“打开”按钮，即可创建一个公制单位的新图形文件。

(3) 设置密码。执行“文件”|“选项”命令，弹出“选项”对话框，选择“打开和保存”标签，如图 1-13 所示。单击“安全选项”，在“用于打开此图形的密码或短语”中设置密码为 135790。

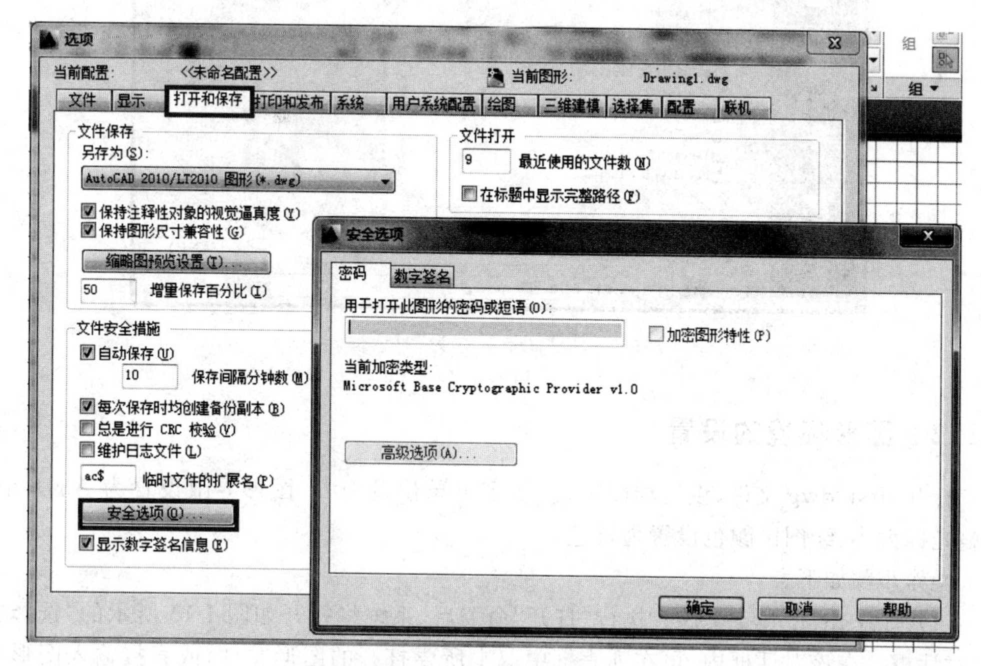

图 1-13　选项对话框

打开“选项”对话框的方法还有：

- 在工作区单击鼠标右键，打开右键菜单，找到“选项”。
- 在命令提示符后输入 Options/Op 并按 Enter 键。

(4) 保存文件。

保存文件的方法有以下 4 种：

- 执行“文件”|“保存”命令。
- 在命令提示符后输入 Save 并按 Enter 键。
- 按组合键 Ctrl+S。
- 单击“标准”工具栏中的“保存”命令按钮。

执行该命令后，若绘图文件已被命名，则系统将自动保存文件；若绘图文件未被命名，则系统自动打开如图 1-14 所示的“图形另存为”对话框。保存文件名为 first.dwg。

小技巧：为有效防止用户因人为忘记原因而未对图形文件进行保存，可以在绘图前对系统进行自动保存设置，其方法如下：

在命令提示符后分次输入 Savefilepath、Savefile、Savetime 并按 Enter 键，可分别设置所有自动保存的图形文件的位置、名称和指定在使用自动保存时每隔多长时间保存一次图形。

图 1-14 “图形另存为”对话框

1.5.2 图形环境的设置

打开 first.dwg 文件,设置绘图环境,将图形单位设为 m、图形界限设置为 A3 大小、调整光标大小、绘图区颜色设置为黄色。

操作步骤如下。

(1) 打开 first.dwg 文件。执行“打开”命令后,系统将打开如图 1-15 所示的“选择文件”对话框。在该对话框内,可在列表框中双击所要打开的图形文件,或直接输入图形文件名打开文件。

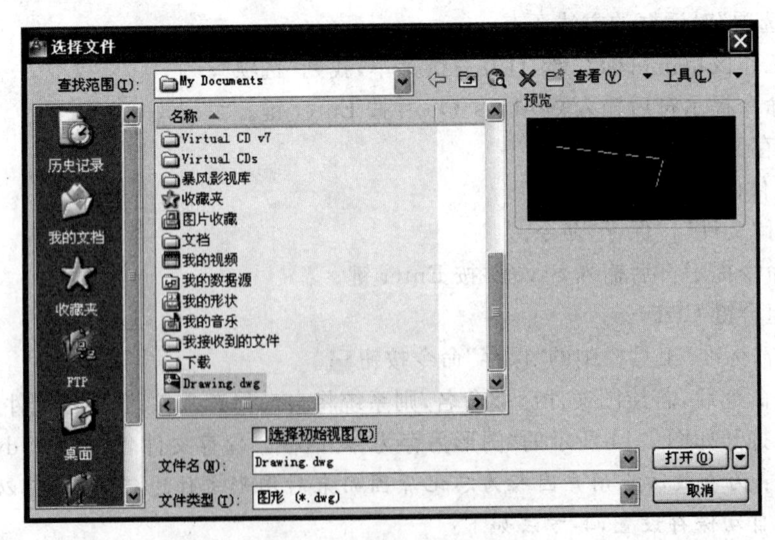

图 1-15 “选择文件”对话框

打开文件有以下 4 种方法。

- 执行“文件”|“打开”命令。
- 单击“标准”工具栏中的按钮。
- 在命令提示符后输入 Open 并按 Enter 键。
- 按组合键 Ctrl+O。

小技巧：若用户需要同时打开多个文件，使用 Ctrl 键依次单击多个图形文件或用 Shift 键连续选中多个图形文件即可。

(2) 设置图形单位。在命令提示符后输入 UN，打开“图形单位”设置对话框，在“插入时的缩放单位”选择“米”，精度设为 0.0，关闭对话框。

(3) 设置图形界限为 A2(594mm×420mm)。执行“格式”|“图形界限”命令，见命令行：

```
命令：LIMITS
重新设置模型空间界限：
指定左下角点或 [开(ON)/关(OFF)] <0.0000,0.0000>: 0,0   //指定图形界限左下角坐标点
指定右上角点 <420.0000,297.0000>:594,420              //指定图形界限右上角坐标点
```

(4) 调整光标大小。在命令行中输入 OP，打开“选项”对话框。在“显示”选项卡中调整“十字光标大小”为 10，如图 1-16 所示。

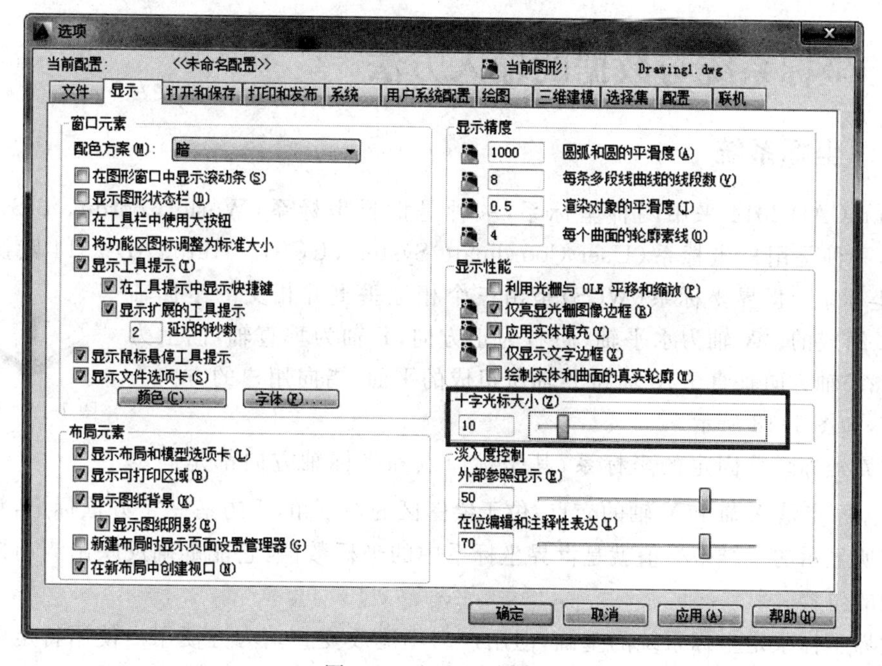

图 1-16　调整十字光标

(5) 设置绘图区颜色。在“显示”选项卡中找到“颜色”按钮，单击该按钮打开“图形窗口颜色”对话框，选择“统一背景”，设置颜色为黄色，如图 1-17 所示。

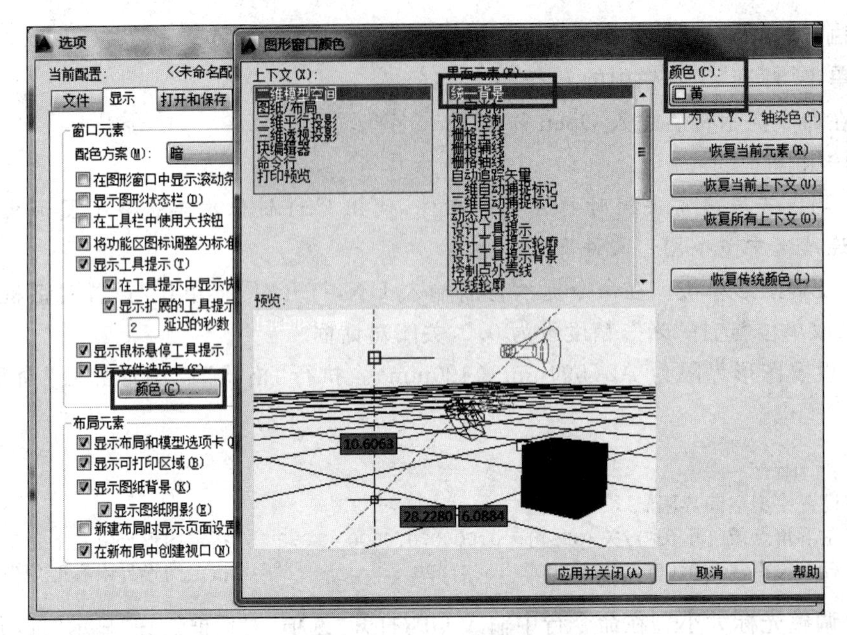

图 1-17　设置绘图区颜色

1.6　坐标系统与数据的输入方法

1.6.1　坐标系统

AutoCAD 2014 采用两种坐标系，一种是世界坐标系(World Coordinate System，WCS)，一种是用户坐标系(User Coordinate System，UCS)。AutoCAD 2014 默认使用 WCS 坐标系。世界坐标系(WCS)是由三个相互垂直并相交的坐标轴 X、Y、Z 组成的。X 轴为水平轴，向右为正方向；Y 轴为垂直轴，向上为正方向；Z 轴方向垂直于 X 轴和 Y 轴所组成的平面，指向用户的方向为正方向，如图 1-18 所示。

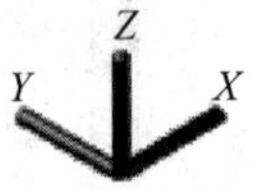

Z　Y　X

图 1-18　WCS

世界坐标系是固定的坐标系，其坐标原点和坐标轴方向都是固定的：坐标原点是 X 轴和 Y 轴的交点，位于绘图区的左下角，上方有一个方框标记，状态行的左侧所显示的三维坐标值就是世界坐标系中的坐标数值，它能准确反映出当前鼠标指针所处的位置。

世界坐标系是坐标系统的基础，但用户却不能改变它。为方便用户使用特定的坐标方向，可自行定义一个不同于世界坐标系的坐标系，即用户坐标系(UCS)。

UCS 的原点及 X 轴、Y 轴、Z 轴方向都可以移动和旋转，甚至可以依赖于图形中的某个特定对象，因而在方向及位置上更加灵活，用户利用该坐标系可以方便、快捷、精确地绘制图形。

在默认的情况下，用户坐标系和世界坐标系是重合的，用户可根据需要自行定义用户坐标系。

1.6.2 数据的输入方法

绘制图形时，如何精确地输入点的坐标是绘图的关键，在 AutoCAD 2014 中，对点的坐标精确定位可以使用直角坐标和极坐标方法，每种方法又具有两种坐标输入方式：绝对坐标和相对坐标。

1. 绝对直角坐标

点的绝对直角坐标表示为(*X*,*Y*)，其中 *X* 表示该点到 *Y* 轴的距离即与坐标原点在水平方向上的距离；*Y* 表示该点到 *X* 轴的距离，即与坐标原点在垂直方向上的距离；*X* 轴与 *Y* 轴在坐标原点(0,0)相交。

在二维图形中，*Z* 坐标为 0 且省略。如点(3,5)表示该点的坐标为(3,5,0)；但在三维空间中，点的坐标位置则必须由 *X* 坐标、*Y* 坐标和 *Z* 坐标共同决定。

2. 相对直角坐标

点的相对直角坐标是某点相对于另一特定点的位置。实质上，绘图中常把上一操作点看作特定点，绘图的操作过程就是相对于上一个点的操作延续。

输入点的相对直角坐标，必须在坐标值的前面加一个“@”符号，如“@*X*,*Y*”。其中 *X* 表示该点与上一输入点在水平方向(*X* 轴)的坐标差，*Y* 表示该点与上一输入点在垂直方向(*Y* 轴)的坐标差。如点“@10,20”指该点相对于上一点的 *X* 轴正方向多移动 10 个单位、*Y* 轴正方向多移动 20 个单位。

3. 绝对极坐标

极坐标是用长度和角度表示的坐标，表示为“长度<角度”：长度即为某点在水平方向上到坐标原点的距离，角度则是该点和坐标原点的连线与 *X* 轴正方向所成夹角的度数，在两者中间加“<”符号，且规定 *X* 轴正方向为水平距离的正方向，*Y* 轴正方向为 90°。如“200<30”表示该点与坐标原点的水平距离为 200，与坐标原点的连线和 *X* 轴正方向所成的夹角为 30°。

在系统默认的状况下，输入点的绝对极坐标时，AutoCAD 2014 将以逆时针为正方向、顺时针方向为负来测量角度。

4. 相对极坐标

点的相对极坐标可以表示为“@长度<角度”：@表示相对坐标，长度为某点距上一输入点的距离，角度为该点至上一点的连线与 *X* 轴正方向所成的夹角。

当状态行极轴追踪处于打开状态时，随着十字光标的移动，在状态行左侧可显示追踪的极轴坐标。

1.6.3 缩放与平移

在 AutoCAD 2014 中，用户为了能更方便快捷、更精确细致地绘制图形，经常需要使用图形显示控制命令，即对所绘制的复杂图形在绘图区进行图像显示的放大或缩小，或改变其观察位置。

1.6.4 缩放

缩放命令可以改变图形对象在视窗中显示的大小，但不会改变该图形对象的绝对大小，而只是改变视图的显示比例，从而方便用户观察当前视窗中的图形对象，或准确地进行对象捕捉、图形绘制等操作。AutoCAD 2014 启动缩放命令有以下方式。

- 在命令提示符后输入 Zoom 并按 Enter 键。
- 执行“视图”|“缩放”命令，从弹出的子菜单中选择相应的“缩放”命令选项。
- 执行“标准”工具栏上“缩放”命令相对应的按钮中的一个。
- 在绘图区单击鼠标右键，可在弹出的快捷菜单中选择“缩放”命令选项。
- 上下滚动鼠标中键。

在命令提示符后输入 Zoom 并按 Enter 键，Zoom 命令会在命令行出现以下提示信息，包括 Zoom 命令的 8 个选项，默认选项为“实时”缩放方式。

指定窗口角点，输入比例因子(nX 或 nXP)，或[全部(A)/中心(C)/动态(D)/范围(E)/上一个(P)/比例(S)/窗口(W)/对象(O)] <实时>。

参数如下。

全部：在当前视窗显示所绘的整个图形，显示范围是依照图形界限或图形范围的尺寸中较大者来决定的。

中心：指定任一点作为视图显示中心。

动态：使用户在一个操作中进行视图的缩放和平移，通过系统自造的可移动视图框确定缩放内容，调整视图框的大小可进行图形的缩放，移动视图框则可进行平移并定位视图。

范围：将图形最大限度地显示在当前视窗中。

上一个：重新显示上一个视窗内显示的图形。

比例：根据需要按比例放大或缩小当前视图，且视图的中心保持不变。

窗口：将视图中的指定区域进行图形放大显示。

对象：选择需要缩放的图形对象，在当前视图放大或缩小，以使其充满当前整个视窗。

实时：拖动鼠标即可对图形进行视图缩放。

1.6.5 平移

使用 AutoCAD 2014 进行图形文件绘制时，若需要将未显示在当前视窗内的图形实体显示在屏幕内，可使用平移(Pan)工具进一步移动并定位视图，以便准确地观察所需要的图形部分。

- 在命令提示符后输入 Pan 并按 Enter 键。
- 单击“标准”工具栏上的按钮。
- 执行“视图”|“平移”命令，从弹出的子菜单中选择相应的“平移”命令选项。
- 在绘图区单击鼠标右键，可在弹出的快捷菜单中选择“平移”命令选项。

执行“平移”命令后，用鼠标单击选择钮(左键)，即可移动手形光标进行图形对象的平移;松开鼠标将会使平移停止,按 Enter 键或 Esc 键可结束平移操作。

使用菜单方式执行"平移"命令,会弹出如图 1-19 所示的级联菜单。

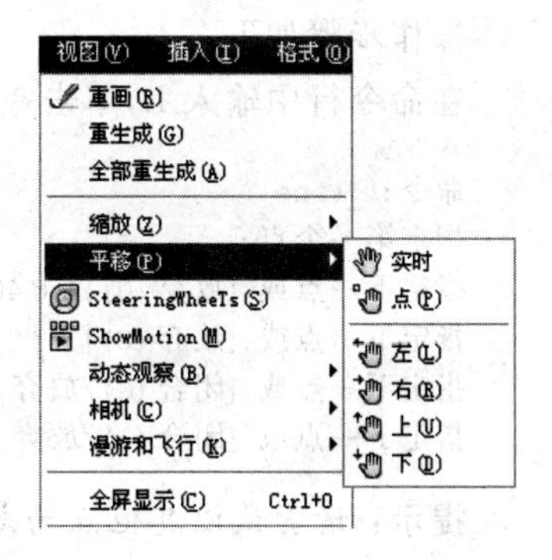

图 1-19　"平移"命令选项

参数如下。

实时:使用当前光标(手形)任意动态拖动视图。

点:用户输入任意两点,这两点之间的方向和距离即为视图平移的方向和距离。

左、右、上、下:将视图向左、右、上、下分别移动一段距离,即在 X 和 Y 方向上移动视图。

1.7　案例实战

在这一节中我们通过具体案例掌握坐标绘图的方法,熟练应用绝对直角坐标、相对直角坐标、绝对极坐标、相对极坐标进行绘图。

1.7.1　绝对直角坐标绘图

使用绝对直角坐标绘图方法,利用"线"命令绘制如图 1-20 所示的矩形。

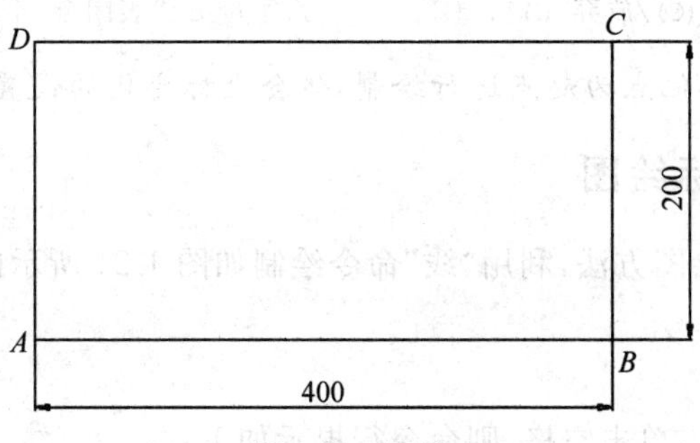

图 1-20　矩形

操作步骤如下。

在命令行中输入 L,单击空格,则命令行提示如下:

```
命令: l line
指定第一个点: 0,0                               //设置 A 点在坐标原点
指定下一点或 [放弃(U)]: 400,0                    //输入 B 点坐标 400,0 空格或按 Enter 键
指定下一点或 [放弃(U)]: 400,200                  //C 点坐标是 400,200 空格或按 Enter 键
指定下一点或 [闭合(C)/放弃(U)]: 0,200            //D 点坐标是 0,200 空格或按 Enter 键
指定下一点或 [闭合(C)/放弃(U)]: c                //字母 c 代表闭合,空格或按 Enter 键
```

提示: 请尝试以其他点为起点进行绘制,体会坐标变化的设置。

1.7.2　相对直角坐标绘图

使用相对直角坐标绘图方法,利用"线"命令绘制如图 1-20 所示的矩形。

操作步骤如下。

在命令行中输入 L,单击空格,则命令行提示如下:

```
命令: _line
指定第一个点:                          //设置 A 点所在位置,在绘图区任意位置单击鼠标左键
指定下一点或 [放弃(U)]: @400,0           //设置 B 点在相对于 A 点的坐标变化值
指定下一点或 [放弃(U)]: @0,200           //设置 C 点在相对于 B 点的坐标变化值
指定下一点或 [闭合(C)/放弃(U)]: @-400,0   //设置 D 点在相对于 C 点的坐标变化值
指定下一点或 [闭合(C)/放弃(U)]: c         //字母 c 代表闭合
```

提示:请尝试以其他点为起点进行绘制,体会坐标变化的设置。

1.7.3 绝对极坐标绘图

使用绝对极坐标绘图方法,利用"线"命令绘制如图 1-21 所示的边长为 200 的等边三角形。

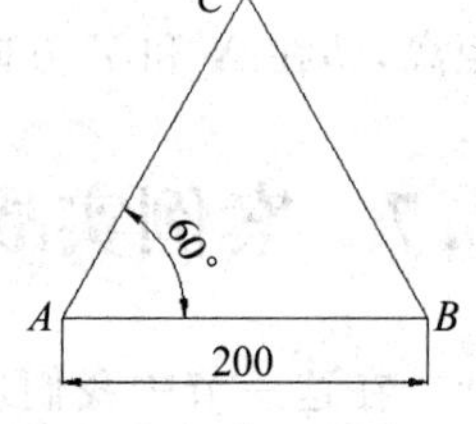

图 1-21 等边三角形

操作步骤如下。

在命令行中输入 L,单击空格,则命令行提示如下:

```
命令: _line
指定第一个点: 0,0                        //设置 A 点在坐标原点
指定下一点或 [放弃(U)]: 200<0             //输入 B 点坐标 200<0 空格或按 Enter 键
指定下一点或 [放弃(U)]: 200<60            //输入 C 点坐标 200<0 空格或按 Enter 键
指定下一点或 [闭合(C)/放弃(U)]: c          //字母 c 代表闭合,空格或按 Enter 键
```

提示:请尝试以其他点为起点进行绘制,体会坐标变化的设置。

1.7.4 相对极坐标绘图

使用相对极坐标绘图方法,利用"线"命令绘制如图 1-21 所示的边长为 200 的等边三角形。

操作步骤如下。

在命令行中输入 L,单击空格,则命令行提示如下:

```
命令: _line
指定第一个点:                          //设置 A 点所在位置,在绘图区任意位置单击鼠标左键
指定下一点或 [放弃(U)]: @200<0           //设置 B 点在相对于 A 点的坐标变化值
指定下一点或 [放弃(U)]: @200<120         //设置 C 点在相对于 B 点的坐标变化值
指定下一点或 [闭合(C)/放弃(U)]: c         //字母 c 代表闭合
```

提示:请尝试以其他点为起点进行绘制,体会坐标变化的设置。

本章小结

本章主要介绍了 AutoCAD 2014 的界面与界面设置、绘图环境设置及绘图系统配置、文件管理方法及 AutoCAD 2014 的图形输入方法与图形控制显示方法。用户通过本章的学习,将为用户使用 AutoCAD 2014 进行图形绘制打下一个良好的基础。

思考与练习

1. 搜索 AutoCAD 2014 的帮助文件，通过帮助文件学习圆形绘图命令。

2. 以不同的方式启动 AutoCAD 2014，熟悉 AutoCAD 2014 的工作界面，练习打开、关闭工具条及调整工具条的相应位置。

3. 尝试将 AutoCAD 2014 位于安装目录下的 Sample 文夹中的图形文件进行打开、保存、重命名及另存为等操作。

4. 利用 AutoCAD 2014 不同坐标系的坐标输入方法，绘制如图 1-22 所示的图形。

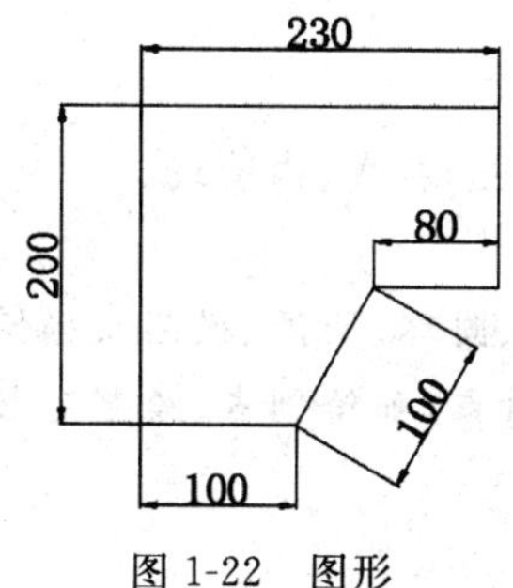

图 1-22　图形

第 2 章

二维图形绘制

本章要点

- 绘制直线对象，如绘制线段、射线、构造线。
- 绘制矩形和等边多边形。
- 绘制曲线对象，如绘制圆、圆环、圆弧、椭圆及椭圆弧。
- 设置点的样式并绘制点对象，如绘制点、绘制定数等分点、绘制定距等分点。
- 面域及布尔运算。
- 图案填充。

2.1 直线类图形绘制

直线类命令包括直线段、构造线、射线。直线类图形是构成平面图形最基本的对象，也是 AutoCAD 2014 中最简单的绘图命令。

2.1.1 绘制直线段

直线命令用于在两点之间绘制直线，并且可以不断重复操作，画出多条连续线段（其中每一条线段相对独立）。LINE 命令是最常用的绘图命令，各种实线和虚线都可以用该命令完成。

在 AutoCAD 2014 中，用户可通过以下 4 种方式调用直线命令。

- 菜单："绘图"|"直线"。
- 工具栏：（直线）按钮。
- 命令行：line。
- 命令行：L（简化命令）。

启动绘制直线命令后，AutoCAD 2014 将提示用户输入以下提示和选项。

- 指定第一点：定义直线的起点，若直接按 Enter 键，则系统将会自动将上一直线或弧线的终点作为本次绘图的起点。
- 指定下一点：定义直线的下一个端点，从而连续绘制多条直线段，但每一条直线段都是一个独立的图形对象，可单独对其进行编辑。
- 放弃（U）：删除最后一次绘制的直线段。

• 闭合(C)：绘制两条以上的线段后，输入该选项，系统将自动将起点和最后的一个端点连接，使之闭合成一个封闭的多边形。

【技巧提示】

用 LINE 命令绘制的直线在默认状态下是没有宽度的，但可在绘完直线段后调用 PEDIT 命令设置所绘直线段的线宽，或通过图层和颜色定义直线，在最后打印输出时，对不同颜色的直线进行笔宽设置，就可以打印出粗细不同的线型。

2.1.2　绘制构造线

构造线(也称参照线)是指通过某点并向两端无限延伸的直线，没有起点和终点，主要用于绘制各种辅助线。

命令调用方法如下。

在 AutoCAD 2014 中，用户可通过以下 4 种方式调用直线命令。

• 菜单："绘图"|"构造线"。
• 工具栏：(构造线)按钮。
• 命令行：xline。
• 命令行：XL(简化命令)。

启动绘制构造线命令后，AutoCAD 2014 将提示用户输入以下提示和选项。

• 指定点：绘制通过指定两点的构造线，如图 2-1(a)所示。
• 水平(H)：绘制通过指定点的水平构造线，如图 2-1(b)所示。
• 垂直(V)：绘制通过指定点的垂直构造线，如图 2-1(c)所示。
• 角度(A)：绘制与指定点的直线成一定角度的构造线，如图 2-1(d)所示。
• 二等分(B)：绘制二等分指定角的构造线，即通过指定角度顶点、起点和端点的方式进行绘制，如图 2-1(e)所示。
• 偏移(O)：绘制平行于指定直线、射线和构造线的构造线，用户可指定偏移距离，再选择需要的参考线，并指明构造线相对于参考线的相对方向，如图 2-1(f)所示。

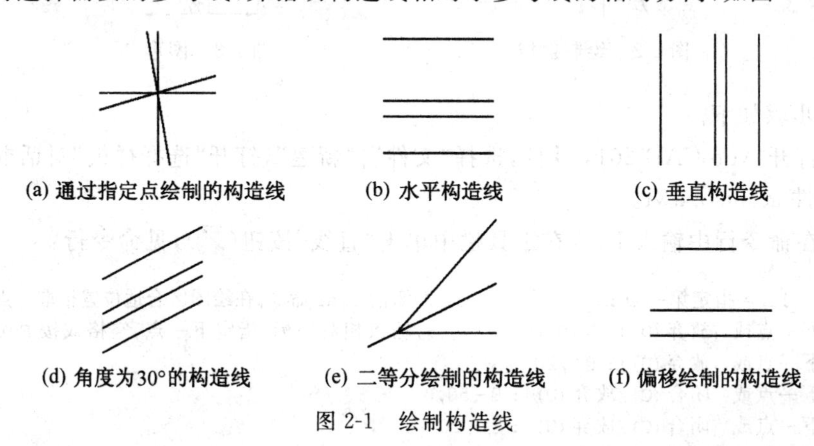

(a) 通过指定点绘制的构造线
(b) 水平构造线
(c) 垂直构造线
(d) 角度为30°的构造线
(e) 二等分绘制的构造线
(f) 偏移绘制的构造线

图 2-1　绘制构造线

2.1.3 绘制射线

射线与构造线类似，但射线是以某一点为起始点，向另一端无限延长的。即当起点一端固定之后，可以向任意方向延伸，因此，若仅需要一条在一个方向上扩展的线，射线是比较好的选择，可以将其作为创建其他图形对象的参考线。

命令调用方法如下。

在 AutoCAD 2014 中，用户可通过以下两种方式绘制射线。

- 菜单："绘图"|"射线"。
- 命令行：ray。

启动绘制射线命令后，系统将提示用户指定起点，指定起点后，系统提示用户指定下一个通过点，此后，AutoCAD 2014 将继续提示输入下一个通过点，按 Enter 键可结束命令。

【技巧提示】

绘制多条射线时，所有后续射线都将通过第一个指定起点，如图 2-2 所示。

2.1.4 案例实战

案例 1

绘制如图 2-3 所示的图形。绘图时以 *A* 为起点，*B* 为终点，逆时针采用相对直角坐标绘制。

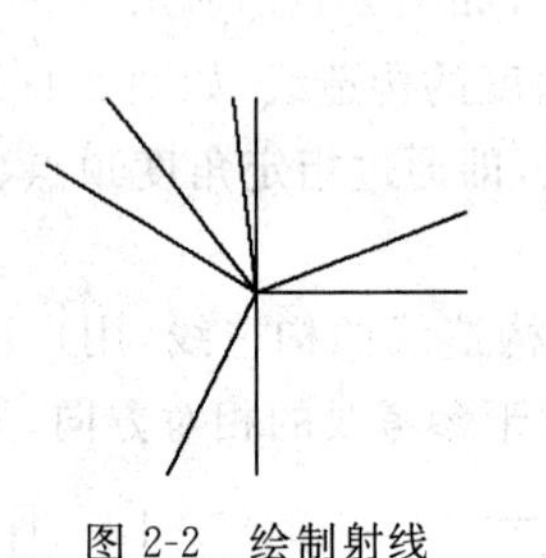

图 2-2 绘制射线

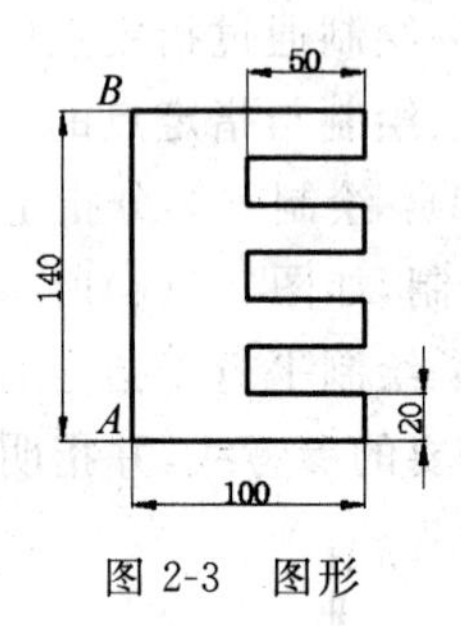

图 2-3 图形

操作步骤如下。

(1) 打开 AutoCAD 2014 软件，选择"文件"|"新建"，打开"选择样板"对话框，选择已有样板文件 acadiso.dwt。

(2) 在命令行中输入 L，或在工具栏中单击"直线"按钮( )，见命令行：

```
命令: _line 指定第一点:                  //激活 line 命令，在绘图区合适位置拾取一点作为 A 点
指定下一点或 [放弃(U)]: @100,0           //输入相对坐标，指定下一点，空格或按 Enter 键
指定下一点或 [放弃(U)]: @0,20
指定下一点或 [闭合(C)/放弃(U)]: @-50,0
指定下一点或 [闭合(C)/放弃(U)]: @0,20
指定下一点或 [闭合(C)/放弃(U)]: @50,0
指定下一点或 [闭合(C)/放弃(U)]: @0,20
指定下一点或 [闭合(C)/放弃(U)]: @-50,0
```

```
指定下一点或 [闭合(C)/放弃(U)]: @0,20
指定下一点或 [闭合(C)/放弃(U)]: @50,0
指定下一点或 [闭合(C)/放弃(U)]: @0,20
指定下一点或 [闭合(C)/放弃(U)]: @-50,0
指定下一点或 [闭合(C)/放弃(U)]: @0,20
指定下一点或 [闭合(C)/放弃(U)]: @50,0
指定下一点或 [闭合(C)/放弃(U)]: @0,20
指定下一点或 [闭合(C)/放弃(U)]: @-100,0
指定下一点或 [闭合(C)/放弃(U)]: c                //输入 C 闭合线段
```

案例 2

绘制如图 2-4 所示的表格。以 A 为起点，B 为终点，逆时针采用相对直角坐标绘制表格外边线。采用从左到右，从下到上绘制表格分隔线。

图 2-4　表格

操作步骤如下。

(1) 打开 AutoCAD 2014 软件，选择“文件”|“新建”，打开“选择样板”对话框，选择已有样板文件 acadiso.dwt。

(2) 以 A 为起点，B 为终点，逆时针采用相对直角坐标绘制表格外边线。在命令行中输入 L，或在工具栏中单击“直线”按钮( )，见命令行：

```
命令: _line
指定第一个点: 0,0                          //激活 line 命令，输入第一点坐标(0,0)
指定下一点或 [放弃(U)]: 100,0               //输入绝对坐标，指定下一点
指定下一点或 [放弃(U)]: @0,40               //输入相对坐标，指定下一点
指定下一点或 [闭合(C)/放弃(U)]: @-100,0     //输入相对坐标，指定下一点
指定下一点或 [闭合(C)/放弃(U)]: c           //闭合，表格最外围图框绘制完成
```

(3) 从左到右绘制三条垂直表格分隔线。在工具栏中单击“直线”按钮( )，见命令行：

```
命令: l line
指定第一个点: 20,0                          //激活 line 命令，输入第一点坐标(20,0)
指定下一点或 [放弃(U)]: @0,40               //输入相对坐标，指定下一点
指定下一点或 [放弃(U)]:                     //空格，退出。表格第一列绘制完成
命令: l line
指定第一个点: 50,0                          //激活 line 命令，输入第一点坐标(50,0)
指定下一点或 [放弃(U)]: @0,40               //输入相对坐标，指定下一点
指定下一点或 [放弃(U)]:                     //空格，退出。表格第二列绘制完成
命令: l line
指定第一个点: 80,0                          //激活 line 命令，输入第一点坐标(80,0)
指定下一点或 [放弃(U)]: @0,40               //输入相对坐标，指定下一点
指定下一点或 [放弃(U)]:                     //空格，退出。表格第三列绘制完成
```

(4) 从下到上绘制三条水平表格分隔线。在工具栏中单击“直线”按钮( )，见命

令行：

```
命令：l line
指定第一个点：0,10                          //激活 line 命令，输入第一点坐标（0,1）
指定下一点或 [放弃(U)]：@100,0              //输入相对坐标，指定下一点
指定下一点或 [放弃(U)]：                    //空格，退出。表格第一行绘制完成
命令：line
指定第一个点：0,20                          //激活 line 命令，输入第一点坐标（0,20）
指定下一点或 [放弃(U)]：@100,0              //输入相对坐标，指定下一点
指定下一点或 [放弃(U)]：                    //空格，退出。表格第二行绘制完成
命令：line
指定第一个点：0,30                          //激活 line 命令，输入第一点坐标（0,30）
指定下一点或 [放弃(U)]：@100,0              //输入相对坐标，指定下一点
指定下一点或 [放弃(U)]：                    //空格，退出。表格第三行绘制完成
```

案例 3

绘制如图 2-5 所示的五角星。以 *A* 为起点，*B* 为终点，采用极坐标逆时针的顺序绘制。

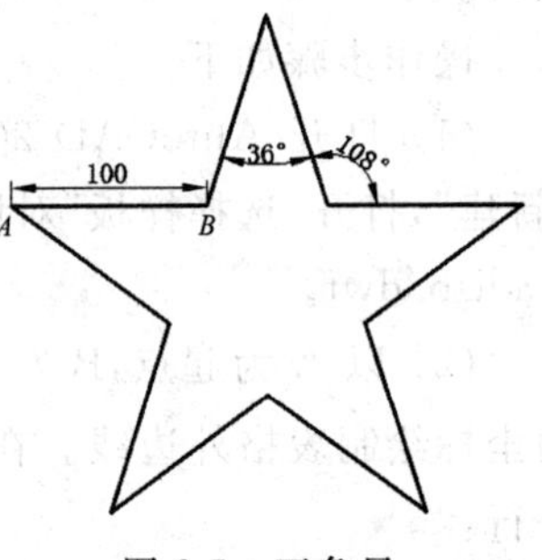

图 2-5　五角星

操作步骤如下。

(1) 打开 AutoCAD 2014 软件，选择“文件”|“新建”，打开“选择样板”对话框，选择已有样板文件 acadiso.dwt。

(2) 在命令行中输入 L，或在工具栏中单击“直线”按钮（），见命令行：

```
命令：_line
指定第一个点：                              //在绘图区合适位置拾取一点作为 A 点
指定下一点或 [放弃(U)]：@100<-36            //输入相对坐标，指定下一点，按 Enter 键
指定下一点或 [放弃(U)]：@100<-108
指定下一点或 [闭合(C)/放弃(U)]：@100<36
指定下一点或 [闭合(C)/放弃(U)]：@100<-36
指定下一点或 [闭合(C)/放弃(U)]：@100<108
指定下一点或 [闭合(C)/放弃(U)]：@100<36
指定下一点或 [闭合(C)/放弃(U)]：@100<180
指定下一点或 [闭合(C)/放弃(U)]：@100<108
指定下一点或 [闭合(C)/放弃(U)]：@100<-108
指定下一点或 [闭合(C)/放弃(U)]：c           //输入 C，按 Enter 键，选择"闭合"选项，闭合图形
```

提示：输入角度时，逆时针为正，顺时针为负。

案例 4

利用构造线作为辅助线绘制案例 1 中如图 2-3 所示的图形。

操作步骤如下。

(1) 打开 AutoCAD 2014 软件，选择“文件”|“新建”，打开“选择样板”对话框，选择已有样板文件 acadiso.dwt。

(2) 绘制水平辅助线。从下到上依次绘制水平辅助线。根据图形尺寸，水平构造线间隔为 20。在命令行中输入 XL，或单击工具栏中的构造线按钮（），见命令行：

```
命令：xl xline                                  //开始绘制构造线
指定点或 [水平(H)/垂直(V)/角度(A)/二等分(B)/偏移(O)]：h
                                                //选择 H 绘制水平构造线
指定通过点：                                    //单击绘图区任意位置，绘制第一条水平构造线
指定通过点：@0,20                               //输入相对坐标，绘制第二条水平构造线
指定通过点：@0,20                               //输入相对坐标，绘制第三条水平构造线
指定通过点：@0,20                               //输入相对坐标，绘制第四条水平构造线
指定通过点：@0,20                               //输入相对坐标，绘制第五条水平构造线
指定通过点：@0,20                               //输入相对坐标，绘制第六条水平构造线
指定通过点：@0,20                               //输入相对坐标，绘制第七条水平构造线
指定通过点：@0,20                               //输入相对坐标，绘制第八条水平构造线
指定通过点：                                    //单击空格或按 Enter 键，结束绘制
```

绘制完后的效果如图 2-6 所示。

(3) 绘制垂直辅助线。从左到右依次绘制垂直辅助线。根据图形尺寸，垂直构造线间隔为 50。在命令行中输入 XL，或单击工具栏中的构造线按钮( )，见命令行：

```
命令：_xline                                    //开始绘制构造线
指定点或 [水平(H)/垂直(V)/角度(A)/二等分(B)/偏移(O)]：v
                                                //选择 V 绘制垂直构造线
指定通过点：                                    //单击绘图区任意位置，绘制第一条垂直构造线
指定通过点：@50,0                               //输入相对坐标，绘制第二条垂直构造线
指定通过点：@50,0                               //输入相对坐标，绘制第三条垂直构造线
指定通过点：                                    //单击空格或按 Enter 键，结束绘制
```

绘制完后的效果如图 2-7 所示。

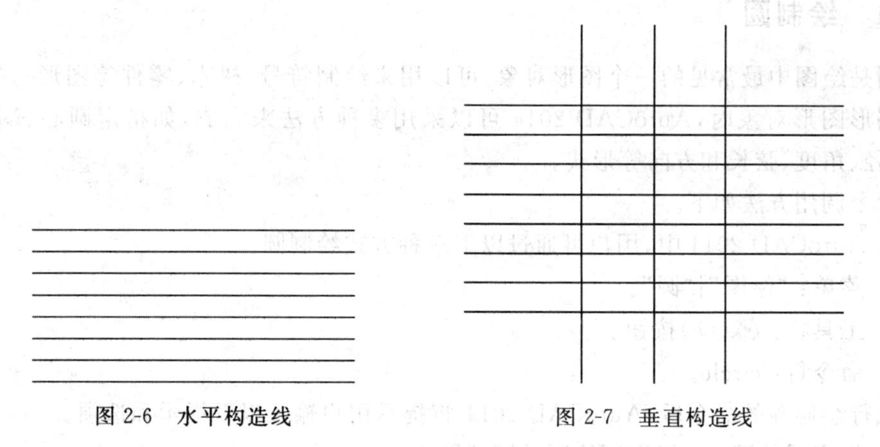

图 2-6　水平构造线　　　　图 2-7　垂直构造线

(4) 根据辅助线绘制图形。按 F3 键，启用"对象步骤"功能，在状态栏中右键单击"对象捕捉"按钮，选择"交点"捕捉，如图 2-8 所示。

(5) 在命令行中输入 L，或在工具栏中单击"直线"按钮( )，按照辅助线和如图 2-3 所示的图形捕捉对应点进行图形绘制。最终效果如图 2-9 所示。

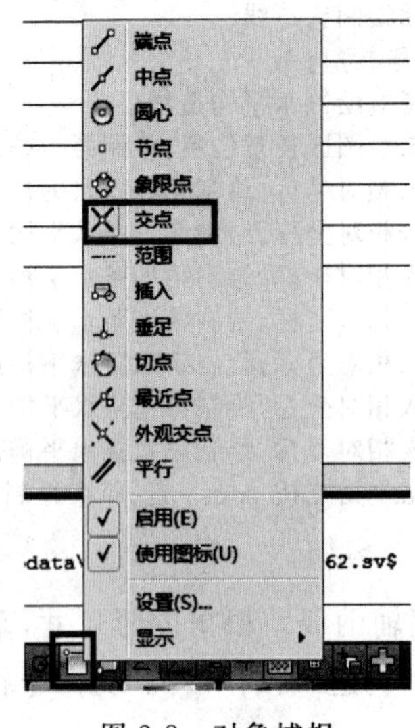

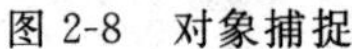
图 2-8 对象捕捉

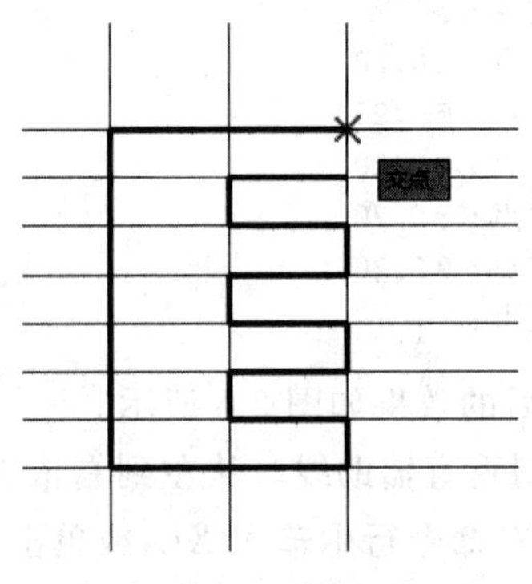

图 2-9 捕捉绘制

2.2 圆类图形绘制

圆类命令主要包括“圆”、“圆弧”、“圆环”、“椭圆”以及“椭圆弧”命令，这些命令是AutoCAD 2014 中最简单的曲线命令。

2.2.1 绘制圆

圆是绘图中最常见的一个图形对象，可以用来绘制符号、树木、零件等图形对象。在创建圆形图形对象时，AutoCAD 2014 可以采用多种方法来完成，如指定圆心、端点、起点、半径、角度、弦长和方向等形式。

命令调用方法如下。

在 AutoCAD 2014 中，用户可通过以下三种方式绘制圆。

- 菜单：“绘图”|“圆”。
- 工具栏：(圆)按钮。
- 命令行：circle。

执行绘制圆的命令后，AutoCAD 2014 将提示用户输入以下提示和选项。

- 指定圆的圆心：指定所绘制的圆的圆心。
- 三点(3P)：指定圆周上的任意三点绘制圆。
- 两点(2P)：指定直径的两个端点绘制圆。
- 切点、切点、半径(T)：先指定与所绘制的圆相切的两个对象，再定义圆的半径。
- 半径(R)：定义所绘制的圆的半径大小。
- 直径(D)：定义所绘制的圆的直径大小。

【技巧提示】

绘制圆时，对于圆心的绘制方法，除了直接输入圆心点外，还可利用圆心点与中心线的关系，用捕捉的方法进行圆心点的选择。

2.2.2　绘制圆弧

圆弧是圆的一部分，与圆相比，圆弧不仅有圆心、半径等参数，还多了端点等参数。因此，圆弧的绘制方法较圆来说，创建圆弧的方法比较多也更复杂。

命令调用方法如下。

在 AutoCAD 2014 中，用户可通过以下 4 种方式绘制圆弧。

- 菜单："绘图"|"圆弧"。
- 工具栏：（圆弧）按钮。
- 命令行：Arc。
- 命令行：A（简化命令）。

执行绘制圆弧的命令后，AutoCAD 2014 将提示用户输入以下提示和选项。

- 指定圆弧的起点：指定所绘制圆弧的起始点。
- 圆心（C）：指定圆弧的圆心。
- 指定圆弧的第二点：指定圆弧的第二点。
- 指定圆弧的端点：指定圆弧的末端终止点。
- 端点（E）：与"指定圆弧的端点"含义相同。
- 角度（A）：指定圆弧包含的角度，顺时针为负，逆时针为正。
- 弦长（L）：指定圆弧的弦长。
- 方向（D）：指定和圆弧起点相切的方向。
- 半径（R）：指定圆弧半径大小。

使用菜单方式进行圆弧的绘制时，系统会提供各种绘制圆弧的组合形式，如图 2-10 所示。

（1）通过指定三点画弧：依次给指定的三个点创建一段圆弧，需要指定圆弧的起点、通过的第二个点和端点。

（2）通过起点、圆心、端点画弧：依次指定圆弧的起点、圆心和端点创建圆弧。

（3）起点、圆心、角度画弧：依次指定圆弧的起点、圆心，并输入角度值创建圆弧。

（4）起点、圆心、长度画弧：依次指定圆弧起点、圆心和弦长创建圆弧。此时，给定的弦长不得超过起点到圆心距离的两倍。

（5）起点、端点、角度画弧：依次指定圆弧的起点、端点和角度值创建圆弧。

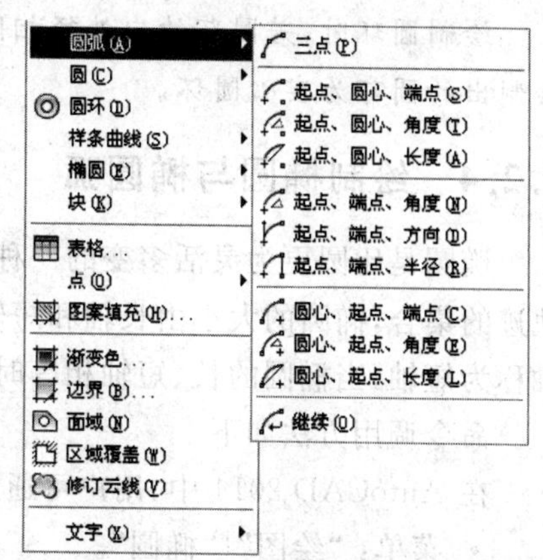

图 2-10　"圆弧"菜单

(6) 起点、端点、方向画弧：依次指定圆弧的起点、端点和方向创建圆弧。

(7) 起点、端点、半径画弧：依次指定圆弧的起点、端点和半径创建圆弧。

(8) 圆心、起点、端点画弧：依次指定圆心、起点和端点创建圆弧。

(9) 圆心、起点、角度画弧：依次指定圆心、起始点和角度创建圆弧。

(10) 圆心、起点、长度画弧：依次指定圆心、起始点和长度创建圆弧。

需要特殊强调的是"继续"绘制圆弧方式，绘制的圆弧与上一线段或圆弧相切，则继续绘制的圆弧，只需提供端点即可。

2.2.3 绘制圆环

圆环是由两个圆心重合的同心圆构成的，圆环的创建需要指定圆环的中心和内外径。圆环可以是线性填充的圆环，也可以是实体填充的圆环，即带有宽度的闭合多段线。

命令调用方法如下。

在 AutoCAD 2014 中，用户可通过以下两种方式绘制圆环。

- 菜单："绘图"|"圆环"。
- 命令行：donut。

启动绘制圆环命令后，系统将提示用户依次输入圆环的内径和外径数值(外径需大于内径)，再指定圆环的中心点，最后按 Enter 键结束命令。

FILL 命令的设置决定了 AutoCAD 2014 是否为圆环进行填充。输入 FILL 命令后，系统将提示用户选择填充的模式，其默认模式为开(on)，绘制的圆环为实体填充样式，如图 2-11(a)所示；当设置为关(off)模式时，圆环为线性填充样式，如图 2-11(b)所示。

(a) 实体填充圆环　　(b) 线性填充圆环

图 2-11　圆环的填充

【技巧提示】

绘制圆环时，若圆环的内外径相同，则绘制出的圆环为普通圆；若圆环的内径为 0，则绘制出的圆环为实心圆环。

2.2.4 绘制椭圆与椭圆弧

椭圆是比圆更为灵活多变的一种图形，是平面上到两定点的距离之和为常值的点的轨迹的集合，椭圆的大小由长轴和短轴来共同决定。其中，较长的轴称为长轴，而较短的轴称为短轴，当椭圆的长、短轴相等时，椭圆就变成了圆。

命令调用方法如下。

在 AutoCAD 2014 中，用户可通过以下三种方式绘制椭圆。

- 菜单："绘图"|"椭圆"。
- 工具栏：(椭圆)按钮。
- 命令行：ellipse。

启动绘制椭圆的命令后，系统将提示用户输入以下提示和选项。

- 指定椭圆的轴端点：根据两个端点来定义椭圆的第一条轴(长轴、短轴均可)，并根据第一条轴确定椭圆的角度。
- 圆弧(A)：该选项用于创建椭圆弧。
- 中心点(C)：通过指定的中心点来创建椭圆。
- 旋转(R)：通过绕第一条轴旋转圆来创建椭圆。
- 参数(P)：指定椭圆弧端点的角度。
- 角度(I)：定义从起始角度开始的包含角度。

绘制椭圆弧的命令与绘制椭圆相似，只是椭圆弧需要增加夹角的两个参数：圆弧的起始角度和终止角度。

- 起始角度：十字光标与椭圆中心点连线所成的夹角。
- 终止角度：指定结束角度以完成椭圆弧。

2.2.5 案例实战

案例 1

使用射线、圆命令绘制如图 2-12 所示的图形。

操作步骤如下。

(1) 打开 AutoCAD 2014 软件，选择“文件”|“新建”，打开“选择样板”对话框，选择已有样板文件 acadiso.dwt。

(2) 绘制辅助线，如图 2-13 所示。在命令行中输入 RAY，或单击工具栏中的射线按钮( )，见命令行：

```
命令：_RAY 指定起点：           //开始绘制射线，在绘图区任一点单击鼠标，确定起点
指定通过点：@100<-90            //输入相对坐标，绘制垂直方向射线
指定通过点：@100<180            //输入相对坐标，绘制垂直方向射线
指定通过点：@100<-135           //输入相对坐标，绘制垂直方向射线
指定通过点：                    //空格退出
```

绘制辅助线效果如图 2-13 所示。

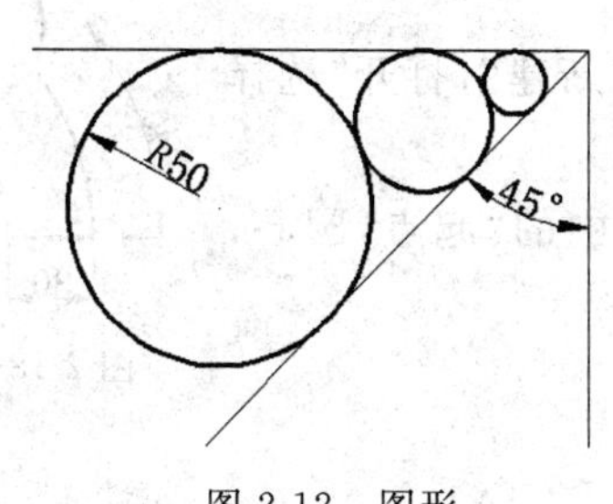

图 2-12　图形

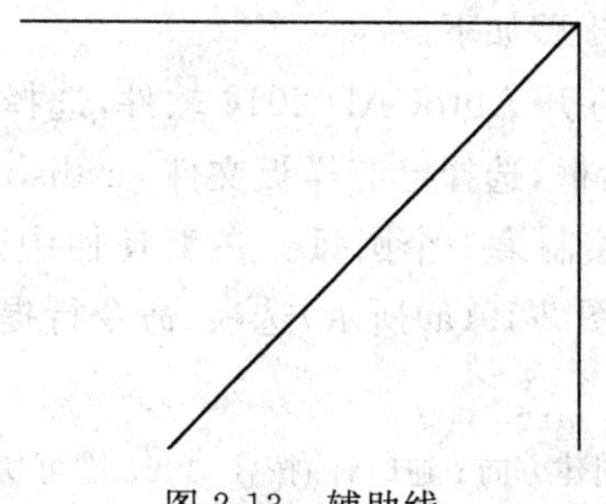
图 2-13　辅助线

(3) 绘制圆。在工具栏中选择“相切，相切，半径”(如图 2-14 所示)选项，绘制圆形，选择如图 2-15(a)所示的切点，然后输入半径 50，绘制后的效果如图 2-15(b)所示。

(4) 绘制圆，在工具栏中选择“相切，相切，相切”(如图 2-16 所示)选项，绘制圆形，选

择如图 2-17 所示的切点，绘制完成。采用相同的方法再绘制一个圆。

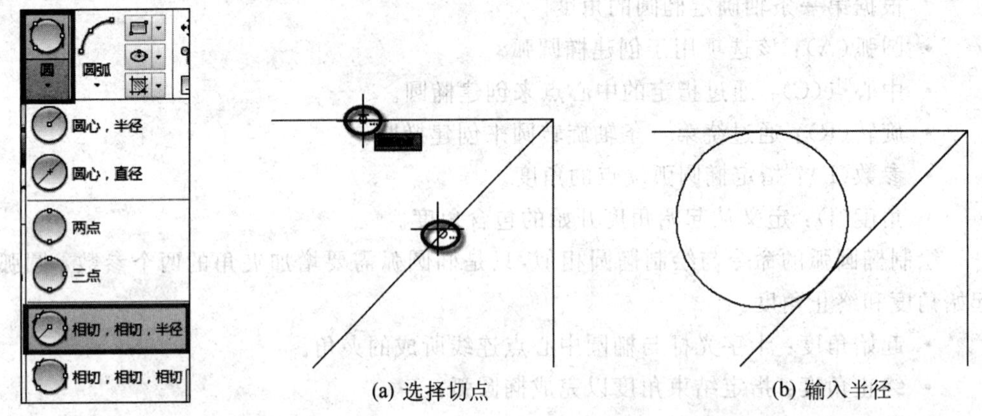

图 2-14 相切，相切，半径

图 2-15 “相切，相切，半径”画圆

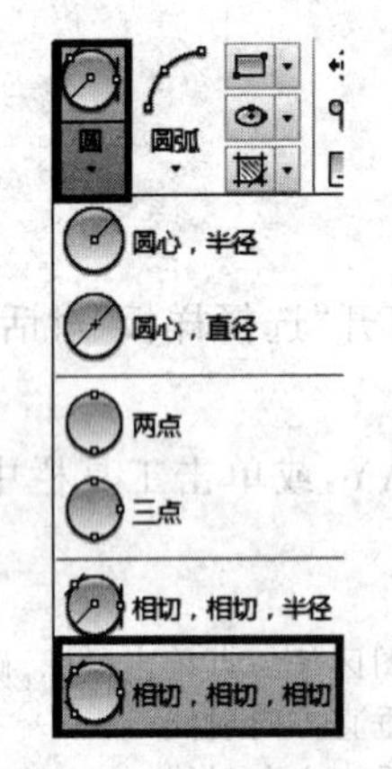

图 2-16 相切，相切，相切

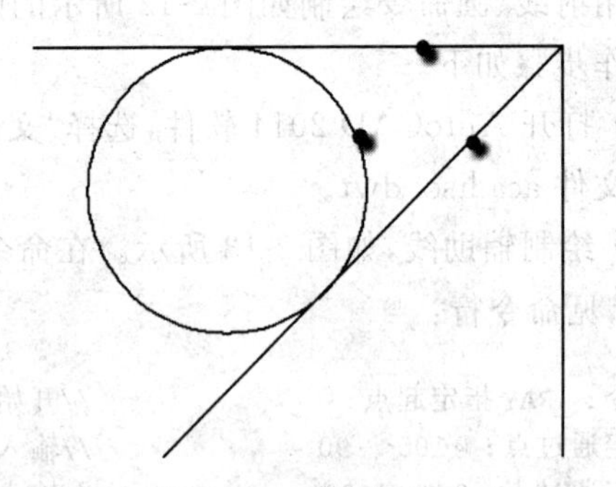

图 2-17 选择切点

案例 2

使用圆弧命令绘制如图 2-18 所示的图形。

操作步骤如下。

(1) 打开 AutoCAD 2014 软件，选择“文件”|“新建”，打开“选择样板”对话框，选择已有样板文件 acadiso.dwt。

(2) 绘制第一个圆弧。在工具栏中选择圆弧中的“起点，圆心，角度”(如图 2-19(a)所示)选项，命令行提示如下：

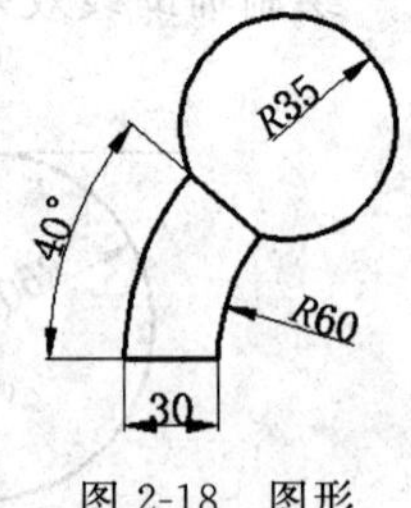

图 2-18 图形

```
命令：_arc
圆弧创建方向：逆时针(按住 Ctrl 键可切换方向)。
指定圆弧的起点或 [圆心(C)]:                     //指定起点，任意一点
指定圆弧的第二个点或 [圆心(C)/端点(E)]: _c 指定圆弧的圆心：@60,0
                                                //指定圆心位置
指定圆弧的端点或 [角度(A)/弦长(L)]: _a 指定包含角：-4
                                                //指定圆弧角度，逆时针为正，顺时针为负
```

绘制完后的效果如图 2-19(b)所示。

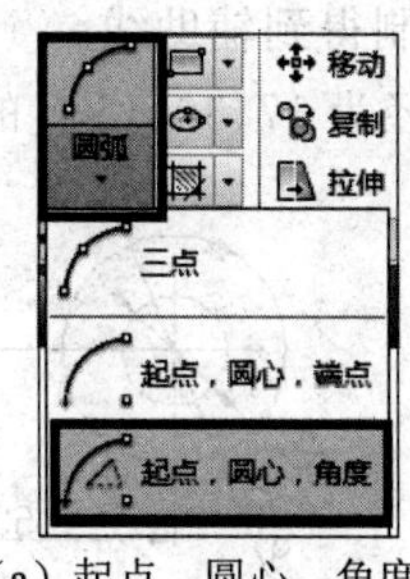

(a) 起点，圆心，角度

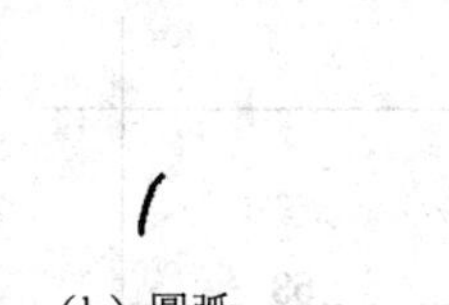

(b) 圆弧

图 2-19　绘制第一个圆弧

(3) 绘制第二个圆弧。在工具栏中单击“偏移”按钮()，在命令行中输入偏移距离为 30，选择第一个圆弧，偏移方向为第一个圆弧的左侧，空格退出，效果如图 2-20 所示。

(4) 绘制第三个圆弧。在工具栏中选择圆弧中的“起点，端点，半径”如图 2-20 所示，以 A 点为起点，B 为端点，半径为－35 绘制圆弧，效果如图 2-21 所示。

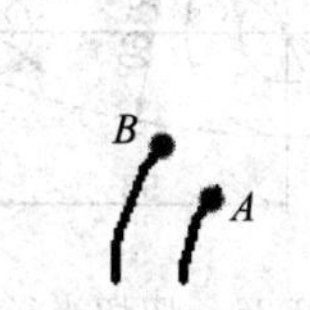

图 2-20　偏移绘制第二个圆弧

图 2-21　偏移绘制第三个圆弧

【技巧提示】

角度为－35°时绘制的是优弧(大于半圆的弧叫做优弧)，如果是 35°，则绘制的是劣弧(小于半圆的弧叫做劣弧)。

(5) 利用“线”命令将上图补全，最后的效果如图 2-18 所示。

案例 3

使用线、圆、椭圆命令绘制如图 2-22 所示的图形。

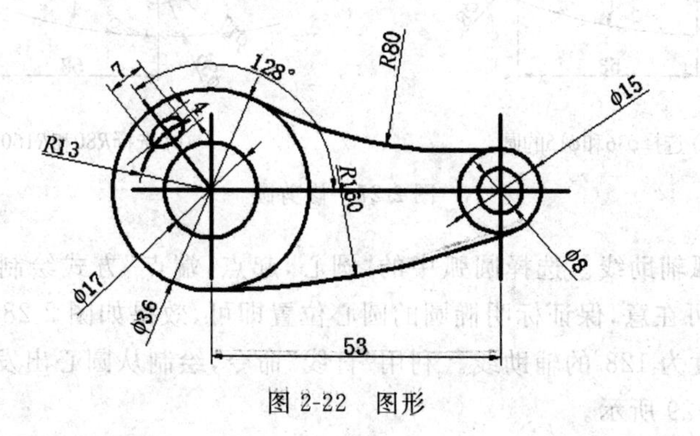

图 2-22　图形

操作步骤如下：

(1) 利用直线绘制辅助线如图 2-23 所示。可以先绘制一条足够长的水平线，再绘制一条垂直线，利用偏移命令，偏移 53 个单位绘制得到辅助线。

(2) 利用"圆心，直径"画圆法分别绘制直径为 17、36、15、8 的如图 2-24 所示的圆。

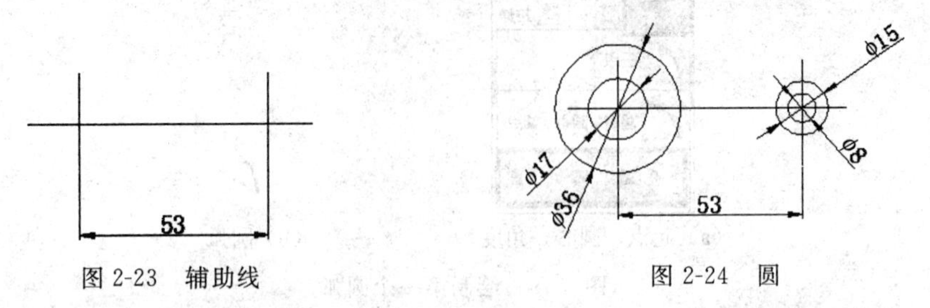

图 2-23 辅助线　　图 2-24 圆

(3) 利用"相切，相切，半径"画圆法绘制半径为 80 和 160 的圆。绘制圆时切点选择如图 2-25 所示，绘制完后的效果如图 2-26 所示。

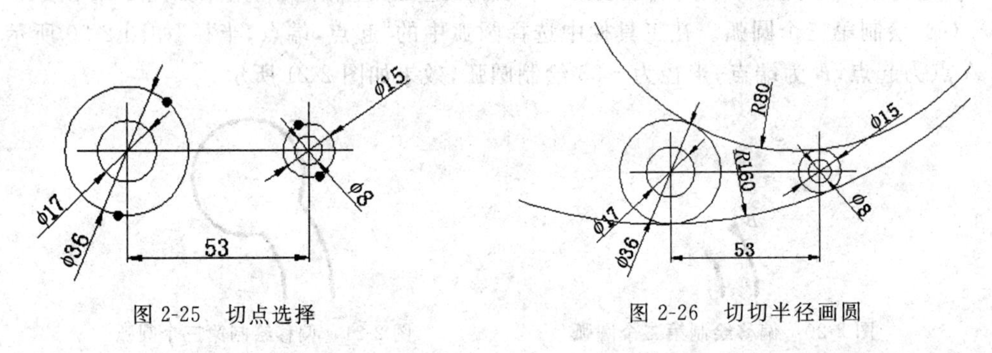

图 2-25 切点选择　　图 2-26 切切半径画圆

(4) 修剪多余线段。在命令行中输入 TR，或在工具栏中单击"修剪"按钮(修剪)，命令行中提示选择对象，选择 $\phi36$ 和 $\phi15$ 的圆，如图 2-27(a)所示。单击空格，再选择如图 2-27(b)所示的半径为 80 和 160 的圆。

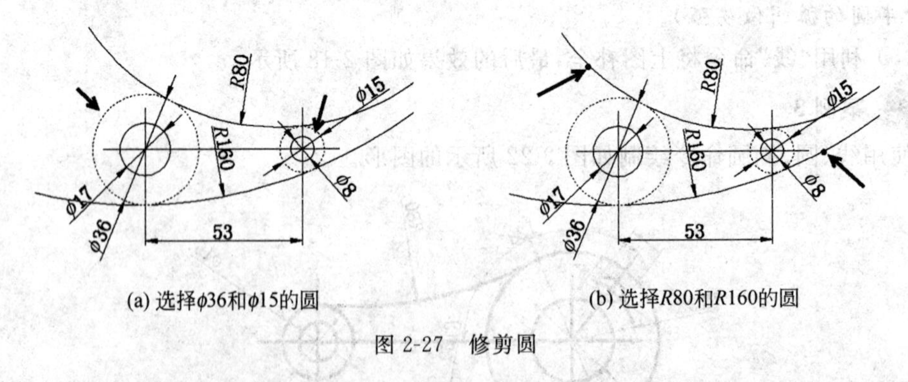

(a) 选择 $\phi36$ 和 $\phi15$ 的圆　　(b) 选择 $R80$ 和 $R160$ 的圆

图 2-27 修剪圆

(5) 绘制圆弧辅助线。选择圆弧中的"圆心，起点，端点"方式绘制一段圆弧辅助线，其中起点和端点可在意，保证标明椭圆的圆心位置即可，效果如图 2-28 所示。

(6) 绘制角度为 128°的辅助线。利用"直线"命令，绘制从圆心出发，角度为 128°的辅助线，效果如图 2-29 所示。

(7) 绘制椭圆。在命令行中输入 EL，或在工具栏中单击"椭圆"按钮，见命令行：

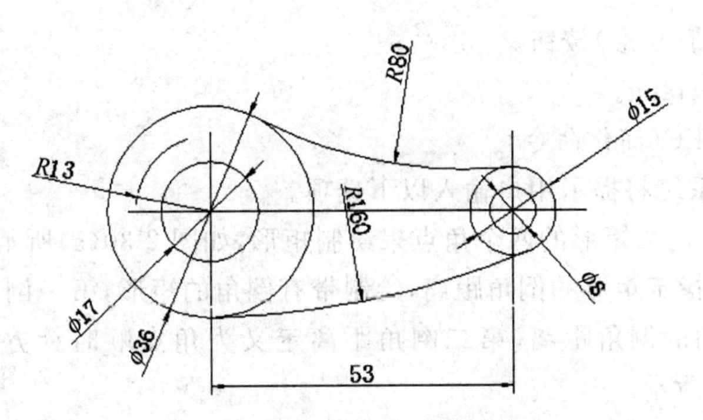

图 2-28　“圆心,起点,端点”画弧

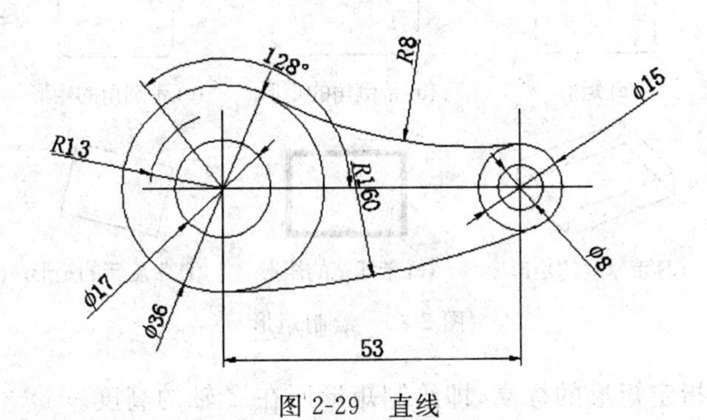

图 2-29　直线

```
命令: _ellipse
指定椭圆的轴端点或 [圆弧(A)/中心点(C)]: _c      //先绘制圆心
指定椭圆的中心点:                               //选择圆心,辅助线交叉点
指定轴的端点: @3.5<38                           //输入相对坐标,确定半轴位置,38=128-90
指定另一条半轴长度或 [旋转(R)]: 2               //输入短半轴长度
```

2.3　平面图形的绘制

矩形和正多边形是组成图形文件最基本的图形元素,在建筑图纸、机械零部件以及一些图形轮廓线中经常要用到,且两者也有交集,正方形既是边长都相等的特殊矩形也是正四边形的一种特殊形式。

2.3.1　绘制矩形

矩形是 4 条相互垂直的直线组成的封闭图形,其特点为相邻两边互相垂直,但非相邻的两边则平行且长度相等,整个矩形为一个单独的图形对象。矩形的绘制相对于圆、椭圆等简单一些,只需指定两个对角点,系统将自动生成一个矩形。矩形具有长度、宽度、面积和旋转等参数,也可以绘制一些特殊角点形式的矩形,如圆角、倒角等。

命令调用方法如下。

在 AutoCAD 2014 中,用户可通过以下 4 种方式绘制矩形。

- 菜单:“绘图”|“矩形”。

- 工具栏：□(矩形)按钮。
- 命令行：rectang。
- 命令行：REC(简化命令)。

输入命令后，系统将提示用户输入以下选项。

- 角点：通过定义矩形的两个角点来绘制矩形，如图 2-30(a)所示。
- 倒角(C)：指定矩形的倒角距离，绘制带有倒角的矩形，第一倒角距离定义为角点逆时针方向的倒角距离，第二倒角距离定义为角点顺时针方向的倒角距离，如图 2-30(b)所示。

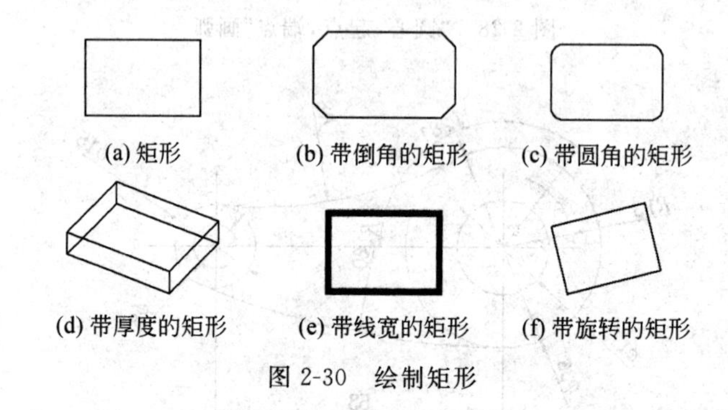

图 2-30　绘制矩形

- 标高(E)：指定矩形的标高，即绘制矩形所在 Z 轴的高度。
- 圆角(F)：指定矩形的圆角半径，绘制带有圆角的矩形，如图 2-30(c)所示。
- 厚度(T)：指定矩形的厚度，如图 2-30(d)所示。
- 宽度(W)：指定矩形的线宽，如图 2-30(e)所示。
- 面积(A)：指定矩形的面积和长度或宽度绘制矩形。
- 尺寸(D)：指定矩形的长度和宽度绘制矩形。
- 旋转(R)：指定所绘制的矩形旋转一定的角度，如图 2-30(f)所示。

【技巧提示】

使用 RECTANG 命令绘制的矩形是一条封闭的多段线，可以用 PEDIT 命令进行编辑。也可使用 EXPLODE 命令使之分解成单一线段后分别进行编辑。

2.3.2 绘制正多边形

正多边形也是比较常用的闭合图形之一，在 AutoCAD 2014 中，用户可以绘制边长数为 3～1024 的正多边形。正多边形的绘制方法分为外切于圆和内接于圆两种。外切于圆是将正多边形的边与圆相切，而内接于圆则是将正多边形的顶点与圆相接。

命令调用方法如下。

在 AutoCAD 2014 中，用户可通过以下 4 种方式绘制正多边形。

- 菜单："绘图"|"多边形"。
- 工具栏：⬠(多边形)按钮。
- 命令行：POLYGON。
- 命令行：POL(简化命令)。

输入命令后，系统将提示用户输入以下提示和选项。

- 边的数目：指定正多边形的边数。
- 中心点：指定正多边形的中心点。
- 边(E)：输入正多边形的一条边，系统将按逆时针方向创建该正多边形。
- 内接于圆(I)：正多边形内接于所定义的圆，如图 2-31(a)所示。
- 外切于圆(C)：正多边形外切于所定义的圆，如图 2-31(b)所示。
- 圆的半径：定义内接圆或外切圆的半径。

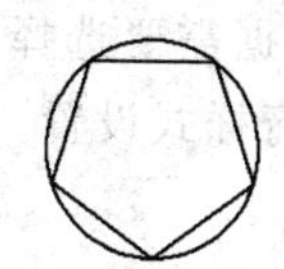
(a) 内接于圆的正五边形

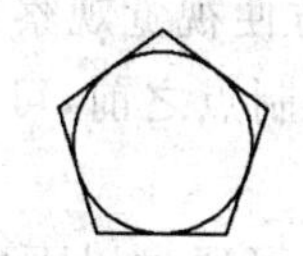
(b) 外切于圆的正五边形

图 2-31　绘制正五边形

2.3.3　案例实战

案例

使用多边形、圆弧命令绘制如图 2-32 所示的图形。

操作步骤如下。

(1) 绘制多边形。在命令行中输入 POL，或单击工具栏中的多边形按钮( )，见命令行：

```
命令：_polygon 输入侧面数 <4>：3                    //输入多边形边数 3
指定正多边形的中心点或 [边(E)]：e                   //选择 e,以指定边来绘制多边形
指定边的第一个端点：指定边的第二个端点：@48,0        //根据边长输入相对坐标
```

(2) 绘制辅助线。按 F3 键，启用“对象步骤”功能，在状态栏中右键单击“对象捕捉”按钮，选择“中点”捕捉。在命令行中输入 L，或在工具栏中单击“直线”按钮( )，分别从 A 点、B 点出发捕捉边线的中点，如图 2-33 所示。

(3) 绘制圆弧。选择圆弧中的“三点”方式绘制 1 段圆弧，绘制时注意逆时针绘制，如图 2-34 所示。采用相同的方法绘制另外 2 段圆弧。

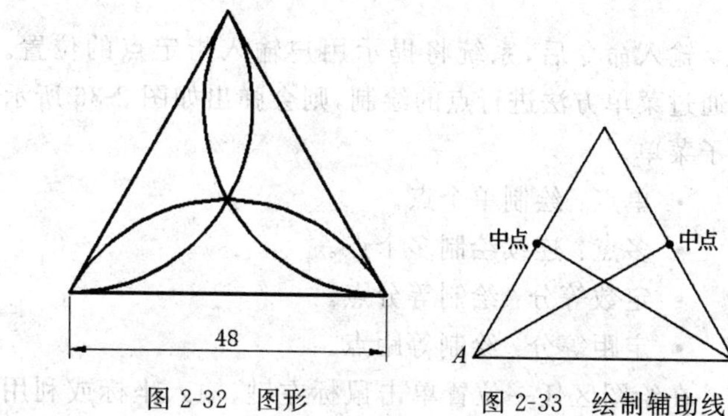

图 2-32　图形

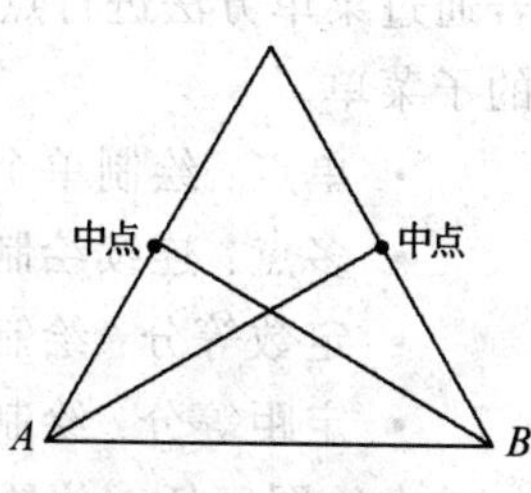

图 2-33　绘制辅助线

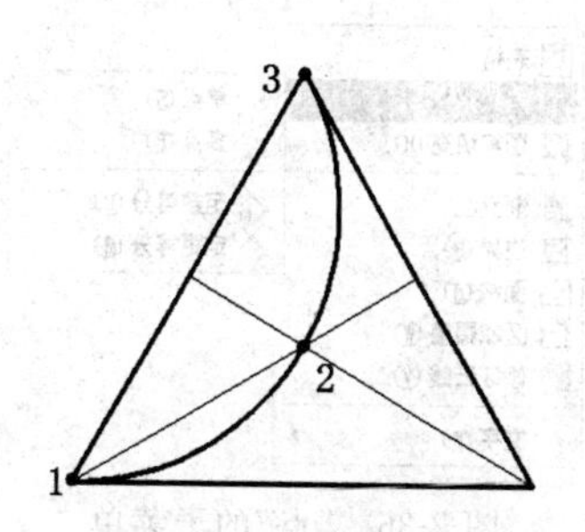

图 2-34　绘制辅助线

2.4 点的绘制

点(Point)是 AutoCAD 2014 中构建图形对象的基础,因此,图形对象即为无数个点的集合。点可以通过指定坐标值来产生,也可以在已有的图形对象基础上创建。

2.4.1 设置点样式

AutoCAD 2014 为了方便视觉观察,用户可根据需要选择用一些特定的标志来标记点的位置。因此,在创建绘制点之前,可先对点进行样式设置。

命令调用方法如下。

在 AutoCAD 2014 中,可通过以下两种途径设置点的样式。

- 菜单:"格式"|"点样式"。
- 命令行:ddptype。

启动该命令后,AutoCAD 2014 将弹出如图 2-35 所示的"点样式"对话框。对话框的下部有"点大小"文本框和两个单选按钮。

点大小:文本框中输入的数值决定点的大小。

相对于屏幕设置大小:设置的点大小将按屏幕尺寸的百分比显现,且在进行缩放时点的显示大小并不改变。

按绝对单位设置大小:设置的点将以实际数值来表示点的大小,且在进行缩放时显示的点的大小随之改变。

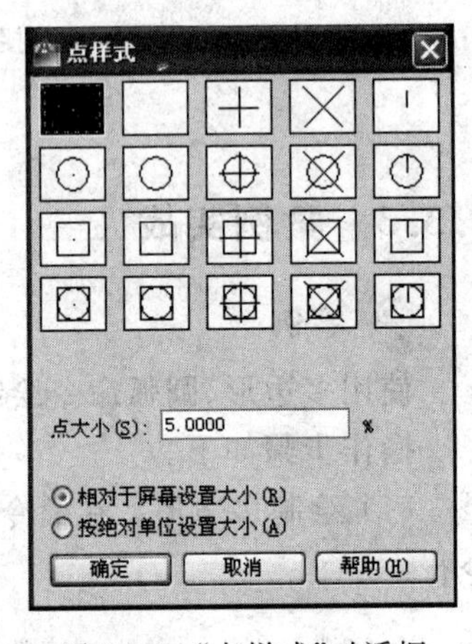

图 2-35 "点样式"对话框

2.4.2 绘制点

命令调用方法如下。

AutoCAD 2014 中绘制点的命令调用方法如下:

- 菜单:"绘图"|"点"。
- 工具栏:(点)按钮。
- 命令行:point。

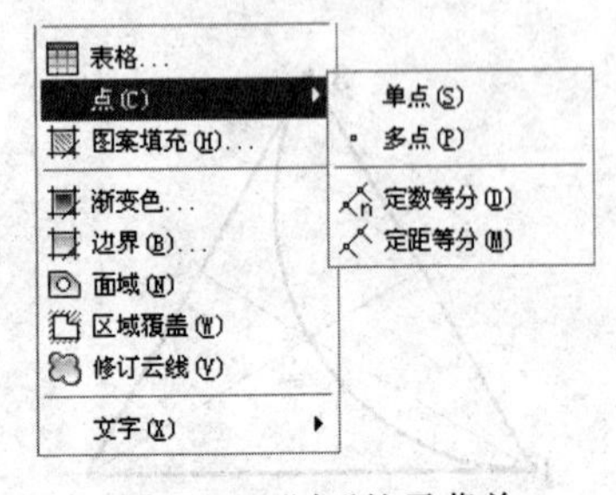

图 2-36 "点"的子菜单

输入命令后,系统将提示用户输入指定点的位置。若通过菜单方法进行点的绘制,则会弹出如图 2-36 所示的子菜单。

- 单点:绘制单个点。
- 多点:连续绘制多个点。
- 定数等分:绘制等分点。
- 定距等分:绘制等距点。

在绘图区任一位置单击鼠标左键、输入坐标或利用对象捕捉方式均可绘制一个单点；多次在相应位置单击鼠标左键，即可连续绘制多个点对象。

2.4.3 定数等分点

定数等分点是指通过指定等分的数目来定义点，被选择的对象将被定数等分点平均成相等的长度。

命令调用方法如下。

在 AutoCAD 2014 中，用户可通过以下两种方法启动定数等分点命令。

- 菜单："绘图"|"点"|"定数等分"。
- 命令行：divide。

【技巧提示】

- 定数等分的数目范围为 2～32 767。
- 由于输入的是等分数，而不是等分点的个数，所以若对非闭合的选择对象进行操作，要将其分为 N 份，则只生成 $N-1$ 个点；对闭合的选择对象进行操作，将其分为 N 份时将会生成 N 个点。
- 每次只能对一个选择对象进行操作，而不能对一组选择对象进行操作。

2.4.4 定距等分点

定距等分是指将所选对象的一端按照指定的距离来划分成相等的长度。

命令调用方法如下。

在 AutoCAD 2014 中，用户可通过以下两种方法启动定距等分点命令。

- 菜单："绘图"|"点"|"定距等分"。
- 命令行：measure。

执行"定数等分"命令要注意以下两点：

- 在绘制定距等分点时，一般是以图形对象的起点作为起始位置的。
- 被定距等分的图形对象的最后一个测量段的长度不一定等于指定分段长度。

2.4.5 案例实战

案例 1

在一条线段上绘制 4 等分点，如图 2-37 所示。

操作步骤如下。

(1) 打开 AutoCAD 2014 软件，选择"文件"|"新建"，打开"选择样板"对话框，选择已有样板文件 acadiso.dwt。

图 2-37 定数等分对象效果

(2) 在工具栏中单击"直线"按钮( )，见命令行：

```
命令: _line 指定第一点:              //激活 line 命令,在绘图区合适位置拾取一点
指定下一点或 [放弃(U)]:              //在绘图区合适位置拾取下一点
指定下一点或 [放弃(U)]:              //按 Enter 键
```

(3) 选择“格式”|“点样式”，弹出“点样式”对话框。单击第一行第四个点类型框，选择该样式。单击“确定”按钮，关闭“点样式”对话框。

(4) 执行“绘图”|“点”|“定数等分”命令：

```
命令: _divide                                  //激活 divide 命令
选择要定数等分的对象:                          //选择已有的直线作为定数等分的对象
输入线段数目或 [块(B)]: 4                      //输入 4,按 Enter 键
```

案例 2

在一条圆弧上绘制距离为 300 的线段，如图 2-38 所示。

操作步骤如下。

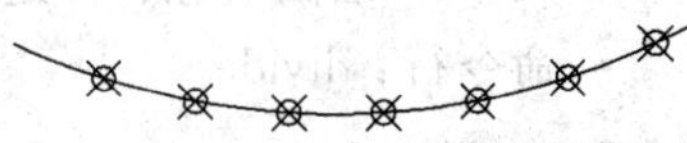

图 2-38　定距等分对象效果

(1) 打开 AutoCAD 2014 软件，选择“文件”|“新建”，打开“选择样板”对话框，选择已有样板文件 acadiso.dwt。

(2) 在工具栏中单击“圆弧”按钮( )，见命令行：

```
命令: _arc 指定圆弧的起点或[圆心(C)]:          //激活 arc 命令,在绘图区合适位置拾取一点,作为
                                                圆弧的起点
指定圆弧的第二个点或 [圆心(C)/端点(E)]:        //在绘图区合适位置再拾取下一点,作为圆弧上的
                                                任意一点
指定圆弧的端点:                                //在绘图区合适位置拾取第三点,作为圆弧的端点
```

(3) 选择“格式”|“点样式”，弹出“点样式”对话框。单击第二行第三个点类型框，选择该样式。单击“确定”按钮，关闭“点样式”对话框。

(4) 选择“绘图”|“点”|“定距等分”，见命令行：

```
命令: _measure                                 //激活 divide 命令
选择要定距等分的对象:                          //选择已有的圆弧作为定距等分对象
输入线段长度或 [块(B)]: 300                    //输入 4,按 Enter 键
```

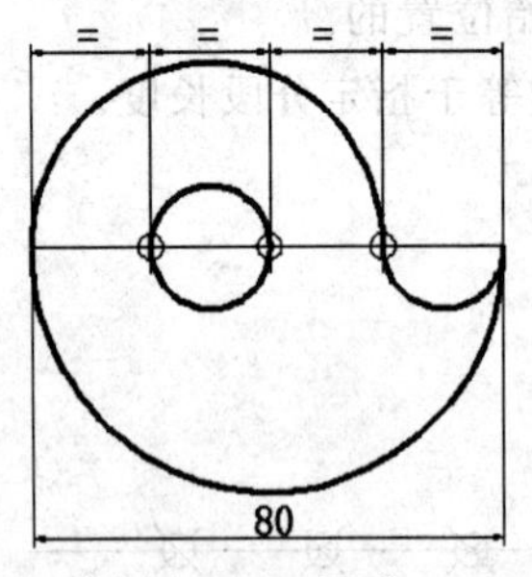

图 2-39　图形

案例 3

使用圆、圆弧、定数等分命令绘制如图 2-39 所示的图形。

操作步骤如下。

(1) 打开 AutoCAD 2014 软件，选择“文件”|“新建”，打开“选择样板”对话框，选择已有样板文件 acadiso.dwt。

(2) 绘制长度为 80 的线。在命令行中输入 L，或单击工具栏中的“线”，在屏幕合适的位置绘制一条长度为 80 的线，见命令行：

```
命令: _line
指定第一个点:                                  //激活 line 命令,在绘图区合适位置拾取一点
指定下一点或 [放弃(U)]: @80,0                  //输入相对坐标
指定下一点或 [放弃(U)]:                        //空格退出
```

(3) 设置点样式。选择“格式”|“点样式”，弹出“点样式”对话框。单击第一行第四个

点类型框,选择该样式。单击“确定”按钮,关闭“点样式”对话框。

(4) 定数等分。将 80 长的线等分 4 份,效果如图 2-40 所示。选择“绘图”|“点”|“定数等分”命令:

```
命令: _divide                          //激活 divide 命令
选择要定数等分的对象:                   //选择已有的直线作为定数等分的对象
输入线段数目或 [块(B)]: 4              //输入 4,按 Enter 键
```

(5) 绘制圆弧。在工具栏中选择圆弧中的“起点,圆心,端点”绘制方式,以 A 为起点,B 为圆心,C 为端点绘制圆弧,如图 2-41 所示。

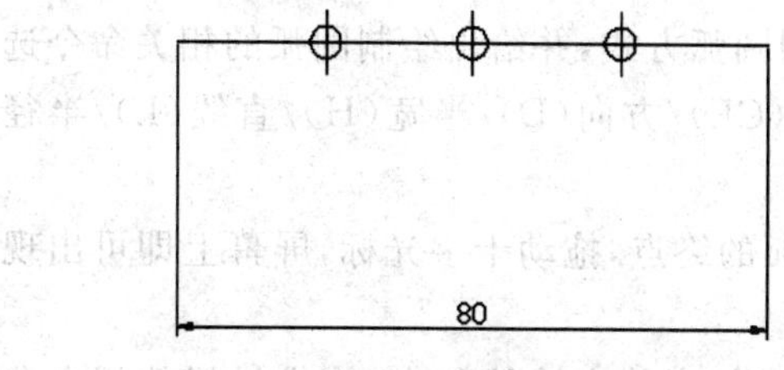

图 2-40　定数等分

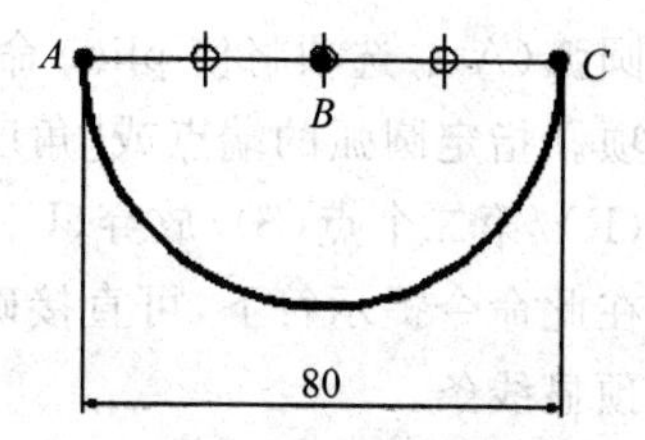

图 2-41　起点,圆心,端点

(6) 继续绘制圆弧。在工具栏中选择圆弧中的“起点,端点,角度”绘制方式,以 A 为起点,B 为端点,角度为 180°绘制圆弧,如图 2-42 所示。

(7) 相同方法绘制第三个圆弧。

(8) 绘制圆。利用“两点”画圆法,以 AB 两点绘制圆形,如图 2-43 所示。

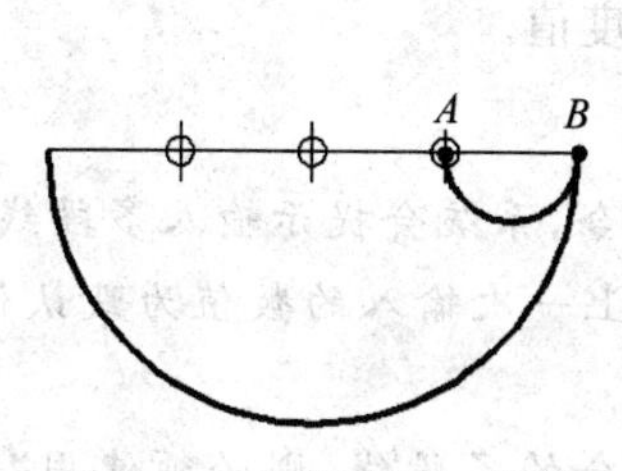

图 2-42　起点,端点,角度

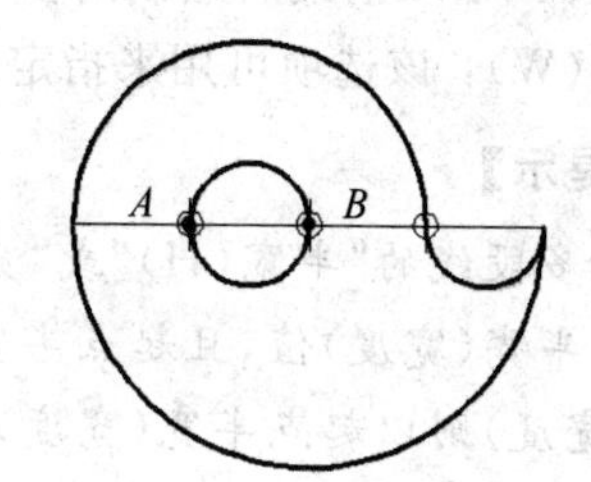

图 2-43　两点画圆

2.5　多段线

多段线(Polyline)是由一系列具有宽度性质的连续直线段或圆弧组成的单个图形对象。多段线与直线段相比,具有可分段编辑和分段设置宽度的优势,这对于绘制图形对象十分有利。

2.5.1　绘制多段线

命令调用方法如下。

在 AutoCAD 2014 中,用户可通过以下 4 种方式启动多段线命令。

- 菜单:“绘图”|“多段线”。

- 工具栏：(多段线)按钮。
- 命令行：pline。
- 命令行：pl(简化命令)。

启动 pline 命令后，AutoCAD 2014 会给出以下提示和选项：

```
命令：_PLINE
指定起点：
当前线宽为 0.0000
指定下一个点或 [圆弧(A)/半宽(H)/长度(L)/放弃(U)/宽度(W)]：
指定下一点或 [圆弧(A)/闭合(C)/半宽(H)/长度(L)/放弃(U)/宽度(W)]：
```

- 圆弧(A)：选项将使 pline 命令变为绘制圆弧方式，并给出绘制圆弧的相关命令选项。指定圆弧的端点或[角度(A)/圆心(CE)/方向(D)/半宽(H)/直线(L)/半径(R)/第二个点(S)/放弃(U)/宽度(W)]。

  在此命令提示符下，可直接确定所绘圆弧的终点，拖动十字光标，屏幕上即可出现预显线条。
- 闭合(C)：该选项将使所绘多段线的起点与当前点连接起来，构成封闭的闭合曲线，并结束命令。
- 半宽(H)：该选项可用来指定多线段的一半宽度值。
- 长度(L)：定义将要绘制的多段线(直线)的长度，其方向与前一条直线或前一圆弧相切。
- 放弃(U)：取消最后绘制的多段线。
- 宽度(W)：该选项可用来指定多线段的宽度值。

【技巧提示】

- 执行多段线的"半宽(H)"或"宽度(W)"命令，系统会提示输入多段线的起点和终点的半宽(宽度)值，且起点半宽(宽度)以上一次输入的数值为默认值，而终点半宽(宽度)则以起点半宽(宽度)为默认值。
- 当多段线的宽度大于 0 时，若需要绘制闭合的多段线，则必须使用"闭合(C)"选项，才能使其完全闭合；而使用其他方法闭合多段线则会导致多段线的闭合处出现缺口，如图 2-44 所示。

(a)"闭合(C)"选项封闭的多段线

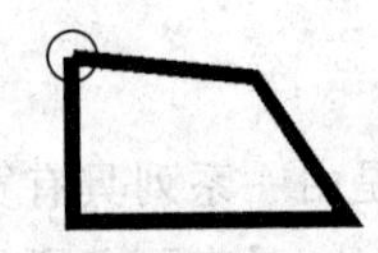

(b) 对象捕捉方法闭合的有缺口的多段线

图 2-44 封闭的多段线和有缺口的多段线

2.5.2 编辑多段线

对于复杂的多段线对象，用户可以根据需要对其进行相应的编辑。

命令调用方法如下。

在 AutoCAD 2014 中,用户可通过以下 4 种方式启动多段线编辑命令。

- 菜单:"修改"|"对象"|"多段线"。
- 命令行:pedit。
- 命令行:pe(简化命令)。
- 快捷菜单:选择需要编辑的多段线,单击鼠标右键,在打开的快捷菜单中选择"多段线"子菜单的"编辑多段线"命令。

输入命令后,系统将提示用户输入以下选项:

- 合并(J):以一条多段线为主体,合并其他端点相连的直线、弧线和多段线,使其成为一个多段线整体,如图 2-45 所示。
- 宽度(W):该选项可使同一多段线具有相同的线宽,如图 2-46 所示。

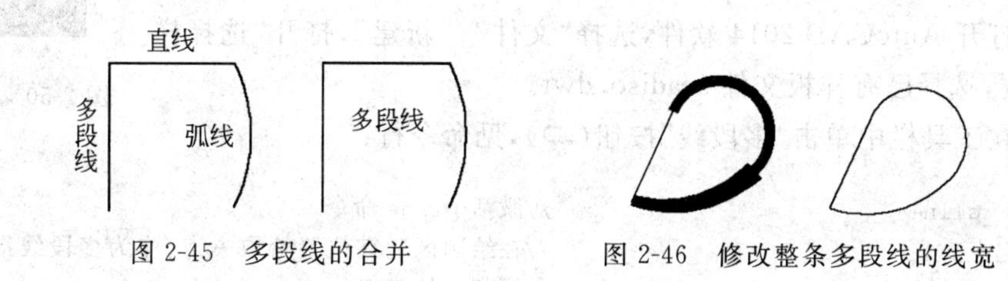

图 2-45　多段线的合并　　图 2-46　修改整条多段线的线宽

- 编辑顶点(E):执行该选项后,在多段线的起点处将出现一个斜"╳",它作为当前定点的标记,并出现以下提示。

```
输入顶点编辑选项[下一个(N)/上一个(P)/打断(B)/插入(I)/移动(M)/重生成(R)/拉直(S)/切向(T)/宽度(W)/退出(X)]<N>:  //允许用户进行移动、插入顶点、修改任意两点间的线宽等操作
```

- 拟合(F):将选定的多段线生成由圆滑弧线连接的拟合曲线,该曲线经过多段线的各顶点,如图 2-47 所示。

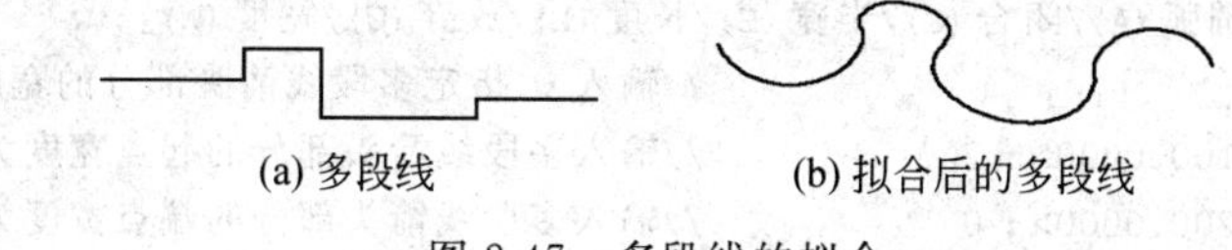

(a) 多段线　　(b) 拟合后的多段线

图 2-47　多段线的拟合

- 样条曲线(S):将选定的多段线以各顶点为控制点生成 B 样条曲线,如图 2-48 所示。

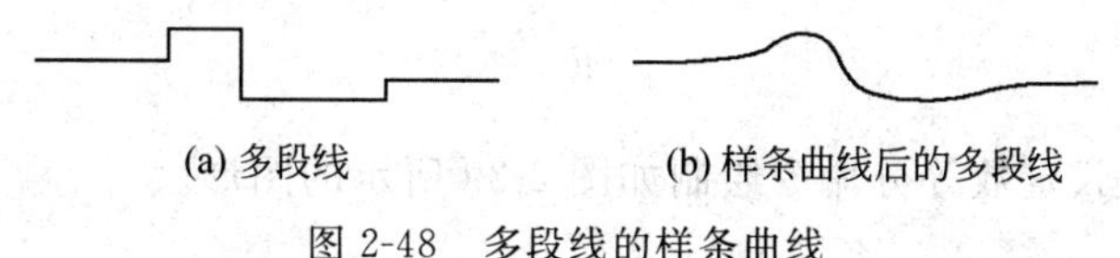

(a) 多段线　　(b) 样条曲线后的多段线

图 2-48　多段线的样条曲线

- 非曲线化(D):将多段线中的圆弧用直线代替,如图 2-49 所示。
- 线型生成(L):多段线的线型为点画线时,控制多段线的线型生成方式开关。
- 反转(R):该选项可改变多段线上的顶点顺序。
- 放弃(U):取消对多段线进行的最后编辑命令。

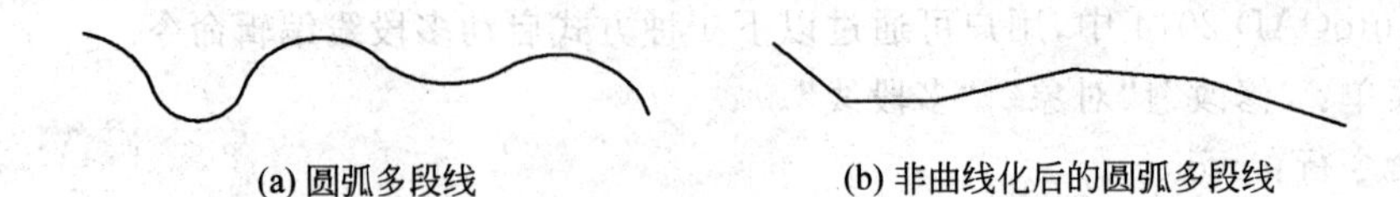

(a) 圆弧多段线　　(b) 非曲线化后的圆弧多段线

图 2-49　多段线的非曲线化

2.5.3　案例实战

案例 1

绘制如图 2-50 所示的箭头。

操作步骤如下：

(1) 打开 AutoCAD 2014 软件，选择“文件”|“新建”，打开“选择样板”对话框，选择已有样板文件 acadiso.dwt。

图 2-50　箭头

(2) 在工具栏中单击“多段线”按钮( )，见命令行：

```
命令：_pline                              //激活 pline 命令
指定起点：                                //在绘图区适宜位置拾取一点，作为多段线最左端直
                                            线部分的起点
当前线宽为 0.0000                         //系统显示当前多段线宽度
指定下一个点或 [圆弧(A)/半宽(H)/长度(L)/放弃(U)/宽度(W)]：w
                                          //输入 w，指定多段线直线部分的宽度
指定起点宽度 <0.0000>：100                //输入多段线直线部分的起点宽度为 100
指定端点宽度 <100.0000>：                 //按 Enter 键，指定多段线直线部分的端点宽度也为 100
指定下一个点或 [圆弧(A)/半宽(H)/长度(L)/放弃(U)/宽度(W)]：
                                          //在绘图区适宜位置拾取一点，作为多段线最左端直
                                            线部分的端点，也为多段线箭头部分的起点
指定下一点或 [圆弧(A)/闭合(C)/半宽(H)/长度(L)/放弃(U)/宽度(W)]：w
                                          //输入 w，指定多段线箭头部分的宽度
指定起点宽度 <100.0000>：200              //输入多段线箭头部分的起点宽度为 200
指定端点宽度 <200.0000>：0                //输入多段线箭头部分的端点宽度为 0
指定下一点或 [圆弧(A)/闭合(C)/半宽(H)/长度(L)/放弃(U)/宽度(W)]：
                                          //在绘图区适宜位置再拾取一点，作为多段线箭头部
                                            分的端点
指定下一点或 [圆弧(A)/闭合(C)/半宽(H)/长度(L)/放弃(U)/宽度(W)]：回车
```

案例 2

使用多段线、圆、定数等分命令绘制如图 2-39 所示的图形。

操作步骤如下。

(1) 打开 AutoCAD 2014 软件，选择“文件”|“新建”，打开“选择样板”对话框，选择已有样板文件 acadiso.dwt。

(2) 绘制长度为 80 的线，绘制方法与 2.4.5 案例 3 相同。

(3) 设置点样式，绘制方法与 2.4.5 案例 3 相同。

(4) 定数等分，将 80 长的线等分四份，绘制方法与2.4.5 案例 3 相同。

(5) 利用多段线连续绘制圆弧,如图 2-51 所示。在命令行中输入 PL 或在工具栏中单击“多段线”按钮( )。以 A 为起点开始绘制,见命令行:

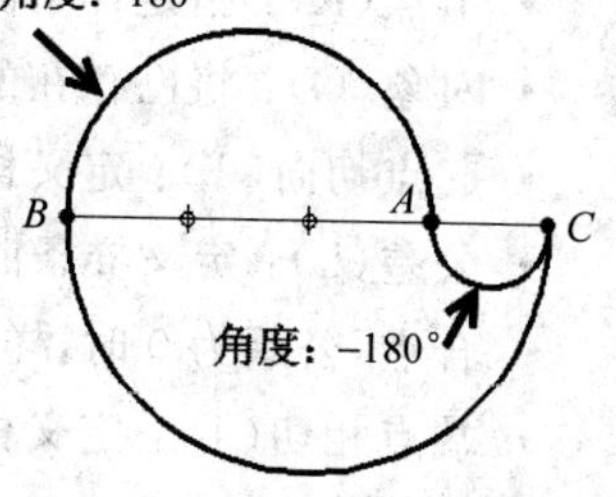

图 2-51　多段线绘制圆弧

```
命令:_pline
指定起点:
当前线宽为 0.0000
指定下一个点或 [圆弧(A)/半宽(H)/长度(L)/放弃(U)/宽度(W)]: a
                                        //绘制圆弧
指定圆弧的端点或                        //选择 A 点,指定圆弧起点
[角度(A)/圆心(CE)/方向(D)/半宽(H)/直线(L)/半径(R)/第二个点(S)/放弃(U)/宽度(W)]: a
                                        //选择输入角度
指定包含角: 180                         //角度设为 180°
指定圆弧的端点或 [圆心(CE)/半径(R)]:    //选择 B 点,指定圆弧端点
指定圆弧的端点或
[角度(A)/圆心(CE)/闭合(CL)/方向(D)/半宽(H)/直线(L)/半径(R)/第二个点(S)/放弃(U)/宽度(W)]:
                                        //选择 C 点,指定圆弧端点
指定圆弧的端点或
[角度(A)/圆心(CE)/闭合(CL)/方向(D)/半宽(H)/直线(L)/半径(R)/第二个点(S)/放弃(U)/宽度(W)]: a
                                        //选择输入角度
指定包含角: -180                        //角度设为-180°
指定圆弧的端点或 [圆心(CE)/半径(R)]:    //选择 A 点,指定圆弧端点
指定圆弧的端点或
[角度(A)/圆心(CE)/闭合(CL)/方向(D)/半宽(H)/直线(L)/半径(R)/第二个点(S)/放弃(U)/宽度(W)]:
                                        //空格退出
```

(6) 绘制圆。利用“两点”画圆法,以 AB 两点绘制圆形,绘制方法与 2.4.5 案例 3 相同。

2.6　样条曲线

样条曲线是被一系列给定点控制的光滑曲线,点通过或逼近样条曲线。样条曲线通常用于绘制外形轮廓不规则的图形。

2.6.1　绘制样条曲线

用户可以通过指定的一些点来创建样条曲线。

命令调用方法如下。

在 AutoCAD 2014 中,用户可通过以下 3 种方式启动创建样条曲线命令。

- 菜单:“绘图”|“样条曲线”。
- 命令行:spline。
- 工具栏: 按钮。

执行该命令后,系统将提示用户输入以下提示和选项。

- 方式(M):指定样条曲线的创建方式。

- 节点(K)：指定样条曲线拟合点的参数化方式。
- 对象(O)：将已存在的拟合多段线转换为等价的样条曲线。
- 起点切向(T)：定义样条曲线起点的切向。
- 公差(L)：定义样条曲线拟合点集时的拟合精度。公差越小，样条曲线越逼近拟合点，公差为 0 时，样条曲线准确通过该指定点。
- 端点相切(T)：定义样条曲线终点的切向。
- 放弃(U)：取消上一段绘制的样条曲线。
- 闭合(C)：将样条曲线首尾相连成封闭曲线，并使其在连接处相切。

2.6.2 编辑样条曲线

样条曲线建立之后，AutoCAD 2014 以拟合或数据控制点的方式来保存这些点，当公差为 0 时，样条曲线将通过这些拟合点。若选择样条曲线进行编辑，则需要将这些拟合点看作夹点，用户可以通过夹点修改样条曲线的形状和位置。

命令调用方法如下。

在 AutoCAD 2014 中，用户可通过以下 4 种方式对样条曲线进行编辑。

- 菜单："修改"|"对象"|"样条曲线"。
- 命令行：splinedit。
- 工具栏：修改工具条Ⅱ的"编辑样条曲线"按钮。
- 快捷菜单：选择需要编辑的样条曲线，单击鼠标右键，在打开的快捷菜单中选择"样条曲线"命令并选择相应的编辑方式。

输入命令后，系统将提示用户输入以下选项。

- 闭合(C)：将开放的样条曲线修改为封闭的样条曲线。
- 打开(O)：在闭合的样条曲线上删除最后一点与起点的连接。
- 合并(J)：将两条端点相连、不交叉也不重合的样条曲线合并成同一条样条曲线。
- 拟合数据(F)：编辑近似数据，选择该选项后，创建样条曲线时指定的各点将以小方格的形式显示出来。
- 编辑顶点(E)：调整样条曲线的定义，执行该命令后，会出现以下提示：

```
输入顶点编辑选项 [添加(A)/删除(D)/提高阶数(E)/移动(M)/权值(W)/退出(X)] <退出>:
//允许用户对样条曲线的控制点进行添加、删减、移动位置、添加经过样条曲线的控制点和改变控制点的权重等操作
```

- 转换为多段线(P)：将样条曲线转变成多段线。
- 反转(R)：翻转样条曲线的方向，使其起点和终点互换。
- 放弃(U)：撤销上一次的编辑操作。
- 退出(X)：结束样条曲线编辑命令。

2.7　多线

多线是一种由 1～16 条平行线组成的线型，其平行线之间的间距和数目是可以调整的，最突出的特点就是可保证图线之间的统一，提高绘图的效率。多线常用于绘制建筑平面图中墙体、公路、电子线路等平行对象，其绘制方法与绘制直线基本类似，也可以闭合。

2.7.1　绘制多线

命令调用方法如下。

在 AutoCAD 2014 中，用户可通过以下两种方式绘制多线。

- 菜单："绘图"|"多线"。
- 命令行：mline。

执行该命令后，系统将提示用户输入以下提示和选项。

- 对正(J)：设置多线相对于基准线或光标中心所对应的位置，包括以下三种。
- 上(T)：以多线的上侧线为基准绘制多线。
- 无(Z)：以多线的中心线为基准绘制多线，即 0 偏差位置绘制多线。
- 下(B)：以多线的下侧线为基准绘制多线。
- 比例(S)：设置所绘制多线的比例，即设定两条多线间的距离大小，当输入的数值为 0 时，平行线重合。
- 样式(ST)：设定当前所采用的多线样式名。
- 放弃(U)：撤销最后绘制的一段多线。
- 闭合(C)：将多线的起点和终点相连，使之成为闭合的线段。

2.7.2　定义多线样式

多线的 1～16 条平行线称为元素。这些元素的数量、位置、颜色、线型、末端使用的封口类型、每个顶端出现的十字形交点的直线可见性及其与多线中间的偏移距离、背景的填充颜色等特性都可通过不同的多线样式来加以控制。

命令调用方法如下。

执行定义多线样式的方式有以下两种。

- 菜单："格式"|"多线样式"。
- 命令行：mmlstyle。

输入该命令后，AutoCAD 2014 将弹出如图 2-52 所示的"多线样式"对话框，其各选项功能如下。

- 样式：系统只提供一种默认的 Standard 多线样式，但用户可自行加载新的多线样式。
- 说明：对所选中的多线样式的一些特性说明。
- 预览：可观看所选中的多线样式的预览效果。
- 置为当前：将所选中的多线样式设置为当前样式。

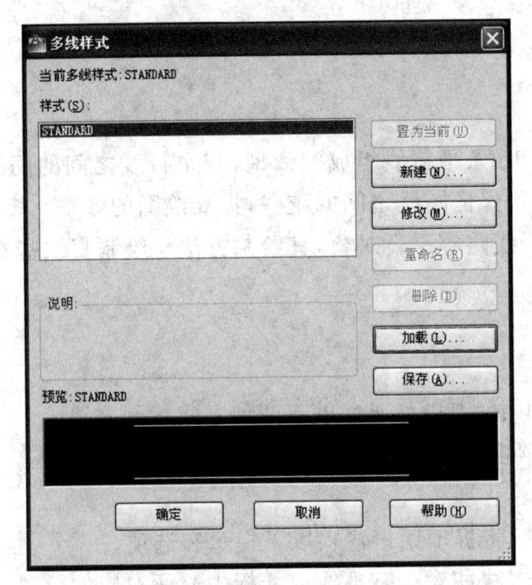

图 2-52 “多线样式”对话框

- 新建：创建新的多线样式，单击该按钮，会弹出如图 2-53 所示的“创建新的多线样式”对话框，在“新样式名”文本框内输入自定义的多线样式名称，系统将打开如图 2-54 所示的“新建多线样式”对话框。

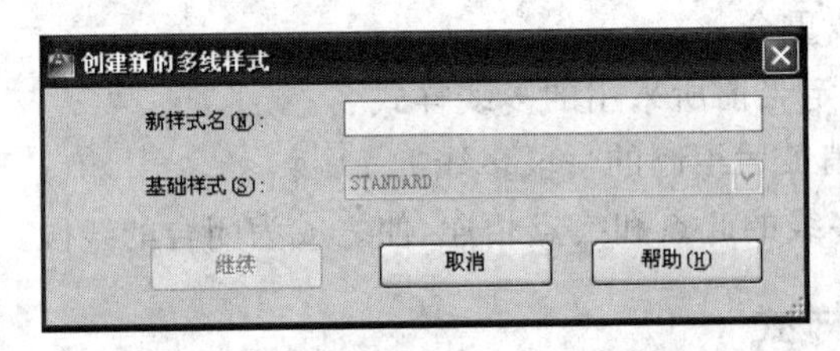

图 2-53 “创建新的多线样式”对话框

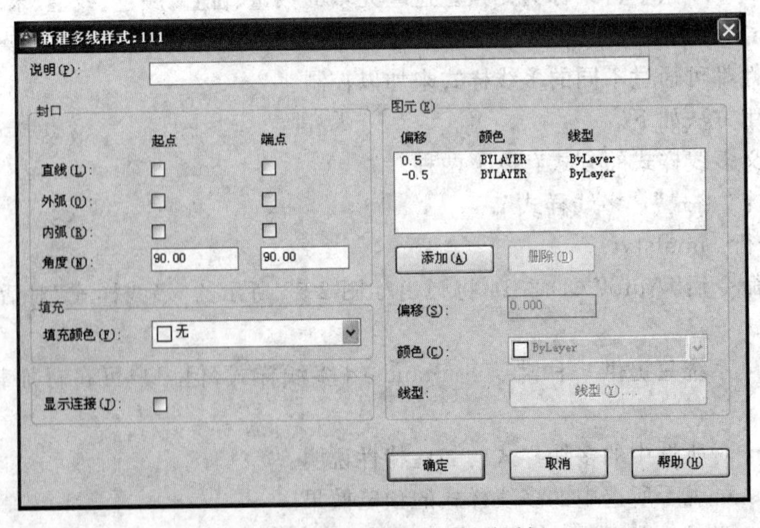

图 2-54 “新建多线样式”对话框

• 封口：对多线的起点和端点的特性进行设置，包括以直线、外弧、内弧及封口线段或圆弧的角度。
• 填充颜色：设定所选多线的填充颜色。
• 图元：设置组成多线元素的特性。
• 添加：单击该按钮，可为多线添加元素。
• 删除：单击该按钮，可为多线删除元素。
• 偏移：设置所选中的元素的位置偏移值。
• 颜色：在“颜色”的下拉列表框中可为所选中的元素选择颜色。
• 线型：单击该按钮，系统将打开“选择线型”对话框，可为所选中的元素设置线型。单击“确定”按钮，关闭对话框，此时在“多线样式”对话框中可看到新建的多线样式名称及其预览效果。
• 修改：对所选中的当前多线样式进行修改，单击该按钮，会弹出“修改多线样式”对话框，其设定方法与“新建多线样式”对话框相同。
• 重命名：对当前所选中的多线样式进行重新命名。
• 删除：从“样式”列表中删除当前选定的多线样式。
• 加载：将选中的多线样式加载到“样式”列表中，单击该按钮，会弹出如图 2-55 所示的“加载多线样式”对话框。
• 保存：将新建后或修改后的多线样式保存到多线样式文件中。

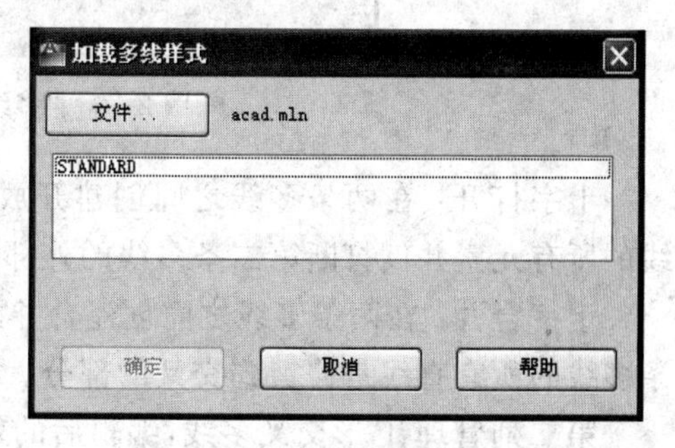

图 2-55 “加载多线样式”对话框

2.7.3 编辑多线

对于复杂的多线对象，用户可以根据需要对其进行相应的编辑。由于多线是一个整体，在 AutoCAD 2014 中，许多编辑命令不能对多线进行相应的编辑操作，如打断、倒角、圆角、延长、拉长等。因此，AutoCAD 2014 提供了专门的多线编辑工具，用户使用该命令可以对平行多线的交接、断开、形体进行控制和编辑。

命令调用方法如下。

AutoCAD 2014 可通过以下两种方式启动多线编辑命令。

• 菜单：“修改”|“对象”|“多线”。
• 命令行：mledit。

执行该命令后，系统将打开如图 2-56 所示的“多线编辑工具”对话框。利用该对话框，用户可以创建或修改多线的模式。

第一列管理十字交叉多线，编辑后的效果如图 2-57 所示。

十字闭合：在两组多线之间创建闭合的十字交点，在此交叉口中，第二条多线保持原状，第一条多线被修剪成与第二条多线分离的形状。

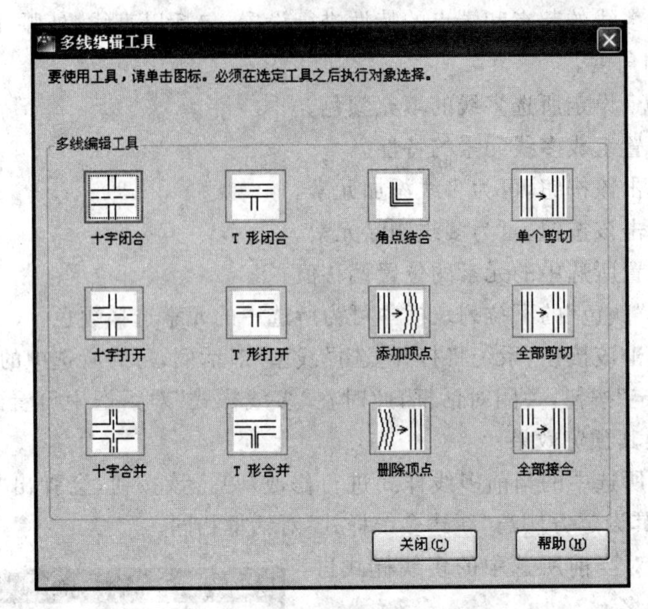

图 2-56 “多线编辑工具”对话框

十字打开：在两条多线之间创建开放的十字交点，AutoCAD 2014 将打断第一条多线的所有元素并仅打断第二条多线的外部元素。

十字合并：在两条多线之间创建合并的十字交点，在此交叉口中，第一条多线和第二条多线的所有直线都修剪到交叉的部分。

第二列管理 T 形交叉多线，编辑后的效果如图 2-58 所示。

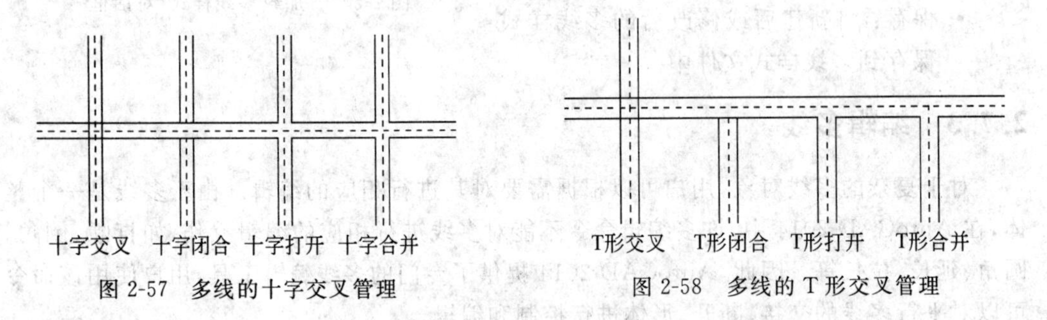

图 2-57 多线的十字交叉管理

图 2-58 多线的 T 形交叉管理

T 形闭合：在两条多线之间创建闭合的 T 形交点。AutoCAD 2014 将第一条多线修剪或延伸到与第二条多线的交点处。

T 形打开：在两条多线之间创建开放的 T 形交点。AutoCAD 2014 将第一条多线修剪或延伸到与第二条多线的交点处。

T 形合并：在两条多线之间创建合并的 T 形交点。AutoCAD 2014 将多线修剪或延伸到与另一条多线的交点处。

第三列管理多线的角和顶点，编辑后的效果如图 2-59 所示。

角点结合：在多线之间创建角点连接。AutoCAD 2014 将多线修剪或延伸到它们的交点处。

添加顶点：在所选多线上添加顶点。

删除顶点：从所选多线上删除顶点。

第四列管理多线被剪切或连接的形式，编辑后的效果如图 2-60 所示。

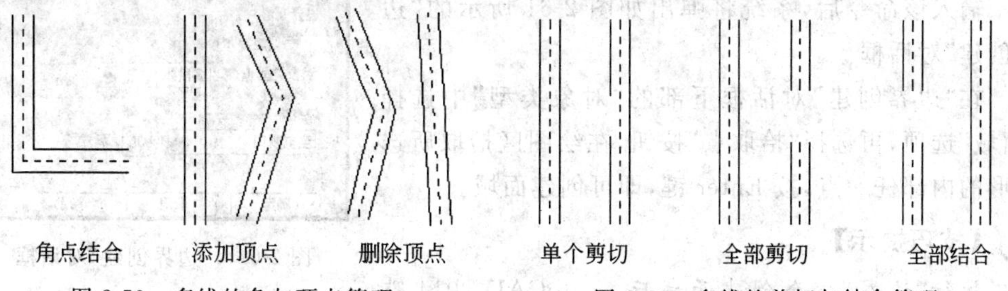

图 2-59 多线的角与顶点管理　　图 2-60 多线的剪切与结合管理

单个剪切：分割单线，通过两个拾取点引入多线中的一条线的可见间断。

全部剪切：全部分割，通过两个拾取点引入多线的所有线上的可见间断。

全部接合：将被剪切的多线重新合并起来，应注意它不能用来把两个单独的多线接成一体。

【技巧提示】

在编辑多线时，选择第一条多线与选择第二条多线的顺序不同，则编辑的结果也会不同。

2.8 面域

面域是具有边界的二维封闭平面区域，它是一个面的对象，包括圆、椭圆、封闭的二维多段线和样条曲线等对象，也可以包括孔。面域包括一般图形对象所没有的质心、惯性运动及与质量有关的一些物理特性，因此，用户可以通过面域的并、差或交运算建立复杂的形状。

2.8.1 创建面域

命令调用方法如下。

在 AutoCAD 2014 中，用户可通过以下三种方式使用面域命令创建面域。

- 菜单：“绘图”|“面域”。
- 命令行：region。
- 工具栏：按钮。

执行该命令后，系统将提示用户选择要创建面域的对象，当用户选好所需创建面域的图形对象时，按 Enter 键即可看见 AutoCAD 2014 环提取、面域建成的提示。

边界是适用于从任一封闭区域创建多段线或面域的命令。使用“边界”命令创建面域时，该命令可以分析一个区域并忽略相交线，但要求对象之间不能有空隙。

在 AutoCAD 2014 中，用户可通过以下三种方式调用“边界”命令来创建面域。

- 菜单：“绘图”|“边界”。
- 命令行：boundary。
- 工具栏：按钮。

输入该命令后，系统将弹出如图 2-61 所示的“边界创建”对话框。

在“边界创建”对话框下部的“对象类型”中选择“面域”选项，再选择“拾取点”按钮，在绘图区拾取所选图形的内部任一点，按 Enter 键，即可创建面域。

图 2-61 “边界创建”对话框

【技巧提示】

执行“边界”命令创建面域后，AutoCAD 2014 默认不删除源对象，即边界创建完成后可以将源对象移到其他位置，而源图像依然存在。

2.8.2 面域的布尔运算

1. 并集

将两个面域执行并集计算后，两者将合并为一个面域。在 AutoCAD 2014 中，用户可通过执行“修改”|“实体编辑”|“并集”命令，将已绘制好的圆形图形和五边形图形进行面域后，再进行并集计算，完成并集后的效果如图 2-62 所示。

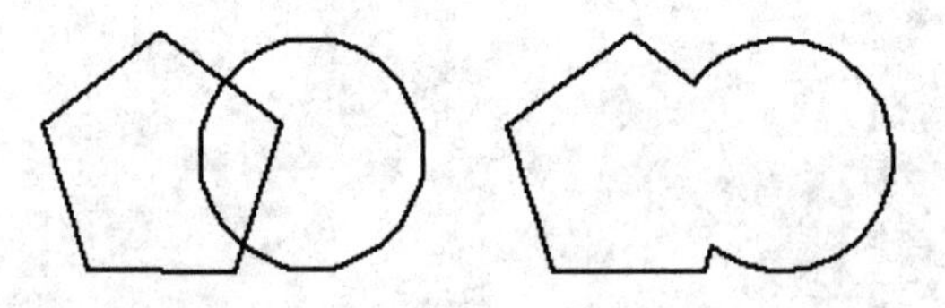

(a) 圆形和五边形　(b) 将圆形和五边形面域后并集

图 2-62 面域并集

2. 差集

将两个面域执行差集计算后，可以得到二者相减后的面域。在 AutoCAD 2014 中，用户可通过选择“修改”|“实体编辑”|“差集”命令，将已绘制好的圆形图形和五边形图形进行面域后，再进行差集计算，完成差集后的效果如图 2-63 所示。

3. 交集

将两个面域执行交集计算后，可以得到二者的一个共同面域。在 AutoCAD 2014 中，用户可通过选择“修改”|“实体编辑”|“交集”命令，将已绘制好的圆形图形和五边形图形进行面域后，再进行交集计算，完成交集后的效果如图 2-64 所示。

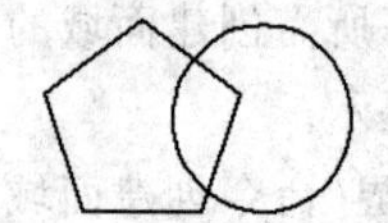

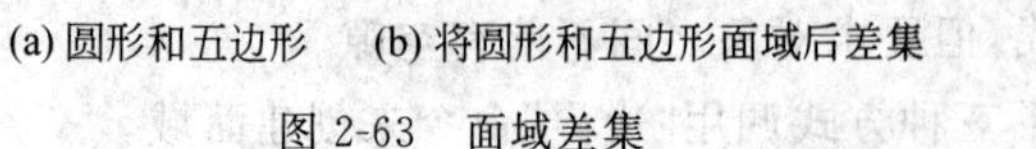

(a) 圆形和五边形　(b) 将圆形和五边形面域后差集

图 2-63 面域差集

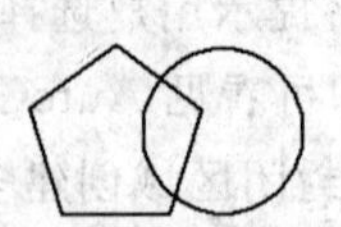

(a) 圆形和五边形　(b) 将圆形和五边形面域后交集

图 2-64 面域交集

2.8.3　面域的数据提取

面域对象与一般的图形对象最与众不同的属性就是质量特性，用户可以通过相关操作从面域中提取数据。

命令调用方法如下。

面域数据提取命令的执行方式有以下两种。

- 菜单："工具"|"查询"|"面域/质量特性"。
- 命令行：MASSPROP。

执行该命令后，对椭圆面域进行的数据提取如下图 2-65 和图 2-66 所示。

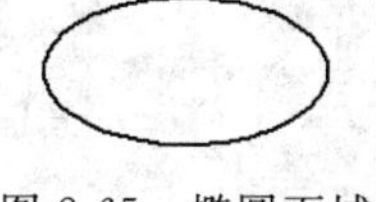

图 2-65　椭圆面域

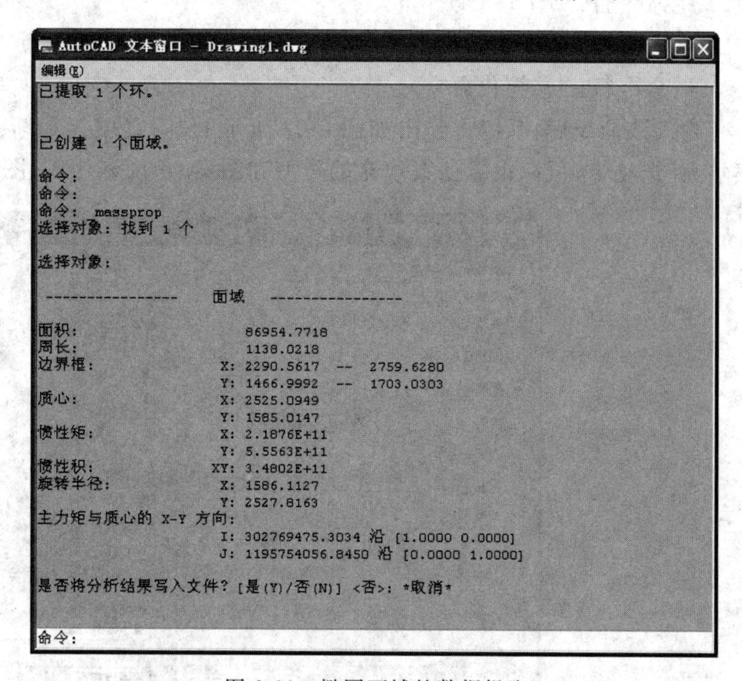

图 2-66　椭圆面域的数据提取

2.9　图案填充

在绘制图形时，用户常常需要对某一特殊区域进行标识，如表现建筑的材质、装饰纹理和颜色等。图案填充由一些重复的线条组成的图案形成，AutoCAD 2014 为用户提供了大量的图案进行填充。

2.9.1　基本概念

为了区分复杂的图形对象，可使用不同的图例进行区分。AutoCAD 2014 采用 BHATCH 命令建立了一个相关联的填充阴影对象，然后指定相应的区域进行图样填充，即图案填充。

图案填充有两个特质：

(1) 填充图案是块，在填充区域里出现的所有线条均为一个单一对象。

(2) 填充图案是相关联的，当编辑一个填充图案对象时，整个图案填充会自动调整以适应新的图形对象。

2.9.2 图案填充的操作

1. 命令调用方式

在 AutoCAD 2014 中，用户可以使用以下 4 种方法启动图案填充命令。

- 菜单："绘图"|"图案填充"。
- 命令行：BHATCH。
- 工具栏：▦按钮。
- 命令行：H(简化命令)。

输入该命令后，系统将弹出如图 2-67 所示的"图案填充和渐变色"对话框。打开"图案填充"选项卡，可以设置图案填充的类型和图案、角度和比例、图案填充原点等特性。

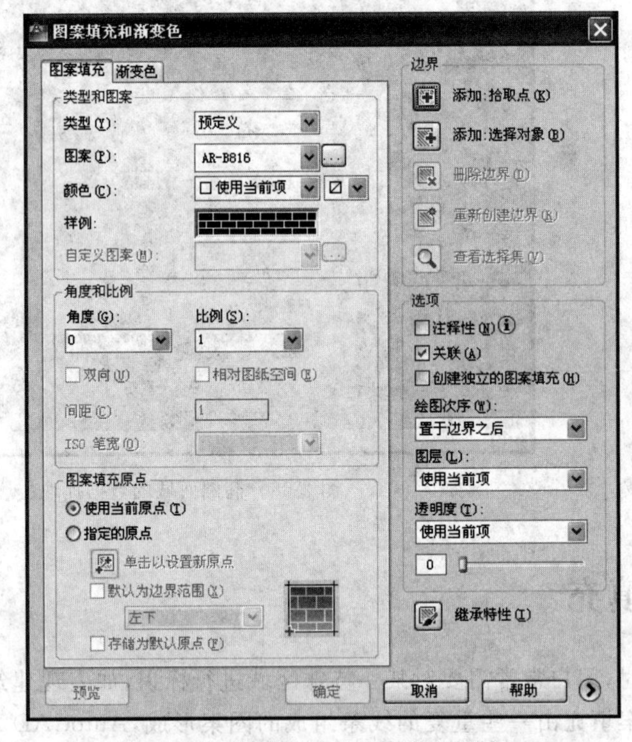

图 2-67 "图案填充和渐变色"对话框

2. 类型与图案

- "类型"下拉框：包括预定义、用户定义和自定义三种。选择"预定义"选项，可使用 AutoCAD 2014 提供的实体填充、行业标准填充图案和 ISO(国际标准化组织)标准填充图案；选择"用户定义"选项，需要临时定义图案，且该图案为一组平行线或由相互垂直的两组平行线组成；选择“自定义”选项，可以使用事先定义好的图案。

- “图案”下拉框：须在使用“预定义”选项时才能使用，单击其右侧的按钮，可弹出如图 2-68 所示的“填充图案选项板”对话框，可在打开的对话框中进行选择。
- “样例”预览窗口：可显示当前选中的图案样例，单击所选中的样例图案，也可弹出“填充图案选项板”对话框。
- “自定义图案”下拉框：须在选择“自定义”选项时才可使用，可对用户预先定义的图案进行选择。

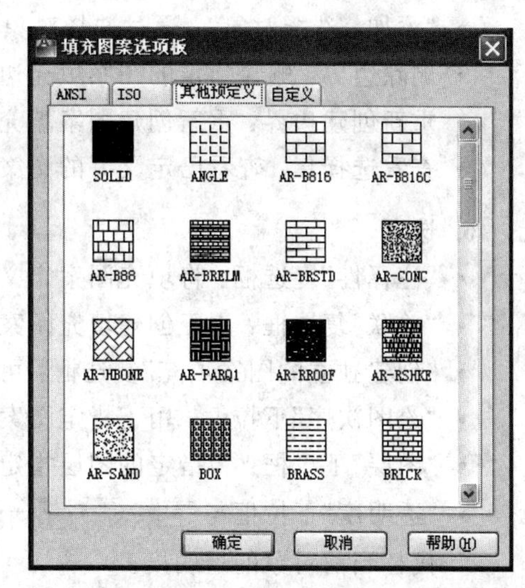

图 2-68　“填充图案选项板”对话框

3. 角度和比例

- “角度”下拉框：可以设置图案填充的旋转角度，系统默认的图案填充角度都为零。
- “比例”下拉框：可设置图案填充时的比例值，每种图案在定义初始的填充比例时均为 1，填充比例表示填充图样的疏密程度，用户可以根据自身的需要进行放大（疏）或缩小（密）。
- “双向”复选框：须在使用“用户定义”选项时才可使用，当选中该复选框时，可以使用相互平行的两组平行线填充图形，否则为一组平行线。
- “相对图样空间”复选框：可设置比例因子是否为相对于图样空间的比例。
- “间距”文本框：须在“用户定义”选项时才可使用，可设置填充平行线之间的距离。
- “ISO 笔宽”下拉框：当填充图案采用 ISO 图案样式时，可设置笔的宽度，笔宽决定了填充图案中的线宽。

4. 图案填充原点

- “使用当前原点”：系统默认情况下，所有填充图案原点都相对于当前 UCS 原点（0,0）。
- “指定的原点”：可以通过指定点作为填充图案的原点 。
- “单击以设置新原点”按钮：可在绘图窗口中任选一点作为图案填充的原点。
- “默认为边界范围”复选框：可设置填充图案的左下角、右下角、右上角、左上角或圆心作为图案填充的原点。
- “存储为默认原点”复选框：可将指定的点作为存储为默认的图案填充原点。

5. 边界

- “添加：拾取点”：通过拾取点的方式来确定填充对象的边界。

- “添加：选择对象”：通过选择对象的方式来定义填充对象的边界。
- 删除边界：删除指定的图案填充边界。
- 重新创建边界：重新创建图案填充边界。
- 查看选择集：查看已定义好的图案填充边界。

6. 选项

- “注释性”复选框：将填充图案定义为可注释性的对象。
- “关联”复选框：用于创建填充图案的边界时更新图案并填充。
- “创建独立的图案填充”复选框：可创建独立的图案填充。
- “绘图次序”下拉框：用于指定图案填充的绘图顺序。
- “图层”下拉框：为指定的图层指定新的图案填充对象，代替当前图层。
- “透明度”下拉框与 0 滑块：可设定新的图案填充或填充的透明度，代替当前对象的透明度。

7. 继承特性

- 使用选定的图案来填充对象。
- 使用具有填充特性的图案对指定的边界进行图案填充。

单击“图案填充和渐变色”对话框下部的⊙按钮，会使该对话框变大，增加如图 2-69 所示的“孤岛”界面内容。位于图案填充边界内的封闭区域称为孤岛。孤岛填充包括普通、外部和忽略三种形式。

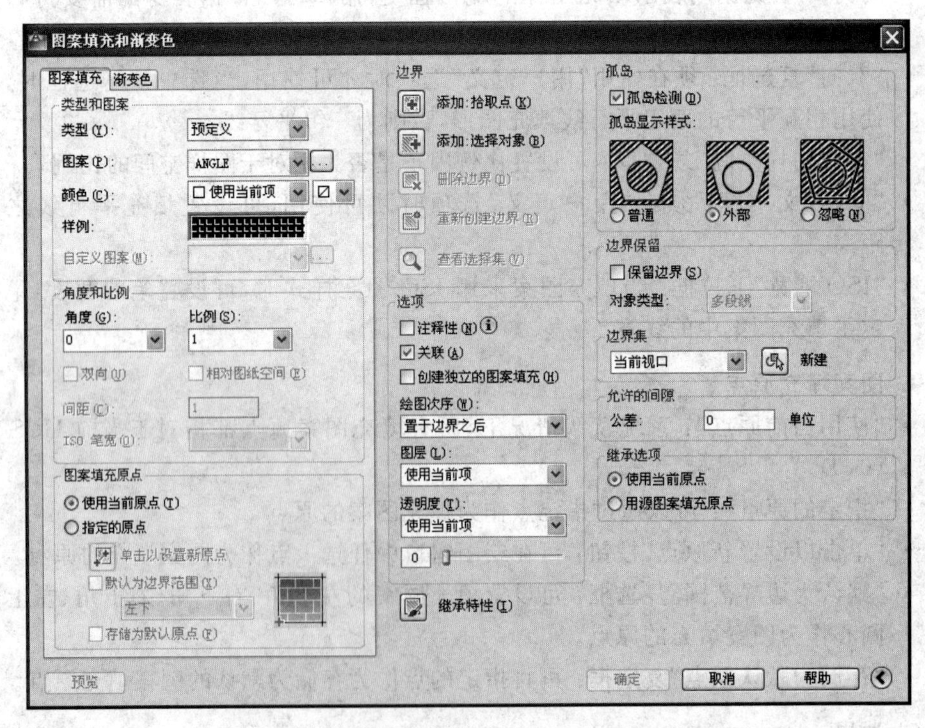

图 2-69 “图案填充和渐变色”对话框孤岛界面

- “孤岛检测”复选框：可确定是否检测孤岛。
- “孤岛显示样式”：此选项组用于确定孤岛的图案填充方式，共有三种处理方式，普通、外部和忽略。
  - 普通：系统默认的孤岛填充方式，将从填充图案的外部边界向外填充，若填充图案中有内部边界，填充将关闭，直到遇到另一个边界为止。
  - 外部：从外部边界向内部填充并在下一个边界处停止。
  - 忽略：将忽略图案填充对象的内部边界，而直接填充整个闭合的区域。
- 边界保留：指定是否将边界保留为对象，并确定应用于这些边界对象的对象类型。
- 边界集：当用户使用拾取点的方式确定填充图案的边界时，有两种定义边界集的方式。一是将包围指定点的最近的有效对象作为填充边界，即系统默认的“当前视口”选项；二是用户根据自身要求选定一组对象来构造边界，即“现有集合选项”，可通过“新建”按钮选定对象，以构造封闭的边界。
- 允许的间隙：可设置将对象作为图案填充边界时可以忽略的最大间隙。
- 继承选项：可设置图案填充的原点位置。

在 AutoCAD 2014 中，用户还可以使用渐变色对图形对象进行渐变填充。渐变色是指从一种颜色过渡到另一种颜色，可以体现出光照在平面上产生的颜色效果，可为图形对象添加不同的视觉效果。打开该选项卡，可弹出如图 2-70 所示“渐变色”选项卡。

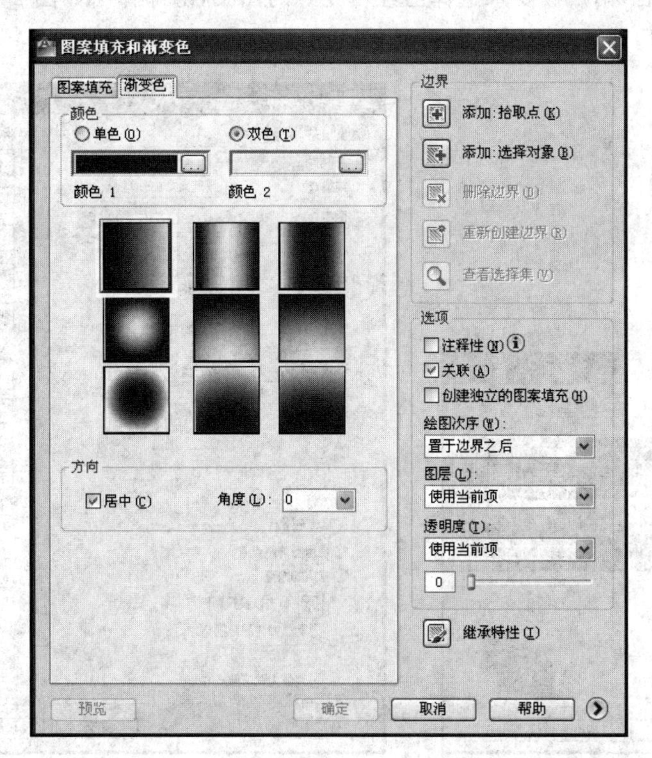

图 2-70　“渐变色”选项卡

8. 颜色

- “单色”：可设置单一颜色对所选择的填充对象进行渐变填充，单击其后面的按钮可弹出如图 2-71 所示的“选择颜色”对话框，用户可根据实际需要来选择相应的颜色。
- “双色”：可设置两种颜色对所选择的填充对象进行渐变填充，填充的颜色将会从颜色 1 渐变成颜色 2。颜色 1 和颜色 2 的选取与单色的选取类似。
- “渐变方式”样板：含有 9 种渐变方式，包括线性、球形和抛物线形等。

9. 方向

“居中”复选框可决定渐变填充是否居中。

10. 角度

单击“角度”下三角按钮选择角度，此角度为渐变色倾斜的角度。

2.9.3 编辑填充的图案

填充的图案通常是一个整体。在一般的情况下，很少会对其中的图线进行单独的编辑，但如果需要对其进行编辑，可以在菜单栏中选择“修改”|“对象”|“图案填充”命令或在命令行输入 hatchedit 命令。通过该命令可以修改填充图案的所有特性。

启动该命令后，用户被要求选择已经填充好的图案，随即弹出如图 2-72 所示的“图案填充编辑”对话框，即可对相关设置进行修改。

图 2-71 “选择颜色”对话框

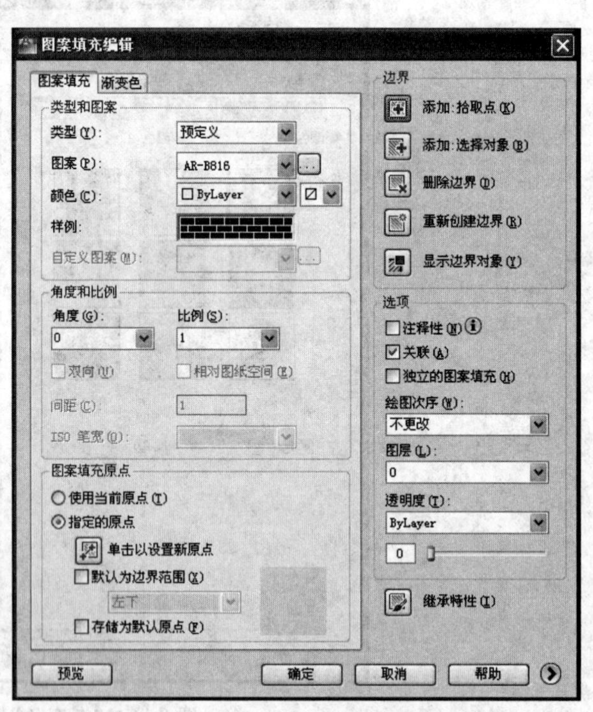

图 2-72 “图案填充编辑”对话框

但在特殊的情况下，如文字、标注的尺寸与填充图案重叠，则必须将部分图案的线条打断或删除以便清晰地显示文字和尺寸，此时需使用 explore 命令将填充图案进行分解，使填充的图案变成各自独立的个体，然后才可进行单独的编辑操作。

【技巧提示】

图案编辑操作只能修改图案、比例、旋转角度和关联性，但不可修改边界；图案分解则会使图案失去与图形的关联性，变成一组组成图案的线条，将不再是一个单一的整体，也不可再用 hatchedit 命令对其进行编辑。

本章小结

本章主要介绍了绘制二维图形常用命令的操作方法和应用实例。用户可以通过工具栏、菜单或在命令窗口输入命令的方式执行 AutoCAD 的绘图命令，具体采用哪种方式取决于用户的绘图习惯。但需要说明的是，只有结合 AutoCAD 的图形编辑等功能，才能够高效、准确地绘制出各种工程图。

思考与练习

1. 利用“直线”和“构造线”命令绘制如图 2-73 所示的图形。
2. 利用“圆”、“椭圆”和“圆弧”命令绘制如图 2-74 和图 2-75 所示的图形。

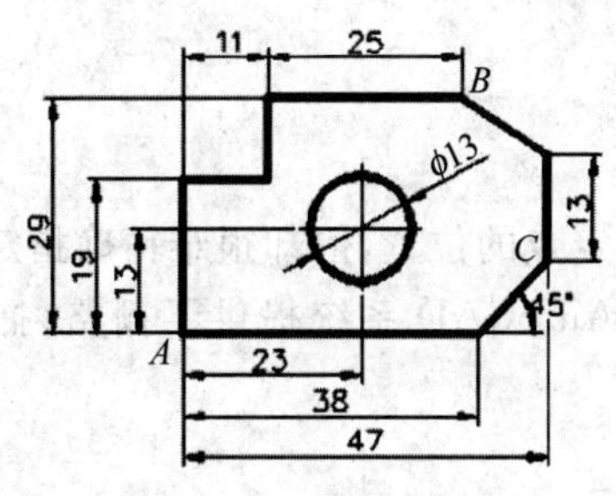

图 2-73　绘制图形(1)

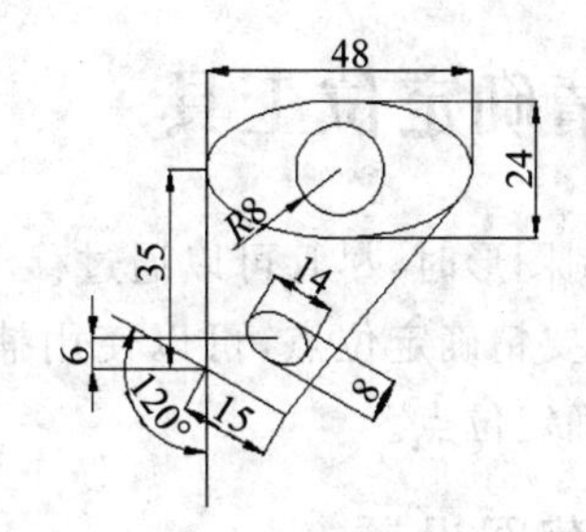

图 2-74　绘制图形(2)

3. 利用圆、圆弧和正多边形命令完成如图 2-76 所示的图形。

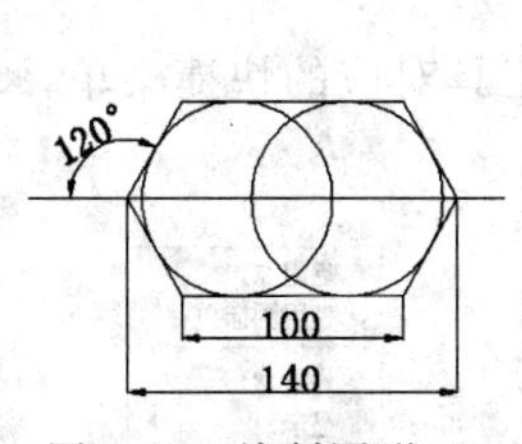

图 2-75　绘制图形(3)

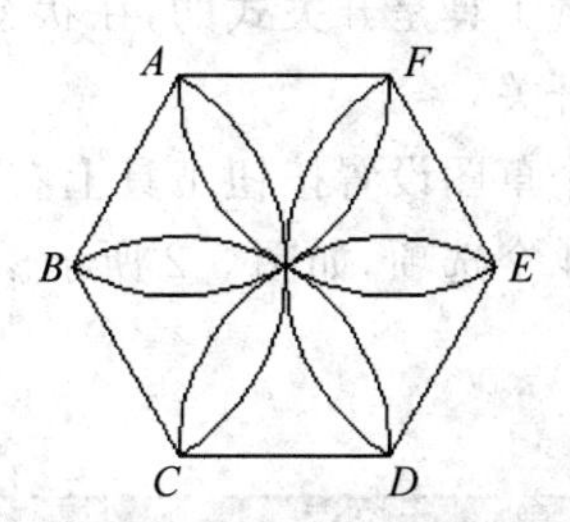

图 2-76　绘制图形(4)

第3章

快速绘图

本章要点

- 精确定位工具的开关、草图设置等基本设置。
- 正交、栅格、捕捉等基本工具的使用。
- 对象捕捉、对象追踪、动态输入、对象约束等对象点捕捉的设置和使用。

在 AutoCAD 中设计和绘制图形时，图形的尺寸和位置的精确性是一项重要的要求，必须按照给定的尺寸和相对位置进行绘图。AutoCAD 就提供了捕捉、栅格、正交、对象捕捉、对象追踪、极轴和动态输入等功能，能够帮助用户快速准确地定位某些特殊点（如端点、中点和圆心等）和特殊位置（如水平位置、垂直位置），在不输入坐标位置的情况下快速、精确地绘制图形。这些工具也被称为草图设置工具。

3.1 精确定位工具

在绘制图形时，尽管可以通过移动光标来指定点的位置，但却很难精确指定点的具体准确位置，要精确定位点，可以使用捕捉功能。AutoCAD 系统提供了栅格、捕捉和正交功能来精确定位点。

3.1.1 草图设置

草图设置工具主要集中在状态栏上，如图 3-1 所示。默认情况下，它们以图标方式显示。草图设置工具是开关式的，在状态栏上单击相应的工具，可以使工具突出或者凹下，实现工具的开关。

在某一个草图设置按钮工具上右击鼠标，弹出该工具对应的快捷菜单，每个快捷菜单上都有至少 4 个选项，如图 3-2 所示。

图 3-1 草图设置工具栏

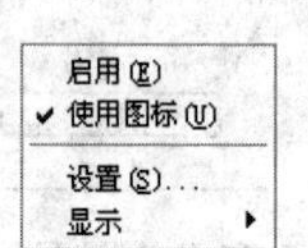

图 3-2 草图设置按钮的快捷菜单

- “启用”控制快捷菜单所属工具的开关，同单击草图设置工具的效果一样。
- “使用图标”用来切换草图设置工具的显示方式，如图 3-3 所示，在快捷菜单上，将“使用图标”选项前面的对钩取消掉，工具按钮就转换为文字形式显示。

INFER 捕捉 栅格 正交 极轴 对象捕捉 3DOSNAP 对象追踪 DUCS DYN 线宽 TPY QP SC AM

图 3-3　文字形式的草图设置工具栏

- “设置”用来设置某些草图设置工具的参数，跳出草图设置对话框，如图 3-4 所示，具体设置见相关工具的讲解。
- “显示”用来设置草图设置工具的显隐，在快捷菜单上选择“显示”选项，弹出如图 3-5 所示的草图设置工具列表，通过单击相应的工具名称，可实现该工具在状态栏上的显示和隐藏。

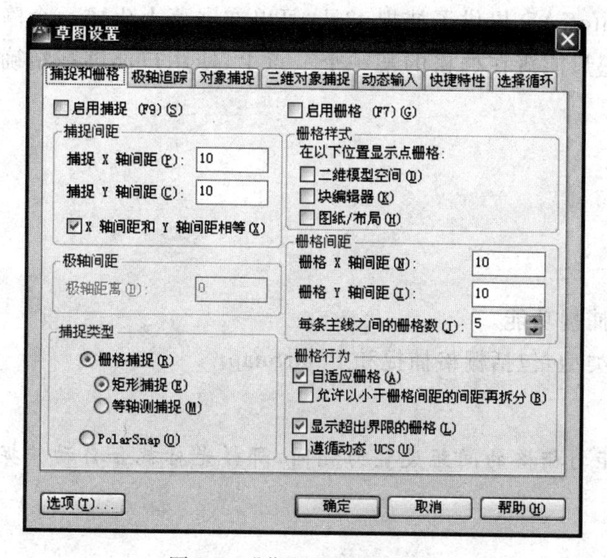

图 3-4　“草图设置”对话框

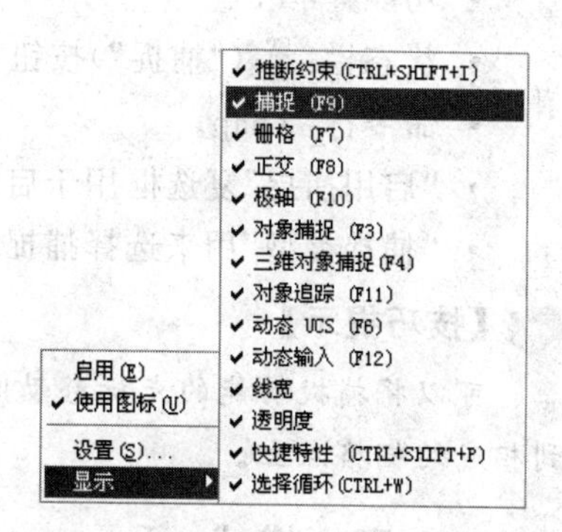

图 3-5　草图设置工具快捷菜单

【技巧提示】

- 使用“工具”|“草图设置”也可打开草图设置对话框。
- 把鼠标放在某一图标上时，会显示出该图标功能的提示。

3.1.2　栅格工具

栅格显示是指在屏幕上显示一些按指定行间距和列间距排列的栅格点，就像在屏幕上铺了一张坐标纸。栅格点对能够捕捉光标，使光标只能落在栅格点确定的位置上，从而使光标只能按指定的步距移动。利用栅格捕捉，有助于对象的对齐，并且对象之间的距离可见。

栅格在绘图区中只起到辅助绘图的作用，不会被打印输出。

命令调用方法如下。

- 功能键：F7。

- 状态栏：▦（“栅格”）按钮。
- 命令行：grid。

右键单击“栅格”按钮，单击“设置”，弹出“草图设置”对话框，打开“捕捉和栅格”选项卡。

- “启用栅格”复选框，用于启用栅格功能。
- “栅格间距”选项组，用于设置栅格在 X 和 Y 方向上的间距，如果不设置或者为 0，则采用“捕捉间距”中设置的值。
- “自适应栅格”用于在图缩小时自动调整栅格密度。
- “允许以小于栅格间距的间距再拆分”放大时，生成更多更小间距的栅格线。

3.1.3 捕捉工具

为了准确地在屏幕上捕捉点，AutoCAD 提供了捕捉工具，可以在屏幕上生成一个隐形的捕捉栅格，用来捕捉光标，约束它只能落在栅格的某一个节点上，使用户能够高精确度地捕捉和选择这个栅格上的点。

命令调用方法如下。

- 功能键：F9。
- 状态栏：▦（“捕捉”）按钮。
- 命令行：snap。
- “启用捕捉”复选框用于启用捕捉功能。
- “捕捉类型”用来选择捕捉的类型，包括栅格捕捉和 PolarSnap。

【技巧提示】

可以将捕捉功能的光标移动间距与栅格的间距设置为相同，那样光标就会自动捕捉到相应的栅格点上。

3.1.4 正交模式

在用 AutoCAD 绘图的过程中，经常需要绘制水平直线和垂直直线，但是用鼠标拾取线段的端点时很难保证两个点严格沿水平或垂直方向，为此，AutoCAD 提供了正交功能。当启用正交模式时，画线或移动对象时只能沿水平方向或垂直方向移动光标，因此可以方便地绘制水平或者垂直线段。

命令调用方法如下。

- 功能键：F8。
- 状态栏：▙（“正交”）按钮。
- 命令行：ortho。

【技巧提示】

正交模式受到捕捉角度、UCS、栅格和捕捉设置的影响。正交功能下，起点是任意的，指定第二点时，引出线不是两点间的连线，而是起点到第二点间垂直线中较长的那段线，单击便绘制该直线。

3.1.5　案例实战

案例 1

利用直线、捕捉和栅格设置绘制如图 3-6 所示的图形。

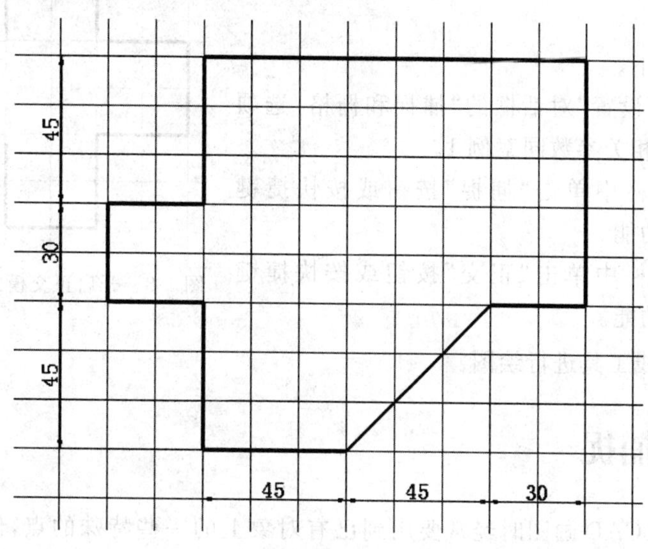

图 3-6　栅格捕捉

操作步骤如下。

(1) 在“草图设置”对话框的“捕捉和栅格”选项卡中设置捕捉的相关参数，如图 3-7 所示。

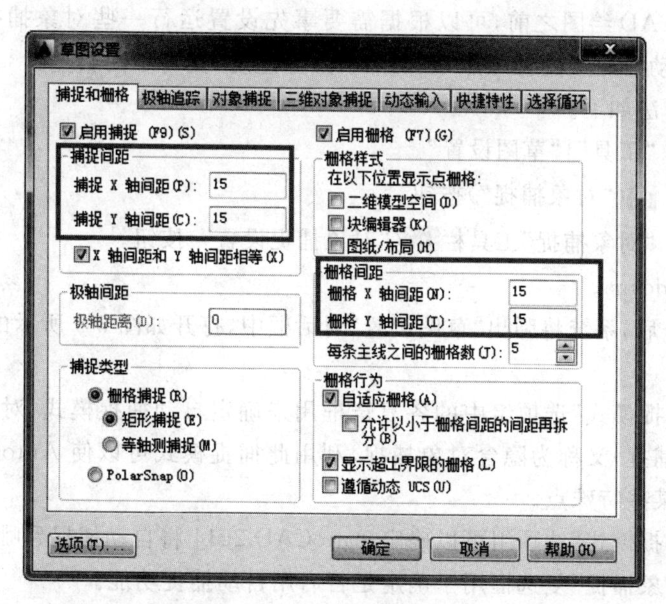

图 3-7　栅格捕捉设置

(2) 在状态栏中单击“捕捉”按钮或按快捷键 F9,激活“捕捉”功能。

(3) 选择直线工具,按照捕捉和栅格设置绘图。

案例 2

利用直线、正交模式、捕捉和栅格绘制如图 3-8 所示的图形。

操作步骤如下。

(1) 在“草图设置”对话框的“捕捉和栅格”选项卡中设置捕捉的相关参数同案例 1。

(2) 在状态栏中单击“捕捉”按钮或按快捷键 F9,激活“捕捉”功能。

(3) 在状态栏中单击“正交”按钮或按快捷键 F8,激活“正交”功能。

(4) 选择直线工具进行绘图。

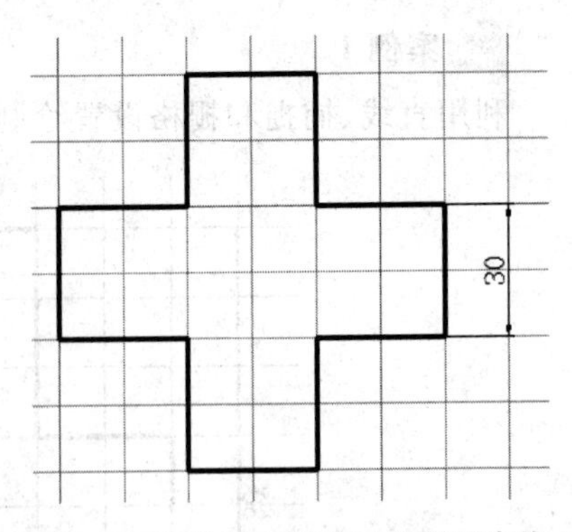

图 3-8 开启正交模式后绘制的直线

3.2 对象捕捉

在利用 AutoCAD 画图时经常要用到已有对象上的一些特殊的点,例如圆心、切点、线段或圆弧的端点和中点等,AutoCAD 提供了一些识别这些点的对象捕捉功能工具,可以无须知道坐标就很容易地精确定位特殊点。

3.2.1 对象捕捉设置

在用 AutoCAD 绘图之前,可以根据需要事先设置运行一些对象捕捉模式,绘图时 AutoCAD 能自动捕捉这些特殊点,从而加快绘图速度,提高绘图质量。

命令调用方法如下。

- 菜单栏:“工具”|“草图设置”。
- 状态栏:(“对象捕捉”)按钮。
- 工具栏:“对象捕捉”工具栏(“对象捕捉设置”)按钮。
- 命令:ddosna。

执行该命令后,系统将弹出“草图设置”对话框中,打开如图 3-9 所示的“对象捕捉”选项卡。

- “对象捕捉模式”选项组中的各复选框用来确定自动捕捉模式,对象自动捕捉(简称自动捕捉)又称为隐含对象捕捉,利用此捕捉模式可以使 AutoCAD 2014 自动捕捉到某些特殊点。
- “对象捕捉模式”选项组可以确定 AutoCAD 2014 将自动捕捉到哪些点。
- “启用对象捕捉”复选框用于确定是否启用自动捕捉功能。
- “启用对象捕捉追踪”复选框则用于确定是否启用对象捕捉追踪功能,后面将详细介绍该功能。

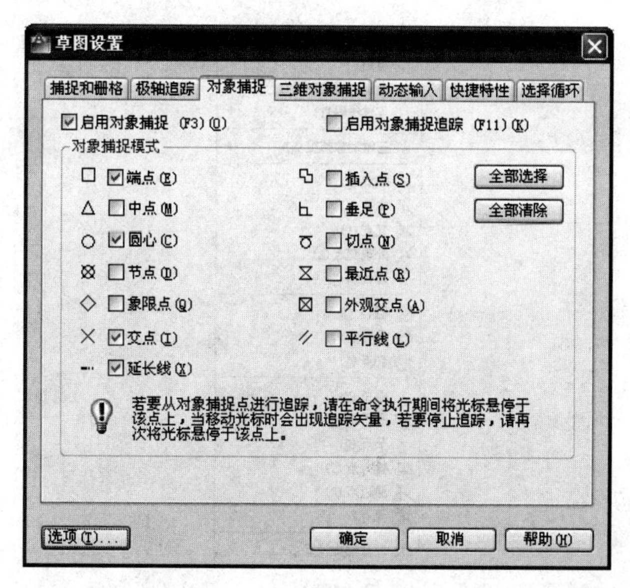

图 3-9　“对象捕捉”选项卡

【技巧提示】

利用“对象捕捉”选项卡设置默认捕捉模式并启用对象自动捕捉功能后，在绘图过程中每当 AutoCAD 提示用户确定点时，如果使光标位于对象上在自动捕捉模式中设置的对应点附近，AutoCAD 会自动捕捉到这些点，并显示出捕捉到相应点的小标签，此时按拾取键，AutoCAD 就会以该捕捉点为相应点。

3.2.2　特殊位置点捕捉

特殊位置点是 AutoCAD 单独列出的一些比较有特点的点，包括端点、中点、圆心、节点、交点、垂足、切点等。使用特殊点可以快速、准确地捕捉到这些点。

命令调用方法如下。

- 菜单：“工具”|“工具栏”|AutoCAD|“对象捕捉”。
- 工具栏：(直线)按钮。
- 快捷菜单：在绘图区域上同时按下 Shift 键或者 Ctrl 键和鼠标右键来激活快捷菜单。

绘图时，当命令行提示输入一点时，输入相应特殊位置点命令，或利用如图 3-10 所示的“对象捕捉”工具条，或利用如图 3-11 所示激活的快捷菜单进行相应位置的选取，然后根据提示操作即可。

图 3-10　“对象捕捉”工具条

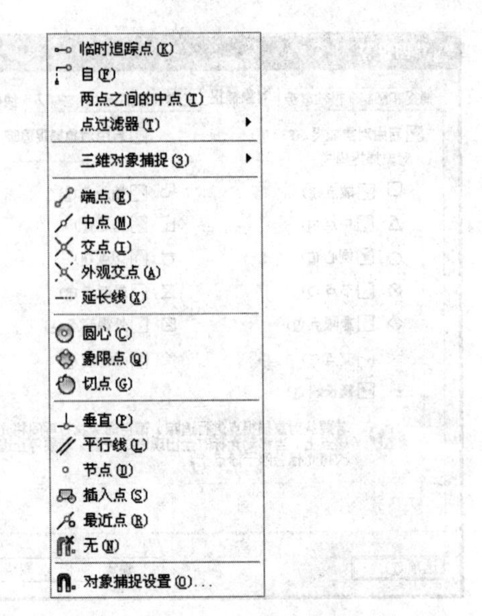

图 3-11　绘图区快捷菜单

3.2.3　点过滤器捕捉

利用点过滤器捕捉，可以由一个点的 X 坐标和另一个点的 Y 坐标确定一个新点。命令调用方法是：选择“菜单”|“对象捕捉快捷”|“点过滤器”。

3.2.4　案例实战

案例 1

使用端点捕捉，绘制如图 3-12 所示的零件图的上半部分。

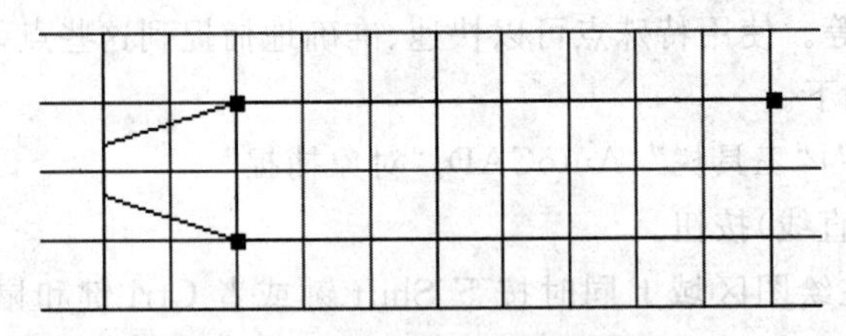

图 3-12　使用端点捕捉绘制的零件图

操作步骤如下。

(1) 在状态栏中单击“正交”按钮，关闭“正交”功能(目的是可以画出斜线)。

(2) 单击“工具”|“工具栏”|AutoCAD|“对象捕捉”，打开对象捕捉工具栏。

(3) 单击“直线”工具。

(4) 单击“对象捕捉”工具栏上的 (端点按钮)。

(5) 使用“直线”工具，鼠标移动至左上角端点时，系统自动捕捉该点，如图 3-13 所示。

(6) 根据命令行的提示，绘制一条斜线，如图 3-14 所示。

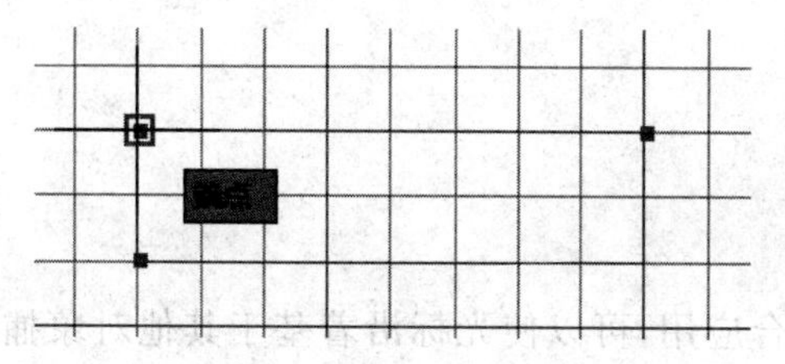

图 3-13　捕捉直线的端点

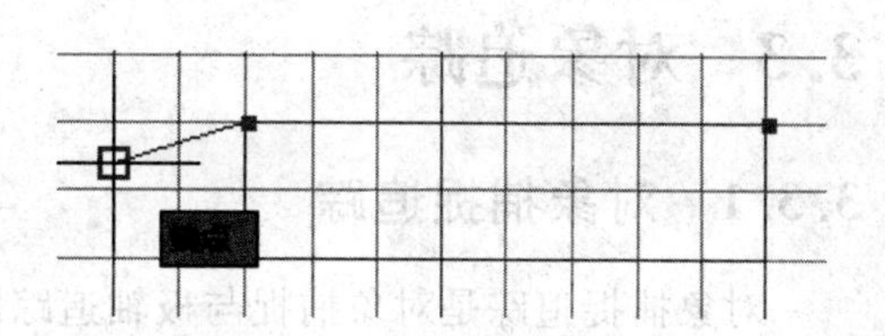

图 3-14　捕捉栅格上的交叉点

（7）利用相同的方法绘制零件图的左侧部分。

案例 2

利用点过滤器确定圆心位置，绘制圆形，如图 3-15 所示。

操作步骤如下：

（1）在绘图工具栏中选择圆形绘图工具。

（2）在绘图区域上同时按下 Shift 键和鼠标右键来激活如图 3-16 所示的“对象捕捉”快捷菜单，选择其中的 *X* 选项。

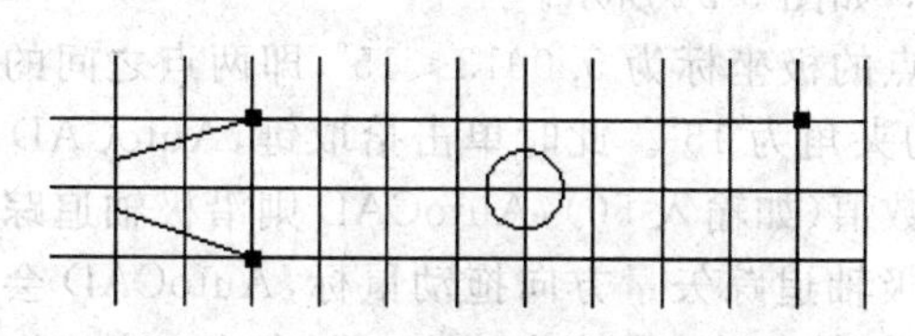

图 3-15　使用点过滤器绘制的圆形

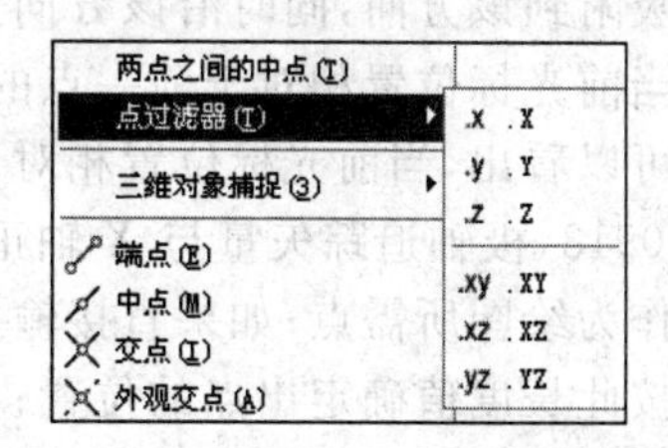

图 3-16　点过滤器菜单

输入命令，命令行提示如下：

命令：_circle 指定圆的圆心或 [三点(3P)/两点(2P)/切点、切点、半径(T)]：*X* 于 (需要 YZ)：//单击作为圆心坐标 *X* 值的点，如图 3-17 所示；接着单击作为圆心坐标 *Y* 值的点，如 3-18 图所示
指定圆的半径或 [直径(D)]：　　　　//拖动鼠标控制圆半径，如图 3-19 所示，按 Enter 键

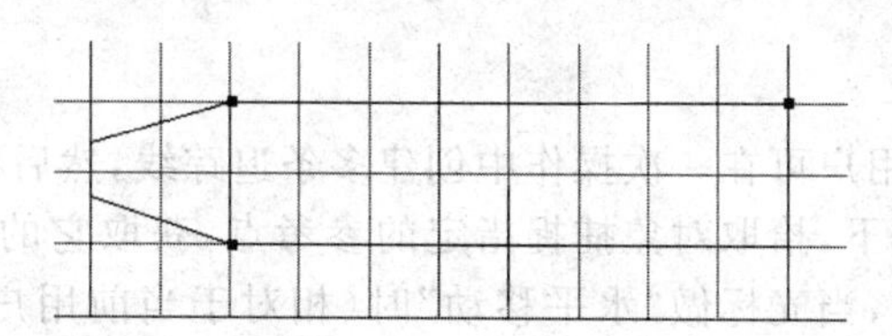

图 3-17　选择作为圆心坐标 *X* 值的点图

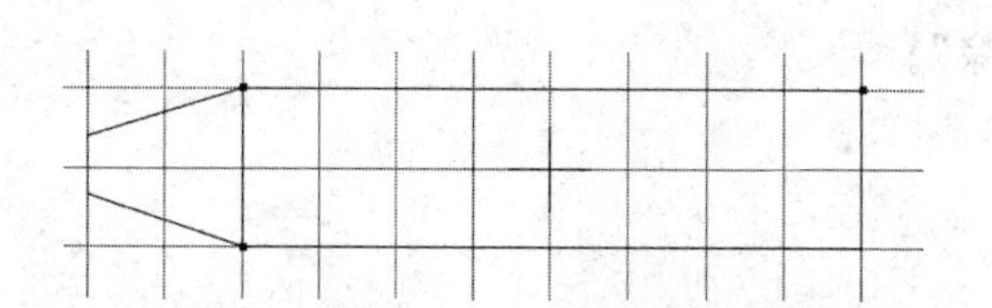

图 3-18　选择作为圆心坐标 *Y* 值的点

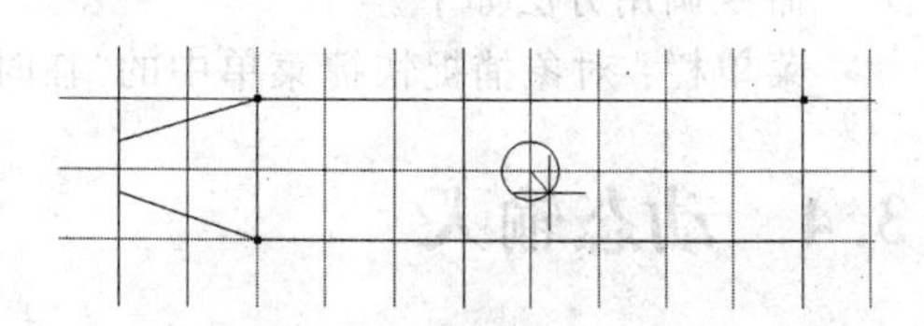

图 3-19　拖动鼠标控制圆半径

3.3 对象追踪

3.3.1 对象捕捉追踪

对象捕捉追踪是对象捕捉与极轴追踪的综合应用，可以使光标沿着基于其他对象捕捉点的对齐路径进行追踪。

命令调用方法如下。

- 功能键：F11。
- 状态栏：对象捕捉追踪。
- 工具栏：（“对象捕捉追踪”）按钮。

3.3.2 极轴追踪

所谓极轴追踪，是指当 AutoCAD 提示用户指定点的位置时（如指定直线的另一端点），拖动光标，使光标接近预先设定的方向（即极轴追踪方向），AutoCAD 会自动将橡皮筋线吸附到该方向，同时沿该方向显示出极轴追踪矢量，并浮出一小标签 范围: 5.3760 < 17° ，说明当前光标位置相对于前一点的极坐标，如图 3-24 所示。

可以看出，当前光标位置相对于前一点的极坐标为 5.0913<15°，即两点之间的距离为 5.0913，极轴追踪矢量与 X 轴正方向的夹角为 15°。此时单击拾取键，AutoCAD 会将该点作为绘图所需点；如果直接输入一个数值（如输入 50），AutoCAD 则沿极轴追踪矢量方向按此长度值确定出点的位置；如果沿极轴追踪矢量方向拖动鼠标，AutoCAD 会通过浮出的小标签动态显示与光标位置对应的极轴追踪矢量的值（即显示“距离<角度”）。

命令调用方法如下。

- 功能键：F10。
- 状态栏：对象捕捉追踪。
- 命令行：AUTOSNAP。
- 工具栏：（“极轴追踪”）按钮。

3.3.3 临时追踪

利用临时追踪点，用户可在一次操作中创建多条追踪线，然后根据这些追踪线确定所要定位的点。在此模式下，拾取对象捕捉指定的参考点，获取它的某一坐标，来构成新点的坐标。在追踪操作中，当光标做“水平移动”时（相对于当前用户坐标），获取的是 Y 坐标；当光标做“垂直移动”时（相对当前用户坐标），获取的是 X 坐标。

命令调用方法如下。

菜单栏：对象捕捉快捷菜单中的“临时追踪”。

3.4 动态输入

3.4.1 用动态输入

指定一点后，移动光标，会引出正交追踪线，单击状态栏上的 DYN 按钮，可打开“动态输入”功能，即可在正交追踪线上，直接输入数值，精确定位目标点的位置。

命令调用方法如下。

- 功能键：F12
- 状态栏：（“动态输入”）按钮。

3.4.2　案例实战

案例 1

利用对象捕捉追踪、极轴追踪、临时追踪、动态输入绘制如图 3-20 所示圆形。

操作步骤如下。

(1) 在绘图工具栏中选择圆形绘图工具。

(2) 单击状态栏上的对象捕捉追踪按钮，打开对象捕捉追踪。

(3) 鼠标移动到上边的斜线的延长线，如图 3-21 所示，按 Enter 键。

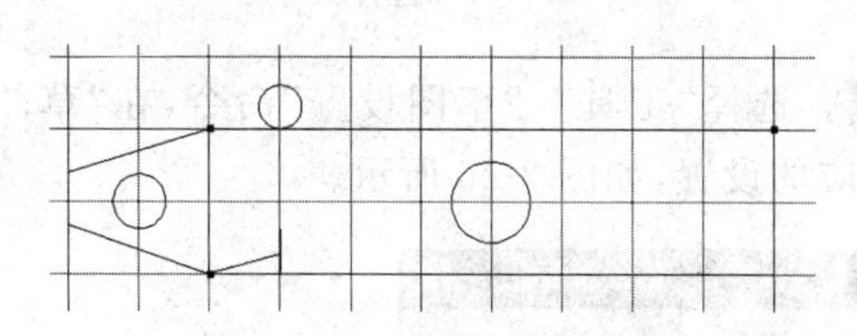

图 3-20　利用各种捕捉工具绘制的圆形

图 3-21　打开对象捕捉追踪后出现的延长线

(4) 拖动鼠标确定圆半径大小，按 Enter 键。

(5) 利用极轴追踪绘制零件图的斜线。使用“草图设置”设置是否启用极轴追踪功能以及极轴追踪方向等性能参数。选择“工具”|“草图设置”命令，AutoCAD 弹出“草图设置”对话框，打开对话框中的“极轴追踪”选项卡，如图 3-22 进行设置所示。

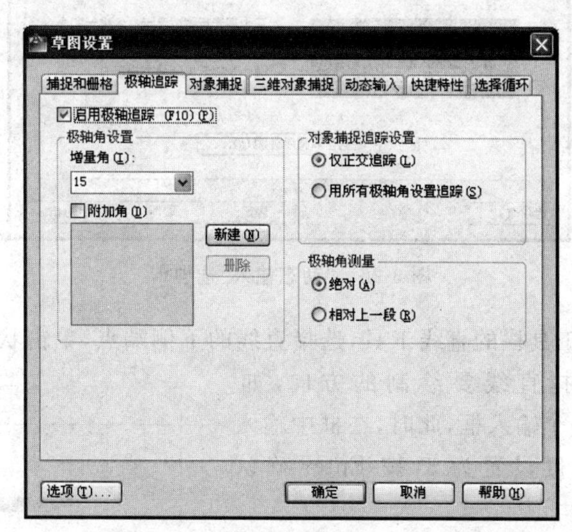

图 3-22　“极轴追踪”选项卡

(6) 选择绘图工具栏的直线工具，从零件图的左下角绘制一条倾斜 15°的斜线，移动鼠标时，自动产生一条与水平线夹角 15°的极轴，如图 3-23 所示。选择该极轴上的一点，绘制完成直线。

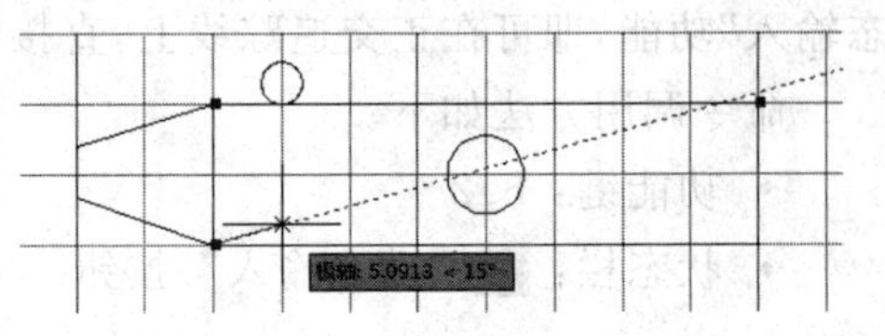

图 3-23　开启极轴追踪后的斜线

(7) 利用临时追踪绘制零件图的小圆。选择绘图工具栏的圆形工具，打开“临时追踪”功能。移动光标到零件图左侧线靠近中点位置，单击中点。继续移动光标到左侧线右方栅格线位置，如图 3-24 所示，单击该点。

(8) 拖动鼠标，设置圆形半径，如图 3-25 所示，完成绘制。

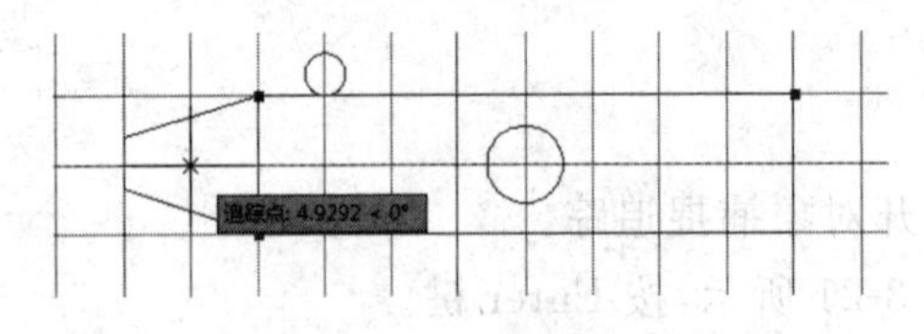

图 3-24　选择圆心点

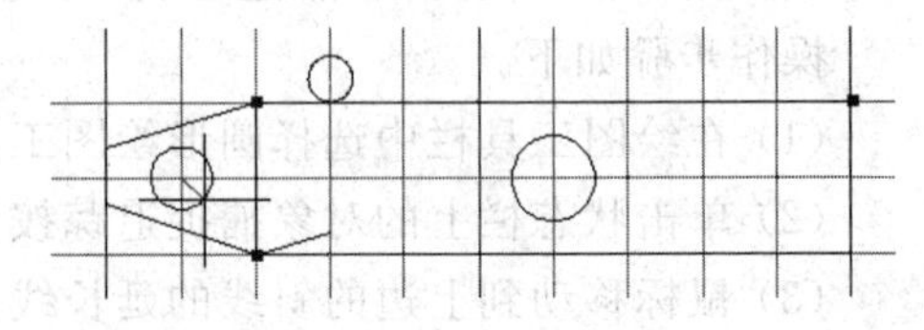

图 3-25　选择圆半径

(9) 利用动态输入绘制零件图底部的直线。选择“工具”|“草图设置”命令，在“草图设置”对话框中的“动态输入”选项卡中进行相应的设置，如图 3-26 所示。

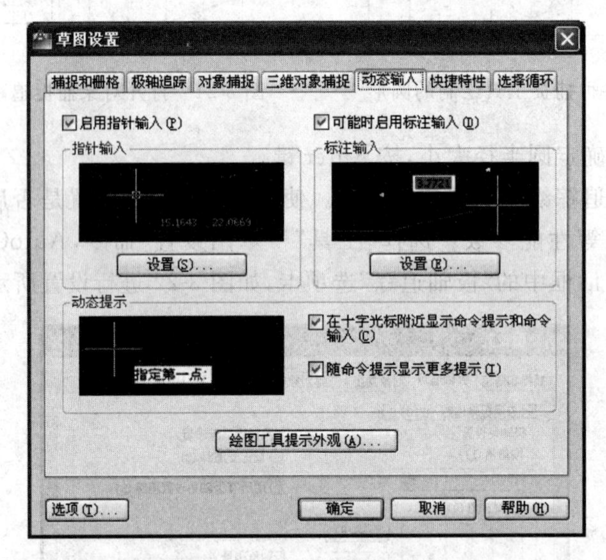

图 3-26　“动态输入”选项卡

(10) 选择绘图工具栏的直线工具，选择直线的下侧端点，单击状态上的“动态输入”按钮，移动鼠标选择直线要绘制的方向，如图 3-27 所示，出现一个输入框，此时，在框中输入“3”，即将直线的长度设置为 3，按 Enter 确认即可。

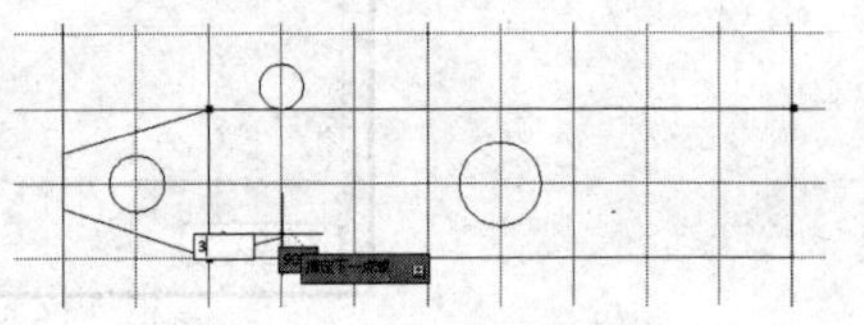

图 3-27　动态输入数值

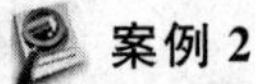 **案例 2**

综合利用各种步骤工具绘制如图 3-28 示圆形。

操作步骤如下。

(1) 打开正交模式，捕捉直线垂线，用直线工具绘制垂直竖线及两条水平线，如图 3-29 所示。

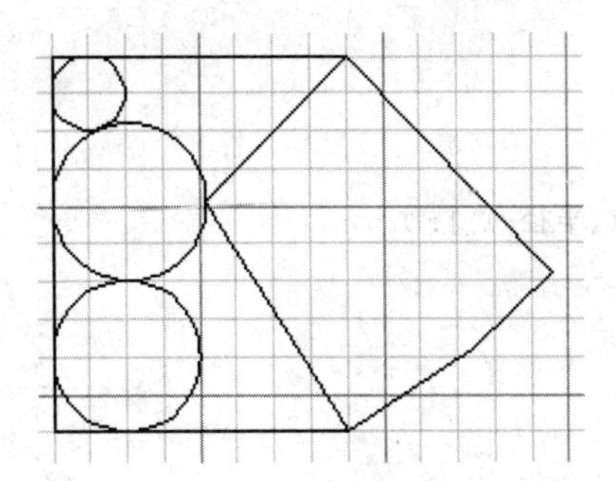

图 3-28　捕捉绘制图形

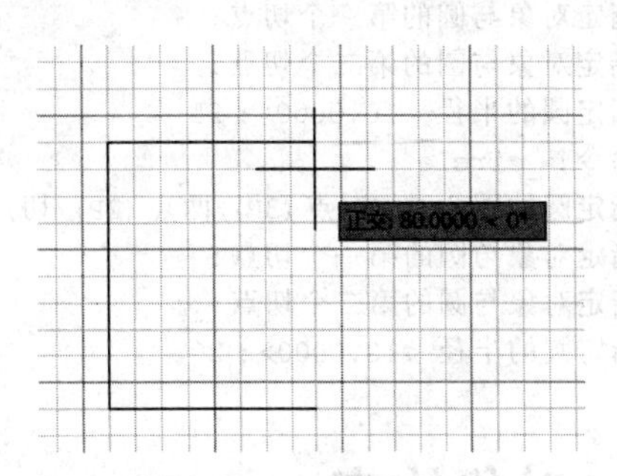

图 3-29　正交绘制直线

(2) 使用极轴追踪，用直线工具绘制右侧 3 条斜线，如图 3-30 所示。使用直线工具绘制线斜线。命令提示行如下：

```
命令: _line
指定第一个点:<打开对象捕捉><极轴 开>
指定下一点或 [放弃(U)]: @80<314
指定下一点或 [放弃(U)]: @30<224
指定下一点或 [闭合(C)/放弃(U)]:
指定下一点或 [闭合(C)/放弃(U)]:
```

(3) 使用对象捕捉中的端点和垂足捕捉，绘制里 2 条侧斜线，代码如下：

```
命令: _line
指定第一个点:
指定下一点或 [放弃(U)]: @72<122
指定下一点或 [放弃(U)]:
```

(4) 使用对象追踪捕捉中的切点模式，用圆形工具通过两点绘制中间的圆形，如图 3-31 所示。

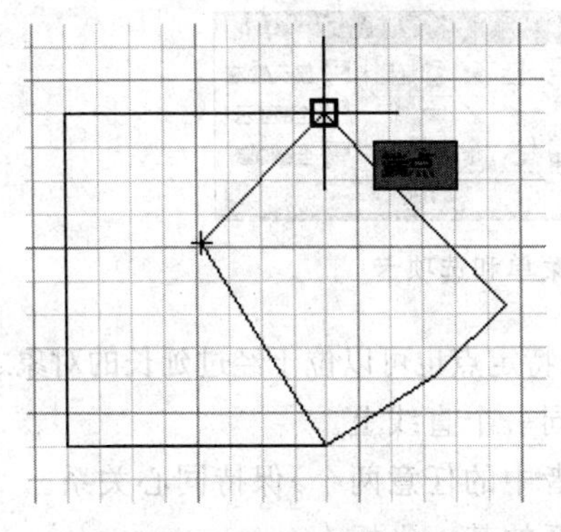

图 3-30　三条斜线

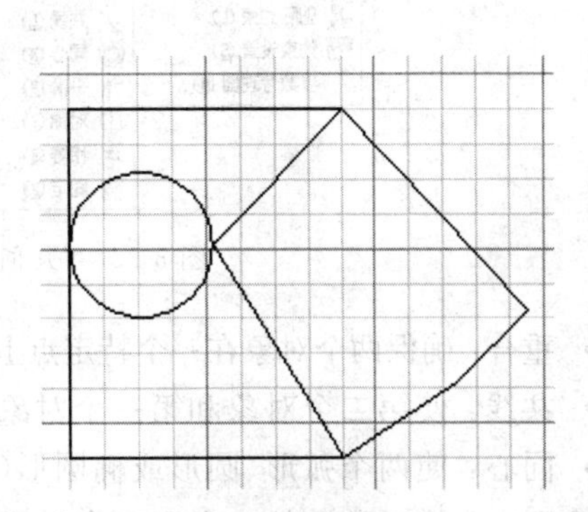

图 3-31　绘制圆

(5) 使用特殊点捕捉,用圆形工具绘制小圆和大圆,代码如下:

```
命令: _circle
指定圆的圆心或 [三点(3P)/两点(2P)/切点、切点、半径(T)]: T
指定对象与圆的第一个切点:
指定对象与圆的第二个切点:
指定圆的半径 <10.0000>: 25
命令: _circle
指定圆的圆心或 [三点(3P)/两点(2P)/切点、切点、半径(T)]: T
指定对象与圆的第一个切点:
指定对象与圆的第二个切点:
指定圆的半径 <10.0000>: 20
```

3.5 对象约束

从 AutoCAD 2010 开始新增了参数化特性,能够使用户的 AutoCAD 对象变得更加智能。参数化绘图的两个重要组成部分便是几何约束和标注约束。

3.5.1 建立几何约束

几何约束支持用户在对象或关键点之间建立关联。传统的对象捕捉是暂时性的,约束将这些捕捉永久保存,以精确实现设计意图。

命令调用方法如下。

- 菜单:“参数”|“几何约束”。
- 选项卡:“参数化”|“几何约束”。

执行该命令后,系统将弹出如图 3-32 所示的工具条或选项卡。

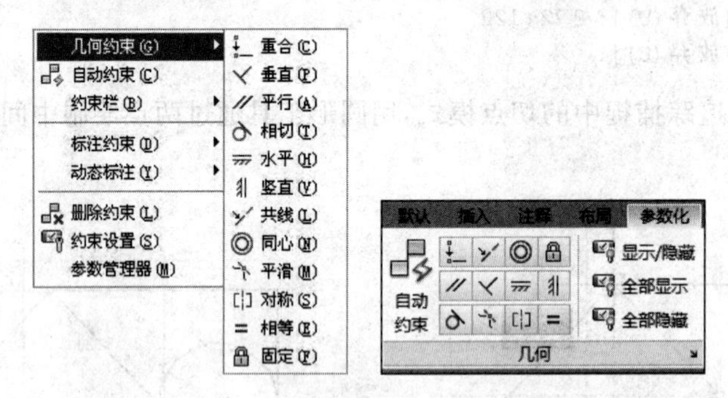

图 3-32 “几何约束”菜单和选项卡

- 重合:确保两个对象在一个特定点上重合,特定点也可以位于经过延长的对象之上。
- 共线:使第二个对象和第一个对象位于同一个直线上。
- 同心:使两个弧形、圆形或椭圆形(或三者中的任意两个)保持同心关系。
- 固定:将对象上的一点固定在世界坐标系的某一坐标上。
- 平行:使两条线段或多段线段保持平行关系(垂直使两条线段或多段线段保持垂直关系)。

- 竖直：使一条线段或一个对象上的两个点保持竖直(平行于 Y 轴)。
- 正切：使两个对象(例如一个弧形和一条直线)保持正切关系。
- 相连：将一条样条线连接到另一条直线、弧线、多线段或样条线上，同时保持其连续性。
- 对称：相当于一个镜像命令，若干对象在此项操作后始终保持对称关系。
- 相等：一种实时的保存工具，使任意两条直线始终保持等长，或使两个圆形具有相等的半径，修改其中一个对象后，另一个对象将自动更新。

3.5.2　几何约束设置

对象上的几何图标表示所附加的约束，这些图标统称约束栏。可以将这些约束栏拖动到屏幕的任意位置。

1. 命令调用方法

- 约束设置："约束设置"对话框，如图 3-33 所示。
- 快捷菜单：约束栏的快捷菜单，如图 3-34 所示。

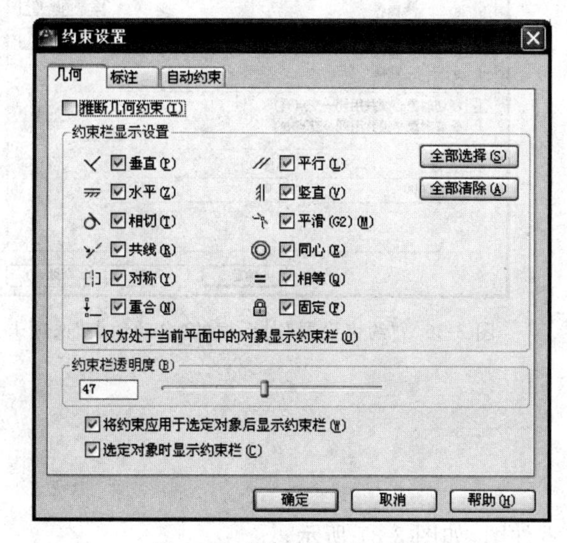

图 3-33　"约束设置"对话框

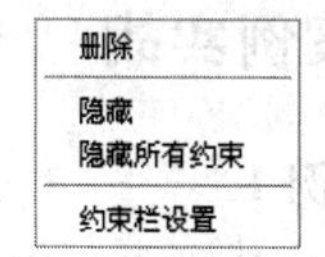

图 3-34　约束栏的快捷菜单

2. 对几何约束进行相关设置

在约束栏单击右键调出快捷菜单。选择"隐藏所有约束"选项，将约束隐藏掉，然后再通过绘图区的快捷菜单选择"显示所有约束"选项。在约束栏的快捷菜单中选择"约束栏设置"选项，调出如图 3-33 所示"约束设置"对话框，进行相关设置即可。

3.5.3　建立标注约束

AutoCAD 中的几何体和尺寸参数之间始终保持一种驱动的关系。绘制一条线段，然后修改它的尺寸参数，当改变尺寸参数值时，几何体将自动进行相应更新，这就是尺寸标注约束。

命令调用方法如下。

• 菜单："参数"|"标注约束"。
• 选项卡面板："参数化"|"标注约束"。

执行菜单命令后，系统将弹出如图 3-35 所示的菜单。

3.5.4 自动约束

选定一组之前绘制的对象后，AutoCAD 将自动根据用户的需求对其进行约束。利用如图 3-36 所示的"约束设置管理器"中的"自动约束"选项卡，设置优先级和容限等参数。

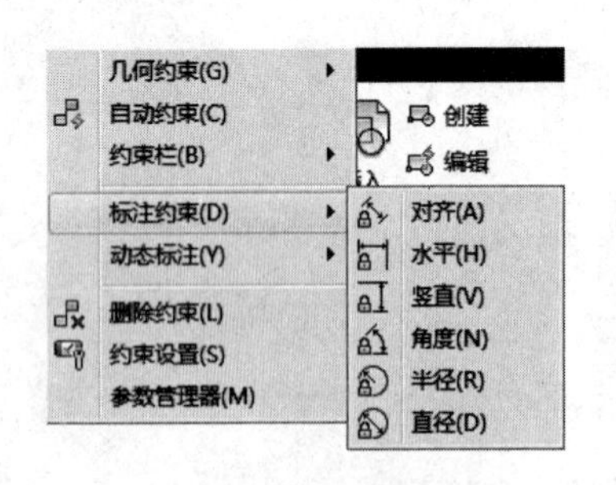

图 3-35 "标注约束"菜单

图 3-36 "约束设置"对话框的"自动约束"选项卡

3.5.5 案例实战

案例 1

利用几何约束中的同心圆调整零件图，如图 3-37 所示。

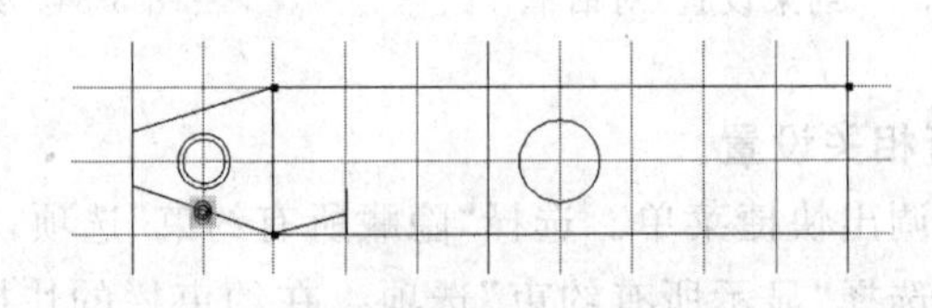

图 3-37 利用几何约束的同心圆调整的零件图

操作步骤如下。

执行同心圆命令，命令行出现如下提示：

```
命令：_gcconcentric
选择第一个对象：          //选择其圆心作为同心圆圆心的对象，如图 3-38(a)所示
选择第二个对象：          //选择要移动的对象，按 Enter 键，如图 3-38(b)所示
```

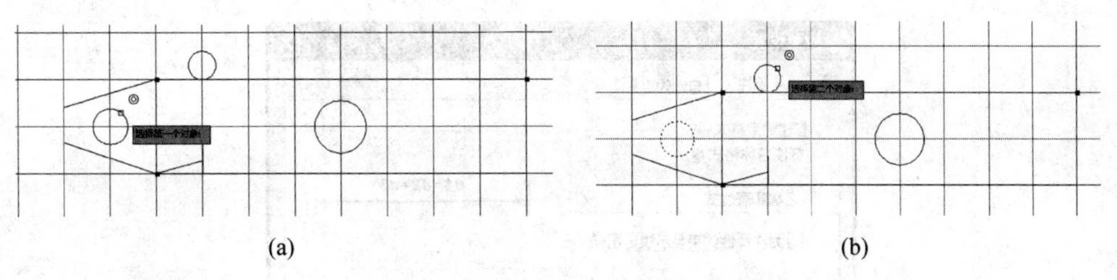

图 3-38　选择作为同心圆圆心的对象

案例 2

利用标注约束中的半径调整零件图中的大圆尺寸，如图 3-39 所示。

操作步骤如下。

选择“标注约束”面板半径约束，命令行提示：

```
命令：_DcRadius
选择圆弧或圆：            //选择要标注的圆形，显示标注文字=2.7958
指定尺寸线位置：          //移动鼠标确定要做文字标注的位置，如图 3-40 所示，按 Enter 键
```

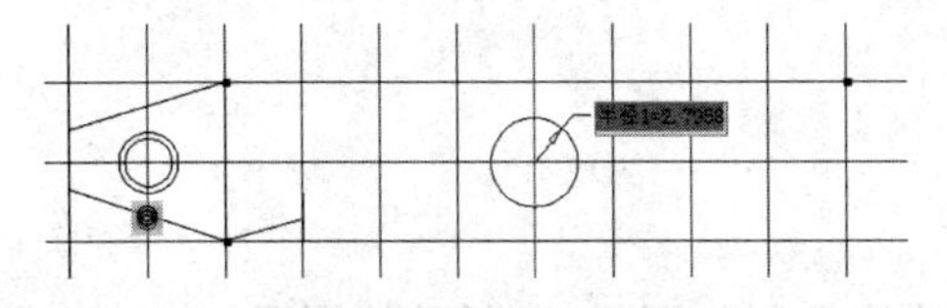

图 3-39　为零件图的大圆添加标注约束

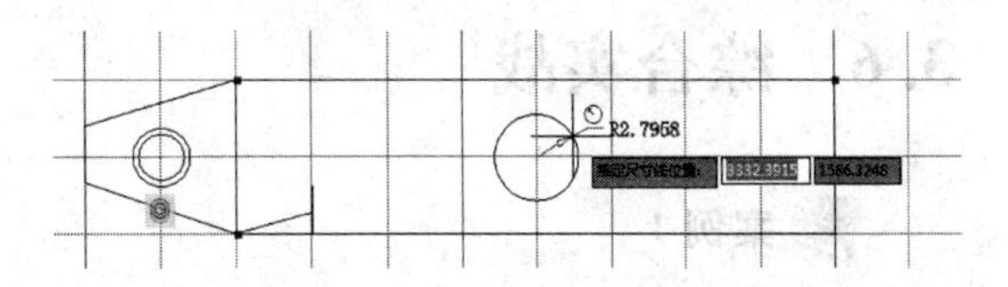

图 3-40　移动鼠标确定要做文字标注的位置

案例 3

对几何约束进行相关设置，如图 3-41 所示。

操作步骤如下。

(1) 选择“参数化”选项卡“标注”面板中的“隐藏所有动态约束”，将标注约束隐藏掉，然后再选择“参数化”选项卡“标注”面板中的“显示所有动态约束”选项。

(2) 选择“参数”菜单中的“约束设置”选项，调出如图 3-43 所示的“约束设置”对话框。

(3) 双击标注约束上的尺寸文字，如图 3-42 所示。将半径值设置为 3，结果如图 3-41 所示。

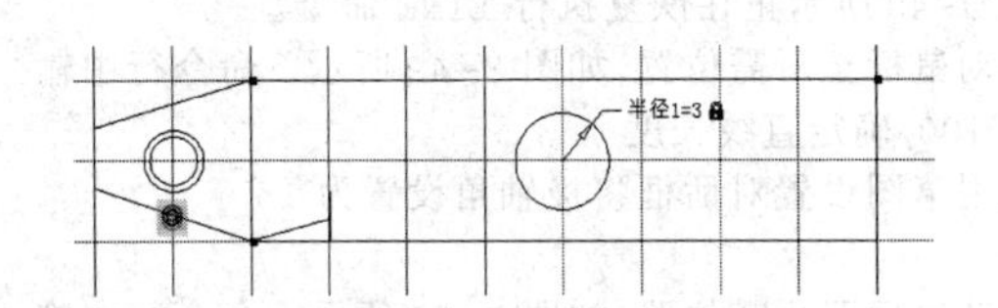

图 3-41　通过尺寸文字调整圆的大小

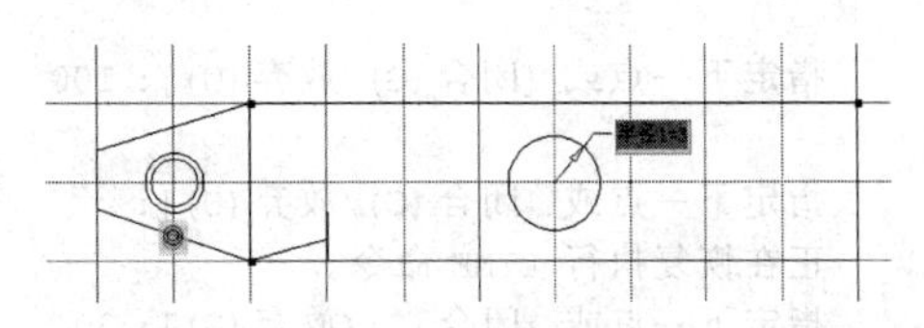

图 3-42　双击标注约束上的尺寸文字

图 3-43 “约束设置”对话框

3.6 综合实战

案例 1

利用极轴追踪、对象捕捉及自动捕捉、捕捉等功能绘制如图 3-44 所示的图形。

操作步骤如下。

(1) 单击状态栏上的“极轴追踪”按钮，打开极轴追踪功能，并将其他捕捉功能关闭。

(2) 单击工具栏上的“直线”按钮，启用直线绘制工具。

命令行提示如下：

```
命令：_line 指定第一点：                //单击绘图区，选择一点作为直线起点
指定下一点或 [放弃(U)]: 50             //使用极轴追踪快捷菜单设置追踪角度为 45°，如
                                          图 3-45 所示。移动鼠标，确定直线方向，如图 3-46
                                          所示。命令行中输入 50，确定直线长度。
指定下一点或 [放弃(U)]: 200            //移动鼠标至水平，如图 3-47 所示。命令行中输入
                                          200，确定直线长度
指定下一点或 [闭合(C)/放弃(U)]:        //使用草图设置对话框将极轴角设置为 130°，如
                                          图 3-48 所示正在恢复执行 LINE 命令。
指定下一点或 [闭合(C)/放弃(U)]: 100    //移动鼠标至所需位置，如图 3-49 所示。命令行中输
                                          入 100，确定直线长度
指定下一点或 [闭合(C)/放弃(U)]:        //使用草图设置对话框将极轴角设置为 15°
正在恢复执行 LINE 命令。
指定下一点或 [闭合(C)/放弃(U)]: 30     //移动鼠标至所需位置，如图 3-50 所示。命令行中输
                                          入 30，确定直线长度
指定下一点或 [闭合(C)/放弃(U)]:        //使用草图设置对话框将极轴角设置为-100°
正在恢复执行 LINE 命令。
指定下一点或 [闭合(C)/放弃(U)]: 15     //移动鼠标至所需位置，如图 3-51 所示。命令行中输
                                          入 15，确定直线长度
```

指定下一点或 [闭合(C)/放弃(U)]:　　　//使用极轴追踪快捷菜单设置追踪角度为 30。移动鼠标,确定直线方向,如图 3-52 所示。在该方向上单击,确定直线长度,如图 3-53 所示

指定下一点或 [闭合(C)/放弃(U)]:　　　//回车

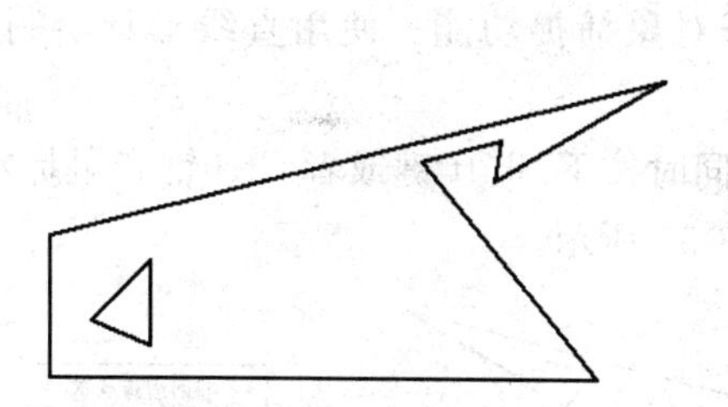

图 3-44　利用极轴追踪功能绘制的图形

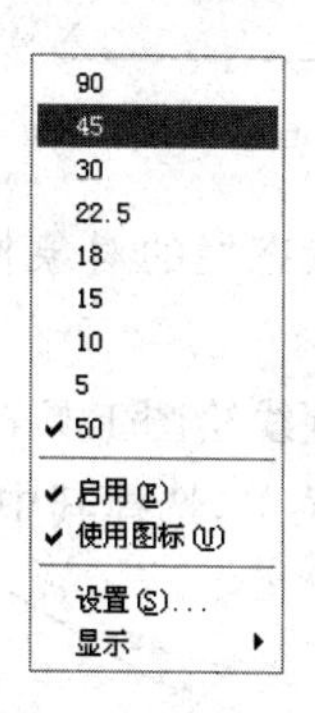

图 3-45　极轴追踪快捷菜单

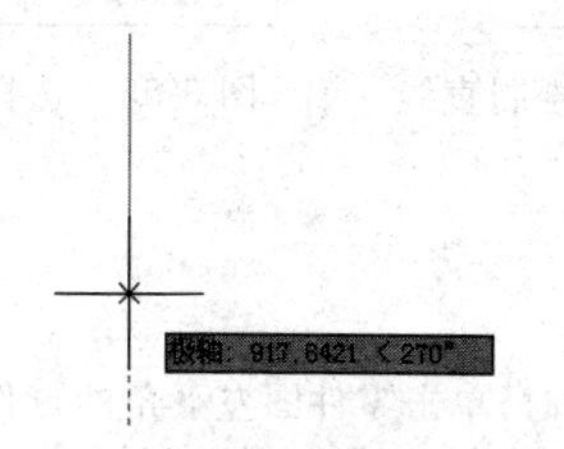

图 3-46　极轴追踪竖直方向

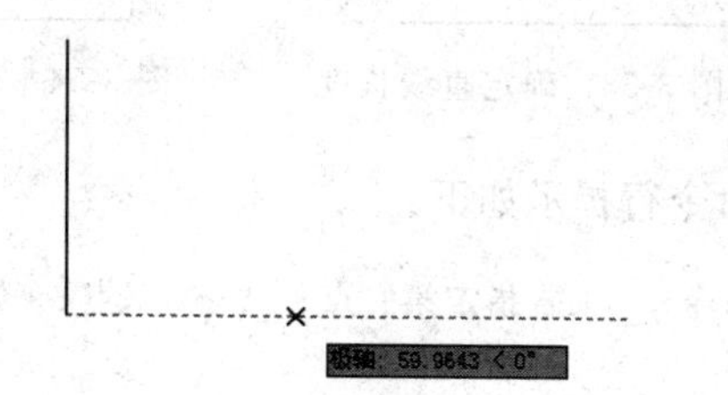

图 3-47　极轴追踪水平方向

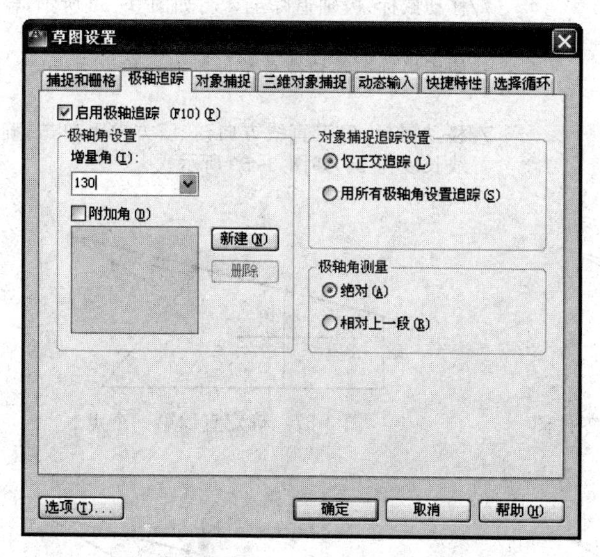

图 3-48　使用草图设置对话框将极轴角设置为 130°

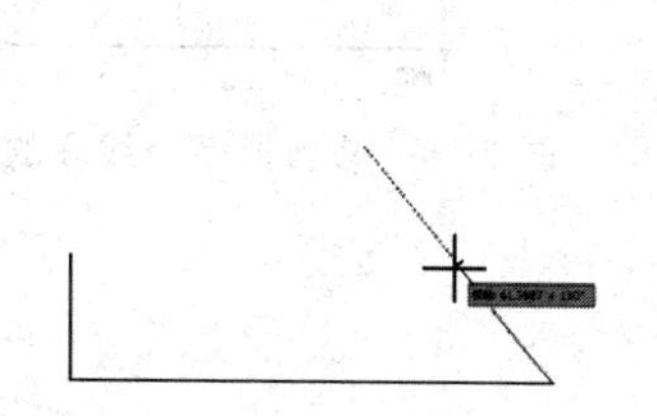

图 3-49　极轴追踪角度为 130°

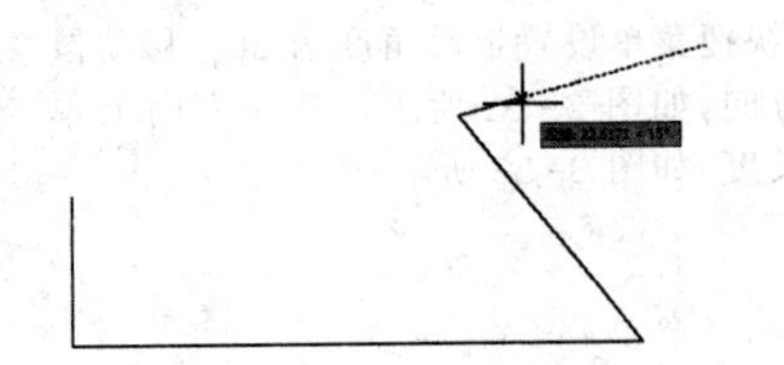

图 3-50 极轴追踪角度为 15°

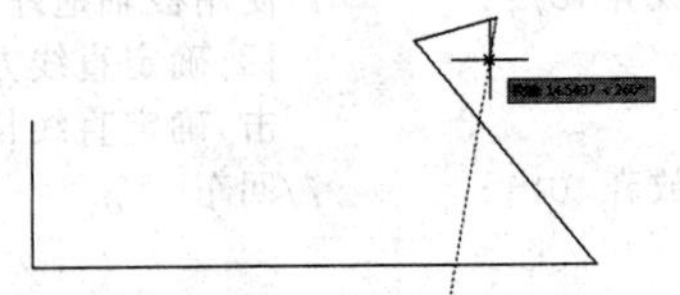

图 3-51 极轴追踪角度为 −100°

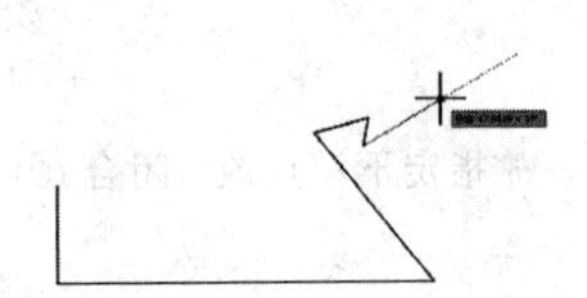

图 3-52 极轴追踪竖直方向

(3) 单击状态栏的对象捕捉按钮，打开对象捕捉功能。使用直线工具绘制直线，如图 3-54 所示。

(4) 打开直线绘图工具，在绘图区域上同时按下 Shift 键或者 Ctrl 键和鼠标右键来激活绘图区快捷菜单，选择其中的“自”，如图 3-55 所示。

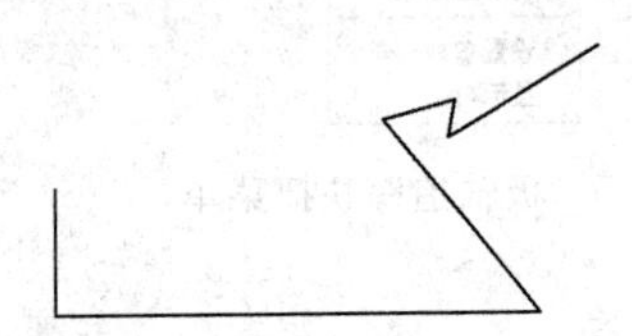

图 3-53 确定直线长度

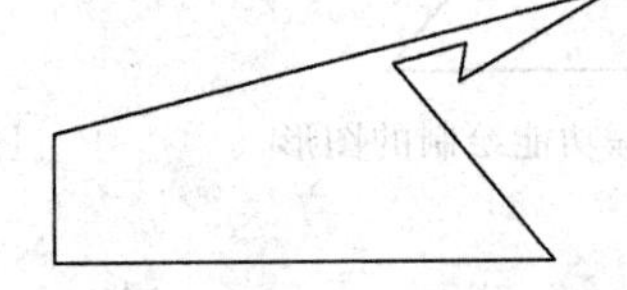

图 3-54 使用直线工具绘制直线

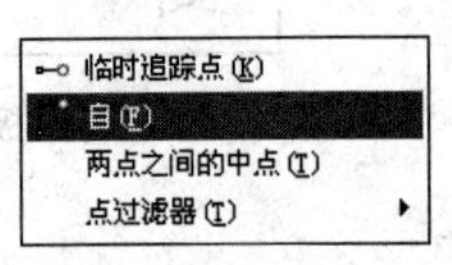

图 3-55 选择“自”

命令行提示如下：

```
命令：_line 指定第一点：_from 基点：<偏移>：@15,20
                                    //提示"基点"时，单击零件图左下角的点作为基点，如
                                      图 3-56 所示。需要输入"偏移"量时，输入相对坐标
                                      @15,20，确定直线第一个点，如图 3-57 所示
指定下一点或 [放弃(U)]：30             //移动鼠标，极轴追踪至 45°，如图 3-58 所示，输入长
                                      度 30
指定下一点或 [放弃(U)]：               //使用极轴追踪快捷菜单设置追踪角度为 90°
正在恢复执行 LINE 命令
指定下一点或 [放弃(U)]：               //移动鼠标，确定直线方向，在该方向上单击，确定直
                                      线长度为 30，如图 3-59 所示
指定下一点或 [闭合(C)/放弃(U)]：       //回车
```

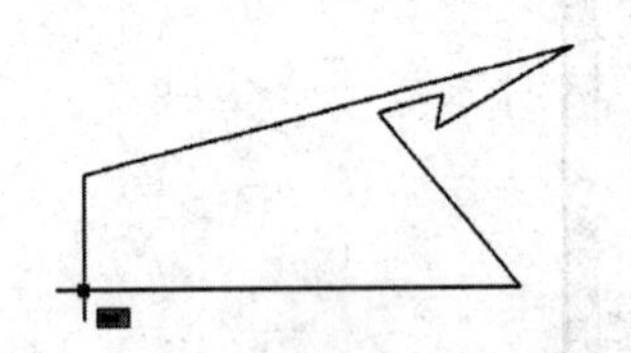

图 3-56 修剪掉多余线段的零件图

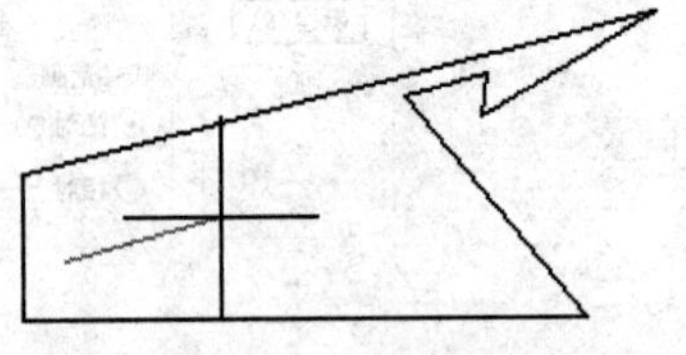

图 3-57 确定直线第一个点

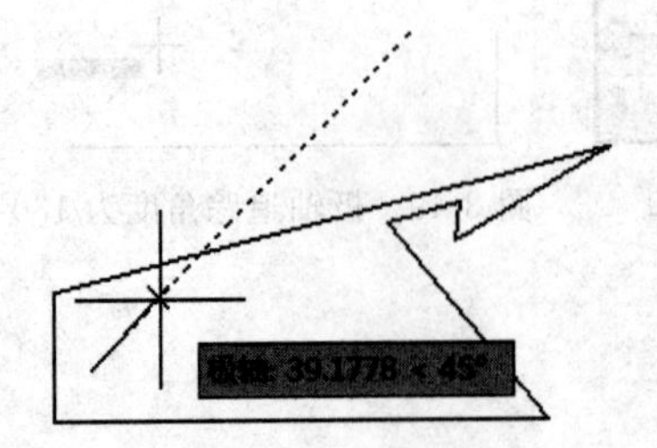

图 3-58 极轴追踪至 45°

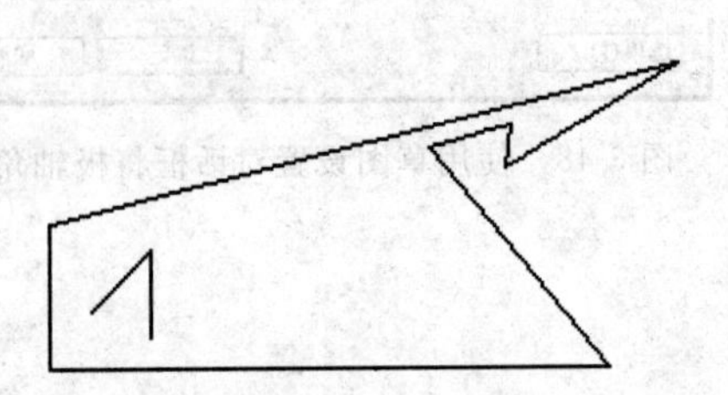

图 3-59 确定直线长度

（5）打开直线绘图工具和极轴追踪绘制直线，如图 3-43 所示。

案例 2

利用极轴追踪、对象捕捉及自动捕捉、捕捉等功能绘制图如 3-60 所示的图形。

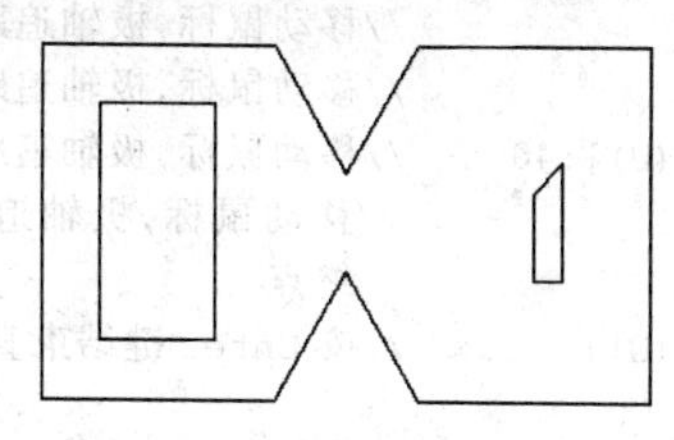

图 3-60　利用极轴追踪、自动捕捉及目标捕捉追踪功能绘制的图形

操作步骤如下：

（1）单击状态栏上的极轴追踪按钮，打开极轴追踪功能，并将其他捕捉功能关闭。

（2）单击工具栏上的直线按钮，启用直线绘制工具。

```
命令：_line 指定第一点：<极轴 开>
指定下一点或 [放弃(U)]：80
指定下一点或 [放弃(U)]：                  //使用草图设置将极轴追踪角度设置为 60°，确定直线
                                            方向，如图 3-61 所示
正在恢复执行 LINE 命令。
指定下一点或 [放弃(U)]：50                //输入相对坐标，指定下一点，按 Enter 键
指定下一点或 [闭合(C)/放弃(U)]：50        //输入相对坐标，指定下一点，按 Enter 键
指定下一点或 [闭合(C)/放弃(U)]：80        //输入相对坐标，指定下一点，按 Enter 键
指定下一点或 [闭合(C)/放弃(U)]：120       //输入相对坐标，指定下一点，按 Enter 键
指定下一点或 [闭合(C)/放弃(U)]：80        //输入相对坐标，指定下一点，按 Enter 键
指定下一点或 [闭合(C)/放弃(U)]：50        //输入相对坐标，指定下一点，按 Enter 键
指定下一点或 [闭合(C)/放弃(U)]：50        //输入相对坐标，指定下一点，按 Enter 键
指定下一点或 [闭合(C)/放弃(U)]：80        //输入相对坐标，指定下一点，按 Enter 键
指定下一点或 [闭合(C)/放弃(U)]：          //按 Enter 键
指定下一点或 [闭合(C)/放弃(U)]：
```

（3）单击状态栏的对象捕捉工具，开启对象捕捉功能。使用直线工具绘制左侧竖线，如图 3-62 所示。

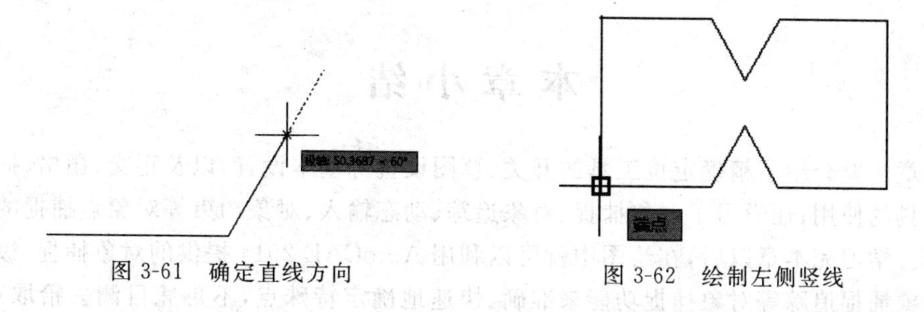

图 3-61　确定直线方向　　　　图 3-62　绘制左侧竖线

（4）打开直线绘图工具，在绘图区域上同时按下 Shift 键或者 Ctrl 键和鼠标右键来激活绘图区快捷菜单，选择其中的“自”，命令行提示如下：

```
命令: _line 指定第一点: _from 基点: <偏移>:@20,20
                                  //提示"基点"时,单击零件图左下角的点作为基点。
                                    需要输入"偏移"量时,输入相对坐标@20,20,确定
                                    直线第一个点,如图 3-63 所示
指定下一点或 [放弃(U)]: 40          //移动鼠标,极轴追踪至水平,输入长度 40
指定下一点或 [放弃(U)]: 80          //移动鼠标,极轴追踪至垂直输入长度 80
指定下一点或 [闭合(C)/放弃(U)]:40   //移动鼠标,极轴追踪至水平,输入长度 40
指定下一点或 [放弃(U)]:             //移动鼠标,极轴追踪至垂直,选择矩形起始点作为
                                    终点
指定下一点或 [闭合(C)/放弃(U)]:     //按 Enter 键结束直线绘制,如图 3-64 所示
```

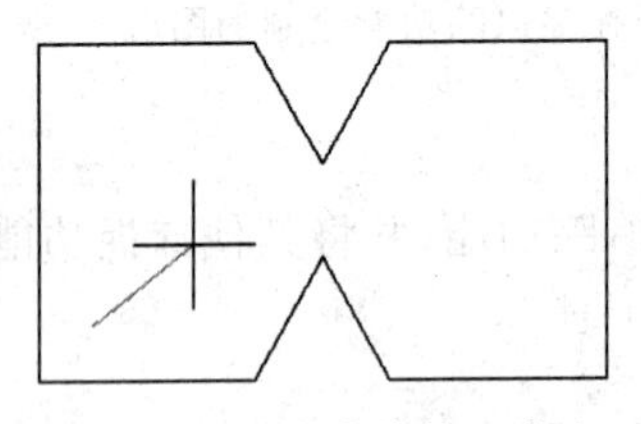

图 3-63 确定直线第一个点

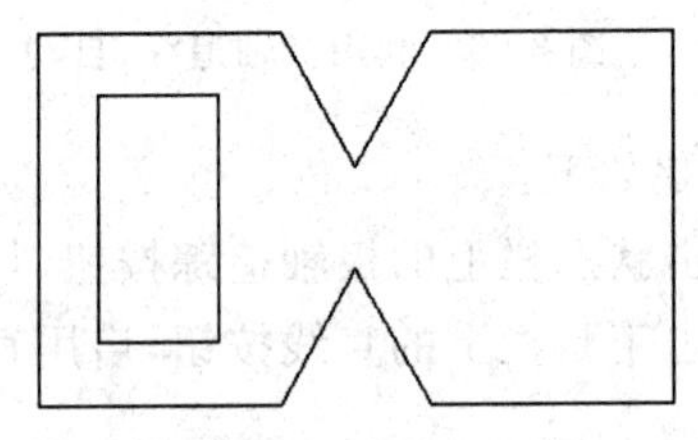

图 3-64 绘制完成矩形后的零件图

(5) 使用直线工具,利用"捕捉"功能绘制直线,如图 3-65 所示,命令行提示:

```
命令: _line 指定第一点: _from 基点: <偏移>: @-40,10,     //偏移后的效果如图 3-66 所示
指定下一点或 [放弃(U)]:10
指定下一点或 [放弃(U)]:40
指定下一点或 [闭合(C)/放弃(U)]:
指定下一点或 [闭合(C)/放弃(U)]:
```

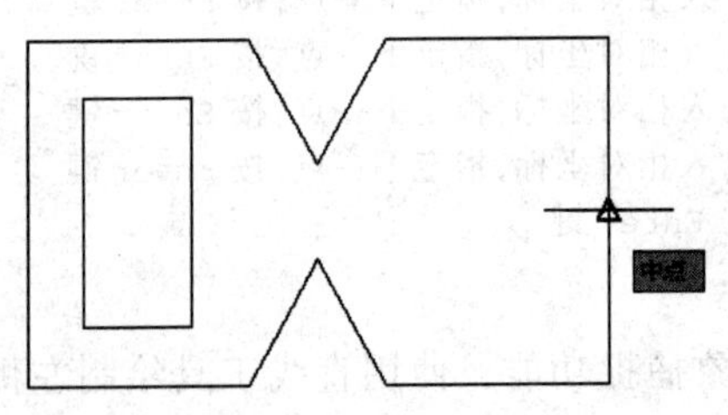

图 3-65 绘制直线

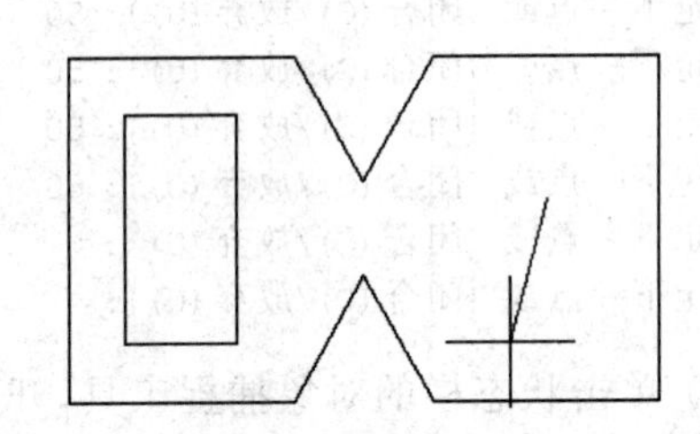

图 3-66 偏移后的效果

本章小结

本章主要介绍了精确定位工具的开关、草图设置等基本设置,以及正交、栅格、捕捉等基本工具的使用;还学习了对象捕捉、对象追踪、动态输入、对象约束等对象点捕捉的设置和使用。学习完本章以后,在绘图中就可以利用 AutoCAD 2014 提供的对象捕捉、极轴追踪或对象捕捉追踪等对象捕捉功能来准确、快速地确定特殊点,不再凭目测去拾取点,以减少绘图误差。

思考与练习

1. 根据所学知识绘制如图 3-67 所示的图形。

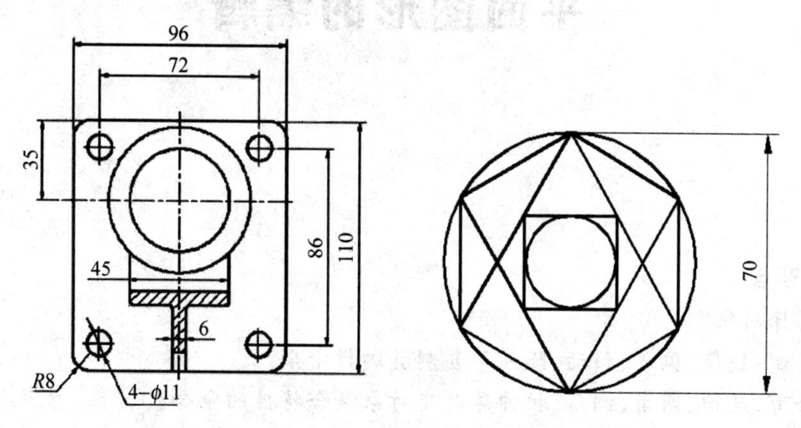

图 3-67　零件图(1)

2. 根据所学知识绘制如图 3-68 所示的图形。

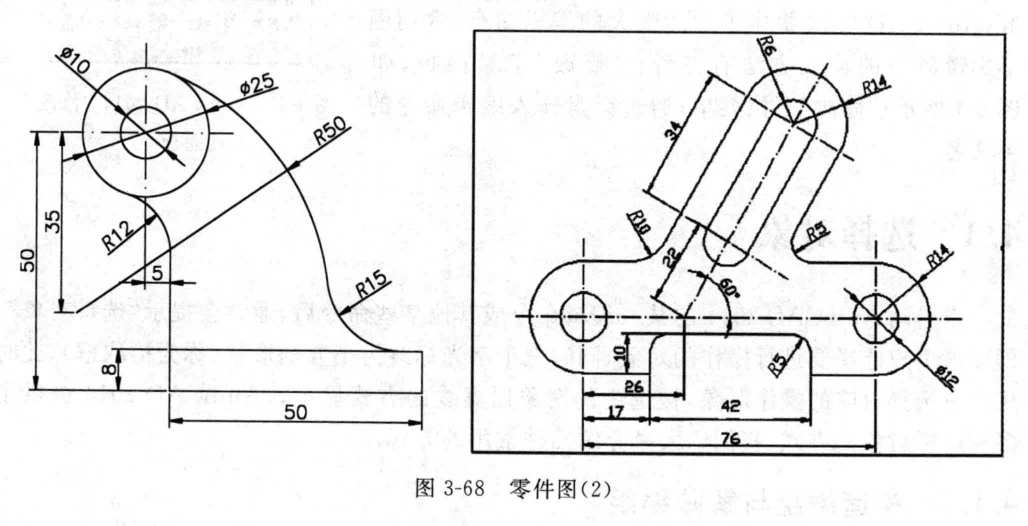

图 3-68　零件图(2)

第 4 章

平面图形的编辑

本章要点

- 选择对象。
- 复制、镜像、偏移、移动、阵列等复制类编辑命令。
- 修剪、延伸、圆角、倒角、拉伸等改变对象集合特性的命令。
- 删除、恢复、清除等删除及恢复类命令。

在绘图过程中,经常需要调整图形对象的位置、形状等,AutoCAD 2014 提供了功能强大的编辑命令,常用图形编辑命令的输入方法有三种:“修改”工具面板,如图 4-1 所示;“修改”下拉菜单;通过键盘输入编辑命令的英文名。

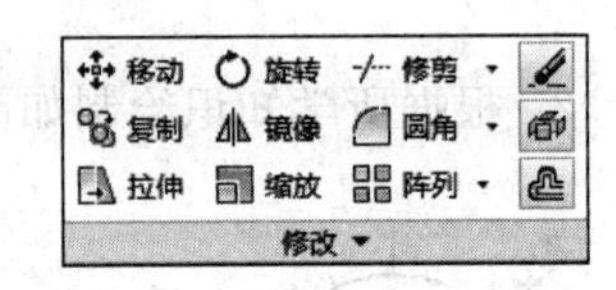

图 4-1 AutoCAD 2014“修改”工具面板

4.1 选择对象

当启动 AutoCAD 2014 的某一编辑命令或其他某些命令后,通常会提示“选择对象”,即要求用户选择要进行操作的对象,同时把十字光标改为小方框形状(称为拾取框),此时用户应选择对应的操作对象,被选中的对象以虚线的方式显示。AutoCAD 2014 提供了多种选择对象的方式,我们给大家介绍几种常用的方式。

4.1.1 构造编组与解除编组

编组是将某些需要的对象做成一个集合,并保存下来,当需要选择对象的时候,直接选取一组对象,某种程度上类似于块。

命令调用方法如下。

- 菜单:“工具”|“组”或“解除编组”。
- 命令行:group 或 ungroup。

4.1.2 快速选择

在 AutoCAD 2014 中,当需要选择具有某些共同特性的对象时,可利用“快速选择”对话框,根据对象的图层、线型、颜色、图案填充等特性和类型,快速创建选择集。

命令调用方法如下。

- 菜单："工具"|"快速选择"。
- 命令行：qselect。
- 快捷菜单：绘图区域右击鼠标，在弹出的快捷菜单中选择"快速选择"。

4.1.3　案例实战

案例 1

利用"复制"工具对已有零件图练习使用普通方法选择对象。

操作步骤如下。

(1) 打开 AutoCAD 2014 软件，选择"文件"|"打开"，打开"选择文件"对话框，选择"案例源文件"文件夹中的 ex05-1.dwg，打开零件的原始图。

(2) 选择"修改"|"复制"，调用复制功能。命令行提示"选择对象"。

(3) 用鼠标单击拾取圆形实体，结果如图 4-2 所示。

这种方式被叫做直接拾取，只能逐个选择实体。若选取的实体具有一定的宽度，要单击边界上的点。

(4) 从图形左上角外侧开始，拖动鼠标绘制一个从左到右的矩形，则在窗口内且完全被包围的实体即被选中，如图 4-3 所示。

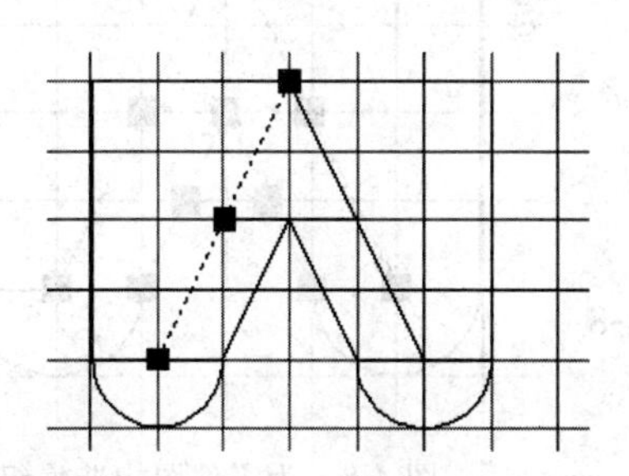

图 4-2　直接拾取零件图中的大圆

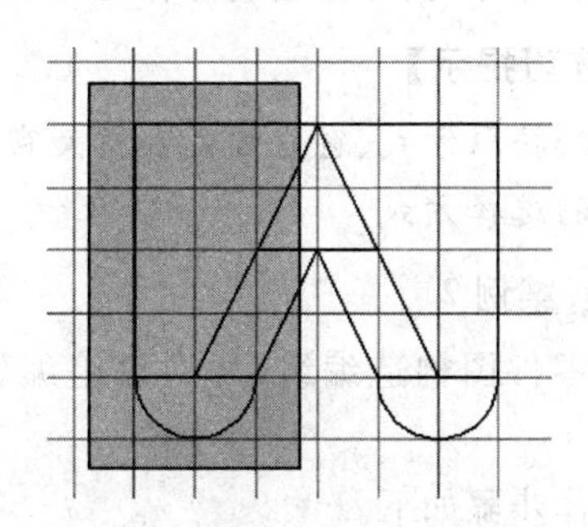

图 4-3　窗口方式选择图形

这种方式被叫做窗口方式，一次可以同时选取多个实体，如图 4-4 所示。

(5) 从图形右下角外侧开始，拖动鼠标绘制一个从右到左的矩形，则在窗口内的实体(即使不被完全包围)即被选中，如图 4-5 所示。

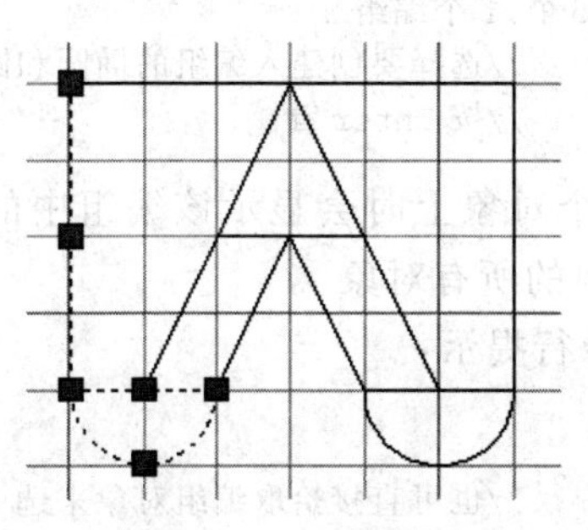

图 4-4　窗口方式选中的图形

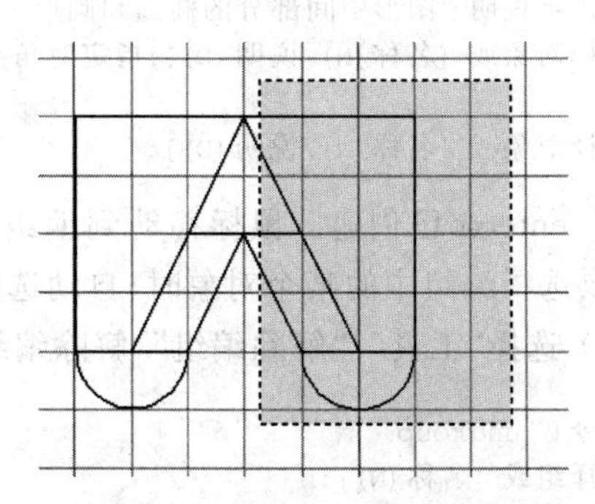

图 4-5　交叉窗口方式选择图形

这种方式被叫做交叉窗口方式,可以选取的范围更大,如图 4-6 所示。

(6) 在命令行"选择对象"提示下输入 ALL 再按 Enter 键,则选取不在已锁定或已冻结层上的图中的所有实体。这种方式被叫做全选方式,如图 4-7 所示。

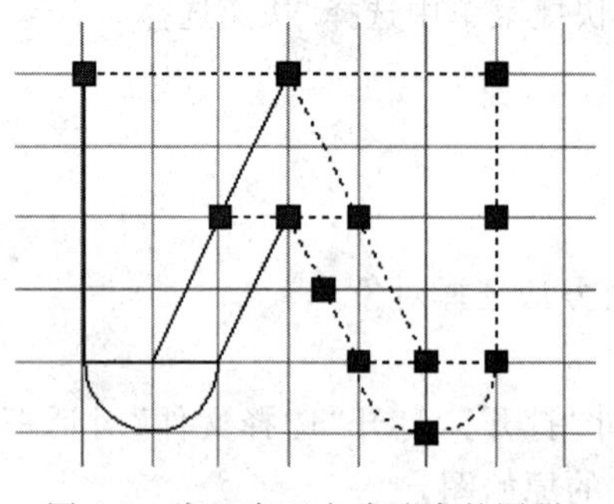

图 4-6 交叉窗口方式选中的图形

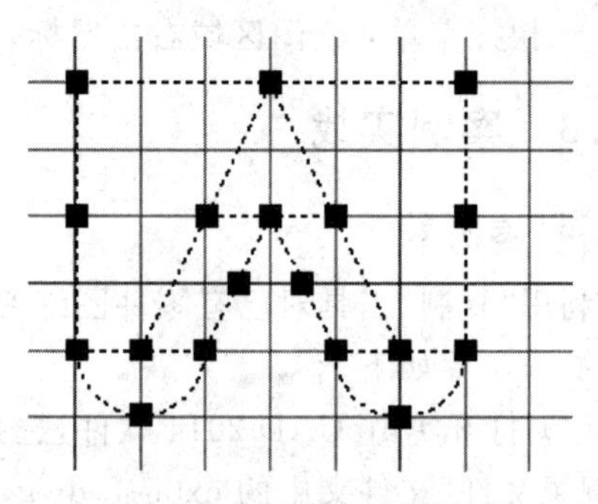

图 4-7 全选方式选择图形

(7) 在命令行"选择对象"的提示下,输入 Undo 再按 Enter 键,取消最后一次进行的对象选择操作,恢复到全选前的状态。

(8) 在命令行"选择对象"的提示下,直接按 Enter 键响应,即可结束对象选择操作,进入指定的编辑操作 。本例中,到此处按 Esc 键,结束复制命令,具体的复制操作见 4.2.2 小节。

【技巧提示】

直接拾取方式、窗口方式和交叉窗口方式是系统默认的选择方式。

案例 2

为零件图构造编组,并对编组编辑,如图 4-8 所示。

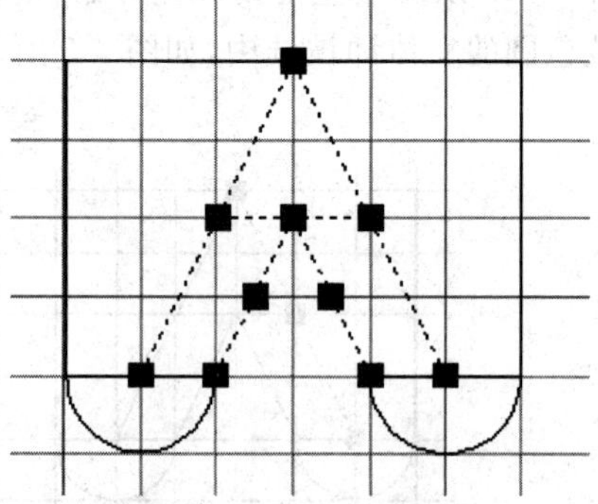

图 4-8 为零件图构造编组

操作步骤如下。

(1) 输入创建编组命令。命令行出现提示:

```
命令: _group 选择对象或 [名称(N)/说明(D)]:n                //输入 n,为新建的编组命名
输入编组名或 [?]: centertr                                  //输入新编组名
选择对象或 [名称(N)/说明(D)]:d                              //输入 n,为新建的编组书写说明
输入组说明: 图形中间部分的椭圆和圆形                        //输入新编组的说明
选择对象或 [名称(N)/说明(D)]:指定对角点: 找到 5 个,1 个编组
                                                            //选择要创建入编组的椭圆和圆对象
选择对象或 [名称(N)/说明(D)]:                               //按 Enter 键
```

组 centertr 已创建。鼠标移动到编组中的某个对象上时会显示该编组中的所有对象,拾取选择编组中的某个对象时,自动选中该编组的所有对象。

(2) 选择"工具"|"解除编组",解除编组。命令行提示:

```
命令: _ungroup
选择组或 [名称(N)]:n                                        //也可直接拾取编组对象来选中编组
输入编组名或 [?]:centertr
```

组 centertr 已分解。

【技巧提示】

在选择对象时,可以把编组看作一个对象,直接拾取选择。

 **案例 3**

为零件图快速构建选择集,如图 4-9 所示。

操作步骤如下。

选择"工具"|"快速选择",调出"快速选择"对话框,如图 4-10 所示。

- "应用到"用来指定过滤条件应用的范围。
- "对象类型"指定过滤对象的类型。
- "特性"指定过滤对象的特性。
- "运算符"控制对象特性的取值范围。
- "值"指定过滤条件中对象特性的取值。
- "如何应用"指定符合给定过滤条件的对象与选择集的关系。

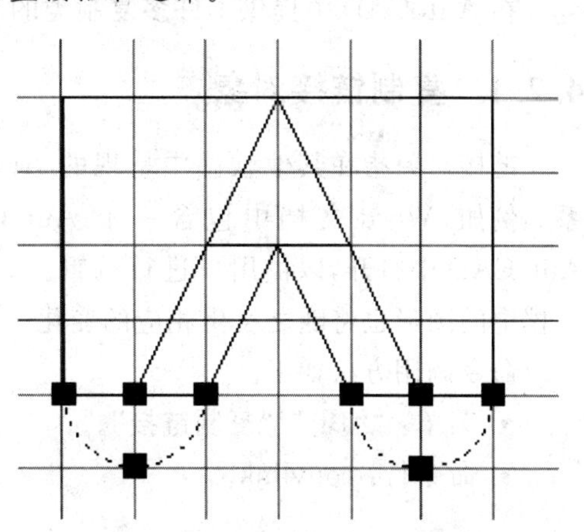

图 4-9　为零件图快速构造选择集

在对话框中进行相应设置,来选择颜色等于红色的圆形,结果如图 4-11 所示。

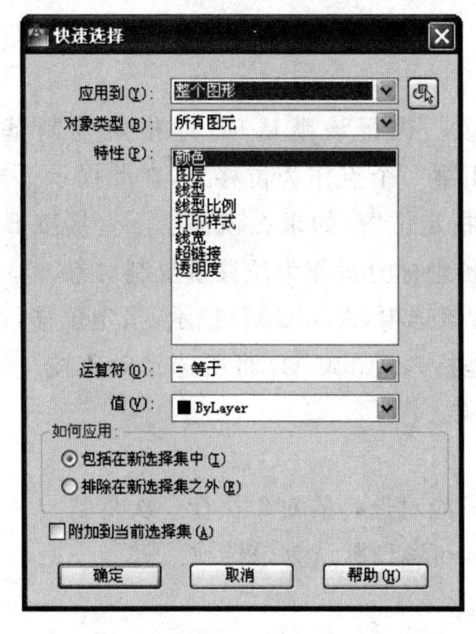

图 4-10　"快速选择"对话框

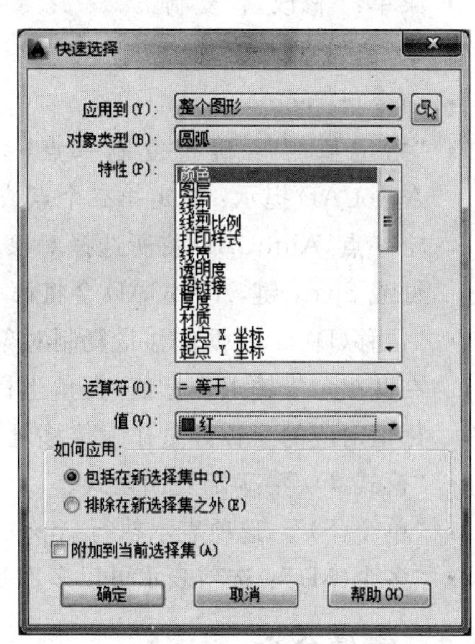

图 4-11　快速选择出颜色等于黑色的圆形

4.2 复制类编辑命令

在 AutoCAD 中提供了许多复制类的命令，以方便根据现有对象快速地创建新对象。

4.2.1 复制链接对象

链接对象指在其他软件中呈现的 AutoCAD 对象，该对象与 AutoCAD 始终保持联系。例如，Word 文档中包含一个 AutoCAD 对象，在 Word 中双击该对象，将其在 AutoCAD 中打开，以供用户进行编辑。如果对原始 AutoCAD 图形做了修改，则 Word 文档中的图形也将随之发生相应的变化。

命令调用方法如下。

- 菜单："编辑"|"复制链接"。
- 命令行：copylink。

4.2.2 复制命令

复制可以将选定的对象复制到指定位置。

命令调用方法如下。

- 菜单："修改"|"复制"。
- 工具栏：修改工具栏按钮()。
- 命令行：copy。
- "指定基点"：确定复制基点，为默认项。执行该默认项，即指定复制基点。AutoCAD 提示：指定第二个点或 <使用第一个点作为位移>，在此提示下再确定一点，AutoCAD 将所选择对象复制到指定位置；如果在该提示下直接按 Enter 键或 Space 键，AutoCAD 会将第一点的各坐标分量作为位移量复制对象。
- "位移(D)"：根据位移量复制对象。执行该选项，AutoCAD 提示，指定位移，如果在此提示下输入坐标值(直角坐标或极坐标)，AutoCAD 将所选择对象按与各坐标值对应的坐标分量作为位移量复制对象。
- "模式(O)"：确定复制模式。
- "单个(S)"：选项表示执行 copy 命令后只能对选择的对象执行一次复制。
- "多个(M)"：选项表示可以多次复制，AutoCAD 默认为该选项。

4.2.3 镜像命令

可以将选中的对象相对于指定的镜像线进行镜像复制。

命令调用方法如下。

- 菜单："修改"|"镜像"。
- 工具栏：修改工具栏按钮。
- 命令行：mirror。

4.2.4　偏移命令

偏移操作又称为偏移复制，可以创建同心圆、平行线或等距曲线。

1. 命令调用方法

- 菜单："修改"|"偏移"。
- 工具栏：修改工具栏按钮( )。
- 命令行：offset。
- "指定偏移距离"：根据偏移距离偏移复制对象，在提示下直接输入距离值即可。
- "通过(T)"：使偏移复制后得到的对象通过指定的点。
- "删除(E)"：实现偏移源对象后删除源对象。
- "图层(L)"：确定将偏移对象创建在当前图层上还是源对象所在的图层上。
- "退出(E)"：退出偏移命令。
- "放弃(U)"：取消最后偏移的命令。

【技巧提示】

- 偏移命令是循环执行的命令，直到直接按 Enter 键后才能结束命令。
- 对于不闭合的线段执行偏移命令，所生成的偏移线的长度是根据偏移线两端点和原线段两端点的连线垂直于端点处的切线决定的，因此，直线的偏移长度和原直线相等，而圆、圆弧和多段线的偏移线长度和原曲线不相等。

2. 项目实战

在零件图中偏移复制右侧直线，如图 4-12 所示。

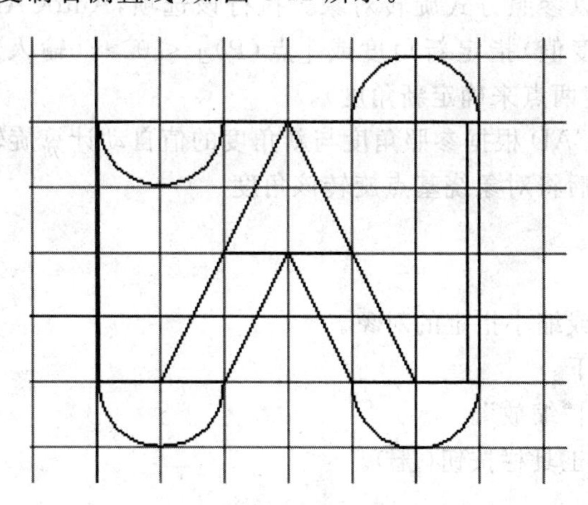

图 4-12　偏移复制零件图右侧直线

操作步骤如下。

执行偏移命令，AutoCAD 出现提示：

```
命令: _offset
当前设置: 删除源=否 图层=源 OFFSETGAPTYPE=0
指定偏移距离或 [通过(T)/删除(E)/图层(L)] <1.0000>: 50        //指定偏移距离为 50
```

```
选择要偏移的对象,或 [退出(E)/放弃(U)] <退出>:                //选择零件图右侧直线
指定要偏移的那一侧上的点,或 [退出(E)/多个(M)/放弃(U)] <退出>:
                                                  //在直线左侧单击,指定向内侧绘制直线
选择要偏移的对象,或 [退出(E)/放弃(U)] <退出>:                //按 Enter 键
```

4.2.5 移动命令

将选中的对象从当前位置移到另一位置,即更改图形在图纸上的位置。

命令调用方法如下。

- 菜单:“修改”|“移动”。
- 工具栏:修改工具栏按钮()。
- 命令行:move。

4.2.6 旋转命令

旋转对象指将指定的对象绕指定点(称其为基点)旋转指定的角度。

命令调用方法如下。

- 菜单:“修改”|“旋转”。
- 工具栏:修改工具栏按钮()。
- 命令行:rotate。
- “指定旋转角度”:输入角度值,AutoCAD会将对象绕基点转动该角度。在默认设置下,角度为正时沿逆时针方向旋转,反之沿顺时针方向旋转。
- “复制”:创建出旋转对象后仍保留原对象。
- “参照(R)”:以参照方式旋转对象。执行该选项,AutoCAD提示:指定参照角,(输入参照角度值)指定新角度或[点(P)]＜0＞,(输入新角度值,或通过“点(P)”选项指定两点来确定新角度)。

执行结果:AutoCAD根据参照角度与新角度的值自动计算旋转角度(旋转角度=新角度-参照角度),然后将对象绕基点旋转该角度。

4.2.7 缩放命令

缩放对象指放大或缩小指定的对象。

命令调用方法如下。

- 菜单:“修改”|“缩放”。
- 工具栏:修改工具栏按钮()。
- 命令行:scale。

4.2.8 阵列命令

将选中的对象进行矩形或环形多重复制。

命令调用方法如下。

- 菜单:“修改”|“阵列”。
- 工具栏:修改工具栏按钮()。

- 命令行：array。

4.2.9　案例实战

案例 1

在 Word 文档中创建零件图的连接对象，如图 4-13 所示。

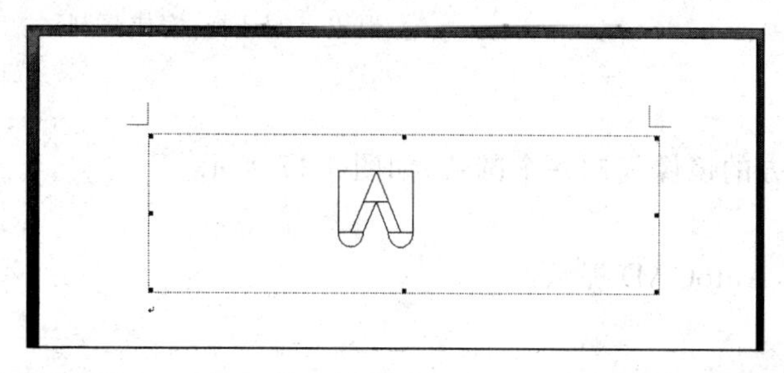

图 4-13　在 AutoCAD 修改后的 Word 文档中的零件图连接对象

操作步骤如下。

(1) 打开文件 ex04-1.dwg，如图 4-2 所示。

(2) 单击“编辑”|“复制链接”，复制当前 AutoCAD 界面到剪贴板，命令行提示：命令：_copylink。

(3) 新建一个 Word 文档，使用 Word 的粘贴命令，粘贴一个零件图的链接对象，如图 4-14 所示。

(4) 双击该零件图，进入 AutoCAD，删除掉最右侧的小圆，如图 4-15 所示，并保存，然后关闭程序。

(5) 回到 Word 中。

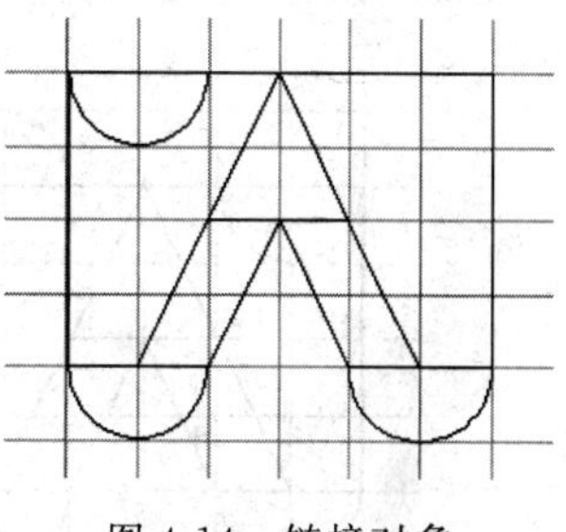

图 4-14　链接对象

案例 2

在零件图上方复制左下方的半圆弧型，如图 4-16 所示。

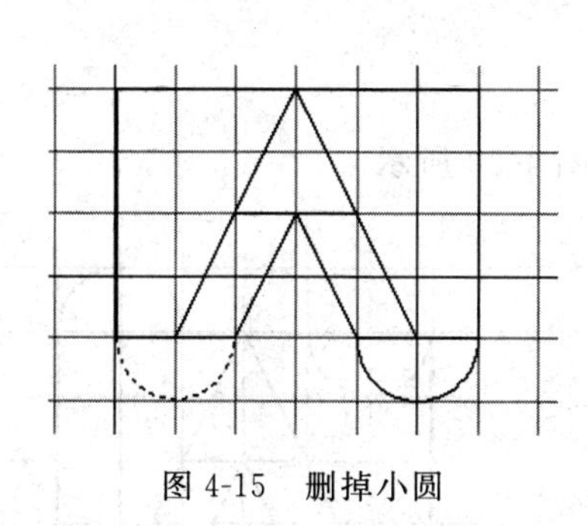

图 4-15　删掉小圆

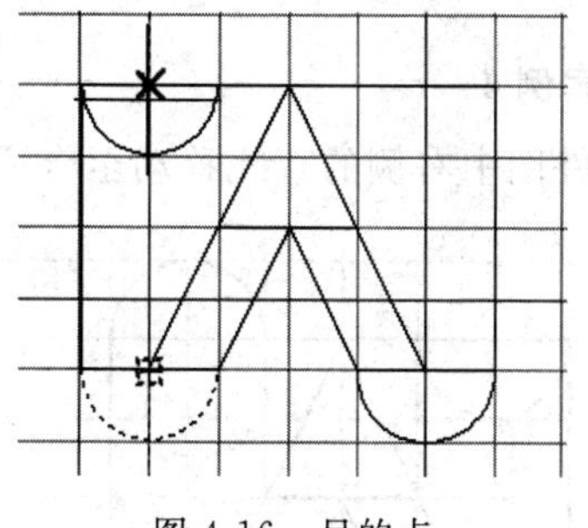

图 4-16　目的点

操作步骤如下。

(1) 打开文件 ex04-1.dwg，如图 4-2 所示；

(2) 执行复制命令，命令行提示：

```
命令：_copy
```

```
选择对象：找到 1 个                          //拾取选择零件图左下方的圆弧
选择对象：                                   //按 Enter 键取消选择
当前设置：复制模式=多个
指定基点或 [位移(D)/模式(O)] <位移>：         //拾取选择圆弧圆心点作为移动的基点
指定第二个点或 [阵列(A)] <使用第一个点作为位移>：
                                             //拾取选择基点要复制到的目的点，如图 4-16 所示
指定第二个点或 [阵列(A)/退出(E)/放弃(U)] <退出>：e
                                             //退出点的选择，完成复制
```

案例 3

在零件图右上方的镜像复制一个圆弧，如图 4-17 所示。

操作步骤如下。

执行镜像按钮，AutoCAD 提示：

```
命令：_mirror
选择对象：找到 1 个                          //选择要镜像的对象
选择对象：                                   //按 Enter 键取消选择
指定镜像线的第一点：                         //确定镜像线上的一点，如图 4-18 所示
指定镜像线的第二点：                         //确定镜像线上的另一点，如图 4-19 所示
要删除源对象吗？[是(Y)/否(N)] <N>：n        //不删除源对象
```

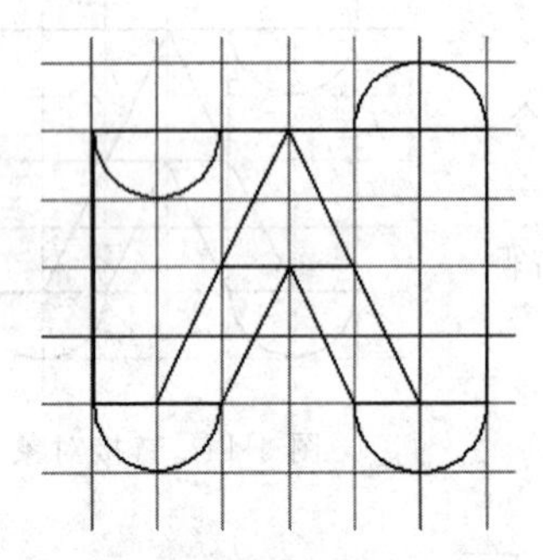

图 4-17 对零件图中的圆弧做镜像

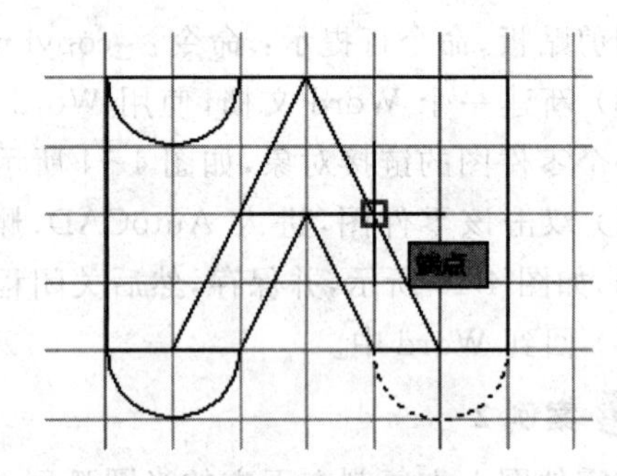

图 4-18 指定镜像线的一点

案例 4

将零件图中右侧的直线移动至合适位置，如图 4-20 所示。

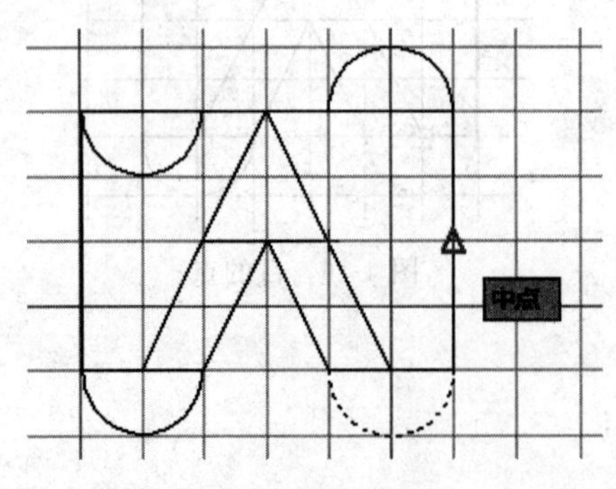

图 4-19 指定镜像线的另一点

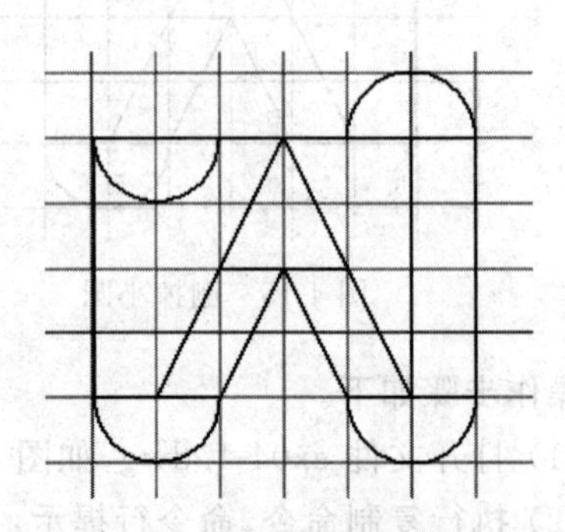

图 4-20 移动镜像处的小圆

操作步骤如下。

执行移动命令，AutoCAD 出现提示：

```
命令: _move
选择对象: 指定对角点: 找到 1 个              //选择要移动的对象
选择对象:                                    //按 Enter 键取消选择
指定基点或 [位移(D)] <位移>:                 //指定移动基点
指定第二个点或 <使用第一个点作为位移>:       //移动鼠标到偏移目标点，如图 4-21 所示，单击鼠
                                               标即完成偏移
```

案例 5

将零件图中右上方的圆弧向右下方旋转，如图 4-22 所示。

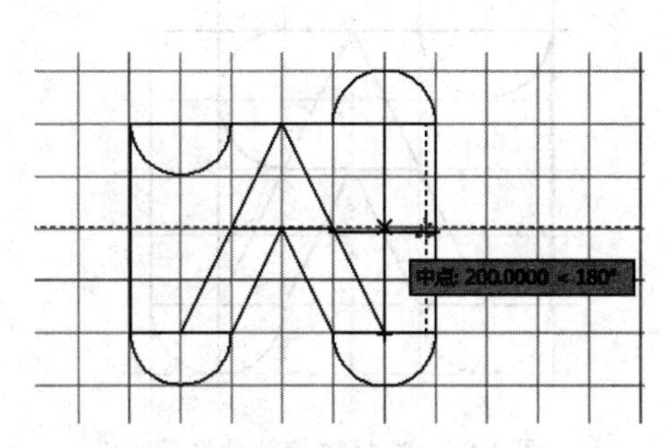

图 4-21　确定小圆要移动到的位置

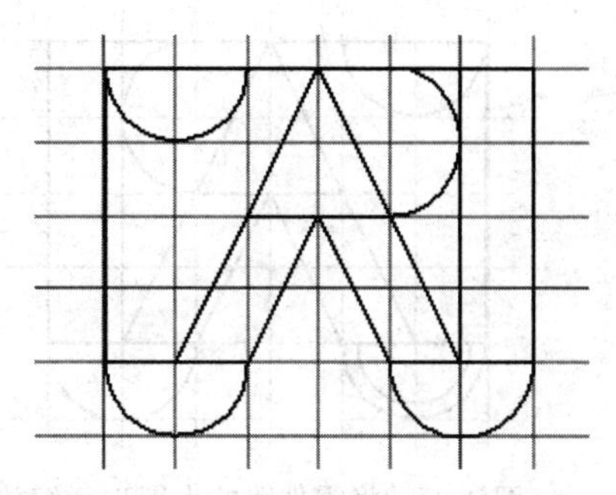
图 4-22　旋转零件图中的圆弧

操作步骤如下。

执行旋转命令，AutoCAD 出现提示：

```
命令: _rotate
UCS 当前的正角方向: ANGDIR=逆时针 ANGBASE=0
选择对象: 指定对角点: 找到 1 个                  //选择要旋转的对象，如图 4-23 所示
选择对象:                                        //按 Enter 键取消选择
指定基点:                                        //指定旋转中心点为右侧圆弧的左边起点
指定旋转角度，或 [复制(C)/参照(R)] <0>:          //拖动鼠标旋转到合适角度，如图 4-24 所示，然
                                                   后单击确认，结束旋转
```

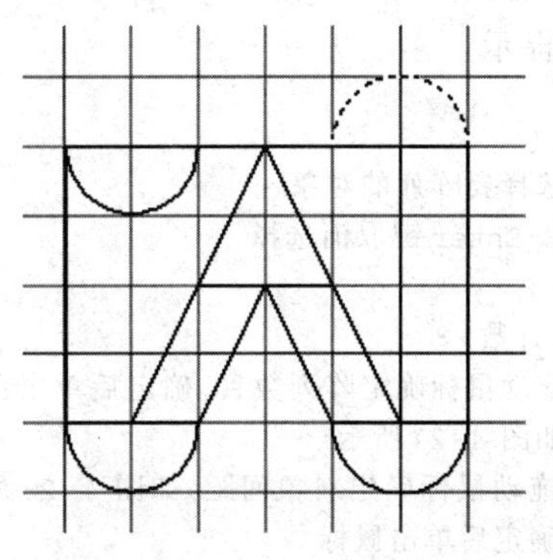
图 4-23　选择要旋转的图形

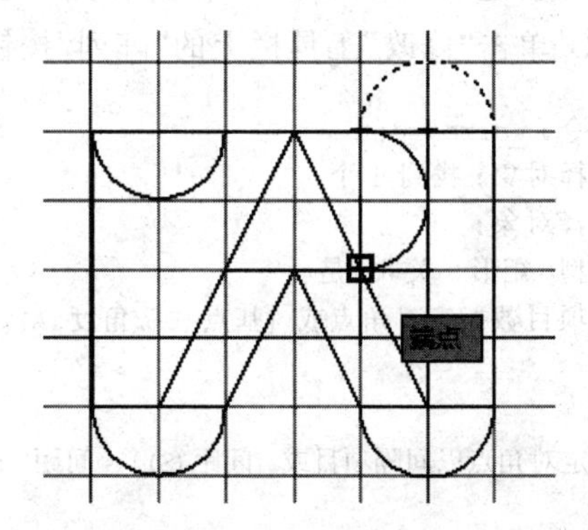
图 4-24　移动鼠标旋转图形到旋转的位置

案例 6

将零件图中的圆弧进行缩放，如图 4-25 所示。

操作步骤如下。

单击“修改”工具栏上的“缩放”按钮，AutoCAD 提示：

```
命令：_scale
选择对象：找到 1 个                          //选择要缩放的圆弧，如图 4-26 所示
选择对象：                                   //按 Enter 键取消选择
指定基点：                                   //选择圆心为缩放基点
指定比例因子或 [复制(C)/参照(R)]：0.8        //缩小至原来的 0.8 倍
```

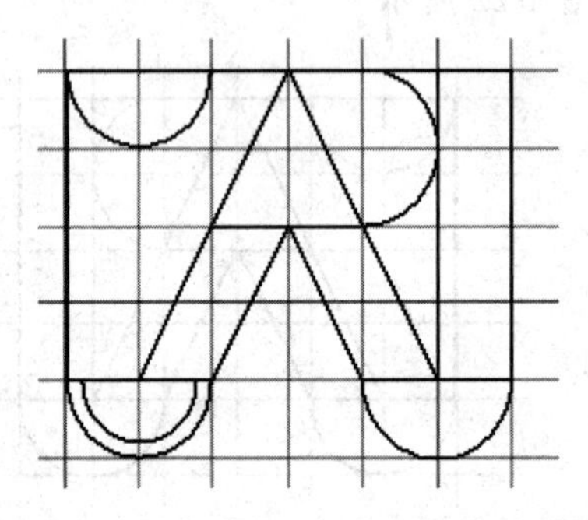

图 4-25　将零件图的大圆进行缩放

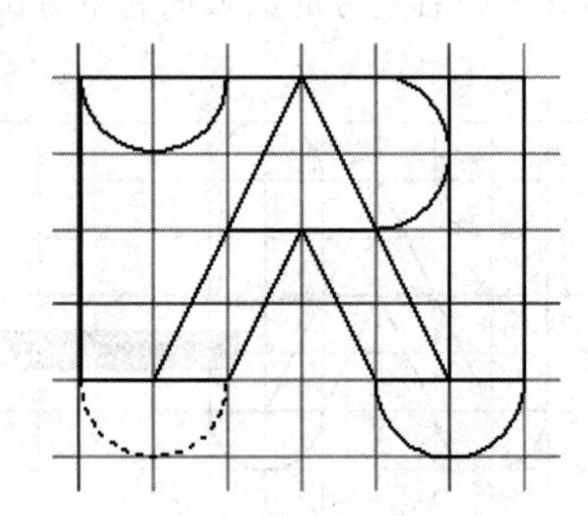

图 4-26　选择要缩放的图形

【技巧提示】

指定比例因子：确定缩放比例因子，为默认项。执行该默认项，即输入比例因子后按 Enter 键或 Space 键，AutoCAD 将所选择的对象根据该比例因子相对于基点缩放，且 0<比例因子<1 时缩小对象，比例因子>1 时放大对象。

案例 7

制作 9 个圆形的阵列，如图 4-27 所示。

操作步骤如下。

（1）新建文件 ex04-2.dwg，并在其中绘制一个圆形。

（2）单击“修改”工具栏上的“阵列”按钮，命令行提示：

```
命令：_arrayrect
选择对象：找到 1 个                          //选择要阵列的对象
选择对象：                                   //按 Enter 键取消选择
类型=矩形  关联=是
为项目数指定对角点或 [基点(B)/角度(A)/计数(C)] <计数>：
                                             //拖动鼠标确定阵列数目，确定后单击鼠标，
                                               如图 4-27 所示
指定对角点以间隔项目或 [间距(S)] <间距>：    //拖动鼠标确定对象间距，如图 4-28 所示，
                                               确定后单击鼠标
按 Enter 键接受或 [关联(AS)/基点(B)/行(R)/列(C)/层(L)/退出(X)] <退出>：
                                             //按 Enter 键
```

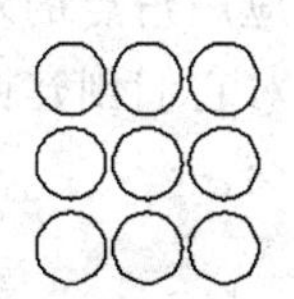
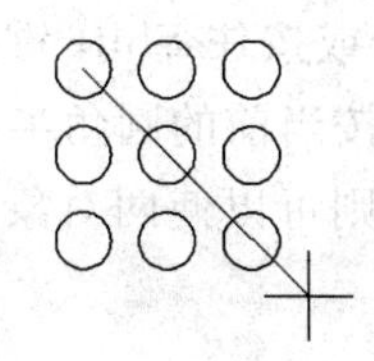

图 4-27　拖动鼠标确定对象间距

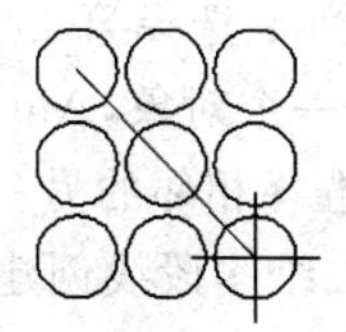
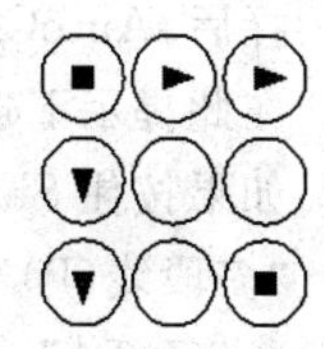

图 4-28　确定阵列对象间距

4.3　改变几何特性类命令

4.3.1　修剪命令

修剪命令可以将被修剪对象沿修剪边界(即剪切边)断开,并删除位于剪切边一侧或位于两条剪切边之间的部分。

命令调用方法如下。

- 菜单:“修改”|“修剪”。
- 工具栏:修改工具栏按钮(-/-)。
- 命令行:TRIM。
- “栏选(F)”:以栏选方式确定被修剪对象。
- “窗交(C)”:使与选择窗口边界相交的对象作为被修剪对象。
- “投影(P)”:确定执行修剪操作的空间。
- “边(E)”:确定剪切边的隐含延伸模式。
- “删除(R)”:删除指定的对象。
- “放弃(U)”:取消上一次的操作。

4.3.2　延伸命令

将指定的对象延伸到指定边界。

命令调用方法如下。

- 菜单:“修改”|“延伸”。
- 工具栏:修改工具栏按钮(--/)。
- 命令行:extend。

4.3.3　圆角命令

为对象创建圆角。

命令调用方法如下。

- 菜单:“修改”|“圆角”。
- 工具栏:修改工具栏按钮(□)。
- 命令行:fillet。
- “选择第一个对象”:此提示要求选择创建圆角的第一个对象,为默认项,用户选择后，AutoCAD 提示：选择第二个对象，或按住 Shift 键选择要应用角点的对象，在此提示下选择另一个对象，AutoCAD 按当前的圆角半径设置对它们创建圆角，如果按住 Shift 键选择相邻的另一对象，则可以使两对象准确相交。

- “多段线(P)”：对二维多段线创建圆角。
- “半径(R)”：设置圆角半径。
- “修剪(T)”：确定创建圆角操作的修剪模式。
- “多个(M)”：执行该选项且用户选择两个对象创建出圆角后，可以继续对其他对象创建圆角，不必重新执行 FILLET 命令。

4.3.4 倒角命令

在两条直线之间创建倒角。

命令调用方法如下。

- 菜单：“修改”|“倒角”。
- 工具栏：修改工具栏按钮(）。
- 命令行：chamfer。

4.3.5 拉伸命令

拉伸与移动(move)命令的功能有类似之处，可移动图形，但拉伸通常用于使对象拉长或压缩。

命令调用方法如下。

- 菜单：“修改”|“拉伸”。
- 工具栏：修改工具栏按钮(）。
- 命令行：stretch。

4.3.6 打断命令

从指定的点处将对象分成两部分，或删除对象上所指定两点之间的部分。

命令调用方法如下。

- 菜单：“修改”|“打断”。
- 工具栏：修改工具栏按钮(）。
- 命令行：break。
- “指定第二个打断点”：选择对象的拾取点作为第一断点，并要求确定第二断点，用户可以有以下选择：如果直接在对象上的另一点处单击拾取键，AutoCAD 将对象上位于两拾取点之间的对象删除掉。

  如果输入符号“@”后按 Enter 键或 Space 键，AutoCAD 在选择对象时的拾取点处将对象一分为二。如果在对象的一端之外任意拾取一点，AutoCAD 将位于两拾取点之间的那段对象删除掉。
- “第一点(F)”：重新确定第一断点，执行该选项，AutoCAD 提示：指定第一个打断点：(重新确定第一断点)，指定第二个打断点。

4.3.7　打断于点命令

从指定的点处将对象分成两部分，不删除对象上所指定两点之间的部分。

命令调用方法如下。

- 菜单："修改"|"打断于点"。
- 工具栏：修改工具栏按钮（）。
- 命令行：break。

4.3.8　拉长命令

改变线段或圆弧的长度。

命令调用方法如下。

- 菜单："修改"|"拉长"。
- 修改工具栏按钮（）。
- 命令行：lengthen。
- "选择对象"：显示指定直线或圆弧的现有长度和包含角（对于圆弧而言）。
- "增量"：通过设定长度增量或角度增量改变对象的长度。执行此选项，AutoCAD 提示。输入长度增量或 [角度(A)]，在此提示下确定长度增量或角度增量后，再根据提示选择对象，可使其长度改变。
- "百分数"：使直线或圆弧按百分数改变长度。
- "全部"：根据直线或圆弧的新长度或圆弧的新包含角改变长度。
- " 动态"：以动态方式改变圆弧或直线的长度。

4.3.9　分解命令

将由多个对象组合而成的合成对象（例如图块、多段线等）分解为独立对象，可以分解的对象包括块、多段线及面域等。

命令调用方法如下。

- 菜单："修改"|"分解"。
- 工具栏：修改工具栏按钮（）。
- 命令行：explode。

4.3.10　合并命令

将多个对象组合成一个对象。

命令调用方法如下。

- 菜单："修改"|"合并"。
- 工具栏：修改工具栏按钮（）。
- 命令行：join。

4.3.11 光顺曲线命令

在两条选定直线或曲线之间的间隙中创建样条曲线。

命令调用方法如下。

- 菜单："修改"|"光顺曲线"。
- 工具栏：修改工具栏按钮( )。
- 命令行：blend。

4.3.12 案例实战

案例 1

修剪零件图中圆形与三角形交叉的部分，如图 4-29 所示。

操作步骤如下。

(1) 绘制图 4-30 中的图形。

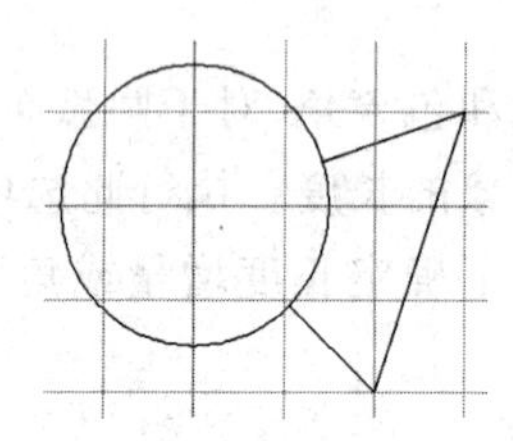

图 4-29 修剪后效果

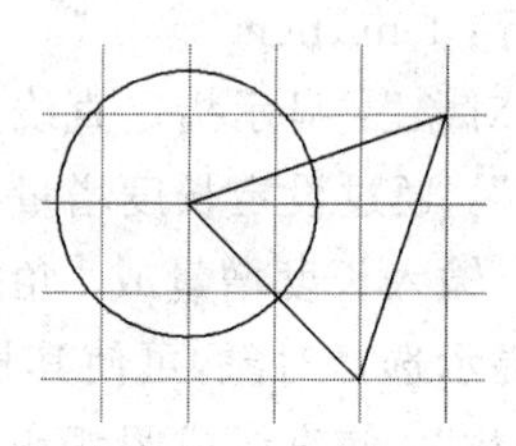

图 4-30 绘制图形

(2) 执行修剪命令，AutoCAD 出现提示：

```
命令: _trim
当前设置:投影=UCS,边=无
选择剪切边...
选择对象或 <全部选择>: 找到 1 个          //选择作为修剪边界的圆形,如图 4-31 所示
选择对象:                                 //按 Enter 键取消选择
选择要修剪的对象,或按住 Shift 键选择要延伸的对象,或[栏选(F)/窗交(C)/投影(P)/边(E)/
删除(R)/放弃(U)]:                          //选择要修剪的三角形两边,如图 4-32 所示
选择要修剪的对象,或按住 Shift 键选择要延伸的对象,或[栏选(F)/窗交(C)/投影(P)/边(E)/
删除(R)/放弃(U)]:                          //按 Enter 键
```

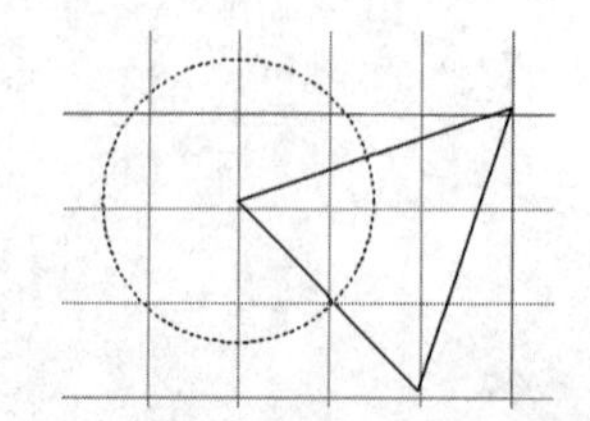

图 4-31 选择作修剪边界的圆形

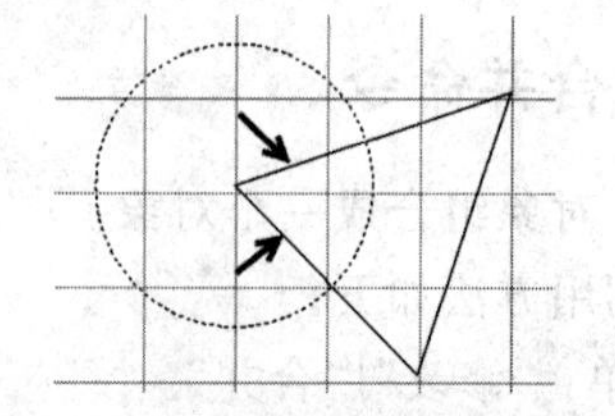

图 4-32 选择要修剪的三角形两边

【技巧提示】

选择要修剪的对象，或按住 Shift 键选择要延伸的对象，在上面的提示下选择被修剪

对象，AutoCAD 会以剪切边为边界，将被修剪对象上位于拾取点一侧的多余部分或将位于两条剪切边之间的部分剪切掉。如果被修剪对象没有与剪切边相交，在该提示下按下 Shift 键后选择对应的对象，AutoCAD 会将其延伸到剪切边。

案例 2

将零件图中三角形的边线延伸至圆形边界，如图 4-33 所示。

操作步骤如下。

执行延伸命令，AutoCAD 出现提示：

```
命令: _extend
当前设置:投影=UCS,边=无
选择边界的边...
选择对象或 <全部选择>: 找到 1 个          //选择作为修剪边界的圆形
选择对象:                                 //按 Enter 键
选择要延伸的对象,或按住 Shift 键选择要修剪的对象,或[栏选(F)/窗交(C)/投影(P)/边(E)/
放弃(U)]:                                 //选择要延伸的三角形上边线,如图 4-34 所示
选择要延伸的对象,或按住 Shift 键选择要修剪的对象,或[栏选(F)/窗交(C)/投影(P)/边(E)/
放弃(U)]:                                 //按 Enter 键
```

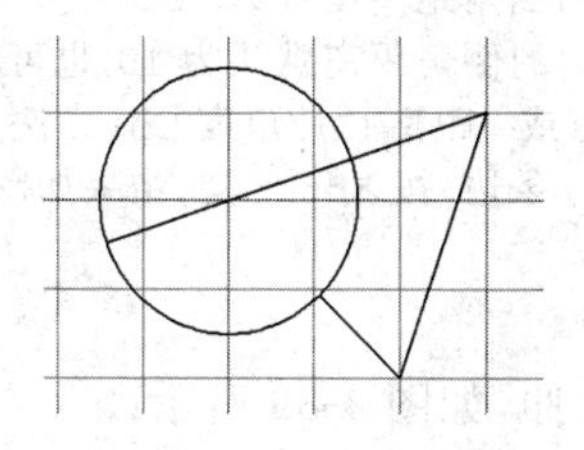

图 4-33　延伸后效果

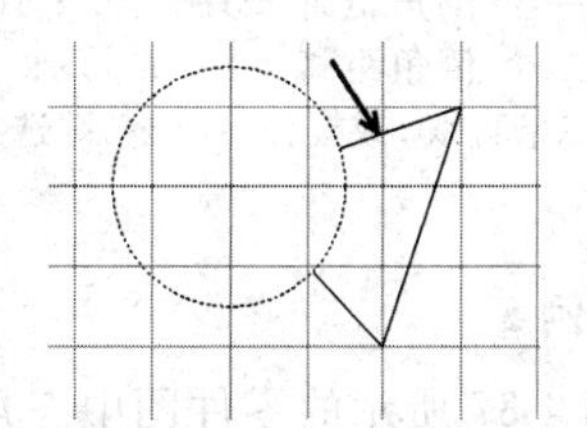

图 4-34　选择三角形上边线

案例 3

将如图 4-34 所示的零件图中三角形中的一个角做成圆角，如图 4-35 所示。

操作步骤如下。

执行圆角命令，AutoCAD 出现提示：

图 4-35　圆角后的零件图

```
命令: _fillet
当前设置: 模式=修剪,半径=0.0000
选择第一个对象或 [放弃(U)/多段线(P)/半径(R)/修剪(T)/多个(M)]:
                                          //选择要修改的角的一条边,如图 4-36 所示
选择第二个对象,或按住 Shift 键选择对象以应用角点或 [半径(R)]: r
                                          //输入 r,用半径来控制圆角的大小
指定圆角半径 <0.0000>: 5                  //圆角半径设置为 5
选择第二个对象,或按住 Shift 键选择对象以应用角点或 [半径(R)]:
                                          //选择另一条边,按 Enter 键,结果如图 4-37 所示
```

案例 4

将如图 4-35 所示的零件图中三角形中另一个角做成倒角，如图 4-37 所示。

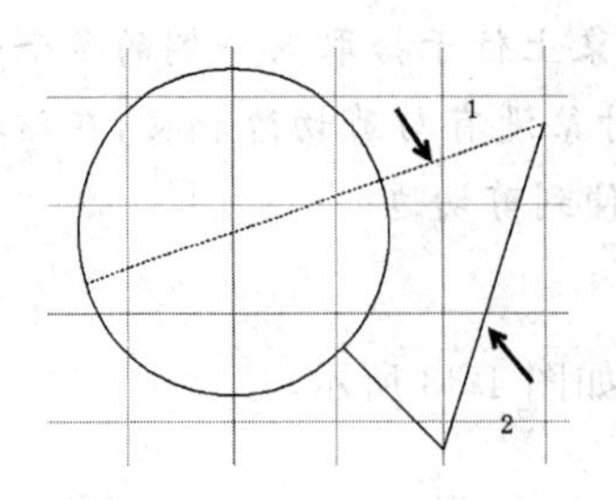

图 4-36 选择要制作圆角的边

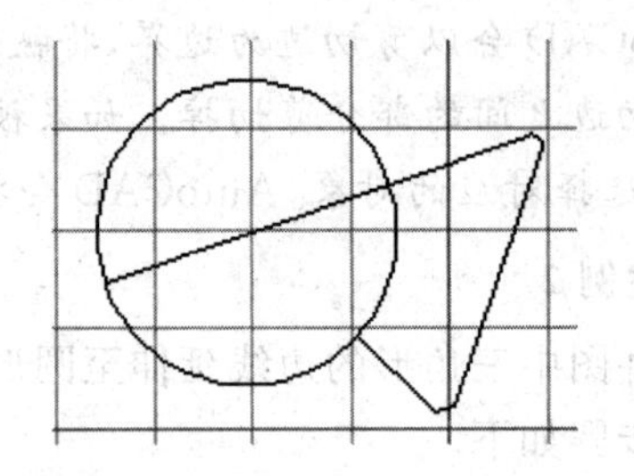

图 4-37 倒角后的零件图

操作步骤如下。

执行倒角命令,AutoCAD 出现提示:

```
命令: _chamfer
("修剪"模式)当前倒角距离 1=0.0000,距离 2=0.0000
选择第一条直线或 [放弃(U)/多段线(P)/距离(D)/角度(A)/修剪(T)/方式(E)/多个(M)]:
                                        //选择要做倒角的一条边,如图 4-38 所示
选择第二条直线,或按住 Shift 键选择直线以应用角点或 [距离(D)/角度(A)/方法(M)]: d
                                        //输入 d,用倒角距离来控制倒角的大小
指定 第一个 倒角距离 <0.0000>: 10        //一条边的倒角距离设置为 10
指定 第二个 倒角距离 <10.0000>:          //另一条边的倒角距离默认为 10,也可输入其他值
选择第二条直线,或按住 Shift 键选择直线以应用角点或 [距离(D)/角度(A)/方法(M)]:
                                        //选择另一条边,按 Enter 键,结果如图 4-38 所示
```

案例 5

将如图 4-37 所示的零件图中三角形部分向上拉伸,如图 4-39 所示。

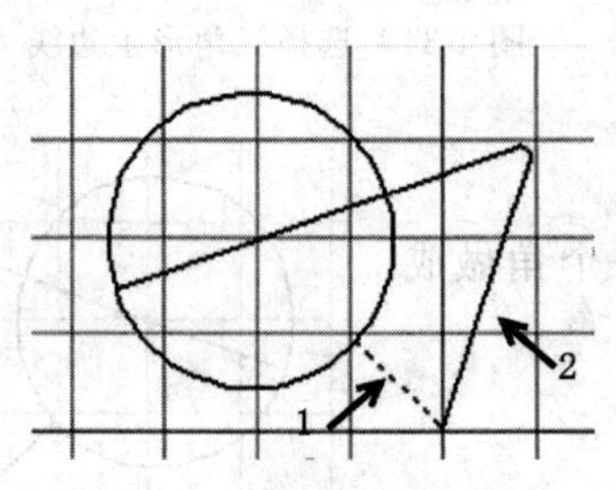

图 4-38 选择要做倒角的边

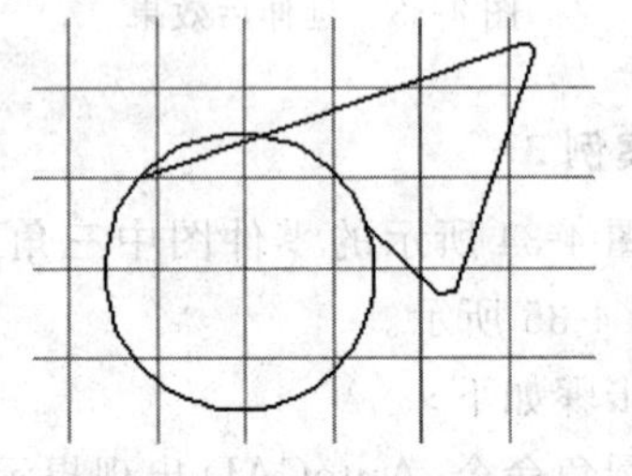

图 4-39 移动拉伸后零件图

操作步骤如下。

执行拉伸命令,AutoCAD 出现提示:

```
命令: _stretch
以交叉窗口或交叉多边形选择要拉伸的对象...
选择对象: 找到 1 个                          //选择要拉伸的对象
选择对象:                                    //直接按 Enter 键
指定基点或 [位移(D)] <位移>:                 //指定基点,如图 4-40 所示
指定第二个点或 <使用第一个点作为位移>:       //拖动鼠标移动到目标点
```

案例 6

将如图 4-39 所示的零件图中三角形的上边线打断并删除一部分,如图 4-41 所示。

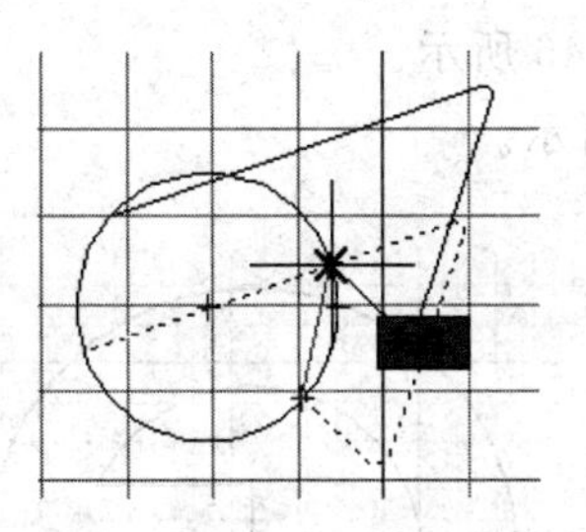

图 4-40 指定要拉伸的基点

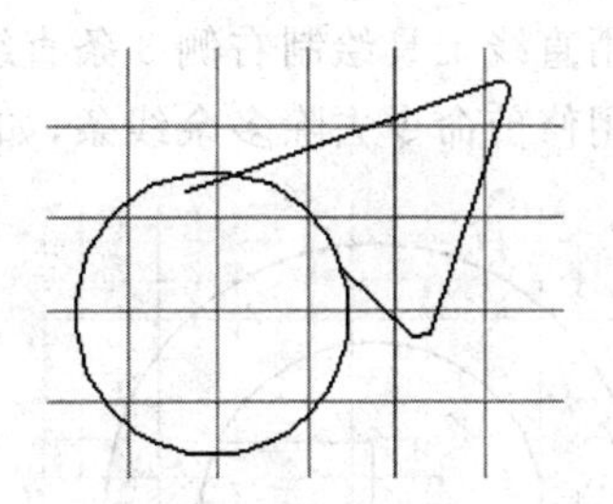

图 4-41 打断后的零件图

操作步骤如下。

执行打断命令,AutoCAD 出现提示:

```
命令: _break
选择对象:                                   //选择要断开的对象,通常把这次单击的点作为
                                              打断的第一个点,如图 4-42 所示
指定第二个打断点 或 [第一点(F)]:            //选择要断开的第二个点,如图 4-43 所示
```

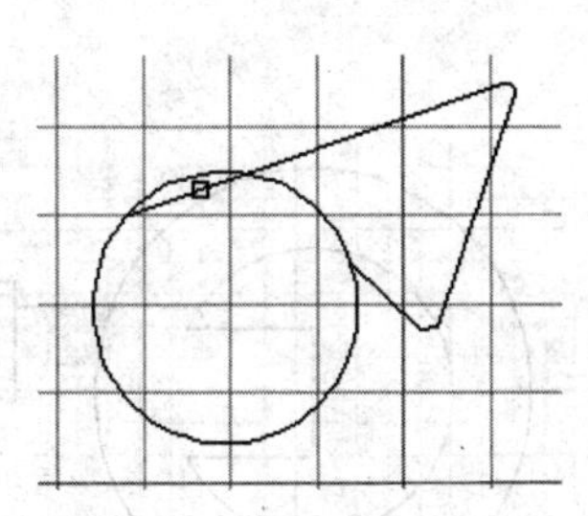

图 4-42 选择要断开对象

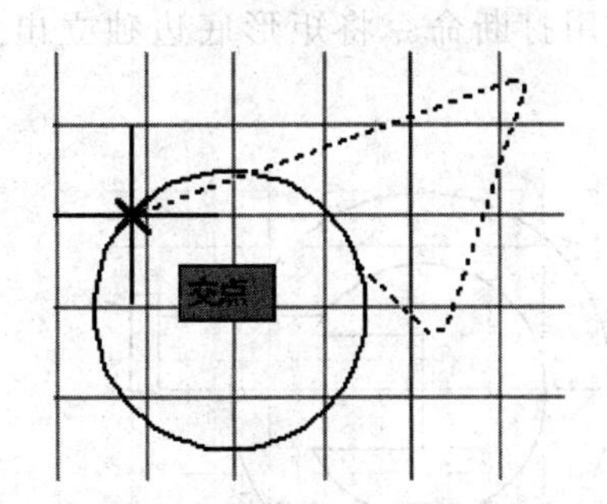

图 4-43 选择要断开对象的第二点

案例 7

绘制如图 4-44 所示图形。

操作步骤如下。

(1) 打开 AutoCAD 2014 软件,选择菜单"文件"|"新建",打开"选择样板"对话框,选择已有样板文件"acadiso.dwt"。

(2) 使用圆形工具绘制两个同心圆,如图 4-45 所示。

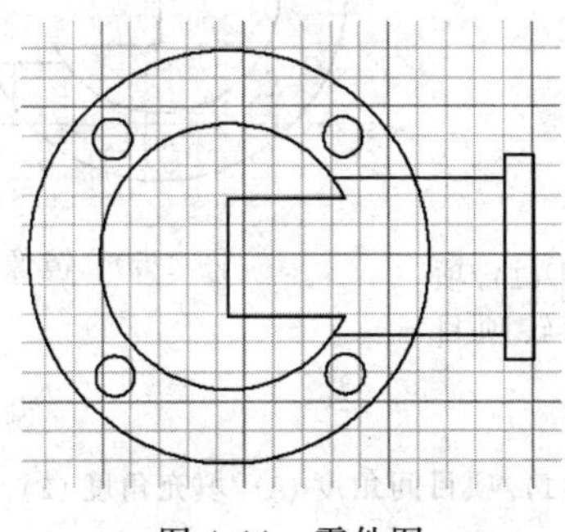

图 4-44 零件图

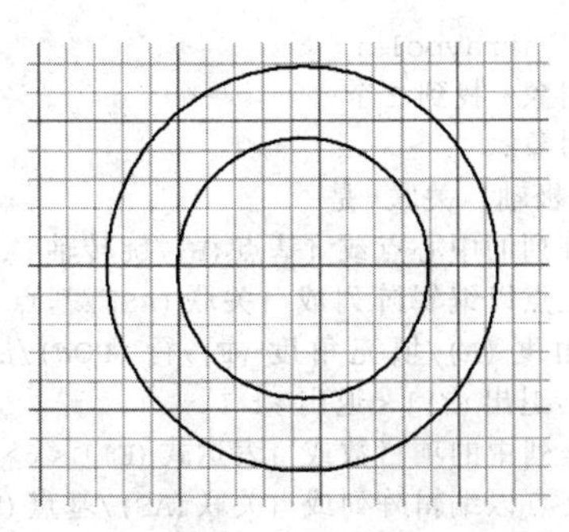

图 4-45 同心圆

(3) 使用直线工具绘制右侧 3 条直线,如图 4-46 所示。

(4) 使用修剪命令去除多余线条,如图 4-47 所示。

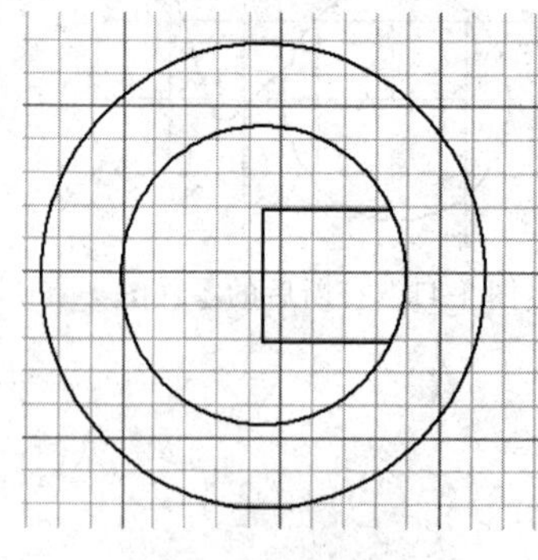
图 4-46 绘制直线

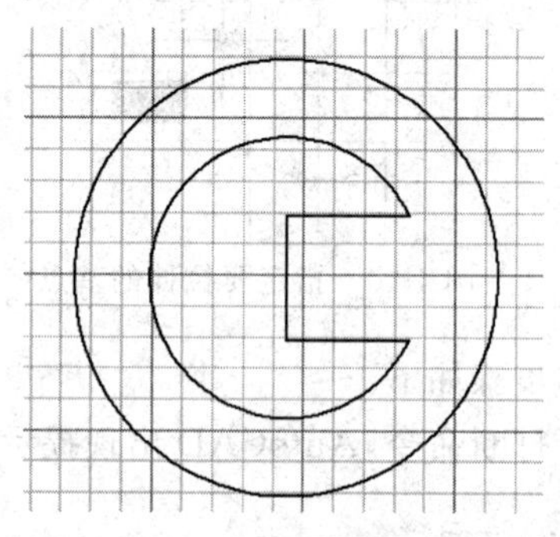
图 4-47 修剪

(5) 使用直线工具和偏移命令绘制直线和矩形,如图 4-48 所示

(6) 使用打断命令将矩形底边独立出来,并使用删除工具将其删除掉,如图 4-49 所示。

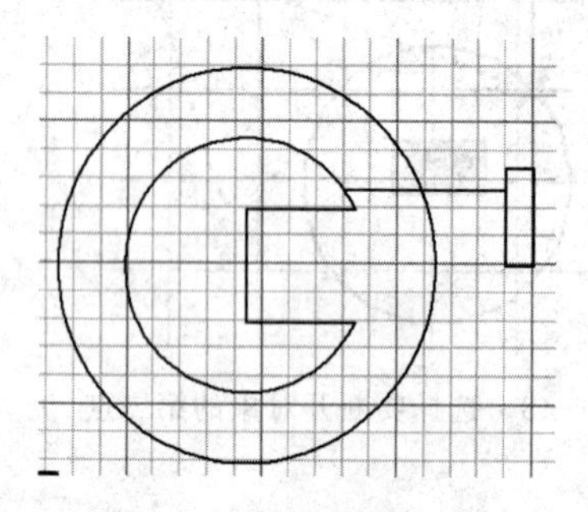
图 4-48 绘制直线和矩形

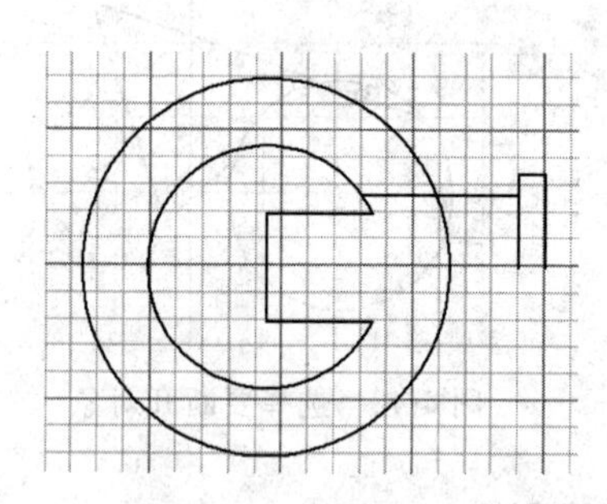
图 4-49 删除

(7) 使用镜像命令绘制右侧下半部分,如图 4-50 所示。

(8) 使用圆形工具绘制一个小圆,并用阵列命令复制得到四个小圆,如图 4-44 所示。

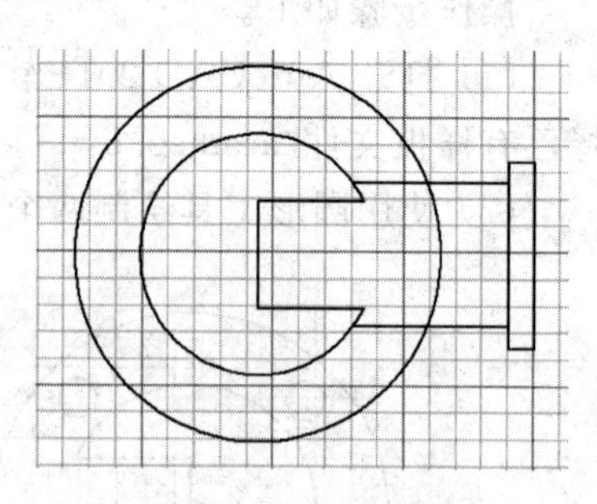
图 4-50 镜像

命令行提示如下。

```
命令: _arraypolar
选择对象: 找到 1 个
选择对象:
类型=极轴  关联=是
指定阵列的中心点或 [基点(B)/旋转轴(A)]:
选择夹点以编辑阵列或 [关联(AS)/基点(B)/项目(I)/项目间角度(A)/填充角度(F)/行(ROW)/层(L)/旋转项目(ROT)/退出(X)] <退出>: I
输入阵列中的项目数或 [表达式(E)] <6>: 4
选择夹点以编辑阵列或 [关联(AS)/基点(B)/项目(I)/项目间角度(A)/填充角度(F)/行(ROW)/层(L)/旋转项目(ROT)/退出(X)] <退出>:
```

4.4　删除及恢复类命令

4.4.1　删除命令

删除指定的对象，就像是用橡皮擦除图纸上不需要的内容。

命令调用方法如下。

- 菜单："修改"|"删除"。
- 工具栏：修改工具栏按钮( )。
- 命令行：erase。

4.4.2　恢复命令

该命令用于恢复上一次通过 erase、blocl 或 wblock 命令删除的对象。类似于"撤销"命令。

命令调用方法如下。

命令行：oops。

4.4.3　清除命令

清除命令可以删除执行某些编辑操作后遗留在显示区域中的零散像素，类似于"刷新"命令，包括重生成和全部重生成两种方法。

在当前界面中重新生成整个图形并重新计算所有对象的屏幕坐标。同时还可以重新生成图形数据库的索引，以优化显示和对象选择性能。

命令调用方法如下。

- 菜单："视图"|"重生成"和"视图"|"全部重生成"。
- 命令行：regen 和 regenall。

4.4.4　案例实战

案例 1

删除零件图中的右上角圆弧，如图 4-51 所示。

操作步骤如下。

(1) 打开文件"ex05-1.dwg"，如图 4-52 所示。

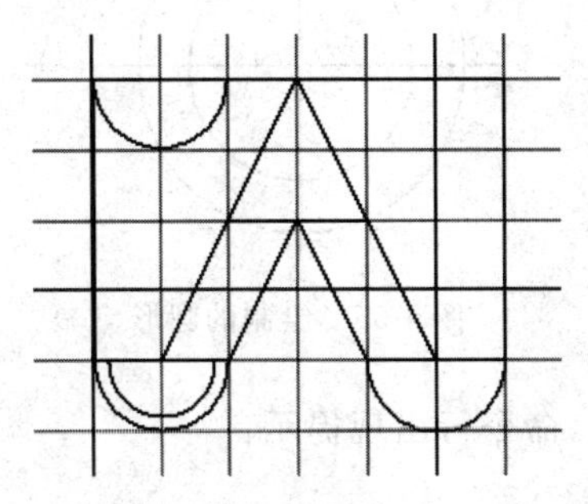

图 4-51　删除圆弧后的零件图

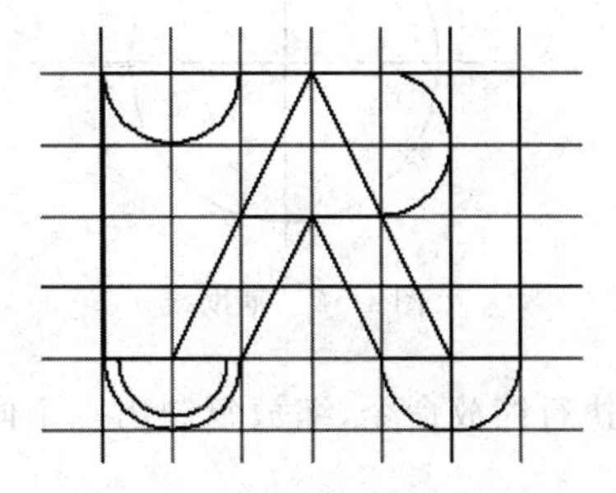

图 4-52　恢复删除圆弧的零件图

(2) 单击“修改”工具栏上的“删除”按钮，AutoCAD 提示：

```
命令：_erase
选择对象：找到 1 个                              //选择要删除的对象
选择对象：                                       //按 Enter 键
```

案例 2

恢复上一次删除的零件图中的圆弧，如图 4-52 所示。

操作步骤：在命令行输入：oops，按 Enter 键完成恢复。

4.5 综合实战

案例 1

用 Array(阵列)等命令绘制如图 4-53 所示的图形。

操作步骤如下。

(1) 打开 AutoCAD 2012 软件，选择“文件”|“新建”，打开“选择样板”对话框，选择已有样板文件 acadiso.dwt。

(2) 单击图层工具栏上的▣(“图层特效管理器”按钮)，打开“图层特效管理器”。新建一个图层，命名为“辅助线”，将线型设置为 CENTER2，修改图层“0”的线宽为“0.3 毫米”，并将“辅助线”图层设置为当前图层。

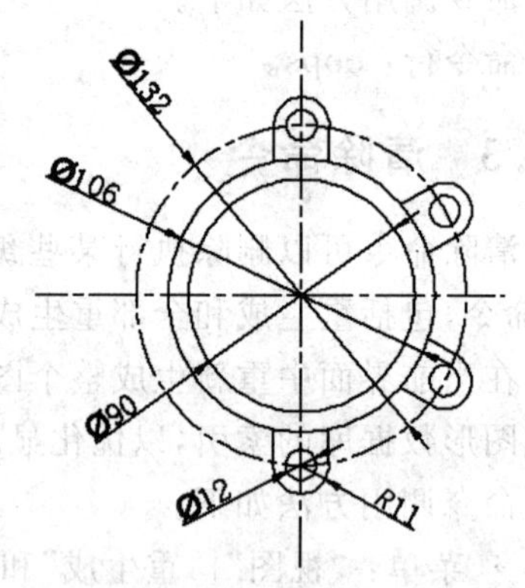

图 4-53　用阵列等命令绘制的零件图

(3) 使用直线工具在绘图区绘制水平和垂直直线，并以两直线的交点为圆心绘制直径为 132 的圆形，如图 4-54 所示。这些作为绘图的辅助线。

(4) 将“0”图层设置为当前层，开始绘制零件图。使用圆形工具，绘制圆心在辅助直线交点上，直径为 90 的圆，如图 4-55 所示。

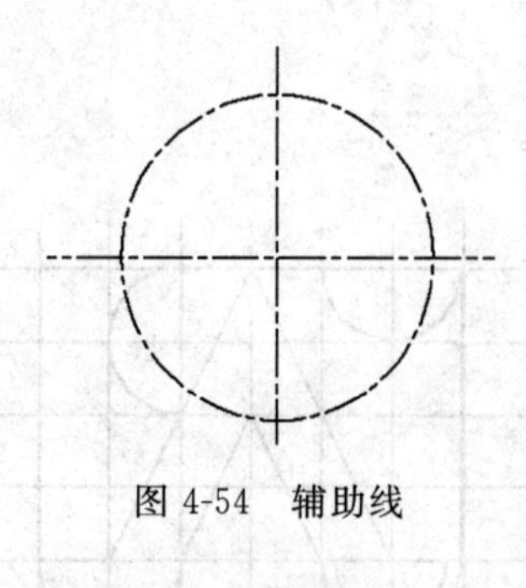
图 4-54　辅助线

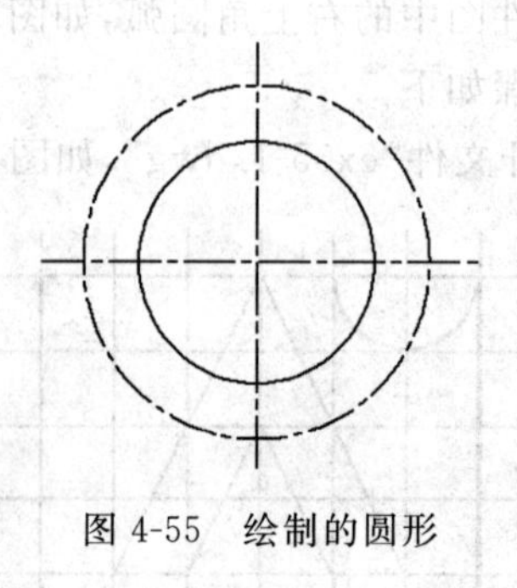
图 4-55　绘制的圆形

(5) 执行缩放命令，缩放复制出一个同心圆，命令行出现提示：

```
命令：_scale
```

```
选择对象：找到 1 个                          //选择刚才绘制的圆形
选择对象：                                  //按 Enter 键
指定基点：                                  //单击选择圆心
指定比例因子或 [复制(C)/参照(R)]: c           //输入 c,选择复制
缩放一组选定对象。
指定比例因子或 [复制(C)/参照(R)]: 106/90      //用两个圆的直径做比例,放大圆形,结果如
                                            图 4-56 所示
```

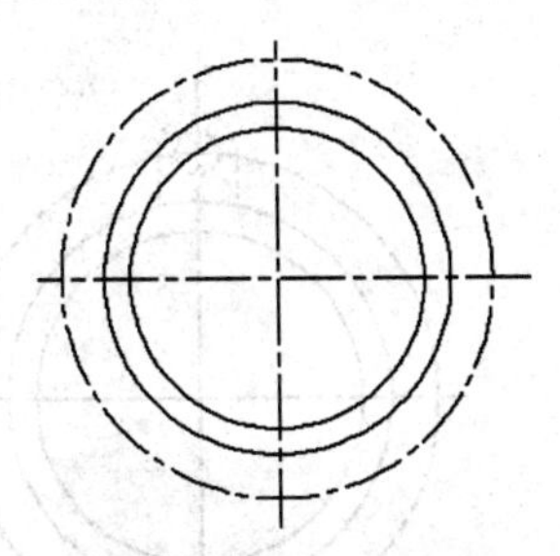
图 4-56　使用缩放工具复制放大出的圆形

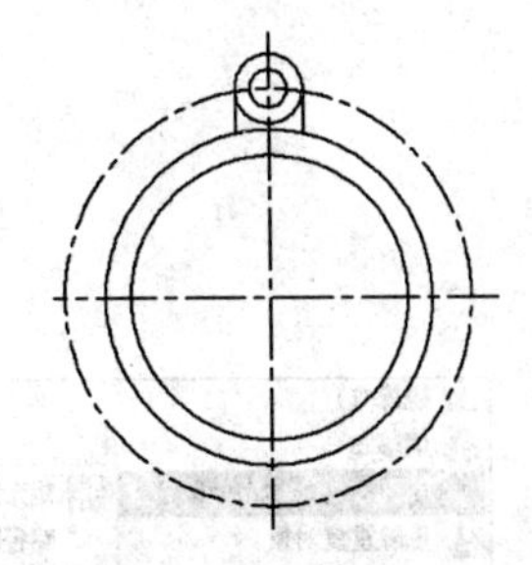
图 4-57　零件图上半部分

(6) 使用圆形和直线绘制工具,在零件图上半部分分别绘制直径为 12 和半径为 11 的同心圆,已经相切直线,如图 4-57 所示。

(7) 单击修改工具栏上的“修剪”按钮,减掉多余的弧线,命令行提示:

```
命令: _trim
当前设置:投影=UCS,边=无
选择剪切边...
选择对象或 <全部选择>: 找到 1 个              //选择两条竖线为剪切边界,如图 4-58 所示
选择对象: 找到 1 个,总计 2 个
选择对象:
选择要修剪的对象,或按住 Shift 键选择要延伸的对象,或[栏选(F)/窗交(C)/投影(P)/边(E)/
删除(R)/放弃(U)]:                          //单击要剪切掉的半圆部分,如图 4-59 所示
选择要修剪的对象,或按住 Shift 键选择要延伸的对象,或[栏选(F)/窗交(C)/投影(P)/边(E)/
删除(R)/放弃(U)]:
```

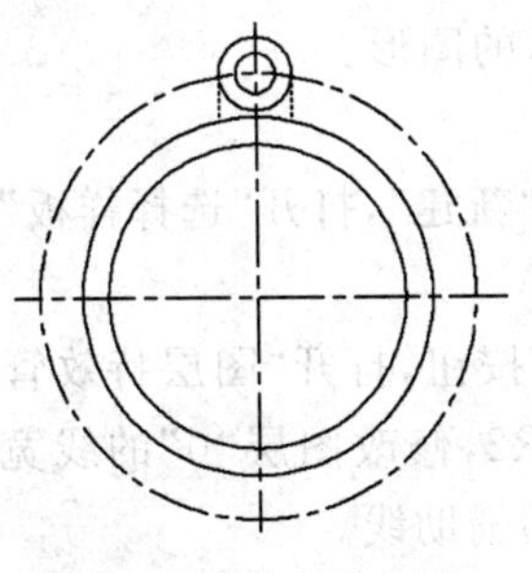
图 4-58　选择边界线

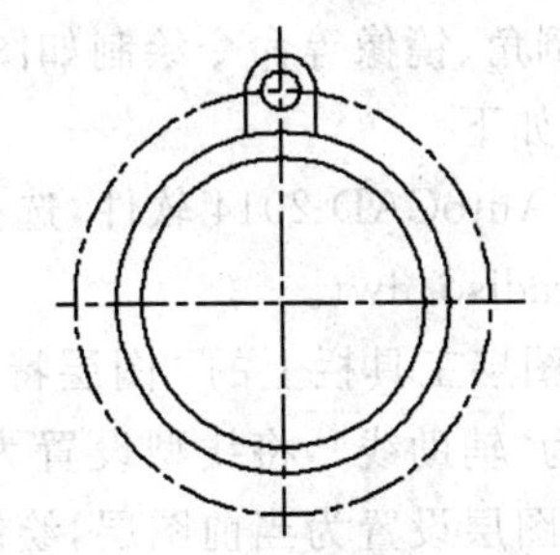
图 4-59　剪切掉多余的半圆

(8) 单击修改菜单上的阵列子菜单,选择环形阵列,如图 4-60 所示,命令行提示:

```
命令: arraypolar
选择对象: 指定对角点: 找到 4 个              //选择要阵列的图形,如图 4-61 所示
```

```
选择对象：类型=极轴  关联=是
指定阵列的中心点或[基点(B)/旋转轴(A)]:          //单击大圆圆心作为基点,如图 4-62 所示
输入项目数或 [项目间角度(A)/表达式(E)] <4>: 4    //输入要阵列的数目
指定填充角度(+=逆时针、-=顺时针)或 [表达式(EX)] <360>: -180
                                                //输入-180,表示顺时针半圆内阵列,结果
                                                  如图 4-63 所示
按 Enter 键接受或 [关联(AS)/基点(B)/项目(I)/项目间角度(A)/填充角度(F)/行(ROW)/层
(L)/旋转项目(ROT)/退出(X)] <退出>:              //按 Enter 键确认,如图 4-64 所示
```

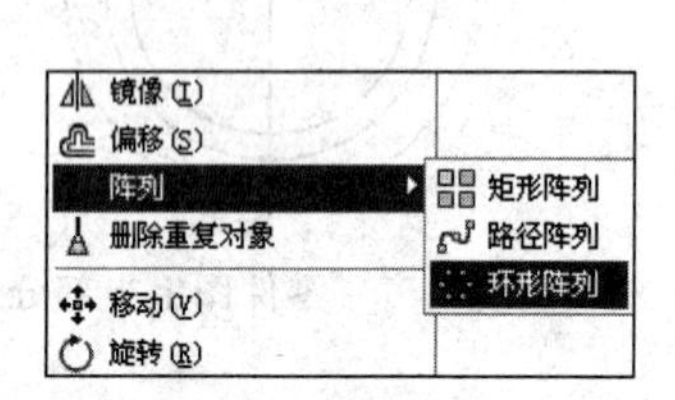

图 4-60 阵列子菜单

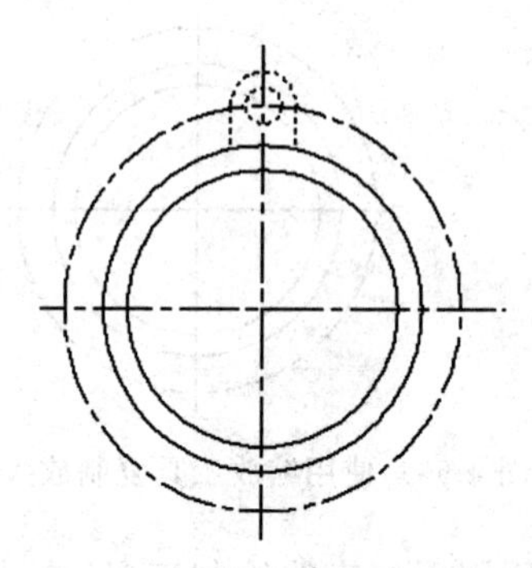

图 4-61 选择要阵列的图形

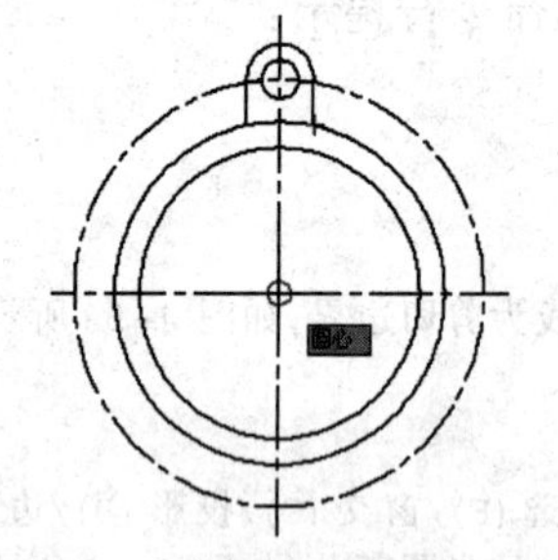

图 4-62 单击大圆圆心作为基点

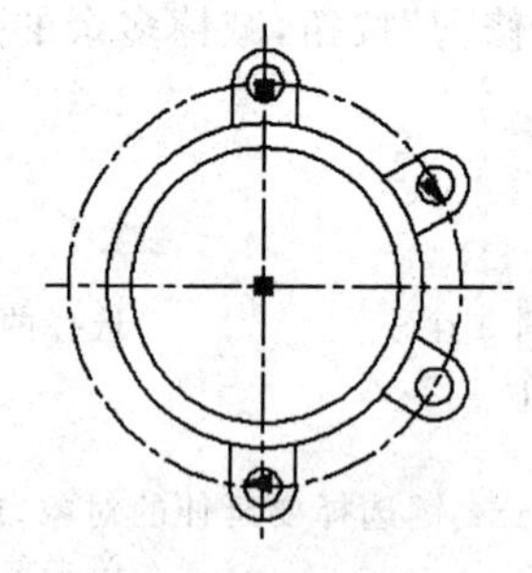

图 4-63 阵列后的图形

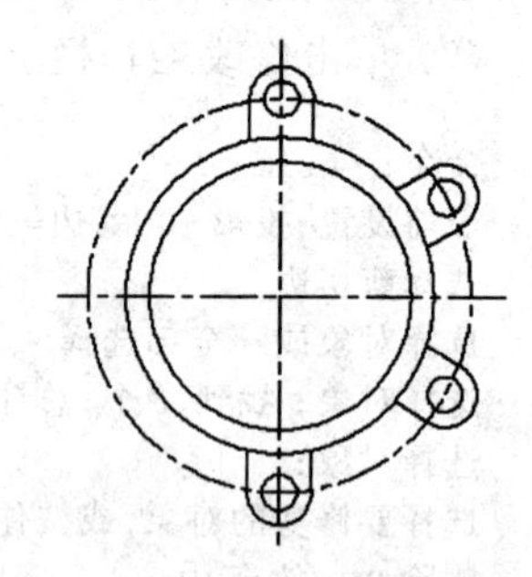

图 4-64 确认后的阵列图形

案例 2

用圆角、倒角、镜像等命令绘制如图 4-65 所示的图形。

操作步骤如下。

(1) 打开 AutoCAD 2014 软件,选择“文件”|“新建”,打开“选择样板”对话框,选择已有样板文件 acadiso.dwt。

(2) 单击图层工具栏上的“图层特效管理器”按钮,打开“图层特效管理器”。新建一个图层,命名为“辅助线”,将线型设置为 CENTER2,修改图层“0”的线宽为“0.3 毫米”,并将“辅助线”图层设置为当前图层,绘制相垂直的辅助线。

(3) 执行绘制矩形命令,命令行出现提示:

```
命令: _rectang
指定第一个角点或 [倒角(C)/标高(E)/圆角(F)/厚度(T)/宽度(W)]: _from 基点: <偏移>:
@-77,-60                                        //使用"捕捉自"功能帮助,绘制宽 144,高
                                                  120 的矩形
```

```
指定另一个角点或 [面积(A)/尺寸(D)/旋转(R)]: _from 基点: <偏移>: @77,60
                                                //结果如图 4-66 所示
```

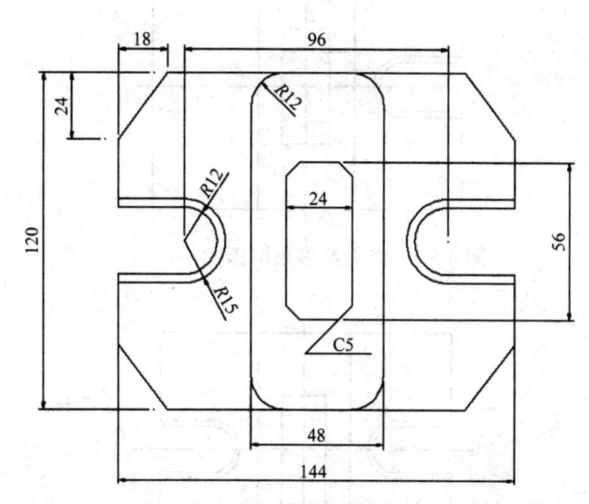

图 4-65　用圆角、倒角、镜像等命令绘制的零件图

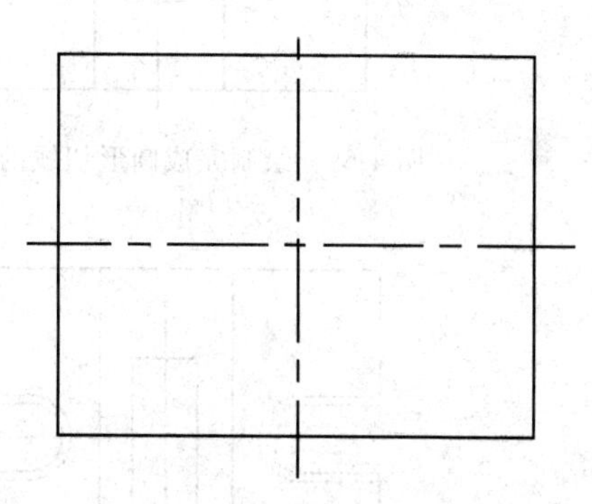
图 4-66　绘制的矩形

(4) 使用相同的方法，绘制零件图中心的矩形。

(5) 绘制左侧的圆形，单击修改工具栏缩放按钮，放大复制一个圆形，如图 4-67 所示。

```
命令: _scale
选择对象: 找到 1 个
选择对象:
指定基点:
指定比例因子或 [复制(C)/参照(R)]: c
缩放一组选定对象。
指定比例因子或 [复制(C)/参照(R)]: 15/12
```

(6) 借助“捕捉切点”功能，绘制圆形的水平切线与零件图相交的线段，如图 4-68、图 4-69 所示。

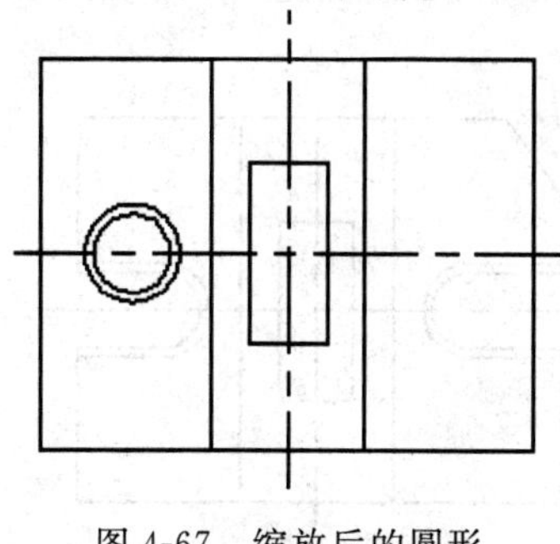
图 4-67　缩放后的圆形

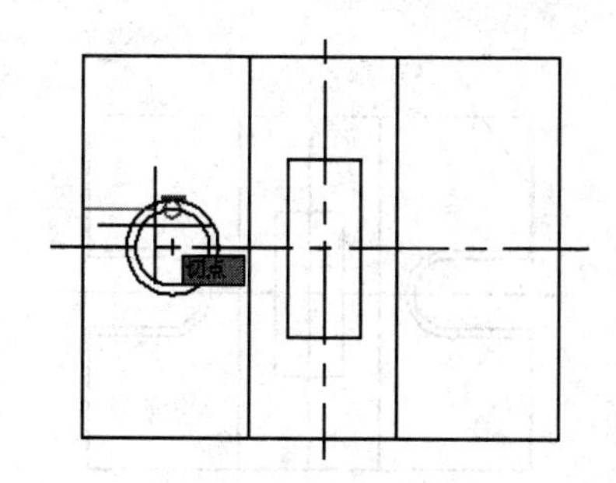

图 4-68　绘制圆形的切线

(7) 单击修改工具栏上的“修剪”工具，修剪掉多余的线段，如图 4-70 所示。

(8) 单击修改工具栏上的“镜像”工具，镜像出右侧的零件凹槽，如图 4-71 所示。并用“修剪”工具修剪掉多余的线段，如图 4-72 所示。

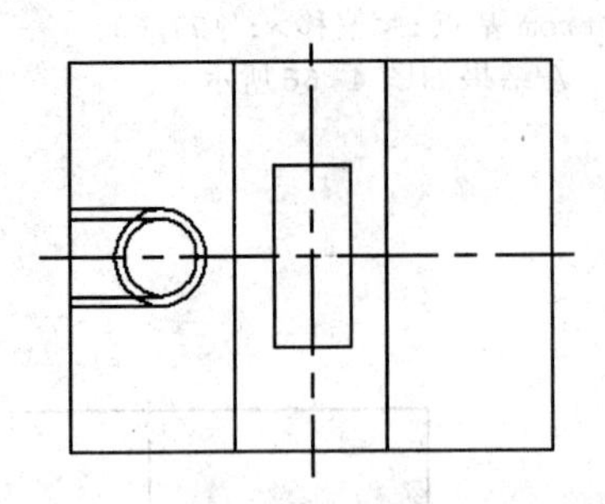

图 4-69 绘制完成圆形切线的零件图

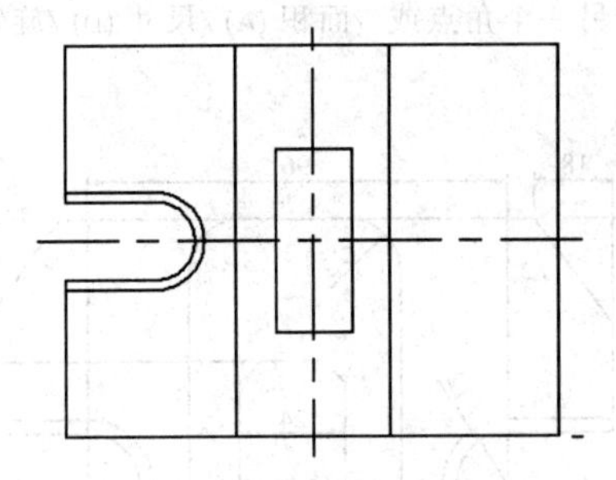

图 4-70 修剪掉多余圆弧的零件图

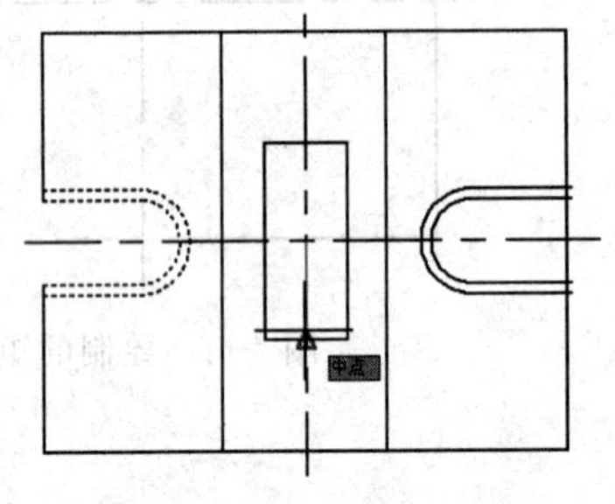

图 4-71 镜像零件图的凹槽

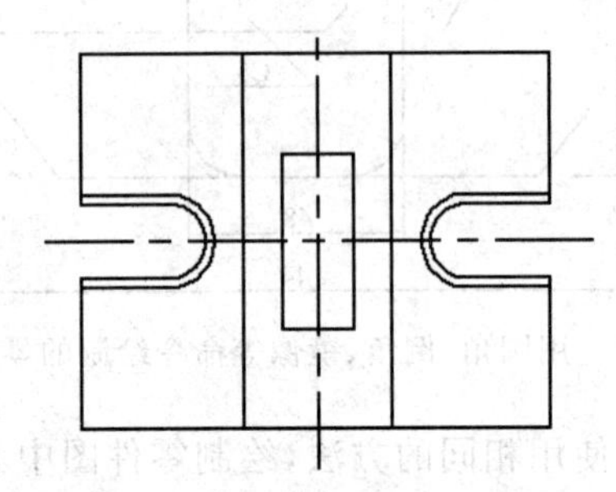

图 4-72 减掉多余部分后的零件图

(9) 单击修改工具栏上的“倒角”工具，设置倒角，命令行出现提示：

```
命令: CHAMFER
("修剪"模式)当前倒角距离 1=0.0000,距离 2=0.0000
选择第一条直线或 [放弃(U)/多段线(P)/距离(D)/角度(A)/修剪(T)/方式(E)/多个(M)]: d
                                              //设置倒角距离
指定 第一个 倒角距离 <0.0000>: 18
指定 第二个 倒角距离 <18.0000>: 24
选择第一条直线或 [放弃(U)/多段线(P)/距离(D)/角度(A)/修剪(T)/方式(E)/多个(M)]:
                                              //选择倒角距离为 18 的角边线,如图 4-73 所示
选择第二条直线,或按住 Shift 键选择直线以应用角点或 [距离(D)/角度(A)/方法(M)]:
                                              //选择倒角距离为 24 的角边线,结果如图 4-74 所示
```

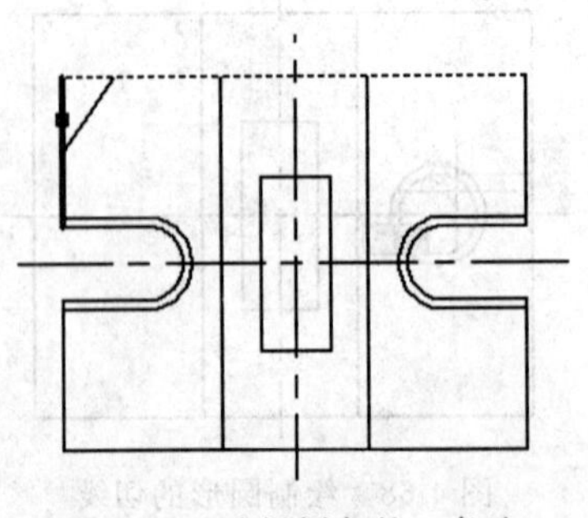

图 4-73 选择倒角的一条边

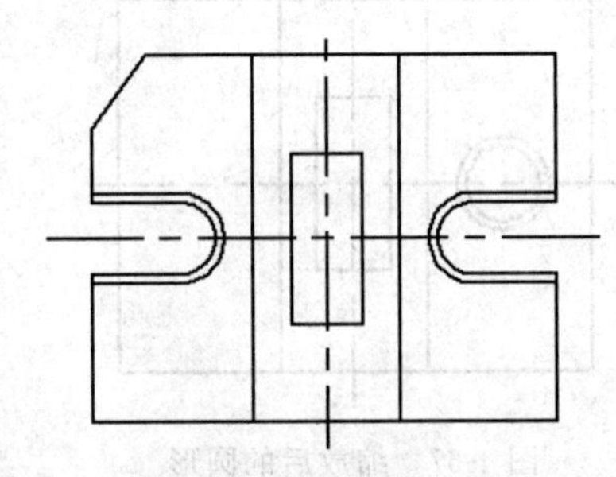

图 4-74 倒角后的零件图

(10) 单击修改工具栏上的“圆角”工具，设置圆角，命令行提示：

```
命令: _fillet
```

```
当前设置：模式=修剪，半径=0.0000
选择第一个对象或 [放弃(U)/多段线(P)/半径(R)/修剪(T)/多个(M)]: r
指定圆角半径 <0.0000>: 12
选择第一个对象或 [放弃(U)/多段线(P)/半径(R)/修剪(T)/多个(M)]:
选择第二个对象，或按住 Shift 键选择对象以应用角点或 [半径(R)]:    //结果如图 4-75 所示
```

案例 3

用 Mirror(镜像)和 Rotate(旋转)等命令绘制如图 4-76 所示的图形。

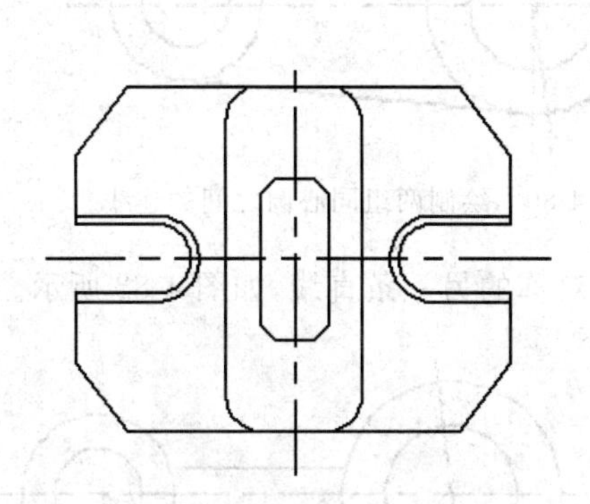

图 4-75 完成倒角与圆角的零件图

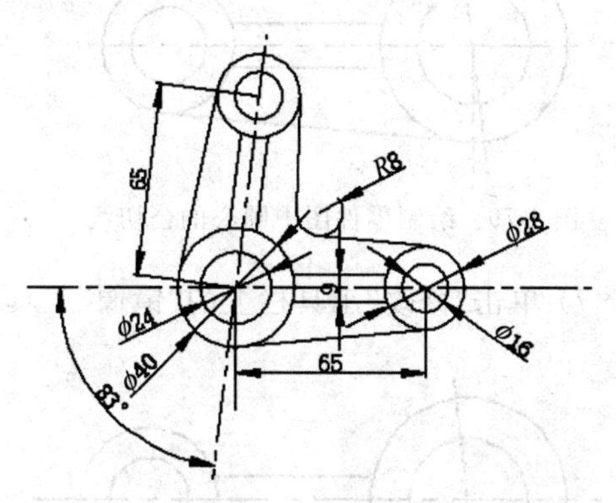

图 4-76 用镜像和旋转等命令绘制的零件图

操作步骤如下。

(1) 打开 AutoCAD 2014 软件，选择"文件"|"新建"，打开"选择样板"对话框，选择已有样板文件 acadiso.dwt。

(2) 单击图层工具栏上的(“图层特效管理器”按钮)，打开“图层特效管理器”。新建一个图层，命名为“辅助线”，将线型设置为 CENTER2，修改图层“0”的线宽为“0.3 毫米”，并将“辅助线”图层设置为当前图层，绘制相垂直的辅助线。

(3) 单击修改工具栏上的“旋转”工具，将垂直线旋转为 83°，命令行提示：

```
命令: rotate
UCS 当前的正角方向: ANGDIR=逆时针 ANGBASE=0
选择对象: 找到 1 个
选择对象:
指定基点:
指定旋转角度，或 [复制(C)/参照(R)] <0>: -7    //结果如图 4-77 所示
```

(4) 使用“捕捉自”功能和圆形工具绘制同心圆，如图 4-78 所示。

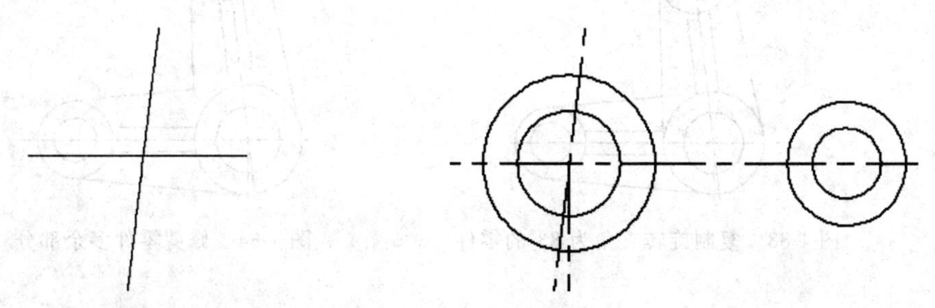

图 4-77 顺时针旋转 7°以后辅助线

图 4-78 绘制的同心圆

(5) 打开直线工具，启动对象捕捉中的“捕捉切点”，绘制两个圆的公切线，如图 4-79 所示。

(6) 绘制一条距离中心辅助线 4.5 的直线，如图 4-80 所示。单击修改工具栏上的“延伸”工具，将该直线延伸至两侧圆形，如图 4-81 所示。

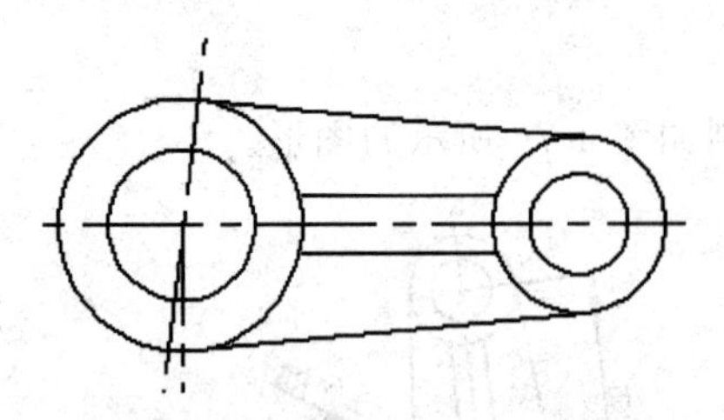

图 4-79 绘制零件图中圆心的公切线

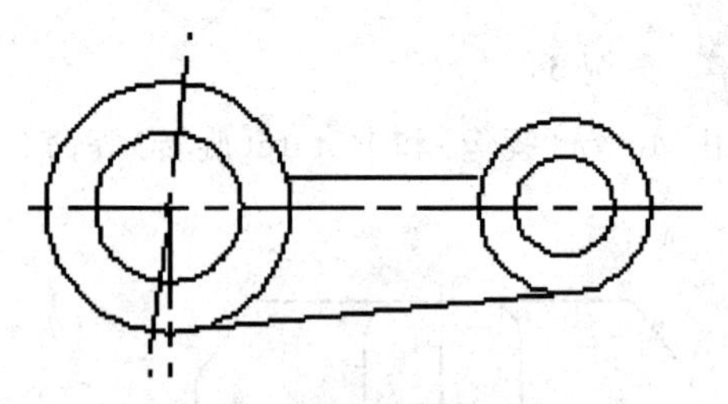

图 4-80 绘制两组同心圆之间的连线

(7) 单击“修改”工具栏上的“镜像”工具，复制对称的另一条直线，如图 4-82 所示。

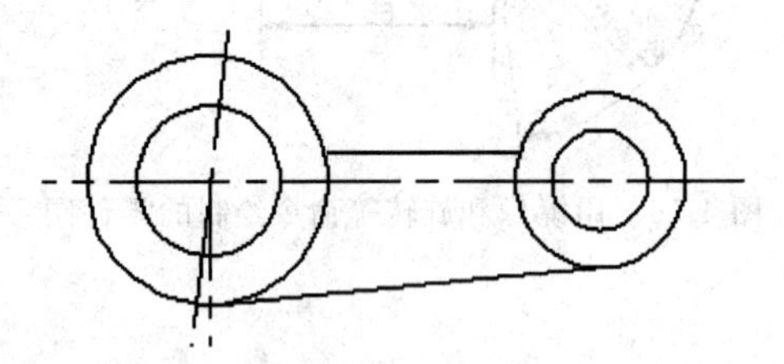

图 4-81 使用“延伸”工具修改两组同心圆之间的直线

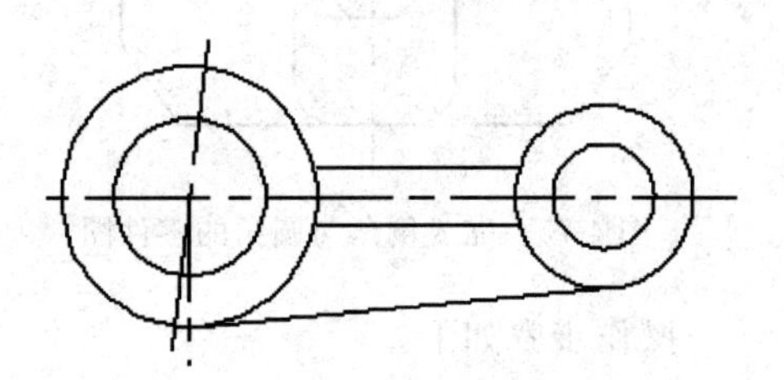

图 4-82 使用“镜像”工具绘制直线

(8) 单击“修改”工具栏上的“旋转”工具，旋转已完成的部分零件图，命令行提示：

```
命令: _rotate
UCS 当前的正角方向: ANGDIR=逆时针 ANGBASE=0
选择对象: 指定对角点: 找到 6 个
选择对象:
指定基点:                                          //单击右侧圆心设为基点
指定旋转角度,或 [复制(C)/参照(R)] <353>: c          //选择复制旋转
旋转一组选定对象。
指定旋转角度,或 [复制(C)/参照(R)] <353>: 83         //将对象旋转 83°,结果如图 4-83 所示
```

(9) 使用“修剪”工具，减掉多余部分，如图 4-84 所示。

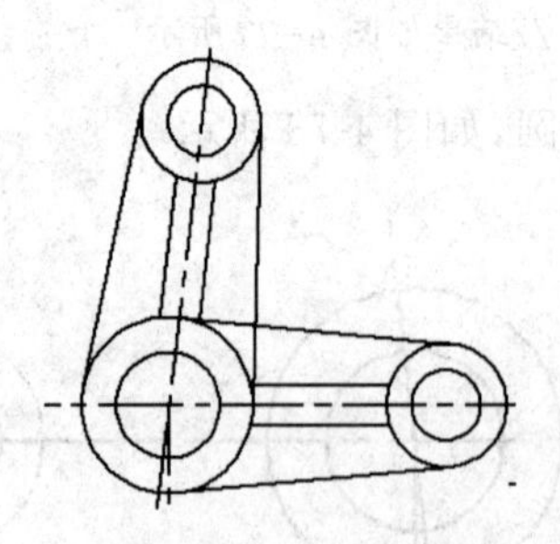

图 4-83 复制旋转夹角为 83°的零件

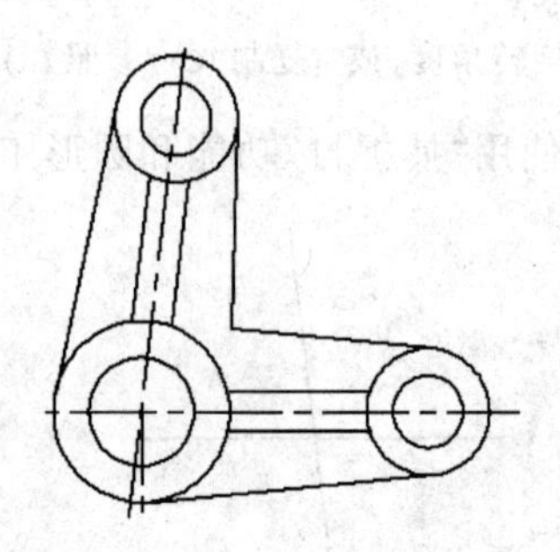

图 4-84 修剪零件多余部分

(10) 单击修改工具栏上的“圆角”工具，命令行提示：

```
命令: fillet
当前设置: 模式=修剪,半径=0.0000
选择第一个对象或 [放弃(U)/多段线(P)/半径(R)/修剪(T)/多个(M)]: r
指定圆角半径 <0.0000>: 8
选择第一个对象或 [放弃(U)/多段线(P)/半径(R)/修剪(T)/多个(M)]:
选择第二个对象,或按住 Shift 键选择对象以应用角点或 [半径(R)]:      //结果如图 4-85 所示
```

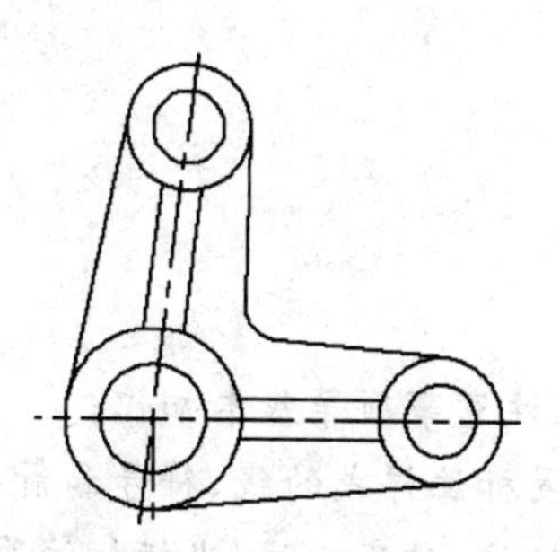

图 4-85　对零件图进行圆角

本 章 小 结

本章介绍了 AutoCAD 2014 的平面图形编辑工具。AutoCAD 提供了功能强大的编辑命令，可以对图形进行删除、移动、复制、旋转、拉伸、镜像、倒角、圆角、修剪、阵列等操作。本章内容与绘图命令结合得非常紧密。通过本章的学习，应该掌握编辑命令的使用方法，能够利用绘图命令和编辑命令制作复杂的图形。

思考与练习

1. 利用本章所学图形编辑和平面图形绘制工具，绘制如图 4-86 所示的图形。
2. 利用本章所学图形编辑和平面图形绘制工具，绘制如图 4-87 所示的图形。

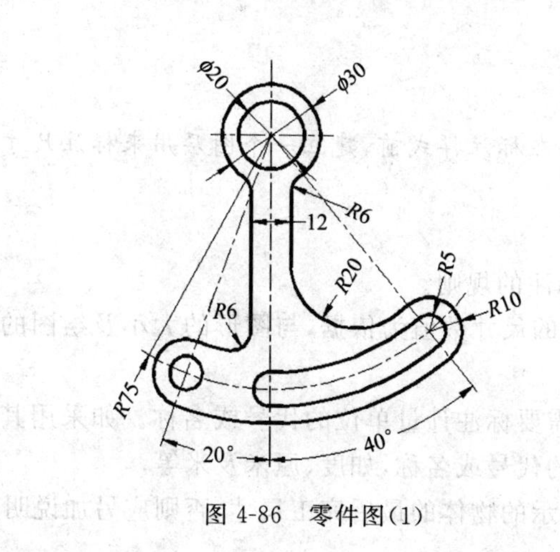

图 4-86　零件图(1)

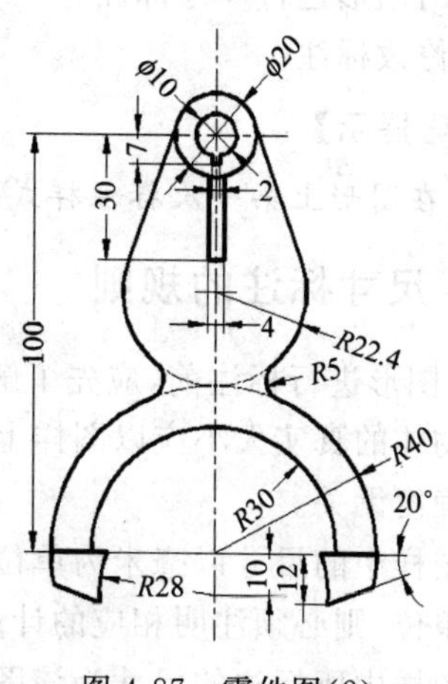

图 4-87　零件图(2)

第 5 章

尺寸标注

本章要点

- 尺寸标注的规则、组成、注意事项等基本知识；
- 定义尺寸标注样式，设置标注样式的线、符号和箭头、文字等内容；
- 创建标注尺寸，如线性标注、对齐标注、坐标标注等标注形式；
- 引线标注、标注尺寸公差与形位公差，编辑尺寸。

5.1 尺寸标注概述

标注是向图形中添加测量注释的过程。

AutoCAD 2014 为图形对象提供了十余种标注方式，分别位于“标注”菜单和“标注”工具栏中，如图 5-1 所示。

图 5-1 AutoCAD 2014 “标注”工具栏

通常来说，尺寸标注分为三个过程：

(1) 为要标注的图形创建适合的尺寸标注样式。

(2) 对图形进行尺寸标注。

(3) 修改标注。

【技巧提示】

如果在图形上第一次标注样式，则需要在标注样式前，建立一个图层用来标注尺寸。

5.1.1 尺寸标注的规则

在对图形进行标注前，应先了解尺寸标注的规则。

- 物体的真实大小应以图样上所标注的尺寸数值为依据，与图形的大小及绘图的准确度无关。
- 图样中的尺寸以毫米为单位时，不需要标注计量单位的代号或名称。如采用其他单位，则必须注明相应的计量单位的代号或名称，如度、厘米及米等。
- 图样中所标注的尺寸为该图样所表示的物体的最后完工尺寸，否则应另加说明。

- 图形中的每一尺寸只标注一次，并应标注在最后反映该结构最清晰的图形上。

5.1.2　尺寸标注的组成

在 AutoCAD 中，一个完整的尺寸一般由尺寸线、延伸线、尺寸文字和尺寸线端点符号 4 部分组成，如图 5-2 所示。

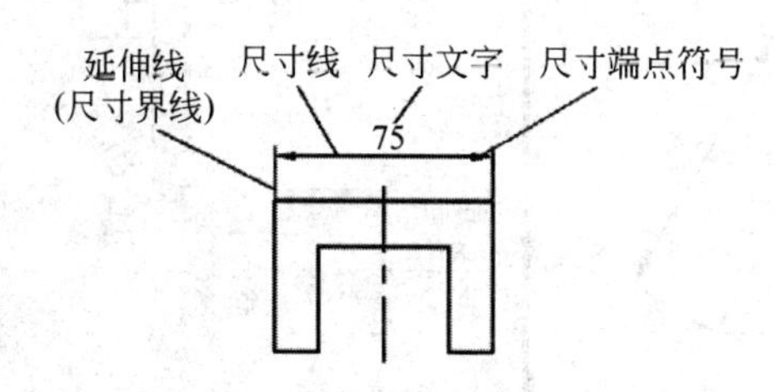

图 5-2　完整的尺寸标注组成

【技巧提示】

AutoCAD 尺寸标注中“延伸线”也称尺寸界线，“尺寸文字”也称尺寸数字，“尺寸线端点符号”有很多种，常用的有箭头、短划线、点等，箭头用得最多，所以也有人将“尺寸线端点符号”称作尺寸箭头。

5.1.3　尺寸标注的注意事项

(1) 正确：主要指尺寸标注要符合国家标准的有关规定。

(2) 完全：要标注制造零件所需要的全部尺寸、不遗漏、不重复。

(3) 清晰：尺寸布置要整齐、清晰、便于看图。

(4) 合理：标准尺寸要符合设计要求和工艺要求。

5.2　定义尺寸标注样式

尺寸标注样式(简称标注样式)用于设置尺寸标注的具体格式，如尺寸文字采用的样式；尺寸线、尺寸界线以及尺寸线端点符号的设置等，改变这些组成部分的格式可以产生不同的外观标注效果，以满足不同行业或不同国家的尺寸标注要求。

在对图样进行尺寸标注之前，必须对标注样式进行定义。

命令调用方法如下。

- 菜单：“格式”|“标注样式”。
- 工具栏：“标注”工具栏中的“标注样式”按钮。
- 命令行：dimstyle。

例如定义常用的一种整数尺寸标注样式，如图 5-3 所示。打开 AutoCAD 2014 软件，在“标注”工具栏中单击“标注样式” 标注样式按钮()，弹出“标注样式管理器”对话框，如图 5-4 所示。

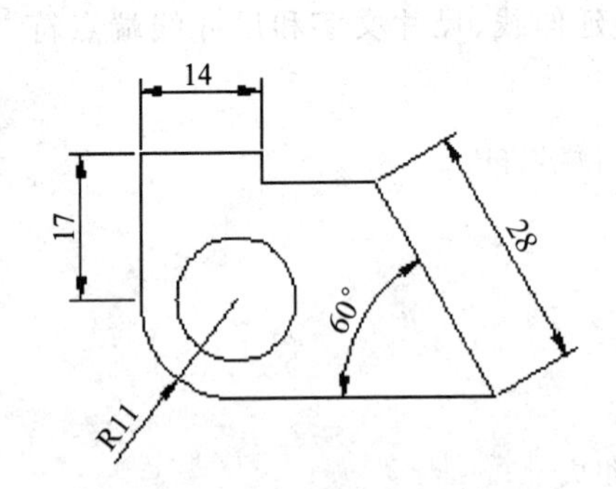

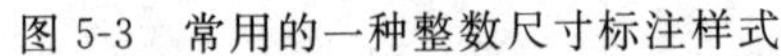
图 5-3　常用的一种整数尺寸标注样式

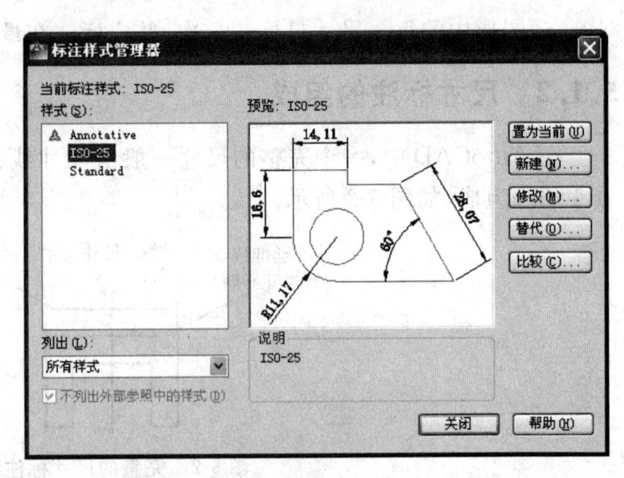

图 5-4　"标注样式管理器"对话框

该对话框中,各选项的功能如下:

- "当前标注样式"部分显示出当前标注样式的名称;
- "样式"列表框用于列出已有标注样式的名称;
- "列出"下拉列表框确定要在"样式"列表框中列出哪些标注样式;
- "预览"图片框用于预览在"样式"列表框中选中的标注样式的标注效果;
- "说明"部分用于显示在"样式"列表框中选定的标注样式的说明;
- "置为当前"按钮把指定的标注样式置为当前样式;
- "新建"按钮用于创建新标注样式;
- "修改"按钮则用于修改已有标注样式;
- "替代"按钮用于设置当前样式的替代样式;
- "比较"按钮用于对两个标注样式进行比较,或了解某一样式的全部特性。

在"标注样式管理器"对话框中单击"新建"按钮,弹出"创建新标注样式"对话框,在对话框中的"新样式名"上填写"常用标注样式",如图 5-5 所示。

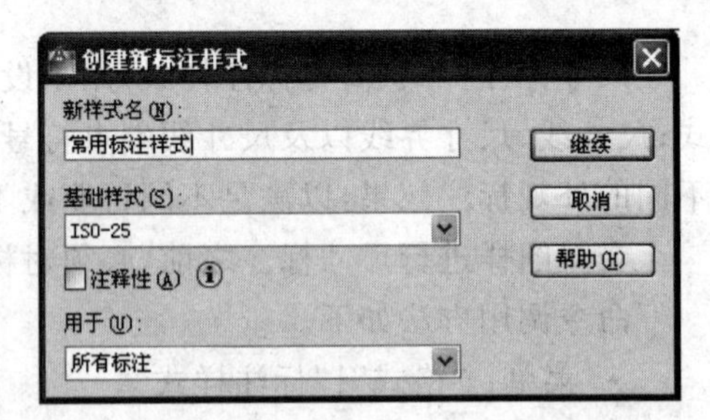

图 5-5　"创建新标注样式"对话框

该对话框的各选项功能如下:

- "新样式名"文本框指定新样式的名称;
- "基础样式"下拉列表框确定用来创建新样式的基础样式;
- "用于"下拉列表框,可确定新建标注样式的适用范围。下拉列表中有"所有标注"、"线性标注"、"角度标注"、"半径标注"、"直径标注"、"坐标标注"和"引线和公差"等选择项,分别用于使新样式适于对应的标注。

确定新样式的名称和有关设置后,单击"继续"按钮,弹出"新建标注样式"对话框,如图 5-6 所示。

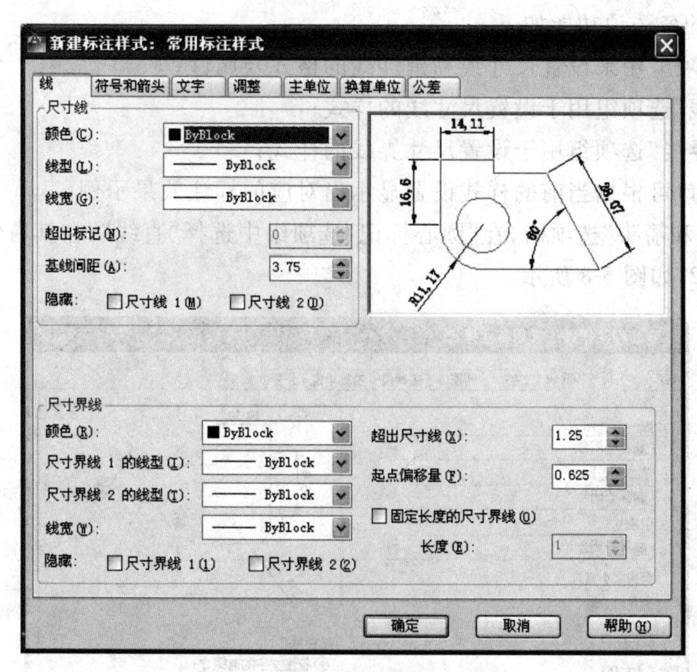

图 5-6　“新建标注样式”对话框

对话框中有“线”、“符号和箭头”、“文字”、“调整”、“主单位”、“换算单位”和“公差”7个标签，打开这些选项卡可以设置标注样式的具体内容，下面分别做详细介绍。

单击“线”标签，打开“线”选项卡，在“尺寸线”选项组的“基线间距”文本框中输入 7，在“尺寸界线”选项组的“起点偏移量”文本框中输入 0，如图 5-7 所示。

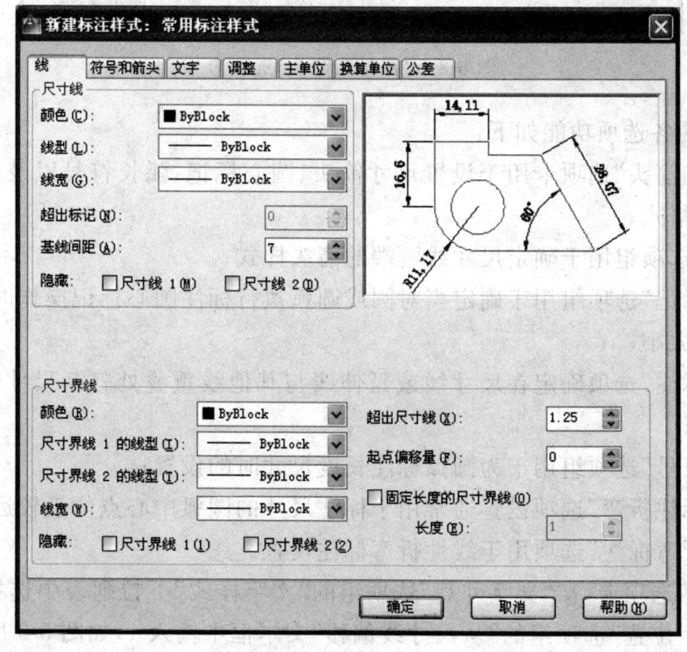

图 5-7　“线”选项卡

该选项卡的各选项功能如下：

- “线”选项卡用来设置尺寸线和延伸线的格式与属性；
- “尺寸线”选项组用于设置尺寸线的样式；
- “尺寸界线”选项组用于设置尺寸界线的样式；
- 预览窗口可根据当前的样式设置显示出对应的标注效果示例。

打开“符号和箭头”选项卡，在“圆心标记”选项组中选择“直线”，在其右侧表示大小的文本框中输入 2，如图 5-8 所示。

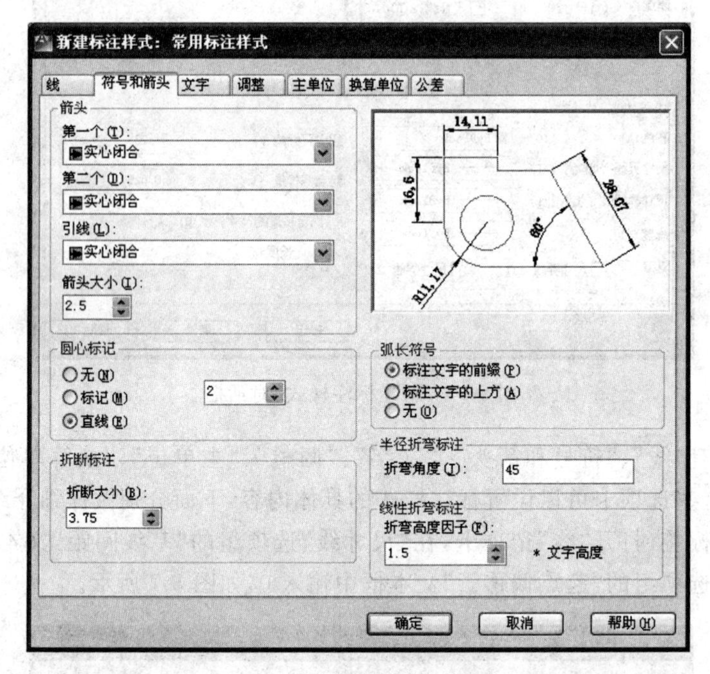

图 5-8 “符号和箭头”选项卡

该对话框的各选项功能如下：

- “符号和箭头”选项卡用于设置尺寸箭头、圆心标记、弧长符号以及半径标注折弯方面的格式；
- “箭头”选项组用于确定尺寸线两端的箭头样式；
- “圆心标记”选项组用于确定当对圆或圆弧执行标注圆心标记操作时，圆心标记的类型与大小；
- “折断标注”选项确定在尺寸线或延伸线与其他线重叠处打断尺寸线或延伸线时的尺寸；
- “弧长符号”选项组用于为圆弧标注长度尺寸时的设置；
- “半径标注折弯”选项设置通常用于标注尺寸的圆弧中心点位于较远位置时；
- “线性折弯标注”选项用于线性折弯标注设置。

打开“文字”选项卡，在“文字外观”选项组的“文字样式”下拉列表中选择 Standard 标准样式，在“文字位置”选项组的“从尺寸线偏移”文本框中输入 1，如图 5-9 所示。

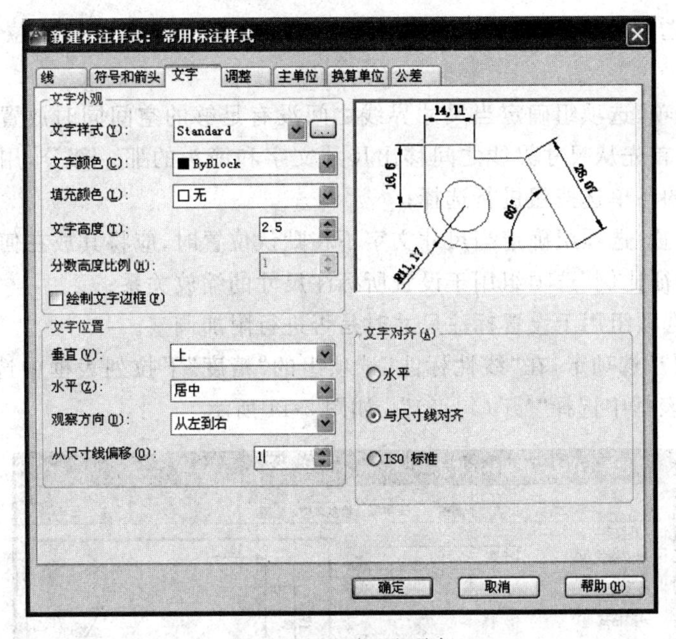

图 5-9　“文字”选项卡

- “文字”选项卡用于设置尺寸文字的外观、位置以及对齐方式等；
- “文字外观”选项组用于设置尺寸文字的样式等；
- “文字位置”选项组用于设置尺寸文字的位置；
- “文字对齐”选项组则用于确定尺寸文字的对齐方式。

打开“调整”选项卡，在“文字位置”选项组中选择“尺寸线上方，不带引线”，如图 5-10 所示。

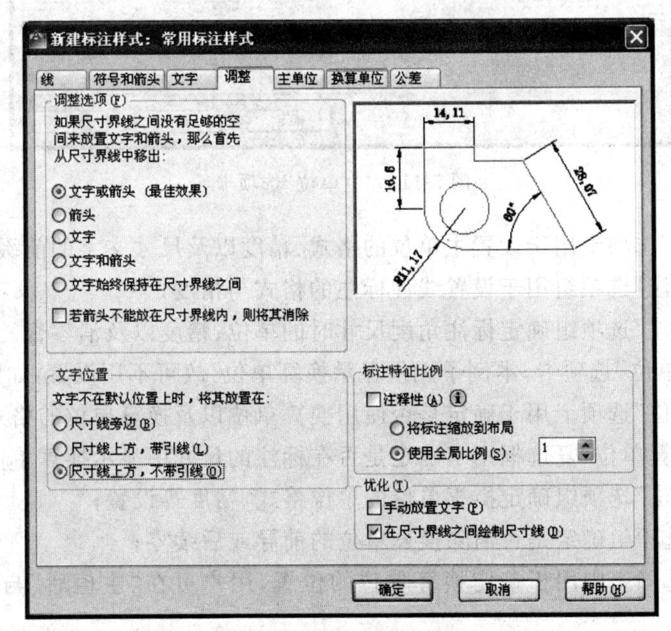

图 5-10　“调整”选项卡

- “调整”选项卡用于控制尺寸文字、尺寸线以及尺寸箭头等的位置和其他一些特征；
- “调整选项”选项组确定当尺寸界线之间没有足够的空间同时放置尺寸文字和箭头时，应首先从尺寸界线之间移出尺寸文字和箭头的那一部分，用户可通过该选项组中的各单选按钮进行选择；
- “文字位置”选项组确定当尺寸文字不在默认位置时，应将其放在何处；
- “标注特征比例”选项组用于设置所标注尺寸的缩放关系；
- “优化”选项组用于设置标注尺寸时是否进行附加调整。

打开“主单位”选项卡，在“线性标注”选项组的“精度”下拉列表框中选择 0，在“小数分隔符”下拉列表框中选择“‘.’(句点)”，如图 5-11 所示。

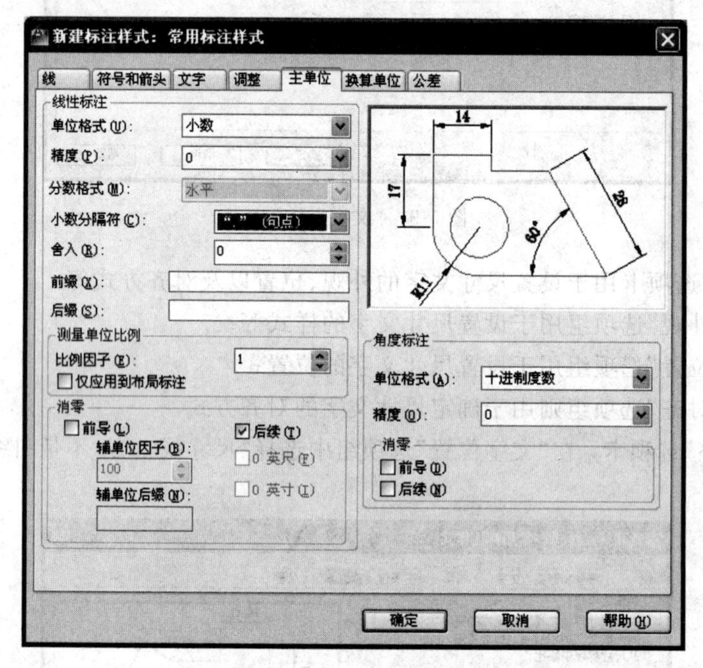

图 5-11 “主单位”选项卡

- “主单位”选项卡用于设置主单位的格式、精度以及尺寸文字的前缀和后缀；
- “线性标注”选项组用于设置线性标注的格式与精度；
- “角度标注”选项组确定标注角度尺寸时的单位、精度以及消零否。

打开“换算单位”选项卡，本例子无须显示换算单位，故可不用设置，如图 5-12 所示。

- “换算单位”选项卡用于确定是否使用换算单位以及换算单位的格式；
- “显示换算单位”复选框用于确定是否在标注的尺寸中显示换算单位；
- “换算单位”选项组确定换算单位的单位格式、精度等设置；
- “消零”选项组确定是否消除换算单位的前导或后续零；
- “位置”选项组则用于确定换算单位的位置，用户可在“主值后”与“主值下”之间选择。

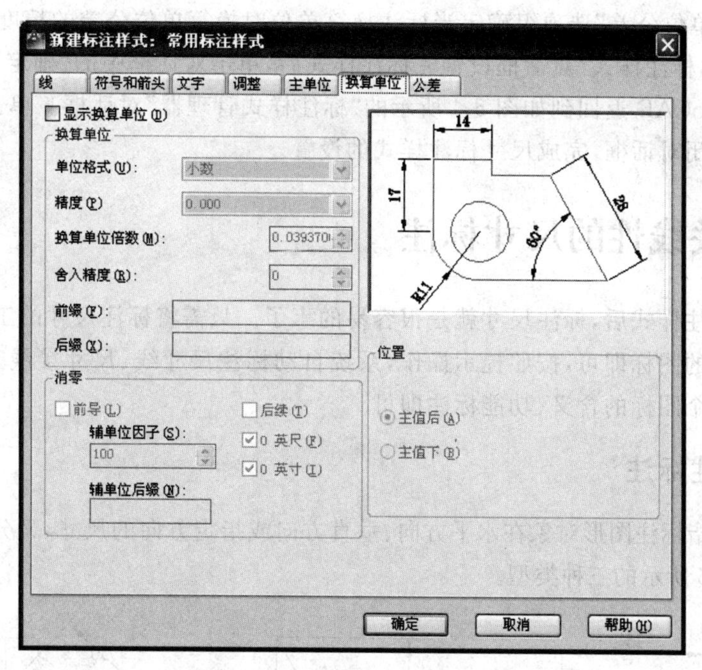

图 5-12　“换算单位”选项卡

打开“公差”选项卡，本例子无须设置公差，故可不用设置，如图 5-13 所示。

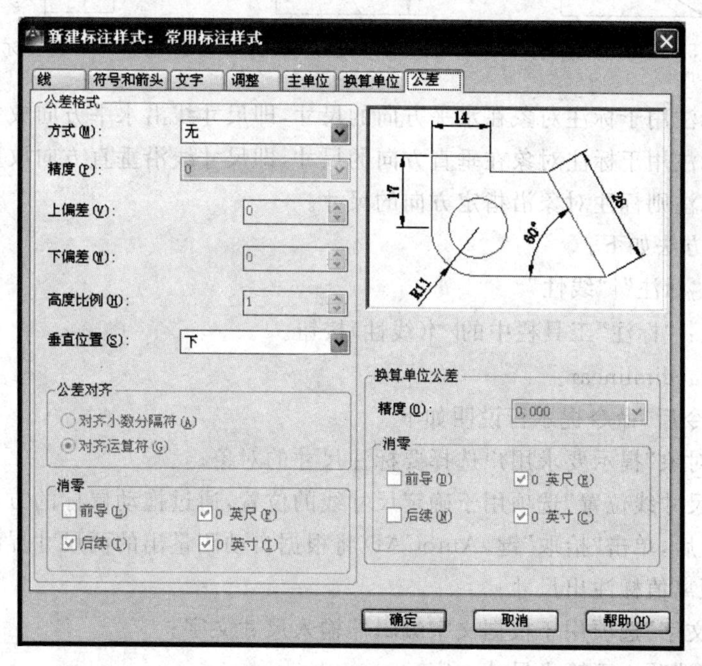

图 5-13　“公差”选项卡

- “公差”选项卡用于确定是否标注公差，如果标注公差的话，以何种方式进行标注；
- “公差格式”选项组用于确定公差的标注格式；

• “换算单位公差”选项组确定当标注换算单位时换算单位公差的精度与消零否。

利用“新建标注样式”对话框设置完标注样式后，单击对话框中的“确定”按钮，完成样式的设置，AutoCAD 返回到如图 5-4 所示的“标注样式管理器”对话框。单击对话框中的“关闭”按钮关闭对话框，完成尺寸标注样式的设置。

5.3 有关线性的尺寸标注

定义了标注样式后，标注尺寸就是很容易的事了。只需将标注尺寸的工具条调出，按需要选择相应的图标即可，按照提示操作，系统自动标注尺寸线、尺寸接线、箭头和数字。按工具条上每个图标的含义、功能标注即可。

5.3.1 线性标注

线性标注指标注图形对象在水平方向、垂直方向或指定方向的尺寸，又分为如图 5-14、图 5-15、图 5-16 所示的三种类型。

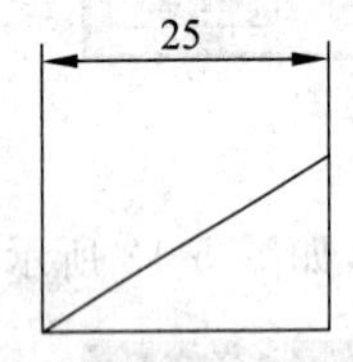

图 5-14 水平标注

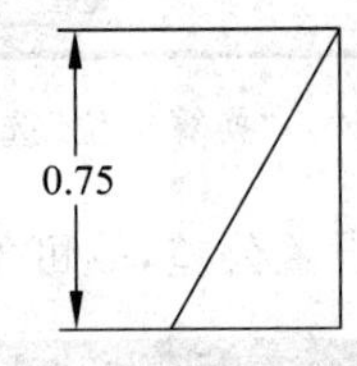

图 5-15 垂直标注

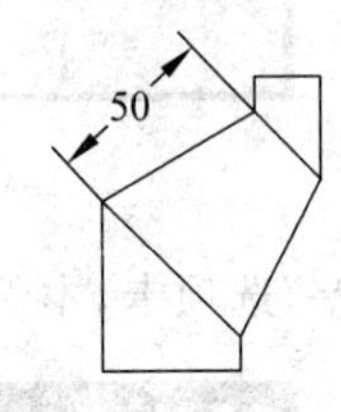

图 5-16 旋转标注

• 水平标注用于标注对象在水平方向的尺寸，即尺寸线沿水平方向放置；
• 垂直标注用于标注对象在垂直方向的尺寸，即尺寸线沿垂直方向放置；
• 旋转标注则标注对象沿指定方向的尺寸。

命令调用方法如下。

• 菜单：“标注”|“线性”。
• 工具栏：“标注”工具栏中的⊢⊣(线性)按钮。
• 命令行：dimlinear。

执行该命令后，命令提示行说明如下。

• “选择对象”提示要求用户选择要标注尺寸的对象；
• “指定尺寸线位置”选项用于确定尺寸线的位置，通过拖动鼠标的方式确定尺寸线的位置后，单击“拾取”键，AutoCAD 将根据自动测量出的两尺寸界线起始点间的对应距离值标注出尺寸；
• “多行文字”选项用于根据文字编辑器输入尺寸文字；
• “文字”选项用于输入尺寸文字；
• “角度”选项用于确定尺寸文字的旋转角度；
• “水平”选项用于标注水平尺寸，即沿水平方向的尺寸；
• “垂直”选项用于标注垂直尺寸，即沿垂直方向的尺寸；

- “旋转”选项用于旋转标注，即标注沿指定方向的尺寸。

【技巧提示】

如果用户在执行“选择对象”选项时，在“指定第一条尺寸界线原点或＜选择对象＞：”提示下直接按 Enter 键，即执行“＜选择对象＞”选项，AutoCAD 将提示：选择标注对象：此提示要求用户选择要标注尺寸的对象。

用户选择后，AutoCAD 将该对象的两端点作为两条尺寸界线的起始点，并提示：指定尺寸线位置或[多行文字(M)/文字(T)/角度(A)/水平(H)/垂直(V)/旋转(R)]：对此提示的操作与前面介绍的操作相同，用户按提示操作即可。

5.3.2　对齐标注

对齐标注指所标注尺寸的尺寸线与两条尺寸界线起始点间的连线平行。

命令调用方法如下。

- 菜单：“标注”|“对齐”。
- 工具栏：“标注”工具栏中的(对齐)按钮。
- 命令行：dimaligned。

5.3.3　基线标注

基线标注指各尺寸线从同一条尺寸界线处引出。

命令调用方法如下。

- 菜单：“标注”|“基线”。
- 工具栏：“标注”工具栏中的(基线)按钮。
- 命令行：dimbaseline。

执行该命令后，命令提示行说明如下。

- “指定第二条尺寸界线原点”：确定下一个尺寸的第二条尺寸界线的终止点。确定后 AutoCAD 按基线标注方式标注出尺寸，然后继续提示：指定第二条尺寸界线原点或 [放弃(U)/选择(S)]＜选择＞：此时可再确定下一个尺寸的第二条尺寸界线终止位置。用此方式标注出全部尺寸后，在同样的提示下按 Enter 键或 Space 键或者 Esc 键，结束命令的执行。
- “选择(S)”：执行基线尺寸标注时，有时直接提示“指定第二条尺寸界线原点”，此时需要先执行“选择(S)”选项来指定引出基线尺寸的尺寸界线。执行该选项，AutoCAD 的提示如上例所示。

5.3.4　连续标注

连续标注指在标注出的尺寸中，相邻两尺寸线共用同一条尺寸界线。

命令调用方法如下。

- 菜单：“标注”|“连续”。
- 工具栏：“标注”工具栏中的(连续)按钮。

• 命令行：dimcontinue。

执行该命令后，命令提示行说明如下。

"选择"用于指定连续标注将从哪一个尺寸的尺寸界线引出。

执行该选项，AutoCAD 提示，选择连续标注，在该提示下选择尺寸界线后。

AutoCAD 会继续提示：定第二条尺寸界线原点或［放弃(U)/选择(S)］<选择>：在该提示下标注出的下一个尺寸会以指定的尺寸界线作为其第一条尺寸界线。

执行连续尺寸标注时，有时需要先执行"选择(S)"选项来指定引出连续尺寸的尺寸界线。

5.3.5 案例实战

案例 1

为零件图中的水平线添加线性标注，如图 5-17 所示。

操作步骤如下。

(1) 打开 AutoCAD 2014 软件，选择"文件"|"打开"，打开"选择文件"对话框，选择"案例源文件"文件夹中的 ex05-1.dwg，打开零件的原始图。

(2) 在"标注"工具栏中单击"线性"按钮(⊢⊣)，见命令行：

```
命令: _dimlinear                              //激活 dimlinear 命令
指定第一个尺寸界线原点或 <选择对象>:          //在零件图上端水平线的一个端点上单击，作为
                                                尺寸界线的起始点
指定第二条尺寸界线原点:                       //在零件图上端水平线直线的另一个端点上单
                                                击，作为尺寸界线的终结点
指定尺寸线位置或[多行文字(M)/文字(T)/角度(A)/水平(H)/垂直(V)/旋转(R)]:
                                              //拖动鼠标，获得合适的延伸线尺寸，按 Enter
                                                键，即可显示标注数字=45
```

案例 2

为零件图的倾斜线添加对齐标注，如图 5-18 所示。

操作步骤如下。

在"标注"工具栏中单击"对齐"按钮(↘)，见命令行：

```
命令: _dimaligned                             //激活 dimaligned 命令
指定第一个尺寸界线原点或 <选择对象>:          //按 Enter 键，使用"选择对象"选取斜线
选择标注对象:                                 //单击要标注的斜线指定尺寸线位置或
[多行文字(M)/文字(T)/角度(A)]:                //拖动鼠标，获得合适的延伸线尺寸，按 Enter
                                                键，即可显示标注文字=16.2
```

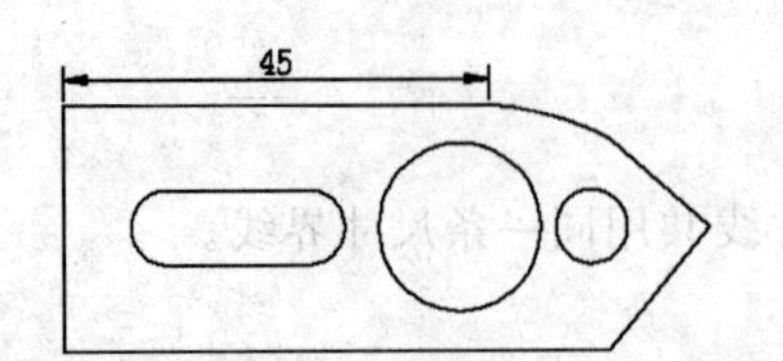

图 5-17 为零件图添加的线性标注

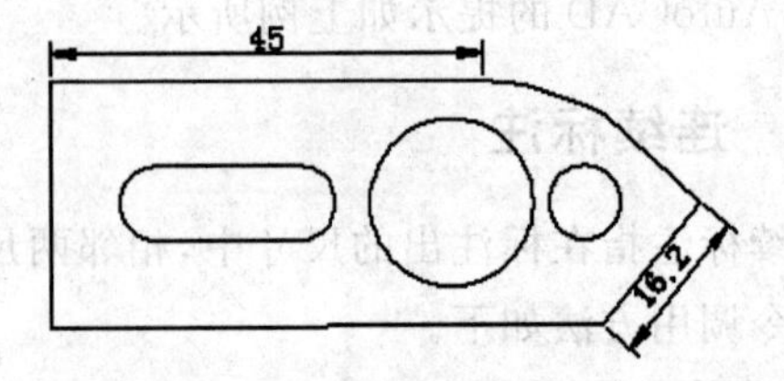

图 5-18 为零件图添加的对齐标注

案例 3

为零件图的左侧边添加基线标注，如图 5-19 所示。

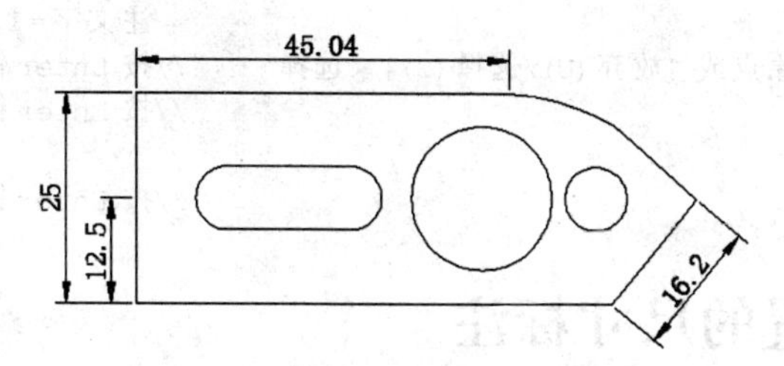

图 5-19　为零件图添加的基线标注

操作步骤如下。

(1) 使用“线性”标注工具制作一个左侧边从底边到中点的线性标注，如图 5-19 所示。

(2) 在“标注”工具栏中单击“基线”按钮()，见命令行：

```
命令: _dimbaseline
选择基准标注:                                        //选择第一步制作的线性标注
指定第二条延伸线原点或 [放弃(U)/选择(S)] <选择>:     //选择左侧边的最上端点,按 Enter
                                                       键,即可显示标注文字=25.63
指定第二条延伸线原点或 [放弃(U)/选择(S)] <选择>:     //按 Esc 键退出
选择基准标注: * 取消 *
```

案例 4

为零件图的底边添加连续标注，如图 5-20 所示。

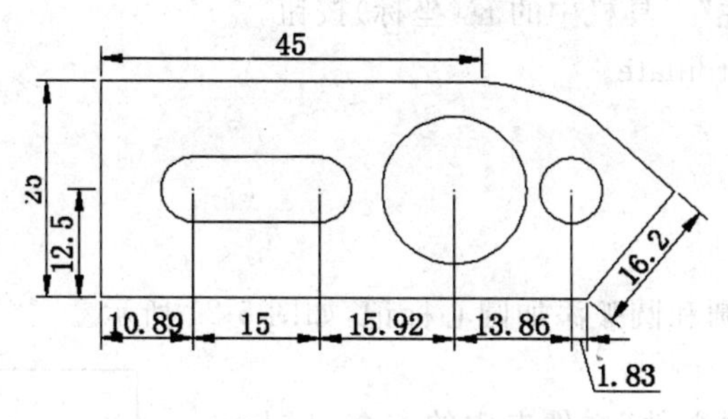

图 5-20　零件图上的相应线性标注

操作步骤如下。

(1) 使用“线性”标注工具制作一个底边左端点到圆弧圆心的线性标注，如图 5-20 所示。

(2) 在“标注”工具栏中单击“连续”按钮()。

```
命令: _dimcontinue
指定第二条延伸线原点或 [放弃(U)/选择(S)] <选择>:     //选择第二个圆弧的圆心,即可显示标
                                                       注文字=15
指定第二条延伸线原点或 [放弃(U)/选择(S)] <选择>:     //选择第三个圆的圆心,即可显示标注
                                                       文字=15.92
```

```
指定第二条延伸线原点或 [放弃(U)/选择(S)] <选择>:   //选择第四个圆的圆心,即可显示标注
                                                     文字=15.86
指定第二条延伸线原点或 [放弃(U)/选择(S)] <选择>:   //选择底边线的右端点,即可显示标
                                                     注文字=1.83
指定第二条延伸线原点或 [放弃(U)/选择(S)] <选择>:   //按 Enter 键
选择连续标注:                                      //按 Enter 键
未选择对象。
选择连续标注:                                      //按 Enter 键
```

5.4 有关位置的尺寸标注

5.4.1 圆心标记

为圆或圆弧绘制圆心标记或中心线。

命令调用方法如下。

- 菜单:"标注"|"圆心标记"。
- 工具栏:"标注"工具栏中的(圆心标记)按钮。
- 命令行:dimcenter。

5.4.2 坐标标注

坐标标注用于创建坐标点的标注,主要用在图形对象相互位置关系要求十分严格的情况下。

命令调用方法如下。

- 菜单:"标注"|"坐标"。
- 工具栏:"标注"工具栏中的(坐标)按钮。
- 命令行:dimordinate。

5.4.3 案例实战

案例 1

为零件图的 4 个圆和圆弧添加圆心标记,如图 5-21 所示。

操作步骤如下。

(1) 打开"案例源文件"文件夹中的 ex05-1.dwg,打开零件的原始图。

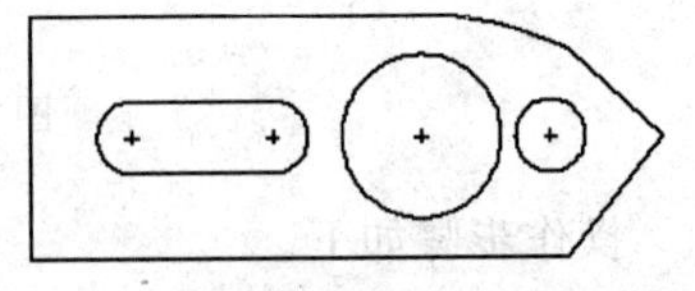

图 5-21 为零件图添加的圆心标记

(2) 在"标注"工具栏上单击"圆心标记"按钮(),见命令行:

```
命令: _dimcenter
选择圆弧或圆:                        //选择要标记圆心的圆弧或圆
```

(3) 使用第一步的方法为其他三个圆和圆弧添加圆心标记。

案例 2

为零件图的右顶点添加坐标标注,如图 5-21 所示。

操作步骤如下。

在“标注”工具栏中单击“坐标”按钮( )，见命令行：

```
命令: _dimordinate
指定点坐标:                                    //选择标记坐标的点
指定引线端点或 [X 基准(X)/Y 基准(Y)/多行文字(M)/文字(T)/角度(A)]:
                                              //拖动鼠标拉出标注到合适的位置,即可显示标
                                                注文字=5439.16
```

5.5　有关圆弧的尺寸标注

5.5.1　直径标注

为圆或圆弧标注直径尺寸。

命令调用方法如下。

- 菜单：“标注”|“直径”。
- 工具栏：“标注”工具栏中的 (直径)按钮。
- 命令行：dimdiameter。

5.5.2　半径标注

为圆或圆弧标注半径尺寸。

命令调用方法如下。

- 菜单：“标注”|“半径”。
- 工具栏：“标注”工具栏中的 (半径)按钮。
- 命令行：dimradius。

5.5.3　角度标注

用于圆弧包角、两条非平行线的夹角以及三点之间夹角的标注。

命令调用方法如下。

- 菜单：“标注”|“角度”。
- 工具栏：“标注”工具栏中的 (角度)按钮。
- 命令行：dimangular。

5.5.4　弧长标注

测量圆弧或者多段线圆弧分段的弧长。

命令调用方法如下。

- 菜单：“标注”|“弧长”。
- 工具栏：“标注”工具栏中的 (弧长)按钮。
- 命令行：dimarc。

5.5.5　折弯标注

为圆或圆弧创建折弯标注，用来标注半径，与半径标注的方法基本相同，只是需要指

定一个位置代替圆或圆弧的圆心。

命令调用方法如下。

- 菜单："标注"|"折弯"。
- 工具栏："标注"工具栏中的 (折弯)按钮。
- 命令行：dimjogged。

5.5.6 案例实战

案例 1

为零件图添加标注，如图 5-22 所示。

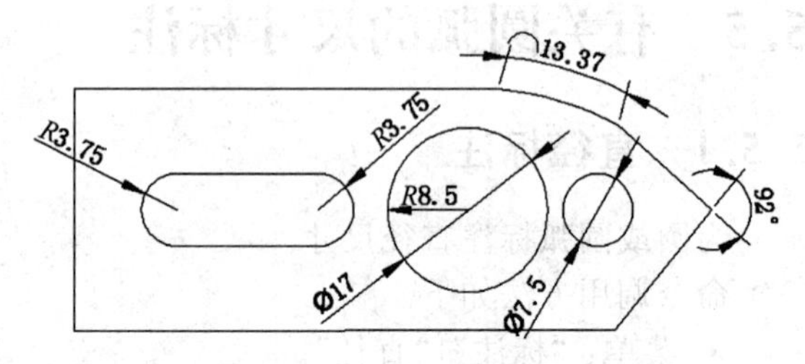

图 5-22 标注零件图

操作步骤如下。

(1) 打开"案例源文件"文件夹中的"ex05-01.dwg"。

(2) 在"标注"工具栏中单击(直径)按钮，见命令行：

```
命令：_dimdiameter
选择圆弧或圆：                          //选择要标注直径的左侧圆，即可显示标注文字=17
指定尺寸线位置或 [多行文字(M)/文字(T)/角度(A)]：
                                        //拖动鼠标拉出标注到合适的位置
```

(3) 使用同样方法为右侧圆标注直径。

【技巧提示】

如果在该提示下直接确定尺寸线的位置，AutoCAD 按实际测量值标注出圆或圆弧的直径。也可以通过"多行文字(M)"、"文字(T)"以及"角度(A)"选项确定尺寸文字和尺寸文字的旋转角度。

(4) 为零件图上的圆弧添加半径标注，在"标注"工具栏中单击(半径标注)按钮，见命令行：

```
命令：_dimradius
选择圆弧或圆：                          //选择要标注半径的圆弧，即可显示标注文字=3.75
指定尺寸线位置或 [多行文字(M)/文字(T)/角度(A)]：
                                        //拖动鼠标拉出标注到合适的位置
```

(5) 为零件图右侧的夹角添加角度标注，在"标注"工具栏中单击(角度)按钮，见命令行：

```
命令：_dimangular
选择圆弧、圆、直线或 <指定顶点>：       //选择要标注夹角的第一条直线
选择第二条直线：                        //选择要标注夹角的第二条直线
指定标注弧线位置或 [多行文字(M)/文字(T)/角度(A)/象限点(Q)]：
                                        //拖动鼠标拉出标注到合适的位置，即可显示标注文字=92
```

【技巧提示】

该命令也可以为圆弧或者圆添加角度标注。

(6) 为零件图右上侧的一段圆弧添加弧长标注，在“标注”工具栏中单击(弧长)按钮，见命令行：

```
命令: _dimarc
选择弧线段或多段线圆弧段:                    //选择要标注弧线段或多线段圆弧段
指定弧长标注位置或 [多行文字(M)/文字(T)/角度(A)/部分(P)/]:
                                              //即可显示标注文字=13.37
```

(7) 为零件图中间的圆添加折弯标注，在“标注”工具栏中单击(折弯)按钮，见命令行：

```
命令: _dimjogged
选择圆弧或圆:                                //选择要标注的中间大圆
指定图示中心位置:                            //选择圆上左下部分的某一点,即可显示标注文字=8.5
指定尺寸线位置或 [多行文字(M)/文字(T)/角度(A)]:
                                              //拖动鼠标拉出标注到合适的位置
指定折弯位置:                                //按 Enter 键
```

案例 2

为吊钩图添加标注，如图 5-23 所示。

操作步骤如下。

(1) 打开 AutoCAD 2014 软件，选择菜单“文件”|“打开”，打开“选择文件”对话框，选择“案例源文件”文件夹中的“ex05-源. dwg”，打开零件的原始图。

(2) 对零件图进行线性标注，如图 5-24 所示。

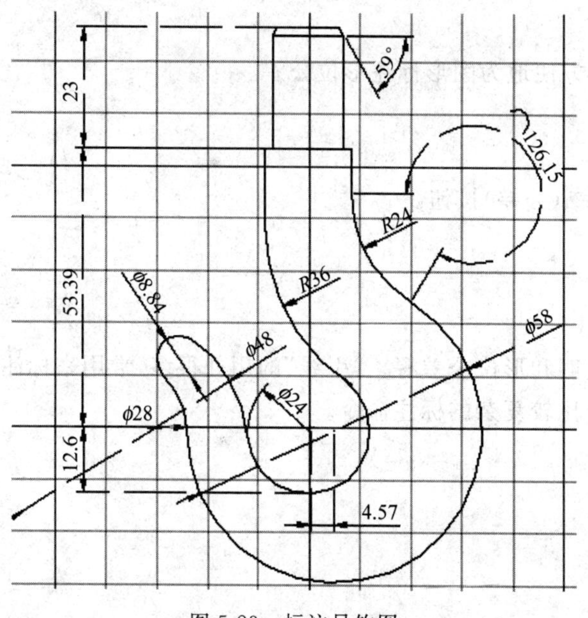

图 5-23 标注吊钩图

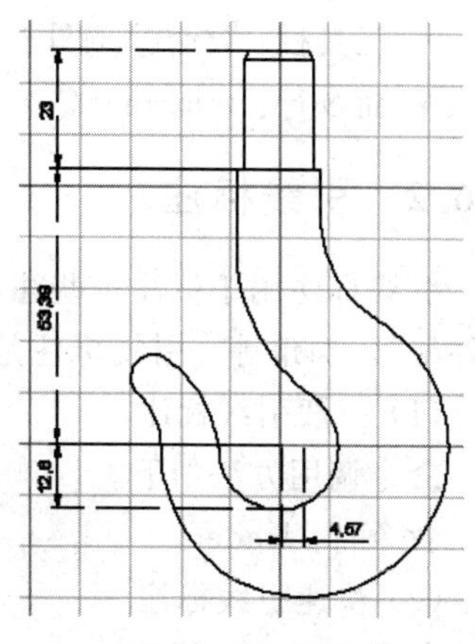

图 5-24 线性标注

(3) 对零件图进行直径和半径的标注,如图 5-25 所示

(4) 对零件图进行角度和弧长标注,如图 5-26 所示

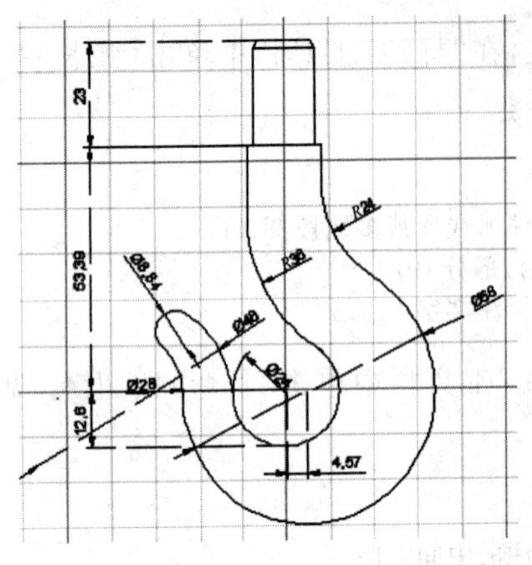

图 5-25 直径和半径标注

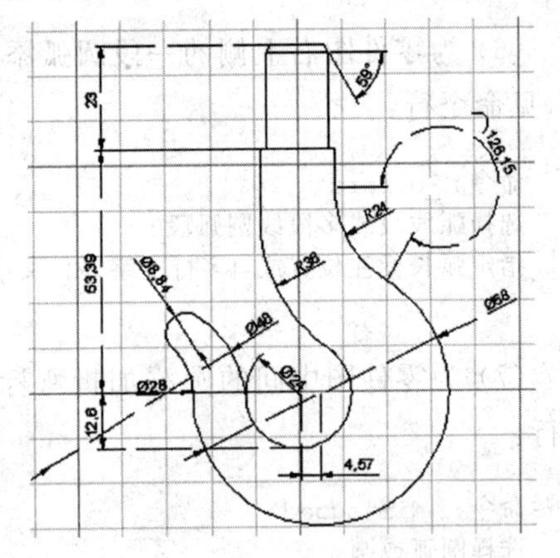

图 5-26 角度和弧长标注

5.6 关于公差的尺寸标注

加工后的零件不仅有尺寸误差,构成零件几何特征的点、线、面的实际形状或相互位置与理想几何体规定的形状和相互位置还不可避免地存在差异,这种形状上的差异就是形状误差,而相互位置的差异就是位置误差,统称为形位误差。这类误差影响机械产品的功能,设计时应规定相应的公差并按规定的标准符号标注在图样上。形状公差和位置公差简称为形位公差。

5.6.1 形位公差标注

利用 AutoCAD 2014,用户可以方便地为图形标注形位公差。

命令调用方法如下。

- 菜单:“标注”|“公差”。
- 工具栏:“标注”工具栏中的(公差)按钮。
- 命令行:tolerance。

5.6.2 引线标注

引线标注用于标注一些注释、说明和形位公差等。“引线”的用处很多,常用来标注零部件编号、倒角等。引线标注是一个比较复杂的标注命令。

(1) 一般引线标注

命令调用方法如下。

命令行:leader。

(2) 快速引线标注

命令调用方法如下。

命令行：qleader。

(3) 多重引线标注

命令调用方法如下。

• 菜单："标注"|"多重引线"。
• 命令行：mleader。

5.6.3　案例实战

案例 1

为零件图右上角的弧形添加公差标注，如图 5-27 所示。

操作步骤如下。

(1) 绘制零件图形。

(2) 在"标注"工具栏中单击"公差"按钮(▣)，弹出"形位公差"对话框，如图 5-28 所示。

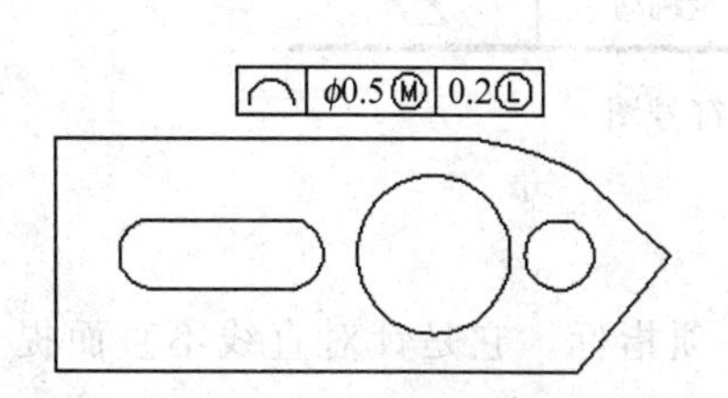

图 5-27　为零件图添加的形位公差标注

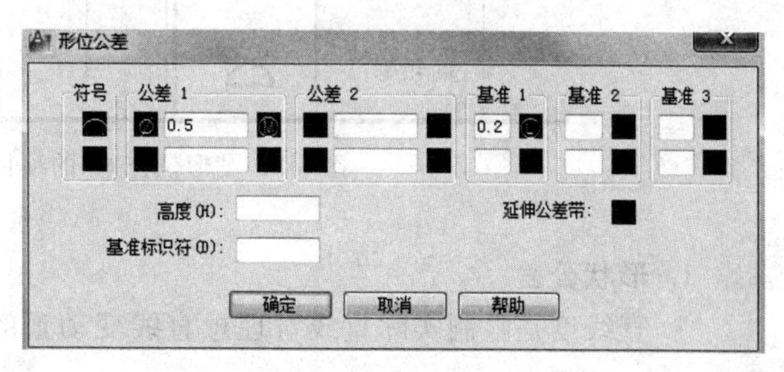

图 5-28　"形位公差"对话框

(3)"符号"选项组用于确定形位公差的符号。单击其中的小黑方框，弹出"特征符号"对话框，如图 5-29 所示。用户可从该对话框确定所需要的符号。单击"线轮廓度"符号(⌒)，返回"形位公差"对话框，并在对应位置显示出该符号。

(4)"公差 1"、"公差 2"选项组用于确定公差。用户应在对应的文本框中输入公差值。此外，可通过单击位于文本框前面的小方框确定是否在该公差值前加直径符号；单击位于文本框后面的小方框，可从弹出的如图 5-30 所示的"附加符号"对话框，确定包容条件。M 是最大实体原则，L 是最小实体原则，S 代表忽略材料状况。

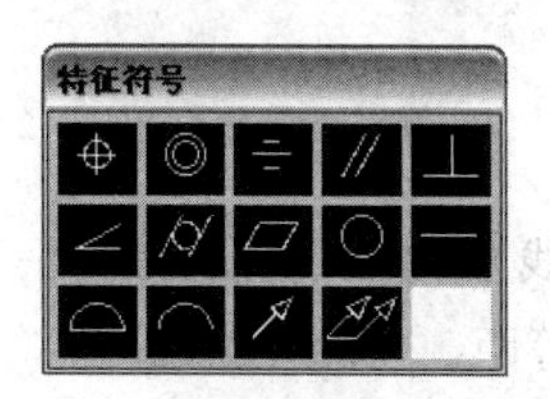

图 5-29　"特征符号"对话框

图 5-30　"附加符号"对话框

(5)"基准 1"、"基准 2"、"基准 3"选项组用于确定基准和对应的包容条件。

(6) 设置完成后，单击对话框中的"确定"按钮，切换到绘图屏幕，并提示：

```
输入公差位置:                    //在该提示下确定标注公差的位置即可
```

【技巧提示】

在 5.2 节中我们定义尺寸样式的时候，曾经定义了公差的样式，如需修改，可以使用编辑样式来进行更改。“形位公差”的项目和符号，如图 5-31 所示。

分类	特征项目	符号	分类		特征项目	符号
形状公差	直线度	—	位置公差	定向	平行度	//
	平面度	▱			垂直度	⊥
	圆度	○			倾斜度	∠
	圆柱度	⌭		定位	同轴度	◎
	线轮廓度	⌒			对称度	⌯
	面轮廓度	⌓			位置度	⌖
				跳动	圆跳动	↗
					全跳动	⌰

图 5-31 “形位公差”的项目和符号图

1. 形状公差

- 直线度是限制实际直线对理想直线变动量的一项指标。它是针对直线不直而提出的要求。
- 平面度是限制实际平面对理想平面变动量的一项指标。它是针对平面不平而提出的要求。
- 圆度是限制实际圆对理想圆变动量的一项指标。它是对具有圆柱面(包括圆锥面、球面)的零件，在一正截面(与轴线垂直的面)内的圆形轮廓要求。
- 圆柱度是限制实际圆柱面对理想圆柱面变动量的一项指标。它控制了圆柱体横截面和轴截面内的各项形状误差，如圆度、素线直线度、轴线直线度等。圆柱度是圆柱体各项形状误差的综合指标。
- 线轮廓度是限制实际曲线对理想曲线变动量的一项指标。它是对非圆曲线的形状精度要求。

2. 定向公差

- 平行度用来控制零件上被测要素(平面或直线)相对于基准要素(平面或直线)的方向偏离 0°的要求，即要求被测要素对基准等距。
- 垂直度用来控制零件上被测要素(平面或直线)相对于基准要素(平面或直线)的方向偏离 90°的要求，即要求被测要素对基准成 90°。
- 倾斜度用来控制零件上被测要素(平面或直线)相对于基准要素(平面或直线)的方向偏离某一给定角度(0°～90°)的程度，即要求被测要素对基准成一定角度(除 90°外)。

3. 定位公差

- 同轴度用来控制理论上应该同轴的被测轴线与基准轴线的不同轴程度。
- 对称度一般用来控制理论上要求共面的被测要素(中心平面、中心线或轴线)与基准要素(中心平面、中心线或轴线)的不重合程度。
- 位置度用来控制被测实际要素相对于其理想位置的变动量,其理想位置由基准和理论正确尺寸确定。

4. 跳动公差

- 圆跳动是被测实际要素绕基准轴线做无轴向移动、回转一周中,由位置固定的指示器在给定方向上测得的最大与最小读数之差。
- 全跳动是被测实际要素绕基准轴线做无轴向移动的连续回转,同时指示器沿理想素线连续移动,由指示器在给定方向上测得的最大与最小读数之差。

案例 2

为零件图添加引线标注,如图 5-32 所示。

操作步骤如下。

命令行输入 leader 命令,命令行提示:

```
命令: leader
指定引线起点:                                       //单击确定引出线箭头的起点
指定下一点:                                         //单击确定引出线尾线的起点
指定下一点或 [注释(A)/格式(F)/放弃(U)] <注释>:      //单击确定文字书写位置
指定下一点或 [注释(A)/格式(F)/放弃(U)] <注释>: a    //输入 a,选择下一步添加注释
输入注释文字的第一行或 <选项>: 此处是弧线            //输入注释文字
输入注释文字的下一行:                               //按 Enter 键
```

案例 3

为零件图添加快速引线标注,如图 5-33 所示。

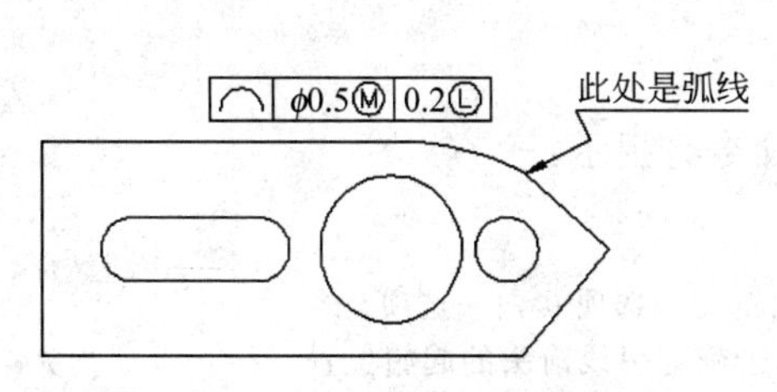

图 5-32　为零件图添加的引线标注

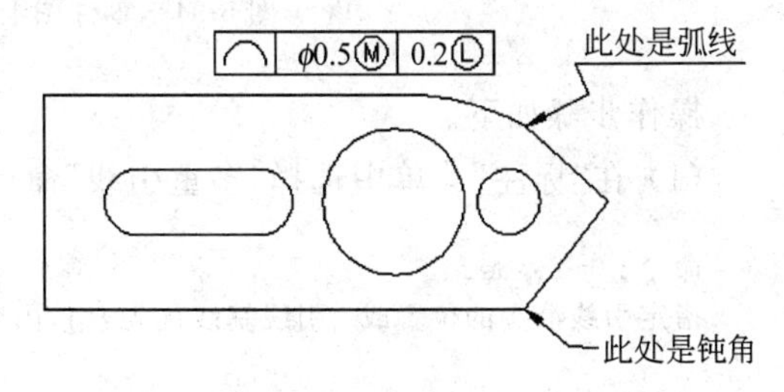

图 5-33　为零件图添加的快速引线标注

操作步骤如下。

在命令行输入 qleader 命令,命令行提示:

```
命令: qleader
指定第一个引线点或 [设置(S)] <设置>:    //单击确定引线箭头的起始位置,或者进行引线设
                                         置,具体见"技巧提示"
指定下一点:                              //单击确定引线辅助线的起始位置
```

指定下一点： //单击确定注释文字的起始位置
指定文字宽度 <0>： //鼠标拖动，设定注释文字的宽度
输入注释文字的第一行 <多行文字(M)>：此处是钝角 //输入注释文字
输入注释文字的下一行： //按 Enter 键

【技巧提示】

(1) 快速引线和一般引线标注默认由三个点来确定，第一点确定箭头指向的位置；第二点确定转折点；第三点确定注释文本的位置。另外，快速引线的注释文本默认是多行文字。

(2) 引线的形式多种多样，为符合国标的要求，一般要先进行设置。在命令行提示“指定第一个引线点或［设置(S)］<设置>：”时，输入 s，并按 Enter 键或单击鼠标右键，调出“引线设置”对话框。

在“引线和箭头”选项卡里要选定引线有无箭头以及箭头的样式，还要选定第一段和第二段引线的角度，图 5-33 里标注的“此处是弧线”倒角的第一段引线的约束角度设置为 30°，其余的第一段引线的约束角度设置为 45°，大多情况下第二段引线的约束角度设置成“水平”。

“附着”选项卡用于设置文字的附着位置，在此选中“最后一行加下划线”复选框，设置好以后单击“确定”关闭“引线设置”对话框。

案例 4

为零件图添加快速引线标注，如图 5-34 所示。

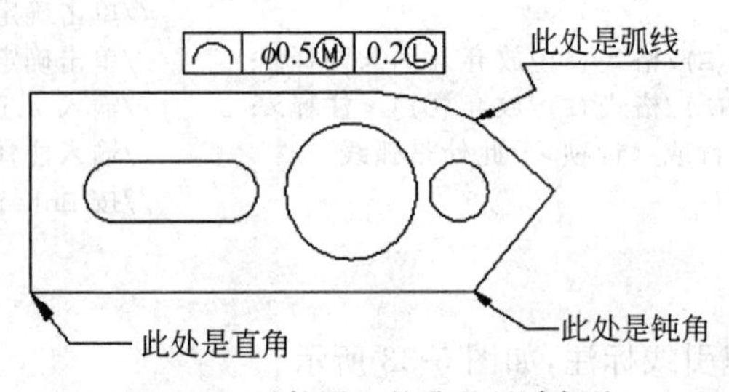

图 5-34 零件图上的公差尺寸标注

操作步骤如下。

(1) 在“标注”菜单中选择“多重引线”命令，命令行提示：

命令：_mleader
指定引线箭头的位置或 [引线基线优先(L)/内容优先(C)/选项(O)] <选项>：
//单击确定引线箭头的起始位置
指定引线基线的位置： //单击确定基线的起始位置，基线默认从起始位置水平延长，并默认到注释文字的长度

(2) 弹出“文字格式”界面，如图 5-35 所示，可以在该界面中调整文字样式。

图 5-35 “文字格式”界面

(3) 输入文字内容,完成后单击"文字格式"界面上的"确定"按钮即可完成。

【技巧提示】

与快速引线不同,多重引线默认由两个点来确定位置,第一个点指定箭头的位置,第二个点指定折线的位置。

5.7　编辑尺寸标注对象

5.7.1　调整标注间距

用于调整线性标注或角度标注之间的间距。

命令调用方法如下。

- 菜单:"标注"|"标注间距"。
- 工具栏:"标注"工具栏中的"标注间距"按钮( )。
- 命令行:dimspace。

5.7.2　快速标注

使用快速标注功能可以快速创建或编辑一系列标注,包括创建线型、连续、基线、坐标、半径、直径等标注类型。

命令调用方法如下。

- 菜单:"标注"|"快速标注"。
- 工具栏:"标注"工具栏中的"快速标注"按钮( )。
- 命令行:qdim。

5.7.3　标注折断

折断标注用于在线性、角度和坐标等标注中,将标注中与其他线重叠处的标注或延伸线打断。

命令调用方法如下。

- 菜单:"标注"|"标注打断"。
- 工具栏:"标注"工具栏中的"标注打断"按钮( )。
- 命令行:dimbreak。

5.7.4　编辑尺寸标注

命令调用方法如下。

- 工具栏:"标注"工具栏中的"编辑标注"按钮( )。
- 命令行:dimedit。

5.7.5　编辑尺寸标注中文字的位置

修改已标注尺寸的文字的位置。

命令调用方法如下。

- 工具栏："标注"工具栏中的"编辑文字标注"按钮（A）；
- 命令行：dimtedit；
- "左(L)"选项仅对非角度标注起作用，决定尺寸文字沿尺寸线左对齐；
- "右(R)"选项仅对非角度标注起作用，决定尺寸文字沿尺寸线右对齐；
- "中心(C)"选项可将尺寸文字放在尺寸线的中间；
- "默认(H)"选项将按默认位置、方向放置尺寸文字；
- "角度(A)"选项可以使尺寸文字旋转指定的角度。

5.7.6 案例实战

案例 1

调整零件图下方基线标注的垂直间距，如图 5-37 所示。

操作步骤如下。

(1) 绘制如图 5-36 所示的零件。

(2) 绘制水平方向的线性标注和基线标注，如图 5-37 所示。

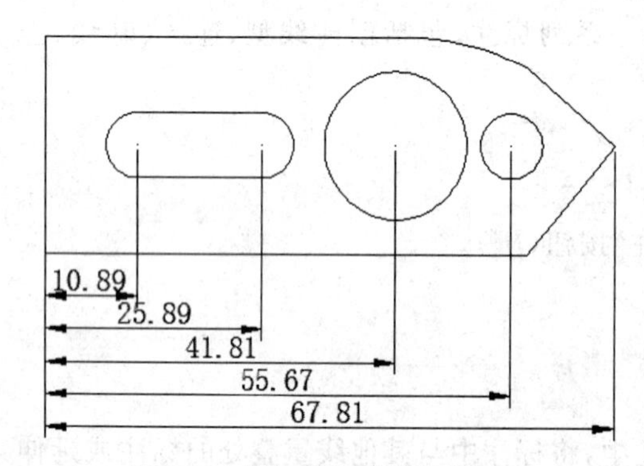

图 5-36 调整间距前的基线标注

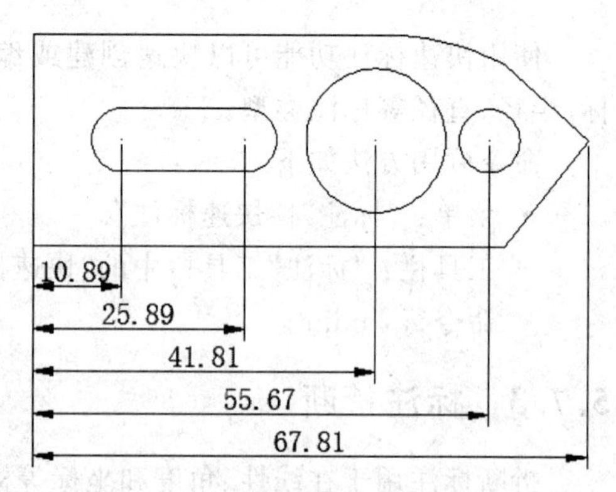

图 5-37 调整间距后的基线标注

(3) 单击"标注"工具栏中的"标注间距"按钮，命令提示行显示：

```
命令: _dimspace
选择基准标注:                           //单击"10.89"标注,选择其作为基准标注
选择要产生间距的标注:找到 1 个            //单击选择要与基准标注产生间距的第一个标
                                          注"25.89"
选择要产生间距的标注:找到 1 个,总计 2 个   //单击选择要产生间距的第二个标注"41.81"
选择要产生间距的标注:找到 1 个,总计 3 个   //单击选择要产生间距的第三个标注"55.67"
选择要产生间距的标注:找到 1 个,总计 4 个   //单击选择要产生间距的第四个标注"67.81"
选择要产生间距的标注:                     //按 Enter 键结束选择标注
输入值或 [自动(A)] <自动>:                //按 Enter 键,自动产生标注垂直间距的距离
                                          结果如图 5-37 所示
```

【技巧提示】

标注间距可以自动调整平行的线性标注和角度标注之间的间距，或根据指定的间距

值进行调整。除了调整尺寸线间距，还可以通过输入间距值 0 使尺寸线相互对齐。由于能够调整尺寸线的间距或对齐尺寸线，因而无需重新创建标注或使用夹点逐条对齐并重新定位尺寸线。

案例 2

为零件图添加快速标注，如图 5-38 所示。

操作步骤如下。

单击“标注”工具栏中的“快速标注”按钮，命令提示行显示：

```
命令: _qdim
关联标注优先级=端点
选择要标注的几何图形: 指定对角点: 找到 2 个    //用鼠标框选需要标注的图形，如图 5-39
                                                所示
选择要标注的几何图形:                          //按 Enter 键
指定尺寸线位置或 [连续(C)/并列(S)/基线(B)/坐标(O)/半径(R)/直径(D)/基准点(P)/编辑
(E)/设置(T)] <连续>:                           //拖拽标注线到合适的位置，按 Enter 键，结
                                                果如图 5-38 所示
```

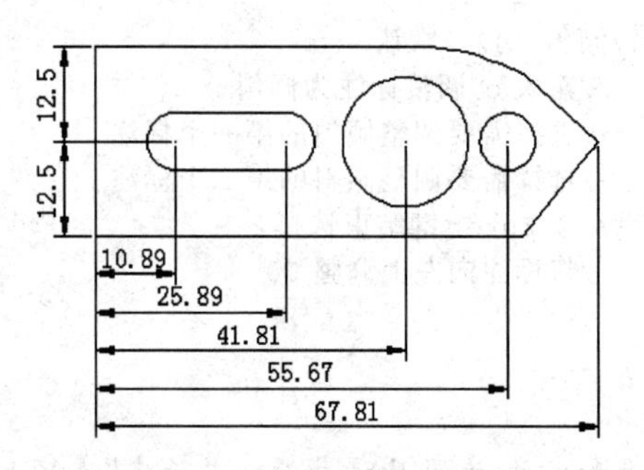

图 5-38　为零件图添加的快速标注

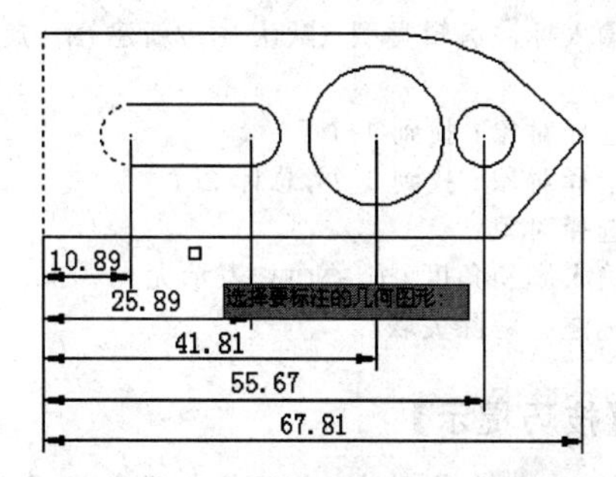

图 5-39　选取要添加快速标注的对象

【技巧提示】

快速标注可以一次标注多个对象或者编辑现有标注。使用该命令时，系统可以自动查找所选几何体上的端点，并将它们作为尺寸界线的始末点进行标注。但是，使用这种方式创建的标注是无关联的。修改标注尺寸的对象时，无关联标注不会自动更新。

案例 3

将零件图中刚刚调整好的基线标注进行标注打断，如图 5-40 所示。

操作步骤如下。

单击“标注”工具栏中的“标注打断”按钮，命令提示行显示：

```
选择标注或 [多个(M)]:                       //选择尺寸。可通过"多个(M)"选项选择多个尺
                                              寸)，如图 5-41 所示
选择要打断标注的对象或 [自动(A)/恢复(R)/手动(M)] <自动>:
                                            //根据提示操作即可
```

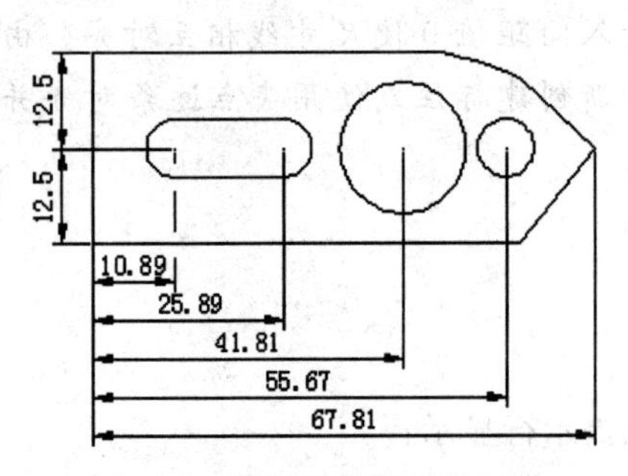

图 5-40 打断零件图上的标注

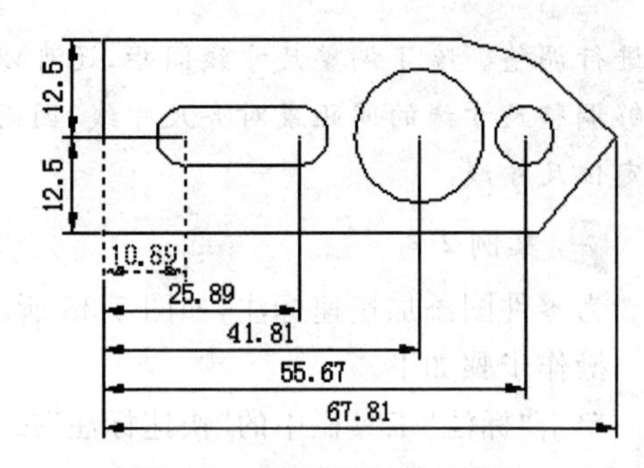

图 5-41 选择要打断的对象

案例 4

调整零件图右侧的标注向左上倾斜 30°，如图 5-42 所示。

操作步骤如下。

单击"标注"工具栏中的(编辑标注)按钮，命令行提示：

```
命令：dimedit
输入标注编辑类型 [默认(H)/新建(N)/旋转(R)/倾斜(O)] <默认>：o
                                          //输入 o，调整标注为倾斜
选择对象：找到 1 个                        //选择需要调整倾斜的第一个标注
选择对象：找到 1 个，总计 2 个              //选择需要调整倾斜的第二个标注
选择对象：                                //按 Enter 键结束选择
输入倾斜角度(按 ENTER 表示无)：-30          //将标注向左上调整 30°
标注已解除关联。
```

【技巧提示】

标注编辑类型中"默认"选项会按默认位置和方向放置尺寸文字。"新建"选项用于修改尺寸文字。"旋转"选项可将尺寸文字旋转指定的角度。"倾斜"选项可使非角度标注的尺寸界线旋转一指定的角度。

案例 5

将左上角的标注文字调整到边界线之间，如图 5-43 所示。

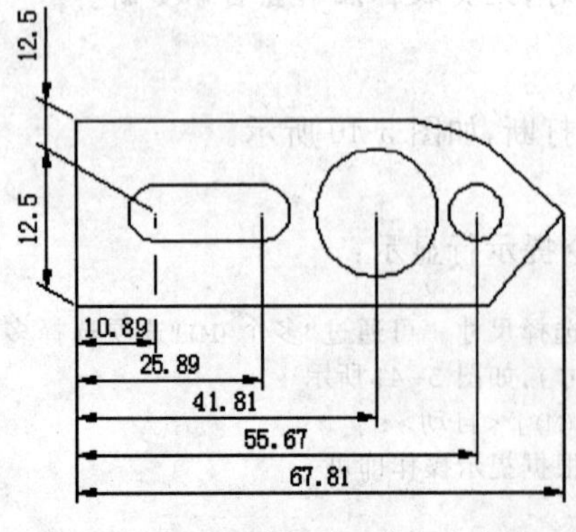

图 5-42 调整零件图上的标注角度

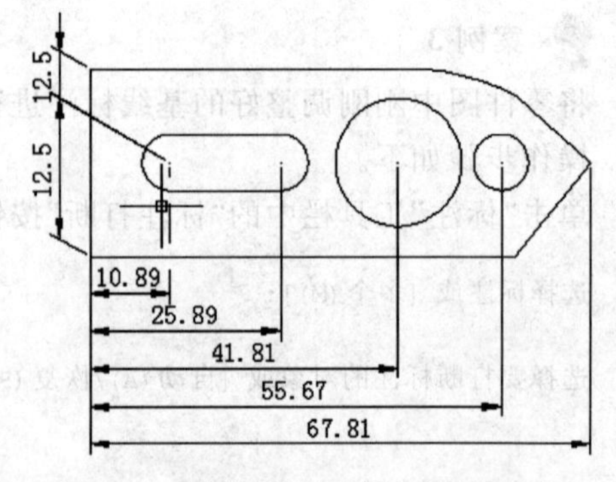

图 5-43 编辑零件图的尺寸标注对象

操作步骤如下：

单击“标注”工具栏上的(编辑文字标注)按钮，命令行提示：

```
命令：_dimtedit
选择标注：                              //单击选择零件图左上角的标注
为标注文字指定新位置或 [左对齐(L)/右对齐(R)/居中(C)/默认(H)/角度(A)]:
                                        //按 Enter 键，移动鼠标，调整文字到新位置后单击即可
```

本章小结

本章介绍了 AutoCAD 2014 的尺寸标注功能。与标注文字一样，如果 AutoCAD 提供的尺寸标注样式不满足标注要求，那么在标注尺寸之前，应首先设置标注样式。当以某一样式标注尺寸时，应将该样式置为当前样式。AutoCAD 将尺寸标注分为线性标注、对齐标注、直径标注、半径标注、连续标注、基线标注和引线标注等多种类型。

标注尺寸时，首先应清楚要标注尺寸的类型，然后执行对应的命令，再根据提示操作即可。此外，利用 AutoCAD 2014，用户可以方便地为图形标注尺寸公差和形位公差、可以编辑已标注的尺寸与公差。

思考与练习

1. 利用本章所学的定义尺寸标注样式的命令定义如图 5-44 所示的样式。

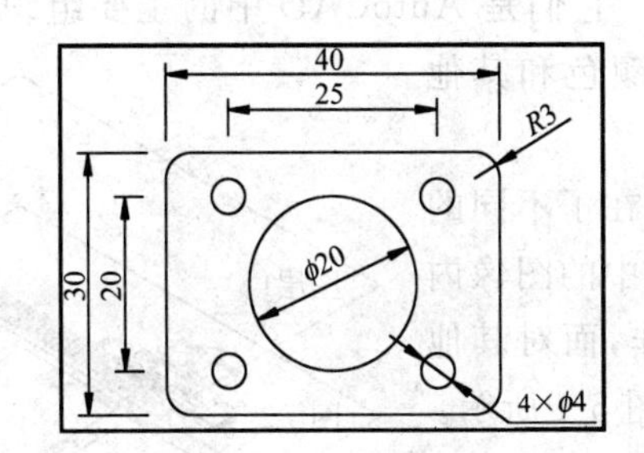

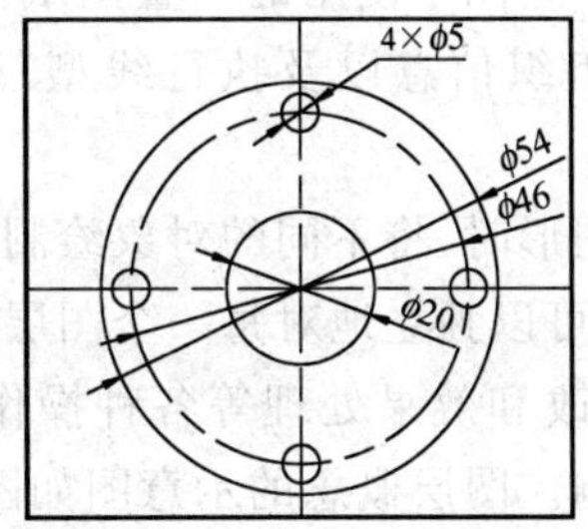

图 5-44　绘制零件图和尺寸标注(1)

2. 利用标注命令对零件图进行尺寸标注，如图 5-45 所示。

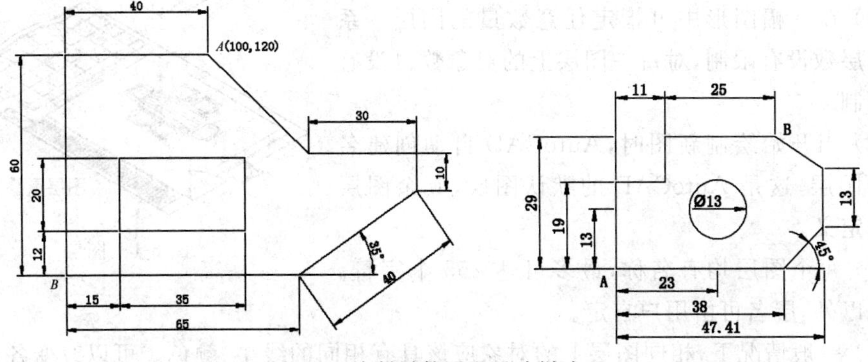

图 5-45　绘制零件图和尺寸样式(2)

第 6 章

图 层 管 理

本章要点

- 认识图层；
- 创建图层；
- 管理图层。

6.1 认识图层

6.1.1 什么是图层

图层相当于绘图中使用的重叠图纸。它们是 AutoCAD 中的主要组织工具，可以使用它们按功能组织信息以及执行线型、颜色和其他标准。

若在绘制图形时，将不同的对象绘制在了不同的图层上，则用户可以独立地对每一个图层中的图像内容进行编辑、修改和效果处理等各种操作，而对其他层没有任何影响。图层概念的示意图如图 6-1 所示。

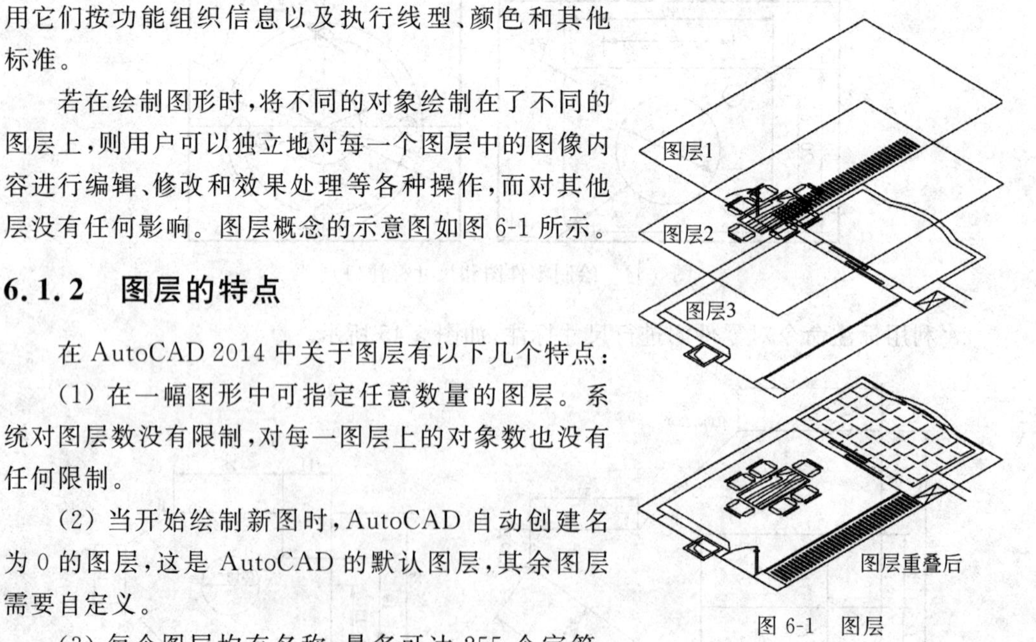

图 6-1 图层

6.1.2 图层的特点

在 AutoCAD 2014 中关于图层有以下几个特点：

(1) 在一幅图形中可指定任意数量的图层。系统对图层数没有限制，对每一图层上的对象数也没有任何限制。

(2) 当开始绘制新图时，AutoCAD 自动创建名为 0 的图层，这是 AutoCAD 的默认图层，其余图层需要自定义。

(3) 每个图层均有名称，最多可达 255 个字符。除 0 层以外，层名可由用户自定。

(4) 一般情况下，相同图层上的对象应该具有相同的线型、颜色。可以改变各图层的线型、颜色和状态。

(5) AutoCAD 允许建立多个图层,但只能在当前图层上绘图。

(6) 各图层具有相同的坐标系、绘图界限及显示时的缩放倍数。可以对位于不同图层上的对象同时进行编辑操作。

(7) 可根据图层名称排序。

(8) 图层可以进行合并。

(9) 可以对各图层进行打开、关闭、冻结、解冻、锁定与解锁等操作,以决定各图层的可见性与可操作性。

6.1.3 图层设置

在进行图层设置之前,所绘实体都在 AutoCAD 固有的 0 层上,因此在绘图前都要进行图层设置。图层设置的方法如下:

- 选择"格式"|"图层"菜单命令。
- 单击"图层"工具栏中的 (图层特性)按钮。
- 在命令行中执行 LAYER 命令或 LA。

打开"图层特性管理器"如图 6-2 所示。系统默认只有一个图层,即 0 层,由于不能对 0 层进行重命名,因此在绘图时常会创建新的图层,从而能方便对图层上的对象进行编辑。默认情况下,图层 0 将被指定使用 7 号颜色(白色或黑色,由背景色决定)、Continuous 线型、"默认"线宽及 NORMAL 打印样式。在绘图过程中,如果要使用更多的图层来组织图形,就需要先创建新图层。

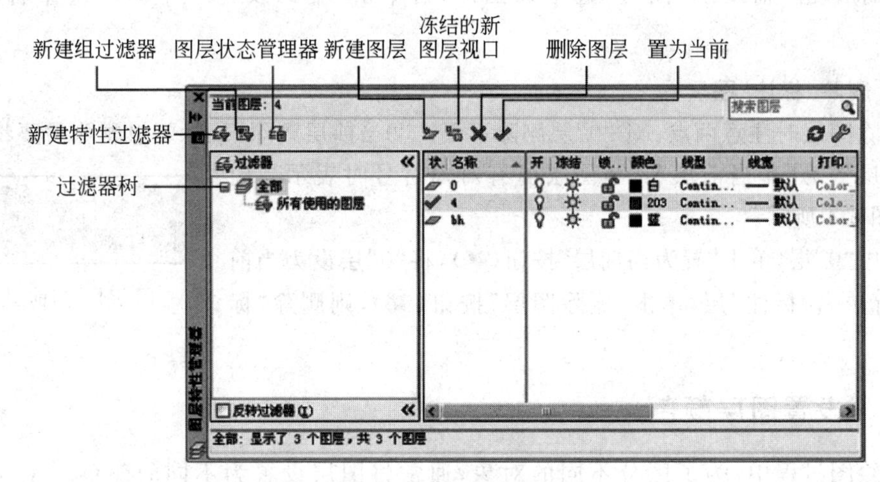

图 6-2 图层特性管理器

6.2 创建图层

在一个复杂的图形中,有许多不同类型的图形对象,为了方便区分和管理,可以通过创建多个图层,将特性相似的对象绘制在同一个图层上。例如,将图形的所有尺寸标注绘制在标注图层上。

6.2.1 创建、删除、重命名图层

在绘图过程中,如果要使用更多的图层来组织图形,就需要先创建新图层。

在命令行中执行 LAYER 命令或 LA,打开“图层特性管理器”对话框。在其中可以对图层进行创建、删除和设置等操作。

1. 创建名为“辅助线”的图层

在“图层特性管理器”对话框中单击“新建图层”按钮( ),在图层列表中出现“图层 1”,将其命名为“辅助线”,如图 6-3 所示。

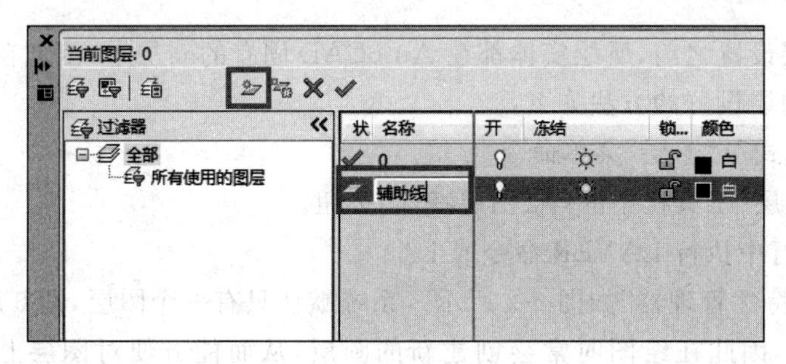

图 6-3　创建“辅助线”图层

2. 重命名“辅助线”为“标注”

鼠标单击“辅助线”图层,选中该图形,再单击“辅助线”文字,即可重命名,输入“标注”。

3. 删除“标注”图层

删除图层时注意两点:①“0”层删除不了。②当前层删除不了,要想删除需要将要删除的图层变为“非当前层”。当图层前有对勾符号时表示当前层,如图 6-4 所示。

图 6-4　当前层

选中“0”层,单击“置为当前层”按钮( ),将“0”层设为当前层,鼠标单击“标注”层,单击“删除图层”按钮( ),则删除“标注”层。

6.2.2 设置图层颜色

在绘图过程中,为了区分不同的对象,通常将图层设置为不同的颜色。AutoCAD 2014 提供了 7 种既有编号也有名称的标准颜色,即红色、黄色、绿色、青色、蓝色、紫色和白色,在“图层特性管理器”对话框中单击图层的“颜色”,打开“选择颜色”对话框,选择一种颜色,如图 6-5 所示。

6.2.3 设置图层线型

在 AutoCAD 中,系统默认的线型是 Continuous 线型。若用户需要绘制虚线、中心

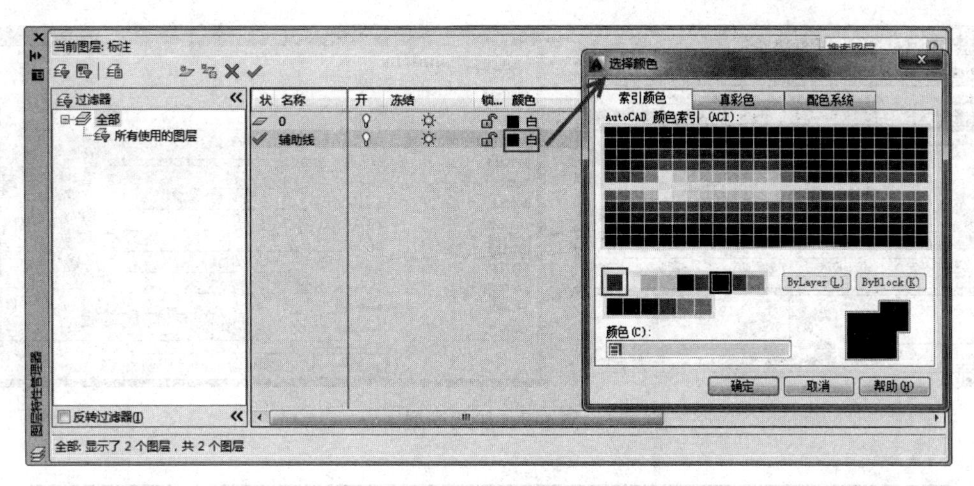

图 6-5　图层颜色

线等对象，则会用到不同的线型，因此就需要为图层添加线型。

在“图层特性管理器”对话框中单击图层的“线型”，打开“选择线型”对话框，如图 6-6 所示。单击“加载”按钮，弹出“加载或重载线型”对话框，如图 6-7 所示。在对话框中选择一种线型如 Center，单击“确定”按钮，则 Center 线型加入“选择线型”对话框中，选择该线型，单击“确定”按钮，即完成线型的设置。

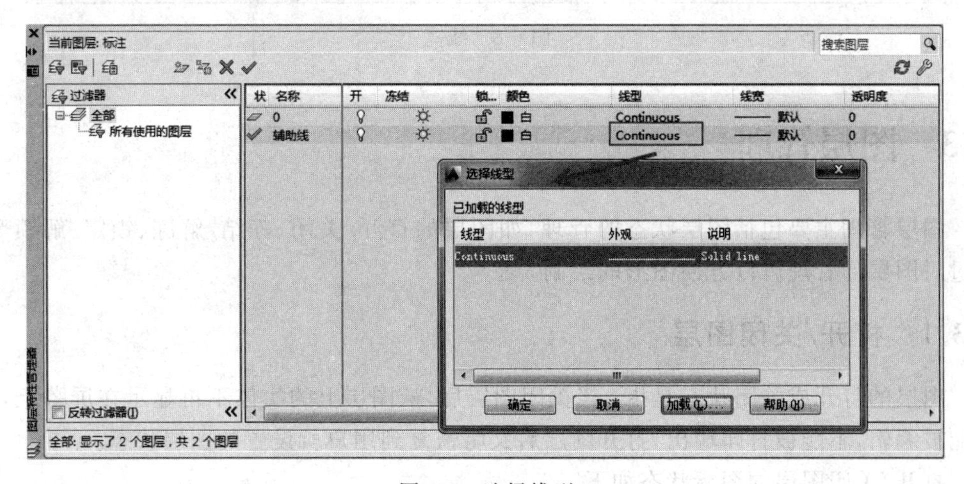

图 6-6　选择线型

6.2.4　设置图层线宽

不同的图形设计对线宽有不同的要求，例如在机械制图中，粗实线代表物体轮廓线，细实线代表剖切面填充图案。

在“图层特性管理器”对话框中单击图层的“线宽”，打开“线宽”对话框，如图 6-8 所示，选择合适的线宽，单击“确定”按钮。

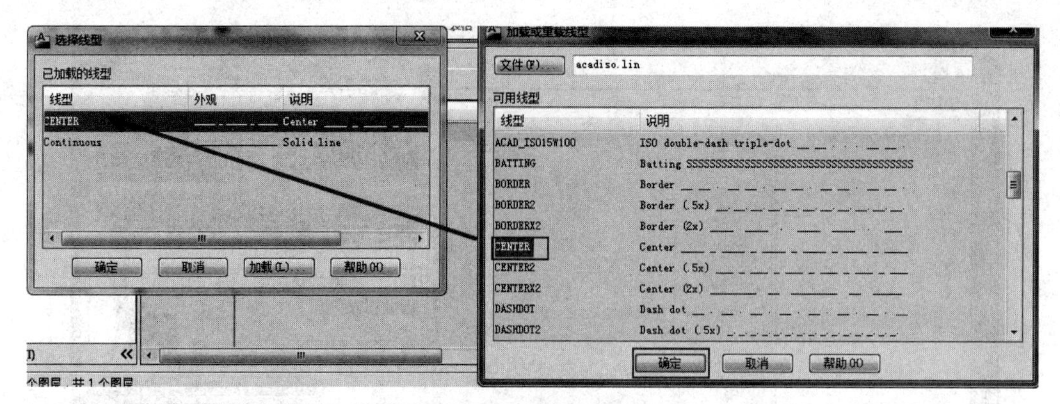

图 6-7 加载线型

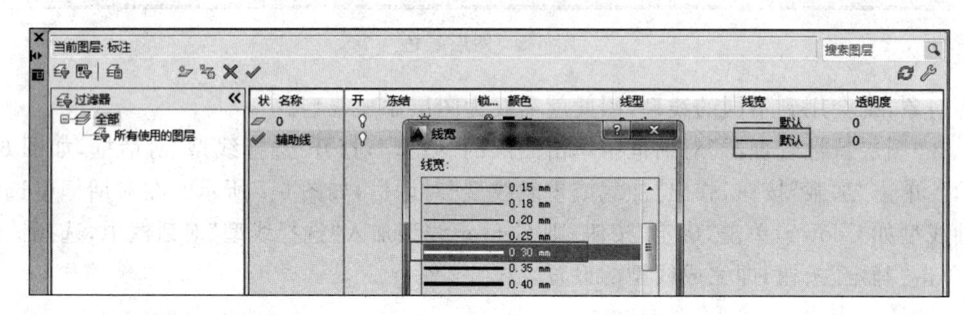

图 6-8 线宽

6.3 图层管理

图层管理主要包括图层状态的管理，如图层的打开/关闭、冻结/解冻、锁定/解锁等，通过对图层的管理可以方便图形的绘制。

6.3.1 打开/关闭图层

图层的打开或关闭状态是指：当关闭图层后，该图层上的实体不再显示在屏幕上，也不能被编辑，不能被打印输出，打开图层后又将恢复到用户所设置的图层状态。

打开/关闭图层的图标状态如下。

：图层处于打开状态。

：图层处于关闭状态。

设置图层的打开和关闭状态的方法是：在“图层特性管理器”对话框中选中要设置打开或关闭状态的图层，单击该层上的“开”状态图标，使其变为状态，该图层即被关闭。再一次单击该图标，则打开该图层。

6.3.2 冻结/解冻图层

图层冻结后，该层上的所有实体将不再显示在屏幕上，不能被编辑，也不能被打印输出。要对冻结的图层进行编辑，可将冻结的图层进行解冻，以恢复到图层原来的状态。读者应注意，当前图层不能进行冻结操作。

冻结图层与关闭图层的区别在于：冻结图层可以减少系统重新生成图形的计算时间。若用户计算机性能较好，且所绘图形较为简单，一般不会感觉到图层冻结后的优越性。

冻结/解冻图层的图标状态如下。

：图层处于冻结状态。

：图层处于解冻状态。

冻结或解冻图层的方法是：在“图层特性管理器”对话框中选中需冻结的图层，在该层上单击“在所有视口中冻结”状态图标，使其成为状态，该图层即被冻结。再单击该图标一次，则解冻该图层。

6.3.3　锁定/解锁图层

图层被锁定后，该图层上的实体仍显示在屏幕上，但不能对其进行编辑。锁定图层有利于对较复杂的图形进行编辑。

锁定/解锁图层的图标状态如下。

：图层处于解锁状态。

：图层处于锁定状态。

锁定或解锁图层的方法是：在“图层特性管理器”对话框中选中需锁定的图层，在该层上单击“锁定”状态图标，使其成为状态，该图层即被锁定。再次单击该图标则为该图层解除锁定。

6.3.4　综合实战

案例

使用图层进行建筑绘制时常用图层设置，本例将创建 4 个图层，并为其设置相应的特性，其具体要求如下。

图层名：墙体、设施、门窗、辅助线。

墙体层：红色、Continuous 线型、0.30mm 线宽。

设备层：蓝色、Continuous 线型、0.25mm 线宽。

门窗层：绿色、Continuous 线型、0.25 线宽。

辅助线层：品红色、CENTER 线型、0.20 线宽。

将辅助线层置为当前图层；关闭设备层；锁定门窗层；不打印辅助线层上的对象。

操作步骤如下。

(1) 新建一个图形文件，在命令行中输入 LA 打开“图层特性管理器”对话框。

(2) 新建图层。连续单击“新建图层”按钮()4 次，创建 4 个图层。依次将“图层 1”～“图层 4”重命名为“墙体”、“设备”、“门窗”和“辅助线”。

(3) 设置图层颜色。选中“墙体”层，单击其后的颜色特性图标■白，打开“选择颜色”

对话框,在该对话框中单击“红色”,然后单击“确定”按钮。使用相同的方法分别设置“设备”层、“门窗”层和“辅助线”层的颜色为蓝色、绿色和品红

(4) 设置图层线宽。单击“墙体”层后的线宽特性图标——默认,打开“线宽”对话框,在该对话框的“线宽”列表框中选择“0.30 毫米”选项,单击“确定”按钮。使用相同方法设置“设备”层、“门窗”层和“辅助线”层的线宽分别设为 0.25、0.25 和 0.20 毫米。

(5) 设置线型。单击“辅助线”层后的线型特性图标 Continuous ,打开“选择线型”对话框。由于该对话框中没有所需的 CENTER 线型,因此,还需要加载线型。单击“加载”按钮,打开“加载或重载线型”对话框。

(6) 在该对话框的“可用线型”列表框中选择 CENTER 线型,单击“确定”按钮,返回“选择线型”对话框,在该对话框中再次选中 CENTER 线型,单击“确定”按钮。

(7) 设置图层的状态。选中“设备”层,单击“开”特性图标( ),使其成为 样式,关闭“设备”层。选中“门窗”层,单击“锁定”特性图标( ),使其成为 样式,锁定“门窗”层。选中“辅助线”层,单击“打印”特性图标( ),使其成为 样式,不打印辅助线层。选中“辅助线”层,单击✔按钮,将该层置为当前。最终效果如图 6-9 所示。

名称	开	在...	锁.	颜色	线型	线宽	打印样式	打印
0				白色	Continuous	—— 默认	Color_7	
辅助线				品红	CENTER	—— 0.20 毫米	Color_6	
门窗				绿色	Continuous	—— 0.25 毫米	Color_3	
墙体				红色	Continuous	—— 0.30 毫米	Color_1	
设施				蓝色	Continuous	—— 0.25 毫米	Color_5	

图 6-9 图层设置

本章小结

本章主要介绍了 AutoCAD 2014 中的图层管理,每个图层都表明了一种图形对象的特性,包括颜色、线型和线宽等属性;图形显示控制功能是设计人员必须要掌握的技术。在绘图过程中,使用不同的图层和图形显示控制功能可以方便地控制对象的显示和编辑,提高绘图效率。

思考与练习

1. 填空题

(1) 选择“格式”|“图层”菜单命令,或在命令行中执行命令( ),在打开的“图层特性管理器”对话框中即可对图层进行设置。

(2) 若要使图层上的对象不能被编辑,但仍然能显示在绘图区中,则应对( )特性进行设置。

(3) 当冻结图层后,该图层上的实体在屏上,不能编辑和( )。

2. 判断题

(1) 当用户关闭某个图层后,该层上的对象将不会显示在绘图区中,而且不能被打

印输出。 ( )

(2) 将图层锁定后,该层上的对象将不能进行编辑,但可以被打印输出。 ( )

(3) 在 AutoCAD 中,只有 0 图层和当前图层不能被删除。 ( )

3. 上机题

创建一个新的图形文件,建立以下几个图层,为并其设置相应的特性。

实线层:红色、Continuous 线型、0.30mm 线宽。

点划线层:绿色、DASHDOT 线型、0.20mm 线宽。

中心线层:蓝色、CENTER 线型、0.25mm 线宽。

文本标注层:品红色。

尺寸标注层:黄色、Continuous 线型、0.2mm 线宽。

将“中心线”层置为当前,关闭“文本标注”层和“尺寸标注”层,锁定“点划线”层,不打印“中心线”层。

第2篇　三维绘图

第 7 章

三维实体绘制

本章要点

- 创建基本三维建模；
- 布尔运算；
- 通过二维图形生成三维实体；
- 建模三维操作。

7.1 三维模型的分类

利用 AutoCAD 创建的三维模型，按照其创建方式和在计算机中的存储方式，可以将三维模型分为三种类型：线型模型、表面模型及实体模型。

1. 线型模型

线型模型是对三维对象的轮廓描述。如图 7-1 所示，线型模型结构简单，每个点和每条线都是单独绘制的，由于不包含面及体的信息，所以也不能对该模型进行消隐或渲染等处理，又由于其不含有体的数据，也不能得到对象的质量、重心、体积、惯性矩等物理特性，不能进行布尔运算。

2. 表面模型

表面模型是用面来描述三维对象的。表面模型具有面及三维立体边界信息。表面模型表面由多个小平面组成，对于曲面来讲，这些小平面组合起来即可近似成曲面。由于表面模型具有面的特征，因而可以对它进行物理计算，可以被渲染及消隐，但是不能进行布尔运算。如图 7-2 所示是两个表面模型的消隐效果，前面的薄片圆筒遮住了后面长方体的一部分。

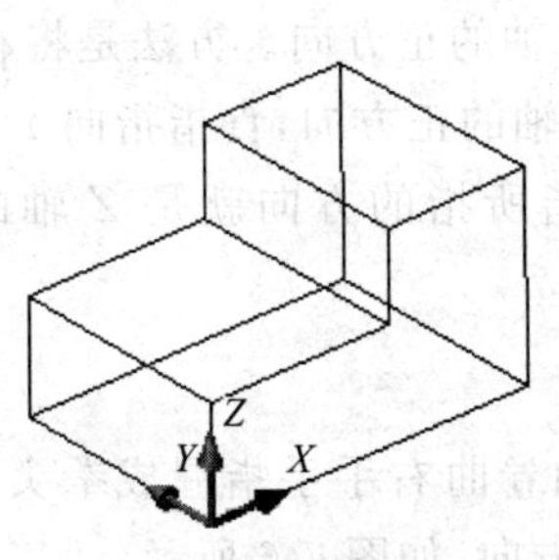

图 7-1　线型模型

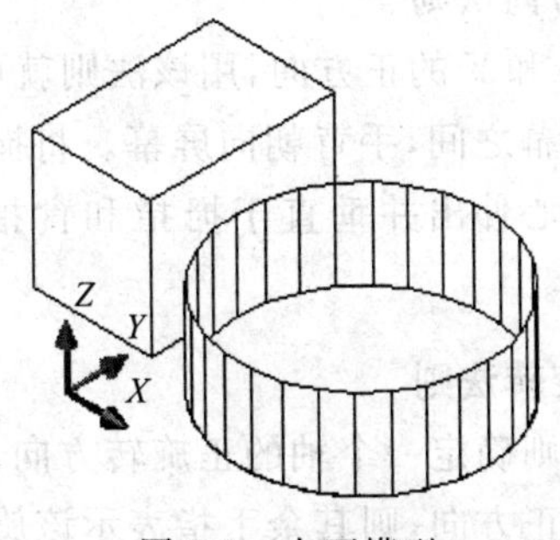

图 7-2　表面模型

3. 实体模型

实体模型不仅具有线和面的特征，还具有实体的全部特征，例如体积、重心和惯性等，例如，如图 7-3 所示的实体模型。对于此类模型，可以区分对象的内部及外部，可以对它进行打孔、剖切、装配等操作，还可以对实体进行布尔运算，对实体装配进行干涉检查，分析模型的质量特性，如质心、体积和惯性矩。此外由于消隐和渲染技术的运用，可以使实体具有很好的可视性，因而实体模型广泛运用于广告设计和三维动画等领域。

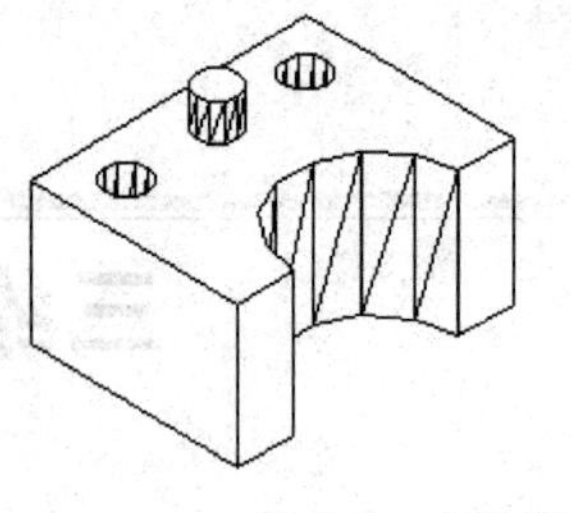
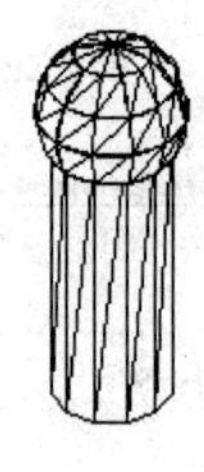

图 7-3 实体模型

7.2 三维坐标系统

AutoCAD 使用的是笛卡儿坐标系，分为世界坐标系（World Coordinate System，WCS）和用户坐标系（User Coordinate System，UCS）。在绘制二维图形时，使用的坐标系即世界坐标系，又称通用坐标系或绝对坐标系，由系统默认提供。对于二维绘图，在大多数情况下，世界坐标系就能满足作图的需要，但若是创建三维模型，因为用户常常要在不同平面或是沿某个方向绘制结构，所以世界坐标系就不是很方便了。

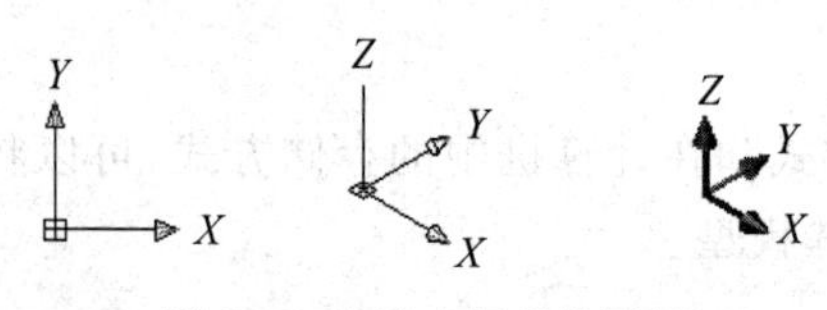

图 7-4 表示坐标系的图标

AutoCAD 允许用户自己设定坐标系，也就是用户坐标系，以此来满足用户的制作需求，合理地创建 UCS，可以提高创建三维模型的效率。如图 7-4 所示的是不同状态下的坐标图标。图中 X 或 Y 的箭头方向表示当前坐标轴 X 轴或 Y 轴的正方向，Z 轴正方向用右手定则判定。

7.2.1 右手法则与坐标系

在 AutoCAD 中通过使用右手法则来确定直角坐标系 Z 轴的正方向和绕轴线旋转的正方向，称为“右手法则”。这是因为只需要简单地使用右手就可确定所需要的坐标信息。

1. 轴方向法则

已知 X 和 Y 的正方向，用该法则就可以确定 Z 轴的正方向。方法是将右手握拳放在测试者和屏幕之间，手背朝向屏幕。将拇指指向 X 轴的正方向，食指指向 Y 轴的正方向，中指从手掌心伸出并垂直于拇指和食指，那么中指所指的方向就是 Z 轴的正方向，如图 7-5 所示。

2. 轴旋转法则

用该法则确定一个轴的正旋转方向。绕旋转轴卷曲右手手指握成拳头，将右拇指指向所测轴的正方向，则其余手指表示该旋转轴的正方向，如图 7-6 所示。

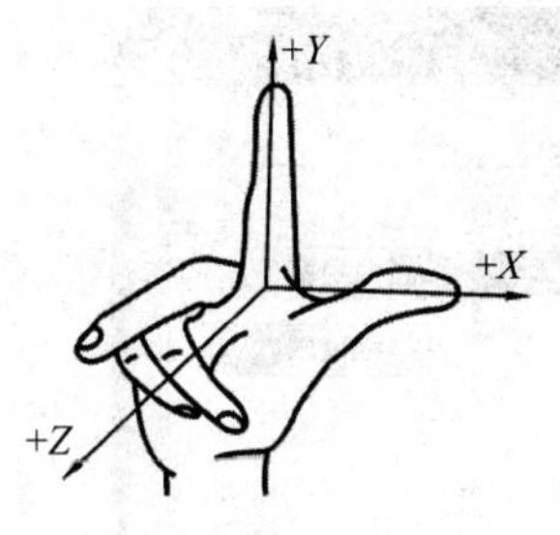

图 7-5　轴方向法则

图 7-6　轴旋转法则

3. 输入坐标

在 AutoCAD 中输入坐标系采用绝对坐标系和相对坐标系两种形式。两种格式分别为以下形式。

绝对坐标格式：X,Y,Z。

相对坐标格式：@X,Y,Z。

7.2.2　坐标系设置

在绘制三维立体图时，对象的各个顶点在同一坐标系中的坐标值是不一样的，因此，在同一个坐标系中绘制三维立体图很不方便。在 AutoCAD 中，可以通过改变原点 0(0,0,0)的位置、XY 平面和 Z 轴方向等方法，来定义自己需要的用户坐标系统(UCS)。下面介绍在 AutoCAD 中设置三维坐标系的基本方法。

1. 设置三维坐标系

可以利用对话框来设置需要的三维坐标系。

(1) 命令调用方法

- 菜单："工具"|"命令 UCS"。
- 工具栏："UCS Ⅱ"工具栏中的"命名 UCS"按钮。
- 命令行：ucsman。

(2) 选项说明

打开 UCS 对话框，如图 7-7 所示。

"命名 UCS"选项卡，用于显示已有的 UCS，可以设置当前坐标系，还可以利用选项卡中的详细信息按钮，了解指定坐标系相对于某一坐标系的详细信息。

"正交 UCS"选项卡，用于将 UCS 设置成某一正交模式，如图 7-8 所示。其中，"当前 UCS"表示选用的当前用户坐标系的正投影类型；"名称"中的内容表示正投影用户坐标系的正投影类型；"深度"用来定义用户坐标系的 XY 平面上的正投影与通过用户坐标系原点的平行平面之间的距离；"相对于"指所选的坐标系相对于指定的基本坐标系的正投影方向，系统默认的坐标系是世界坐标系。

"设置"选项卡内容如图 7-9 所示，主要用于设置 UCS 图标显示形式、应用范围等。

UCS 图标设置：用于设置 UCS 图标，在该设置区有四个选项。

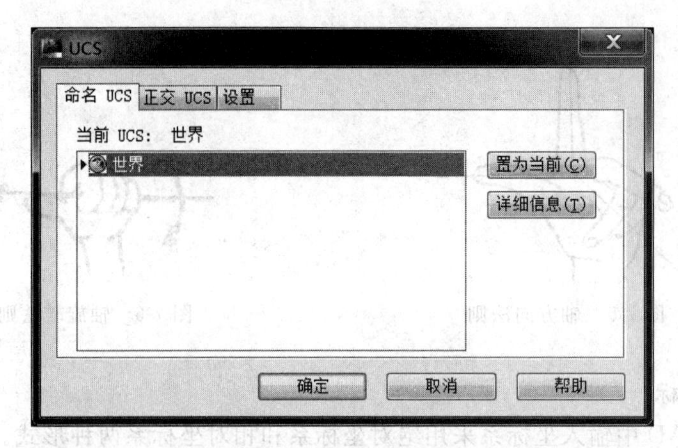

图 7-7 UCS 对话框

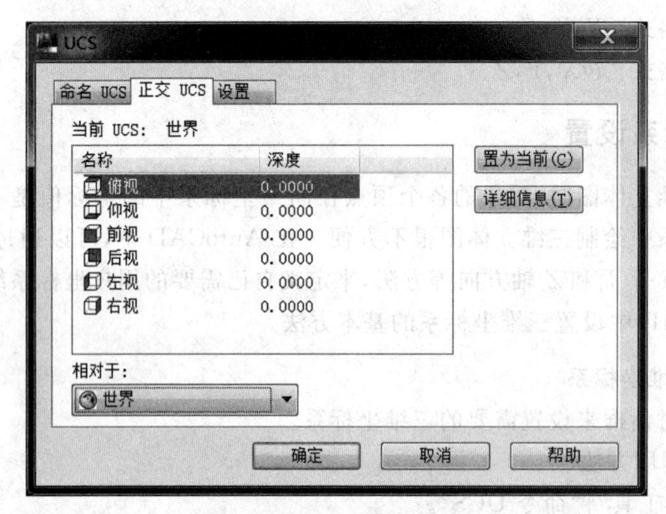

图 7-8 “正交 UCS”选项卡

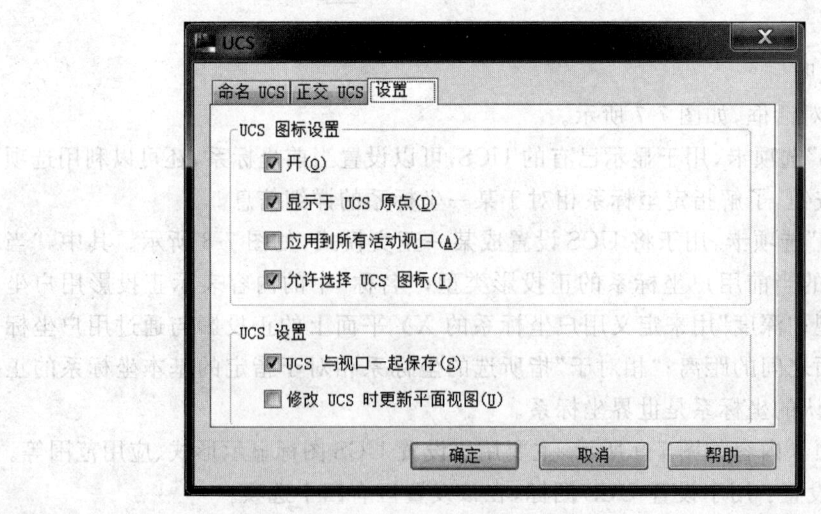

图 7-9 “设置”选项卡

“开”表示在当前视图中显示 UCS 的图标。

“显示于 UCS 原点”表示在 UCS 的起点显示图标。

“应用到所有活动视口”表示在当前图形的所有活动窗口应用图标。

“允许选择 UCS 图标”表示控制当光标移到 UCS 图标上时该图标是否亮显，以及是否可以通过单击选择它并访问 UCS 图标夹点。

UCS 设置：为当前视图设置 UCS，在该设置区有两个选项。

“UCS 与视口一起保存”表示是否与当前视图一起保存 UCS 的设置。

“修改 UCS 时更新平面视图”表示当前视图中坐标系改变时，是否更新平面视图。

2. 显示坐标系

UCS 图标表示了 UCS 的方向和观察方向，AutoCAD 提供的 ucsicon 命令，可以根据在不同绘图工作时的不同需要，控制图标的显示。可以利用对话框来设置需要的三维坐标系。

(1) 命令调用方法

- 菜单："视图"|"显示"|"UCS 图标"。
- 命令行：ucsicon。

(2) 操作步骤

```
命令:ucsicon↙
执行 ucsicon 命令,AutoCAD 提示:
输入选项 [开(ON)/关(OFF)/全部(A)/非原点(N)/原点(OR)/可选(S)/特性(P)] <开>:
```

(3) 选项说明

开(ON)：表示在当前视图显示坐标系的图标。

关(OFF)：表示在当前视图不显示坐标系的图标。

全部(A)：控制所有视图的坐标系的图标显示。

非原点(N)：在视图的左下角显示坐标系的图标，与 UCS 原点的位置无关。

原点(OR)：在当前 UCS 的原点显示图标，即坐标系的位置随当前 UCS 的原点变化而变化。如果 UCS 的原点位于屏幕之外或坐标系放在原点时会被视窗剪切时，则选择该选项后，坐标系统的图标仍显示在视窗的左下角。

特性(P)：显示“UCS 图标”对话框，从中可以控制 UCS 图标的样式、可见性和位置。

7.2.3 创建坐标系

可以利用命令 UCS 来建立新的用户坐标系。

1. 命令调用方法

- 菜单：“工具”|“新建 UCS”。
- 工具栏：UCS 按钮(⌞)。
- 命令行：ucs。

2. 操作步骤

```
命令:ucs↙
```

当前 UCS 名称：* 世界 *
指定 UCS 的原点或 [面(F)/命名(NA)/对象(OB)/上一个(P)/视图(V)/世界(W)/X/Y/Z/Z 轴(ZA)]
<世界>::

3. 选项说明

(1) 指定 UCS 的原点：使用一点、两点或三点定义一个新的 UCS。如果指定单个点 1，当前 UCS 的原点将会移动，并保持其当前的 *X*、*Y* 和 *Z* 轴方向不变。选择该项，系统提示：

指定 X 轴上的点或 <接受>：　　//表示继续指定 X 轴通过的点或直接按 Enter 键接受原坐标系 X 轴为新坐标系 X 轴
指定 XY 平面上的点或 <接受>：　//表示继续指定 XY 平面通过的点以确定 Y 轴或直接按 Enter 键接受原坐标系 XY 平面为新坐标系 XY 平面，根据右手法则，相应的 Z 也同时确定

(2) 面(F)：将 UCS 与实体对象的选定面对齐。要选择一个面，在此面的边界内或面的边界上单击即可，被选中的面将高亮显示。UCS 的 *X* 轴将与找到的第一个面上最近的边对齐。选择该项，系统提示：

选择实体面、曲面或网格：　　//选择面、曲面或网格
输入选项 [下一个(N)/X 轴反向(X)/Y 轴反向(Y)] <接受>:↙

如果选择"下一个"选项，系统将 UCS 定位于邻接的面或选定边的后向面。

(3) 对象(OB)：根据选定三维对象定义新的坐标系。新建 UCS 的 *Z* 轴正方向与选定对象的拉伸方向相同。选择该项，系统提示：

选择对齐 UCS 的对象：　　//选择对象

大多数对象新 UCS 的原点位于离选定对象最近的顶点处，且 *X* 轴与一条边对齐或相切。对于平面对象来说，UCS 的 *XY* 平面与该对象所在的平面对齐。对于复杂对象，将重新定位原点，但是轴的当前方向保持不变。

同时需要注意，该选项不能用于三维多段线、三维网格和构造线。

(4) 视图(V)：以垂直于视图方向(平行于屏幕)的平面为 *XY* 平面，来建立新的坐标系。UCS 原点保持不变。

(5) 世界(W)：将当前用户坐标系设置为世界坐标系。WCS 是所有用户坐标系的标准，不能被重新定义。

(6) *X*/*Y*/*Z*：绕指定轴旋转当前 UCS。

(7) *Z* 轴(ZA)：用指定的 *Z* 轴正半轴定义 UCS。

7.2.4 动态坐标系

使用动态 UCS，可以在创建对象时使 UCS 的 *XY* 平面自动与实体模型上的平面临时对齐。

命令调用方法为

- 状态栏："允许/禁止动态 UCS"(图标)。

7.3 观察模式

通常三维模型建立完成后,用户希望从多个角度对其进行观察,此时就需要用户对模型的观察方向进行定义。在 AutoCAD 中用户可以采用系统提供的多种观察方式对模型进行观察,也可以自定义观察方向。

7.3.1 动态观察

AutoCAD 提供了具有交互控制功能的三维动态观测器,用三维动态观测器可以实时地控制和改变当前窗口中创建的三维视图。利用"动态观察器"对三维模型进行观察,有三种方法。不论是哪一种方式,启动相应命令之前选中很多对象中的一个都限制为仅显示此对象。

1. 受约束的动态观察

在三维空间中旋转视图,但仅限于在水平和垂直方向上进行动态观察。

命令调用方式如下。

- 菜单:"视图"|"动态观察"|"受约束的动态观察"。
- 工具栏:"动态观察"中的"受约束的动态观察"按钮。
- 命令行:3dirbit。
- 快捷菜单:启用交互式三维视图后,在窗口中右击弹出快捷菜单,选择"受约束的动态观察"项。

2. 自由动态观察

在三维空间中,不受滚动约束的旋转视图。

命令调用方式如下。

- 菜单:"视图"|"动态观察"|"自由动态观察"。
- 工具栏:"动态观察"中的"自由动态观察"按钮。
- 命令行:3dforbit。
- 快捷菜单:启用交互式三维视图后,在窗口中右击弹出快捷菜单,选择"自由动态观察"项。

3. 连续动态观察

以连续运动方式在三维空间中旋转视图。

命令调用方式如下。

- 菜单:"视图"|"动态观察"|"连续动态观察"。
- 工具栏:"动态观察"中的"连续动态观察"按钮。
- 命令行:3dcorbit。
- 快捷菜单:启用交互式三维视图后,在窗口中右击弹出快捷菜单,选择"连续动态观察"项。

7.3.2 视图控制器

指示当前查看方向。拖动或单击 ViewCube 工具可旋转场景,在三维视觉样式中处理图形时显示。通过 ViewCube,可以在标准视图和等轴测试图间切换。

ViewCube 工具是一种可单击、可拖动的常驻界面,可以用它在模型的标准视图和等轴测视图之间进行切换。ViewCube 工具显示后,将在窗口一角以不活动状态显示在模型上方。将光标悬停在 ViewCube 工具上方时,该工具会变为活动状态;用户可以切换至其中一个可用的预设视图,滚动当前视图或更改至模型的主视图。

1. 命令调用方式

- 菜单:“视图”|“显示”|ViewCube。
- 命令行:navvcubf。

2. 操作步骤

```
命令:navvcube↙
输入选项 [开(ON)/关(OFF)/设置(S)] <ON>:
```

执行该命令后,可以打开或关闭如图 7-10 所示的工具图标。通过菜单,可以打开如图 7-11 所示的“ViewCube 设置”对话框,可以对 ViewCube 相关参数进行设置。

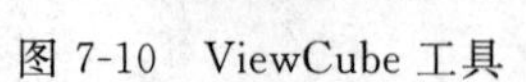

图 7-10 ViewCube 工具

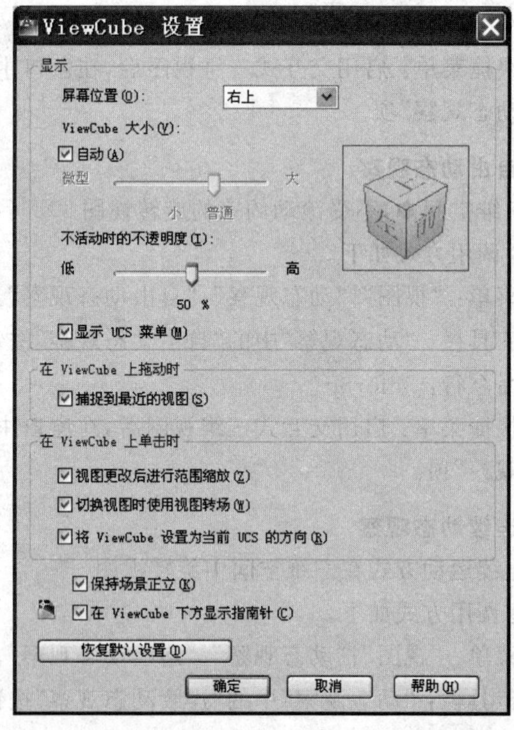

图 7-11 “ViewCube 设置”对话框

7.3.3　控制盘

全导航控制盘是一种追踪菜单，划分为不同的部分(称作按钮)，每个按钮代表一种导航工具，提供对通用和专用导航工具的访问。

1. 控制盘

(1) 命令调用方式

- 菜单："视图"|SteeringWheels。
- 工具栏：导航栏中 SteeringWheels 按钮。
- 命令行：navswheel。

(2) 操作步骤

命令:navswheel↙

执行该命令后，系统打开全导航控制盘，如图7-12所示。鼠标移动到控制盘上的按钮区域，按住按钮并拖动则使用所需要的导航工具。释放鼠标按钮，返回控制盘并可切换导航工具。

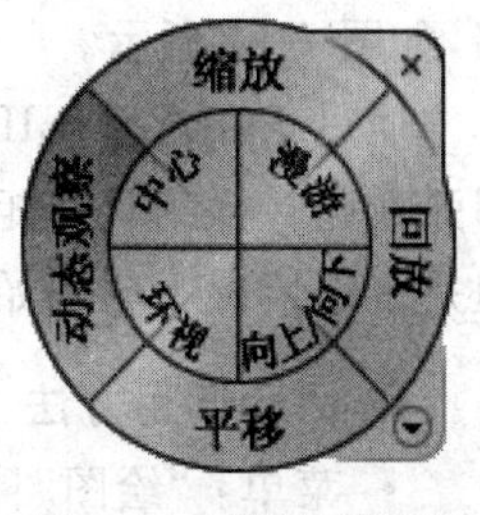

图7-12　控制盘外观

2. 控制盘的设置

可以选择控制盘右下角的小箭头按钮，选择"SteeringWheel 设置"项，打开如图7-13所示的"SteeringWheels 设置"对话框，对控制盘的样式进行设置。控制盘(二维导航控制盘除外)具有两种不同的样式：大控制盘和小控制盘。不同大小控制盘表现为控制盘上的按钮和标签的大小；不透明度级别控制被控制盘遮挡的模型中对象的可见性。

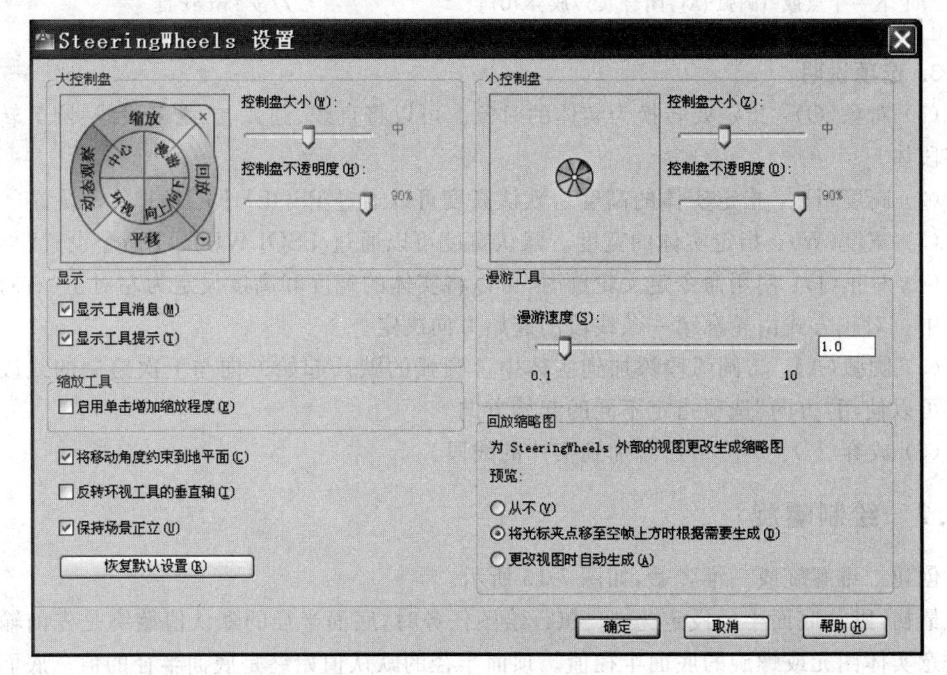

图7-13　"SteeringWheels 设置"对话框

7.4 创建基本三维实体单元

三维实体是具有质量、体积、重心、惯性矩等特征的三维对象。

7.4.1 绘制多段体

创建类似于三维墙体的多段体，可以创建具有固定高度和宽度的直线段和曲线段的墙，如图 7-14 所示。

通过 POLYSOLID 命令，用户可以将现有直线、二维多行段、圆弧或圆转换为具有矩形轮廓的实体。多实体可以包含曲线段，但是默认情况下轮廓始终为矩形。

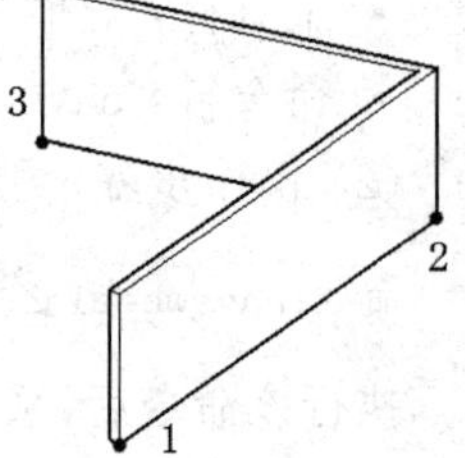

图 7-14 绘制多段体

1. 命令调用方法

- 菜单："绘图"|"建模"|"多段线"。
- 工具栏：(多段体)按钮。
- 命令行：polysolid。

2. 操作步骤

```
命令：_polysolid↙                                          //激活 Polysolid 命令
指定起点或 [对象(O)/高度(H)/宽度(W)/对正(J)] <对象>：      //指定起点
指定下一个点或 [圆弧(A)/放弃(U)]：                          //指定下一点
指定下一个点或 [圆弧(A)/放弃(U)]：                          //指定下一点
指定下一个点或 [圆弧(A)/闭合(C)/放弃(U)]：                  //按 Enter 键
```

3. 选项说明

(1) 对象(O)：指定要转换为实体的对象。可以将直线、圆弧、二维多段线、圆等转换为多段体。

(2) 高度(H)：指定实体的高度。默认高度可以通过 PSOLHEIGHT 命令设置。

(3) 宽度(W)：指定实体的宽度。默认宽度可以通过 PSOLWIDTH 命令设置。

(4) 对正(J)：使用命令定义轮廓时，可以将实体的宽度和高度设定为左对正、右对正或居中。对正方式由轮廓第一条线段的起始方向决定。

(5) 圆弧(A)：将圆弧段添加到实体中。圆弧的默认起始方向与上次绘制的线段相切。可以使用"方向"选项指定不同的起始方向。

(6) 放弃(U)：删除最后添加到实体的线段。

7.4.2 绘制螺旋

创建二维螺旋或三维弹簧，如图 7-15 所示。

最初，默认底面半径设定为 1。执行绘图任务时，底面半径的默认值始终是先前输入的任意实体图元或螺旋的底面半径值。顶面半径的默认值始终是底面半径的值。底面半径和顶面半径不能都设定为 0。

1. 命令调用方法

- 菜单：“绘图”|“螺旋”。
- 工具栏：(螺旋)按钮。
- 命令行：helix。

2. 项目实战

绘制如图 7-16 所示，底面半径为 200、顶面半径为 50、高为 150 的螺旋线。

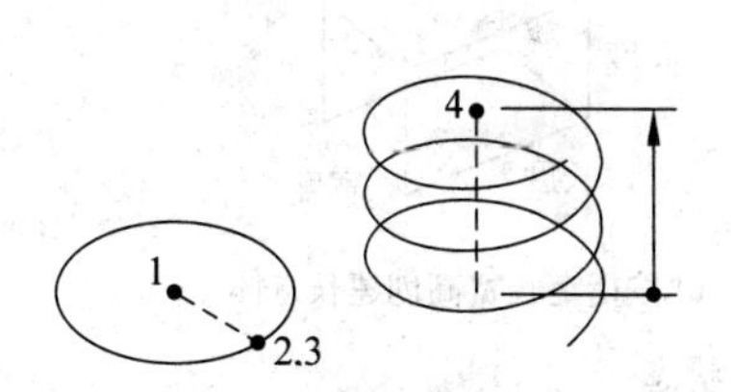

图 7-15　绘制螺旋

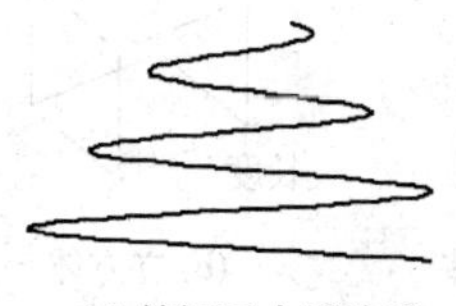

(a) 前视图中螺旋线

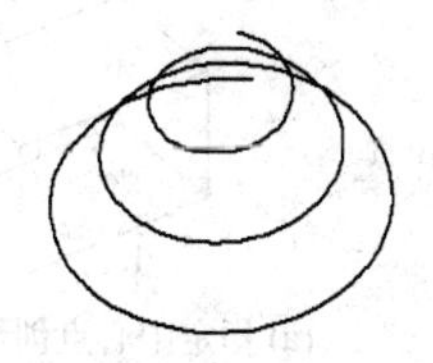

(b) 西南等轴测视图中螺旋线

图 7-16　螺旋线

操作步骤如下。

(1) 打开 AutoCAD 2014 软件，选择“文件”|“新建”，打开“选择样板”对话框，选择已有样板文件 acadiso.dwt。

(2) 选择“视图”|“三维视图”|“西南等轴测”命令，将视图转换为“西南等轴测”。

(3) 选择“绘图”|“螺旋”，见命令行：

```
命令：_helix                                          //激活 MESHSPLIT 命令
圈数=3.0000 扭曲=CCW                                  //提示默认 3 圈、逆时针旋转
指定底面的中心点：0,0                                  //指定底面中心点
指定底面半径或 [直径(D)] <132.1896>：200               //指定底面半径或直径
指定顶面半径或 [直径(D)] <200.0000>：50                //指定顶面半径或直径
指定螺旋高度或 [轴端点(A)/圈数(T)/圈高(H)/扭曲(W)] <54.3847>：150
                                                      //指定螺旋线的高度
```

7.4.3　绘制长方体

创建如图 7-17 所示的三维实体长方体。

1. 命令调用方法

- 菜单：“绘图”|“建模”|“长方体”。
- 工具栏：(长方体)按钮。
- 命令行：box。

2. 操作步骤

选择“绘图”|“建模”|“长方体”后，见命令行：

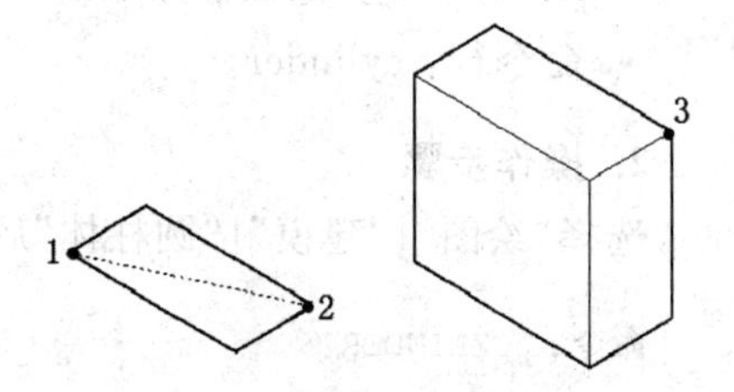

图 7-17　创建三维实体长方体

```
命令：_box                                            //激活 box 命令，单击确定起始位置
指定第一个角点或 [中心(C)]：                           //指定点或输入 c 指定中心，如图 7-18(a)所示
指定其他角点或 [立方体(C)/长度(L)]：                   //指定长方体的另一角点或输入选项。立方体
```

(C)创建一个长、宽、高相同的长方体,如图 7-18(b)所示。长度(L)按照指定长宽高创建长方体。长度与 X 轴对应,宽度与 Y 轴对应,高度与 Z 轴对应,如图 7-18(c)所示

指定高度或 [两点(2P)]: //指定高度或为"两点"选项输入 2P。两点(2P)指定长方体的高度为两个指定点之间的距离

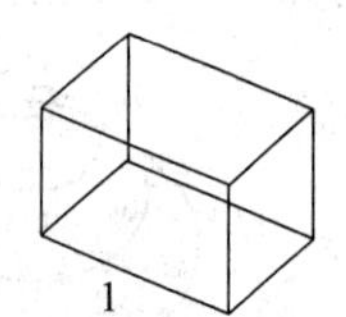

(a) 指定中心点创建长方体

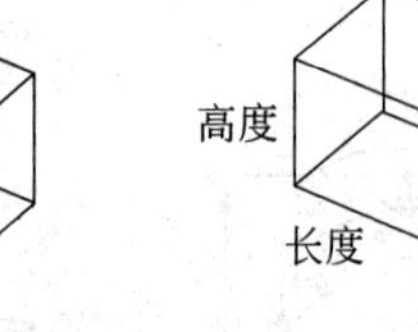

(b) 立方体

高度
长度
宽度

(c) 按指定长宽高创建长方体

图 7-18 创建长方体的不同状态

需要注意的是,如果创建长方体时选择"立方体"或"长度"选项,则还可以在单击以指定长度时指定长方体在 *XY* 平面中的旋转角度;如果选择"中心点"选项,则可以利用指定中心点来创建长方体。

7.4.4 绘制圆柱体

创建三维实体圆柱体。如图 7-19 所示,使用圆心 1、半径上的一点 2 和表示高度的一点 3 创建了圆柱体。圆柱体的底面始终位于与工作平面平行的平面上。可以通过 FACETRES 系统变量控制着色或隐藏视觉样式的三维曲线式实体(例如圆柱体)的平滑度。

执行绘图任务时,底面半径的默认值始终是先前输入的底面半径值。

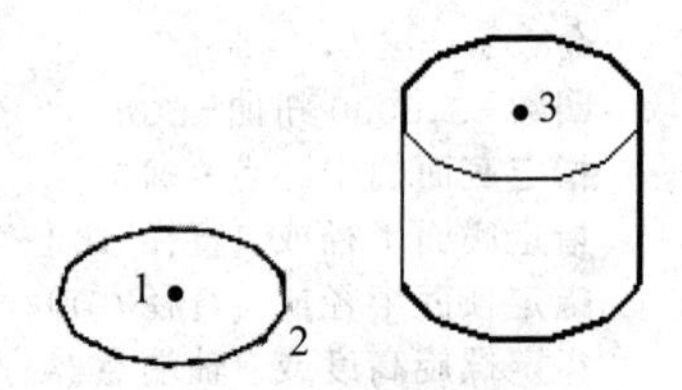

图 7-19 绘制圆柱体

1. 命令调用方法

- 菜单:"绘图"|"建模"|"圆柱体"。
- 工具栏:(圆柱体)按钮。
- 命令行:cylinder。

2. 操作步骤

选择"绘图"|"建模"|"圆柱体"后,见命令行:

命令: _CYLINDER //激活 CYLINDER 命令,单击确定底面中心点位置

指定底面的中心点或 [三点(3P)/两点(2P)/切点、切点、半径(T)/椭圆(E)]:
//指定圆心,或输入选项。

指定底面半径或 [直径(D)] <默认值>:
//指定底面半径、输入 d 指定直径或按 Enter 键指定默认的底面半径值

指定高度或 [两点(2P)/轴端点(A)] <默认值>:

//指定高度、输入选项或按 Enter 键指定默认高度值。轴端点(A)指定圆柱体轴的端点位置；此端点是圆柱体的顶面圆心；轴端点可以位于三维空间的任意位置；轴端点定义了圆柱体的长度和方向

3. 项目实战

绘制如图 7-20 所示的叉拔架模型。

操作步骤如下：

(1) 打开 AutoCAD 2014 软件，选择“文件”|“新建”，打开“选择样板”对话框，选择已有样板文件 acadiso.dwt。

(2) 选择“视图”|“三维视图”|“东南等轴测”命令，将视图转换为“东南等轴测”。

(3) 选择“绘图”|“建模”|“长方体”，绘制如图 7-21 所示的第一个长方体，命令提示如下：

```
命令：_box                                    //激活 BOX 命令
指定第一个角点或 [中心(C)]：0.5,2.5,0          //指定第一个角点，按 Enter 键
指定其他角点或 [立方体(C)/长度(L)]：0,0,3       //指定另一个角点，按 Enter 键
```

(4) 选择“绘图”|“建模”|“长方体”，绘制如图 7-22 所示第二个长方体，命令提示如下：

```
命令：_box
指定第一个角点或 [中心(C)]：0,2.5,0
指定其他角点或 [立方体(C)/长度(L)]：@2.72,-0.5,3
```

图 7-20　叉拔架

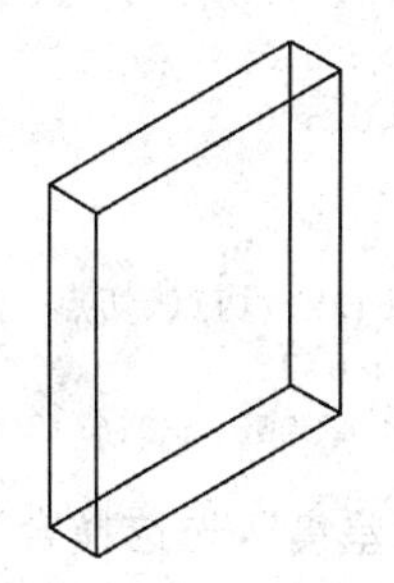

图 7-21　绘制第一个长方体

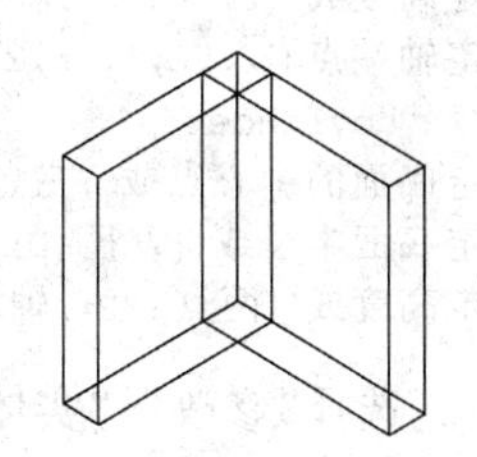

图 7-22　绘制第二个长方体

(5) 依次绘制其余部分的长方体，选择“绘图”|“建模”|“长方体”，命令提示如下：

```
命令：_box
指定第一个角点或 [中心(C)]：2.72,2.5,0
指定其他角点或 [立方体(C)/长度(L)]：@-0.5,-2.5,3
```

(6) 选择“绘图”|“建模”|“长方体”，得到如图 7-23 所示的模型，命令提示如下：

```
命令：_box
指定第一个角点或 [中心(C)]：2.22,0,0
指定其他角点或 [立方体(C)/长度(L)]：@2.75,2.5,0.5
```

(7) 选择“视图”|“缩放”|“全部”。将模型放大到视图居中位置。

(8) 选择“修改”|“实体编辑”|“并集”,选择视图中各个长方体模型,将上面绘制的图形合并在一起,如图 7-24 所示。

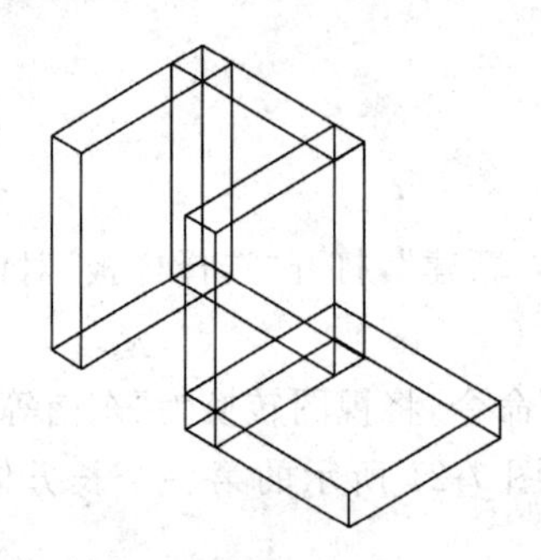

图 7-23 绘制全部长方体

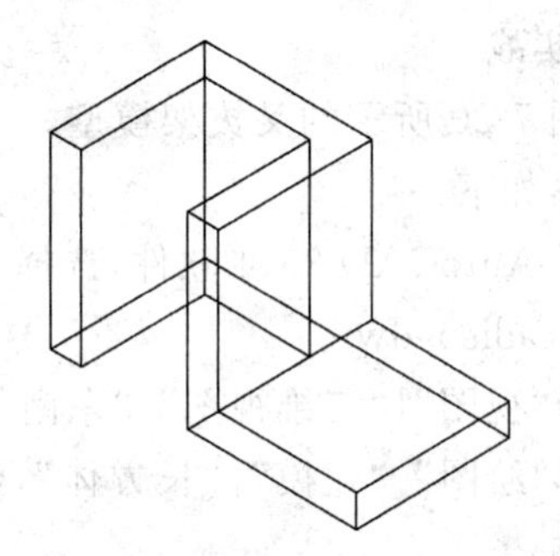

图 7-24 合并长方体

(9) 在不同面上绘制圆柱体,分别选择“绘图”|“建模”|“圆柱体”,绘制三次圆柱体,得到如图 7-25 所示的图形,命令提示如下:

```
命令: _cylinder
指定底面的中心点或 [三点(3P)/两点(2P)/切点、切点、半径(T)/椭圆(E)]: 0,1.25,2
指定底面半径或 [直径(D)]: 0.5
指定高度或 [两点(2P)/轴端点(A)] <0.5000>: a
指定轴端点: 0.5,1.25,2
命令: _cylinder
指定底面的中心点或 [三点(3P)/两点(2P)/切点、切点、半径(T)/椭圆(E)]: 2.22,1.25,2
指定底面半径或 [直径(D)] <0.5000>: 0.5
指定高度或 [两点(2P)/轴端点(A)] <0.5000>: a
指定轴端点: 2.72,1.25,2
命令: _cylinder
指定底面的中心点或 [三点(3P)/两点(2P)/切点、切点、半径(T)/椭圆(E)]: 3.97,1.25,0
指定底面半径或 [直径(D)] <0.500>: 0.75
指定高度或 [两点(2P)/轴端点(A)] <0.5000>: 0.5
```

(10) 选择“修改”|“实体编辑”|“差集”,先选择合并的长方体,按 Enter 键后,再选择各个圆柱体,按 Enter 键,消隐后得到如图 7-26 所示的图形。

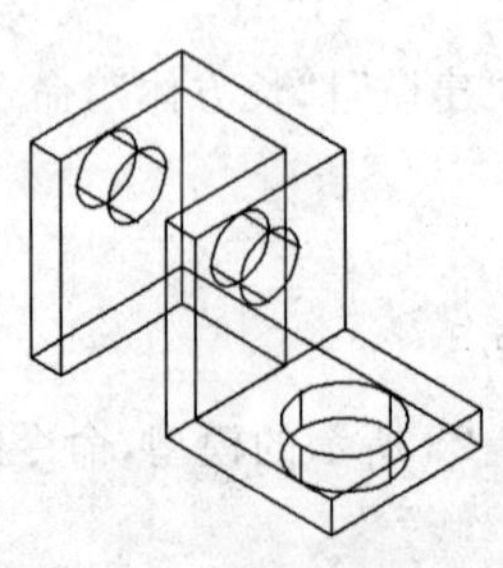

图 7-25 绘制圆柱体图

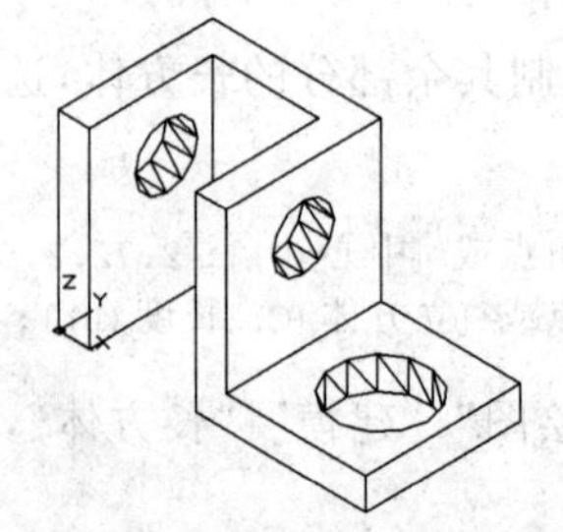

图 7-26 差集、消隐后图形

【技巧提示】

利用滚轮可以快速地对视图进行放大缩小。

7.4.5　绘制楔体

创建三维实体楔体。如图 7-27 所示，倾斜方向始终沿 UCS 的 X 轴正方向。

1. 命令调用方法

- 菜单："绘图"|"建模"|"楔体"。
- 工具栏：(楔体)按钮。
- 命令行：wedge。

2. 操作步骤

选择"绘图"|"建模"|"楔体"后，见命令行：

命令：_wedge	//激活 wedge 命令
指定第一个角点或 [中心(C)]:	//指定点为图 7-27 中点 1 或输入 C 指定中心
指定其他角点或 [立方体(C)/长度(L)]:	//指定楔体的另一角点为图 7-27 中点 2 的位置或输入选项。立方体(C)指创建如图 7-28 所示高与长度相同的等边楔体。长度(L)按照如图 7-27 所示指定长宽高创建楔体；长度与 X 轴对应，宽度与 Y 轴对应，高度与 Z 轴对应
指定高度或 [两点(2P)] <默认值>:	//指定高度为图 7-27 中点 3 确定的位置或为"两点"选项输入 2P

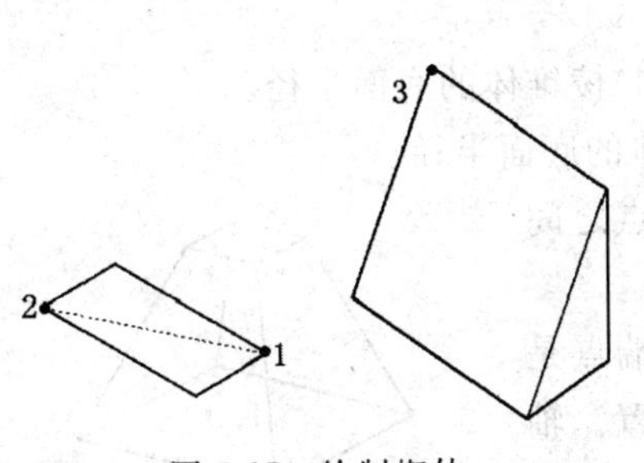

图 7-27　绘制楔体

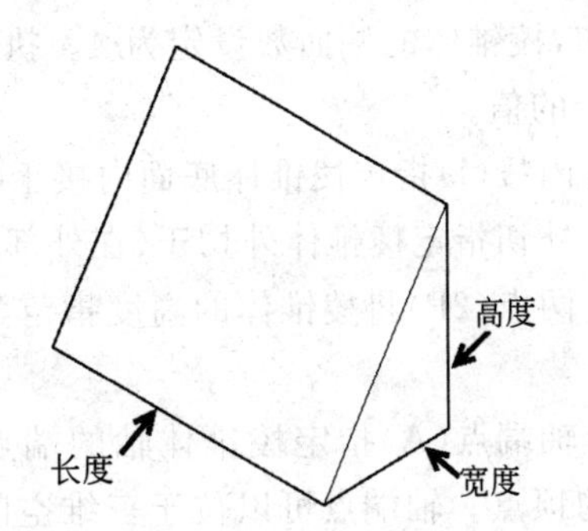

图 7-28　楔体长、宽和高之间的位置关系

7.4.6　绘制棱锥体

创建三维实体棱锥体。默认如图 7-29 所示，可以通过基点的中心图中点 1 位置、边的中点图中点 2 位置和确定高度的另一个点图中点 3 位置来定义一个棱锥体。

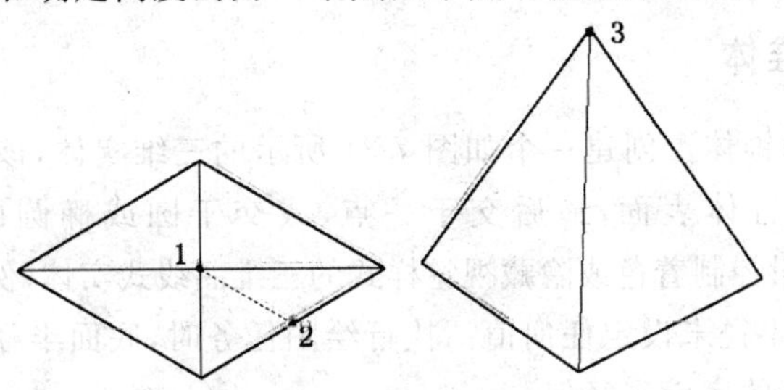

图 7-29　绘制棱锥体

最初，默认底面半径未设定任何值。执行绘图任务时，底面半径的默认值始终是先前输入的任意实体图元的底面半径值。

1. 命令调用方法

- 菜单："绘图"|"建模"|"棱锥体"。
- 工具栏：(棱锥体)按钮。
- 命令行：pyramid。

2. 操作步骤

选择"绘图"|"建模"|"棱锥体"后，见命令行：

```
命令: _pyramid                                                    //激活 pyramid 命令
4 个侧面 外切
指定底面的中心点或 [边(E)/侧面(S)]:                                //指定中心点
指定底面半径或 [内接(I)] <默认值>:                                 //指定底面外切圆半径
指定高度或 [两点(2P)/轴端点(A)/顶面半径(T)] <默认值>:               //指定高度
```

3. 选项说明

(1) 边(E)指定棱锥体底面一条边的长度；拾取两点。

(2) 侧面(S)指定棱锥体的侧面数。可以输入 3～32 的数。

指定侧面数＜默认＞：指定直径或按 Enter 键指定默认值。

最初，棱锥体的侧面数设定为 4。执行绘图任务时，侧面数的默认值始终是先前输入的侧面数的值。

(3) 内接(I)指定棱锥体底面内接于(在内部绘制)棱锥体的底面半径。

(4) 外切指定棱锥体外切于(在外部绘制)棱锥体的底面半径。

(5) 两点(2P)将棱锥体的高度指定为两个指定点之间的距离。

(6) 轴端点(A)指定棱锥体轴的端点位置。该端点是棱锥体的顶点。轴端点可以位于三维空间的任意位置。轴端点定义了棱锥体的长度和方向。

(7) 顶面半径(T)指定棱锥体的顶面半径，并创建棱锥体平截面，如图 7-30 所示。

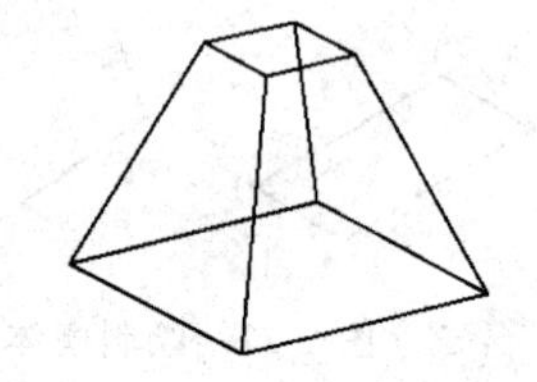

图 7-30 通过指定顶面半径方式绘制棱台

最初，默认顶面半径未设定任何值。执行绘图任务时，顶面半径的默认值始终是先前输入的任意实体图元的顶面半径值。

7.4.7 绘制圆锥体

创建三维实体圆锥体。创建一个如图 7-31 所示的三维实体，该实体以圆或椭圆为底面，以对称方式形成锥体表面，最后交于一点，或交于圆或椭圆的平整面。可以通过 FACETRES 系统变量控制着色或隐藏视觉样式的三维曲线式实体(例如圆锥体)的平滑度。

最初，默认底面半径未设定任何值。执行绘图任务时，底面半径的默认值始终是先前输入的任意实体图元的底面半径值。

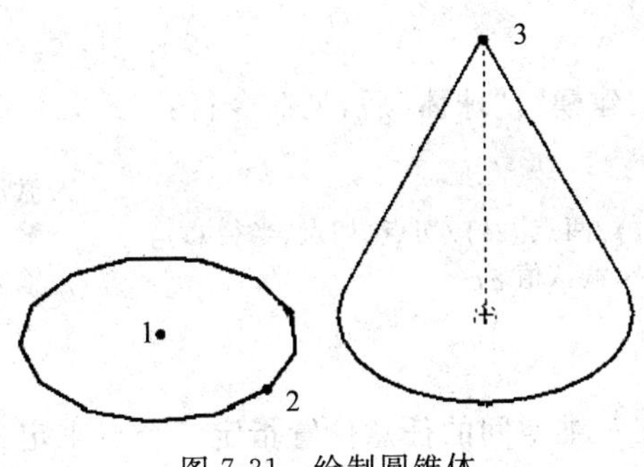

图 7-31　绘制圆锥体

1. 命令调用方法

- 菜单："绘图"|"建模"|"圆锥体"。
- 工具栏：(圆锥体)按钮。
- 命令行：cone。

2. 操作步骤

选择"绘图"|"建模"|"圆锥体"后，见命令行：

```
命令: _cone                                              //激活 cone 命令
指定底面的中心点或 [三点(3P)/两点(2P)/切点、切点、半径(T)/椭圆(E)]:
                                                         //指定底面的中心点或选择选项
指定底面半径或 [直径(D)] <默认值>:                          //指定底面的半径或直径
指定高度或 [两点(2P)/轴端点(A)/顶面半径(T)] <默认值>:        //指定高度或选择选项
```

3. 选项说明

(1) 三点(3P)通过指定三个点来定义圆锥体的底面周长和底面。

(2) 两点(2P)通过指定两个点来定义圆锥体的底面直径。

(3) 切点、切点、半径(T)定义具有指定半径，且与两个对象相切的圆锥体底面。有时会有多个底面符合指定的条件。程序将绘制具有指定半径的底面，其切点与选定点的距离最近。

(4) 椭圆(E)指定圆锥体的椭圆底面。

7.4.8　绘制球体

创建如图 7-32 所示的三维实体球体。可以通过指定圆心和半径上的点创建球体。可以通过 FACETRES 系统变量控制着色或隐藏视觉样式的曲线式三维实体(例如球体)的平滑度。

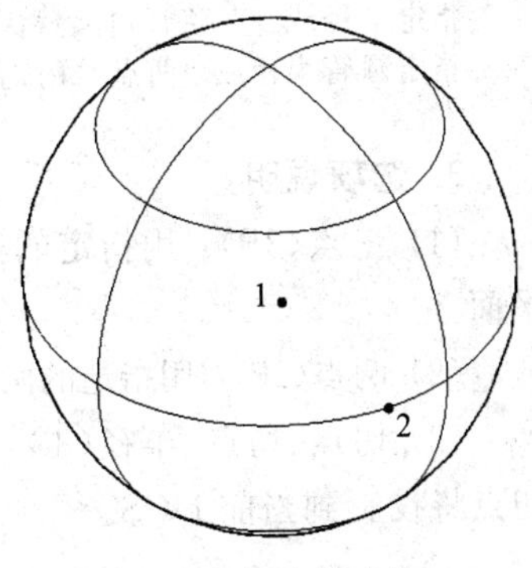

图 7-32　绘制球体

1. 命令调用方法

- 菜单："绘图"|"建模"|"球体"。
- 工具栏：(球体)按钮。
- 命令行：sphere。

2. 操作步骤

选择菜单项“绘图”|“建模”|“球体”后,见命令行:

```
命令: _sphere                                                //激活 sphere 命令
指定中心点或 [三点(3P)/两点(2P)/切点、切点、半径(T)]:         //输入球心的坐标值
指定半径或 [直径(D)] <默认值>:                                //输入相应半径数值
```

3. 选项说明

(1) 三点(3P)通过在三维空间的任意位置指定三个点来定义球体的圆周。三个指定点也可以定义圆周平面。

(2) 两点(2P)通过在三维空间的任意位置指定两个点来定义球体的圆周。第一点的 Z 值定义圆周所在平面。

(3) 切点、切点、半径(T)通过指定半径定义可与两个对象相切的球体。指定的切点将投影到当前 UCS。

7.4.9 绘制圆环体

创建如图 7-33 所示的圆环形三维实体,可以通过指定圆环体的圆心、半径或直径以及围绕圆环体的圆管半径或直径创建圆环体。可以通过 FACETRES 系统变量控制着色或隐藏视觉样式的曲线式三维实体(例如圆环体)的平滑度。

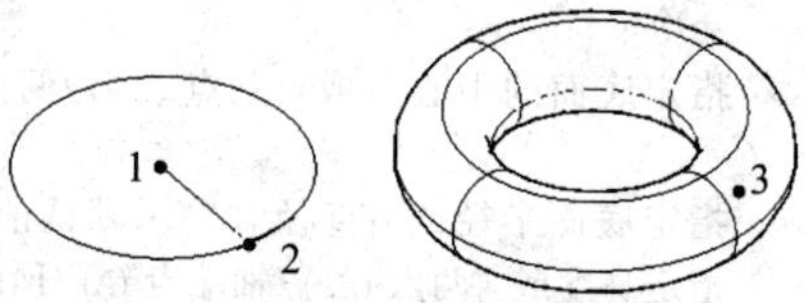

图 7-33 绘制圆环体

1. 命令调用方法

- 菜单:“绘图”|“建模”|“圆环体”。
- 工具栏:◎(圆环体)按钮。
- 命令行:torus。

2. 操作步骤

选择“绘图”|“建模”|“圆环体”后,见命令行:

```
命令: _torus                                                 //激活 torus 命令
指定中心点或 [三点(3P)/两点(2P)/切点、切点、半径(T)]:         //指定点 1 或输入选项
指定半径或 [直径(D)] <默认值>:                                //指定圆环体半径
指定圆管半径或 [两点(2P)/直径(D)] <默认值>:                   //指定圆管半径
```

3. 选项说明

(1) 三点(3P):用指定的三个点定义圆环体的圆周。三个指定点也可以定义圆周平面。

(2) 两点(2P):用指定的两个点定义圆环体的圆周。第一点的 Z 值定义圆周所在平面。

(3) 切点、切点、半径(T):使用指定半径定义可与两个对象相切的圆环体。指定的切点将投影到当前 UCS。

7.5　布尔运算

布尔运算可以通过对两个以上的物体进行并集、差集、交集的运算，从而得到新的物体形态。

7.5.1　三维建模布尔运算

三维建模的布尔运算与平面图形类似，用户可以对三维建模对象进行并集、交集、差集的运算。

1. 并集

通过加操作来合并选定的三维实体、曲面或二维面域。如图 7-34 所示可以将两个或多个三维实体、曲面或二维面域合并为一个组合三维实体、曲面或面域。必须选择类型相同的对象进行合并。

（1）命令调用方法

- 菜单：“修改”|“实体编辑”|“并集”。
- 工具栏：（并集）按钮。
- 命令行：union。

（2）操作步骤

首先至少已经绘制了两个实体图形，例如图 7-34 中左侧所示两个长方体或者图 7-35 中左侧所示立方体与圆柱体，然后选择“修改”|“实体编辑”|“并集”，分别选择两个实体对象后，按 Enter 键，将得到如图中右侧所示图形，见命令行：

```
命令: _union                        //激活 union 命令
选择对象: 找到 1 个                  //选择第一个对象
选择对象: 找到 1 个,总计 2 个        //选择第二个对象,按 Enter 键
```

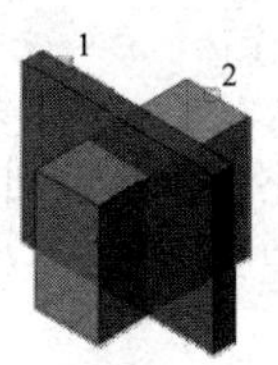

图 7-34　并集实体

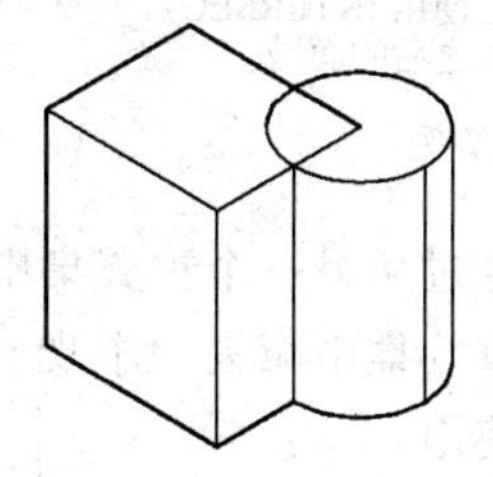
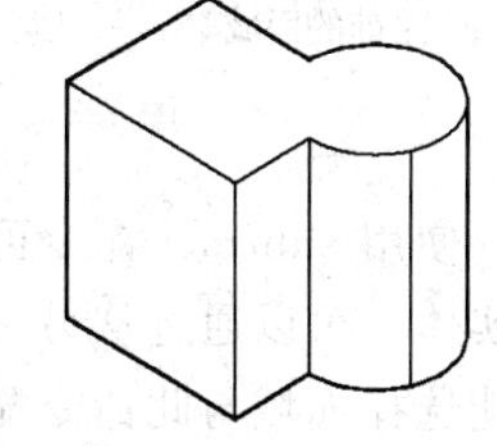

图 7-35　并集举例

2. 交集

通过重叠实体、曲面或面域创建三维实体、曲面或二维面域。使用 INTERSECT 命令，可以从两个或两个以上现有三维实体、曲面或面域的公共体积创建三维实体，如图 7-36 所示。如果选择网格，则可以先将其转换为实体或曲面，然后再完成此操作。通过拉伸二维轮廓后使它们相交，可以高效地创建复杂的模型。

选择集可包含位于任意多个不同平面中的面域、实体和曲面。可以通过 INTERFERE 命令将选择集分成多个子集，并在每个子集中测试交集。第一个子集包含选择集中的所有实体和曲面。第二个子集包含第一个选定的面域和所有后续共面的面域。第三个子集包含下一个与第一个面域不共面的面域和所有后续共面面域，如此直到所有的面域分属各个子集为止。

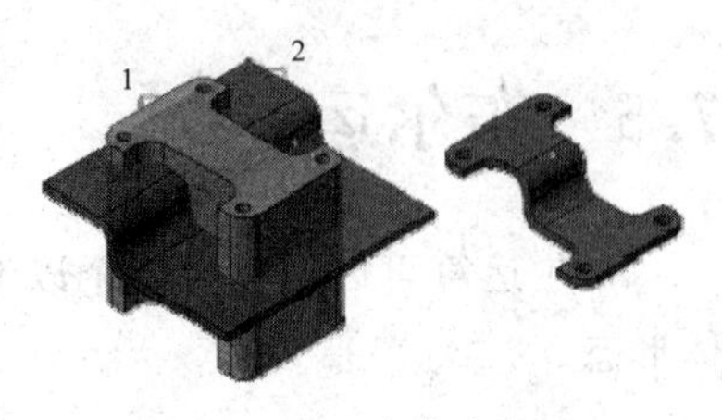

图 7-36 交集实体

(1) 命令调用方法

- 菜单："修改"|"实体编辑"|"交集"。
- 工具栏：(交集)按钮。
- 命令行：Intersect。

(2) 操作步骤

首先至少已经绘制了两个实体图形，如图 7-37 所示，左侧为俯视的两个相交的实体，然后选择"修改"|"实体编辑"|"交集"，分别选择两个实体对象后，按 Enter 键，将得到如图中右侧所示图形，见命令行：

```
命令: _intersect                      //激活 intersect 命令
选择对象: 找到 1 个                    //选择第一个对象
选择对象: 找到 1 个,总计 2 个          //选择第二个对象,按 Enter 键
```

3. 差集

通过减法操作来合并选定的三维实体或二维面域，如图 7-38 所示。

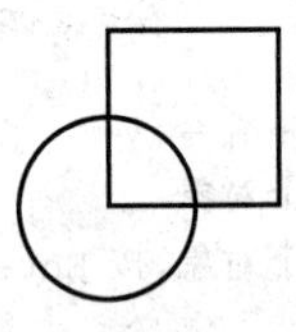

图 7-37 交集举例

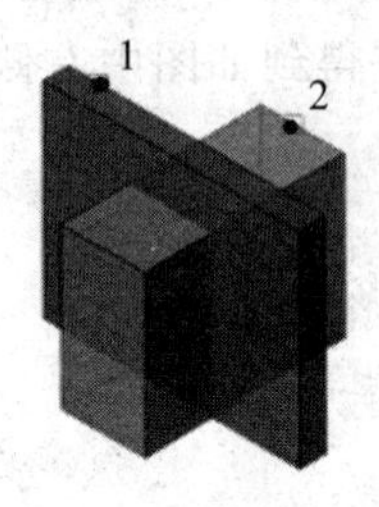

图 7-38 差集实体

使用 subtract 命令可以通过从另一个重叠集中减去一个现有的三维实体集来创建三维实体。可以通过从另一个重叠集中减去一个现有的面域对象集来创建二维面域对象。只能选择面域与此命令配合使用。

(1) 命令调用方法

- 菜单："修改"|"实体编辑"|"差集"。
- 工具栏：(差集)按钮。
- 命令行：subtract。

(2) 操作步骤

首先绘制了两个相交的实体，如图 7-39 中左侧第一个图所示，绘制了立方体和圆柱体，图 7-39(a)为三维视图角度、图 7-39(b)为俯视角度。差集过程中，不同的选择次序会

产生不同的结果。如图 7-39(a)所示，为立方体减去圆柱体对象的结果；如图 7-39(b)所示为圆柱体减去立方体对象结果。

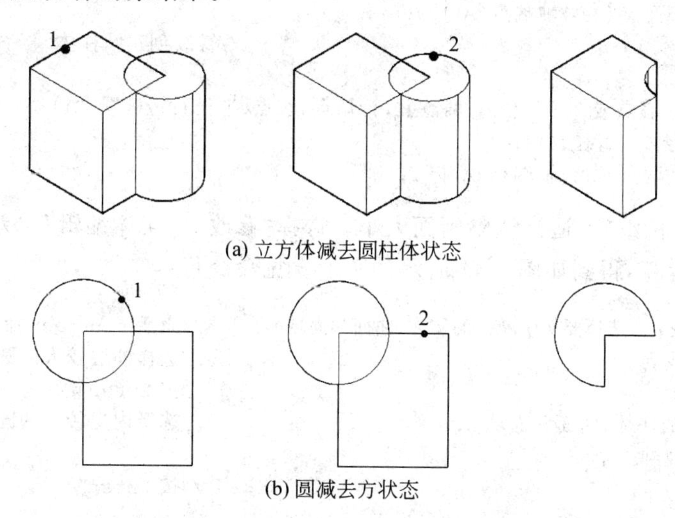

图 7-39　差集举例

选择“修改”|“实体编辑”|“差集”，将得到如图中右侧所示图形，见命令行：

```
命令：_subtract 选择要从中减去的实体、曲面和面域...
//激活 subtract 命令，并选择要从中减去对象的对象
选择对象：找到 1 个
选择对象：                                  //按 Enter 键
选择要减去的实体、曲面和面域...              //选择要被减去对象的对象
选择对象：找到 1 个                          //按 Enter 键
选择对象：                                  //按 Enter 键
```

需要注意的是，不建议将 SUBTRACT 命令与三维曲面配合使用，可以使用 SURFTRIM 命令。

7.5.2　案例实战

创建如图 7-40 所示的深沟球轴承。

图 7-40　深沟球轴承

操作步骤如下。

(1) 打开 AutoCAD 2014 软件，选择“文件”|“新建”，打开“选择样板”对话框，选择已有样板文件 acadiso.dwt。

(2) 选择“视图”|“三维视图”|“西南等轴测”命令，将视图转换为“西南等轴测”。

(3) 设置线框密度。命令行提示：

```
命令：isolines                              //激活 isolines 命令，按 Enter 键
输入 isolines 的新值 <4>：10                 //设置新的密度为 10，按 Enter 键
```

(4) 选择“绘图”|“建模”|“圆柱体”，绘制两个圆柱体。命令提示：

```
命令：_cylinder                             //激活 cylinder 命令
指定底面的中心点或 [三点(3P)/两点(2P)/切点、切点、半径(T)/椭圆(E)]：
```

```
//输入(0,0,0),指定底面中心点的位置
指定底面半径或 [直径(D)]: 45
指定高度或 [两点(2P)/轴端点(A)]: 20
命令:                                                    //继续创建圆柱体
cylinder
指定底面的中心点或 [三点(3P)/两点(2P)/切点、切点、半径(T)/椭圆(E)]: 0,0,0
指定底面半径或 [直径(D)]: 38
指定高度或 [两点(2P)/轴端点(A)]: 20
```

(5) 转动鼠标滚轮,适当调整画面大小。选择"修改"|"实体编辑"|"差集",对两个圆柱体进行差集运算,得到如图 7-41 所示的图形。见命令行:

```
命令: _subtract 选择要从中减去的实体、曲面和面域...     //激活 subtract 命令
选择对象: 找到 1 个                                    //选择外层较大的圆柱体
选择对象:                                              //按 Enter 键
选择要减去的实体、曲面和面域...                         //选择内层较小的圆柱体
选择对象: 找到 1 个
选择对象:                                              //按 Enter 键
```

(6) 按照前面的步骤,继续创建圆柱体,高度为 20,半径分别为 32 和 25 的两个圆柱体,并对这两个圆柱体进行差集运算,创建轴承的内圈圆柱体,选择"视图"|"消隐"后,结果如图 7-42 所示。命令行提示:

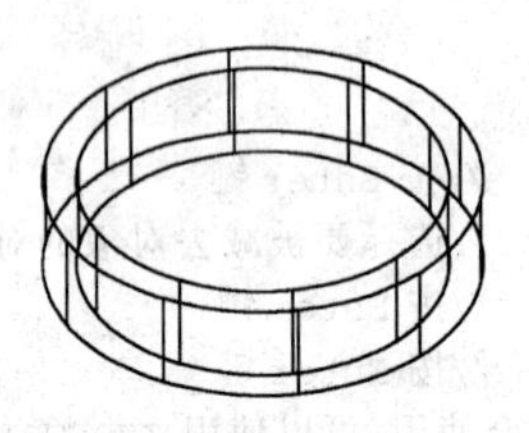

图 7-41 差集结果

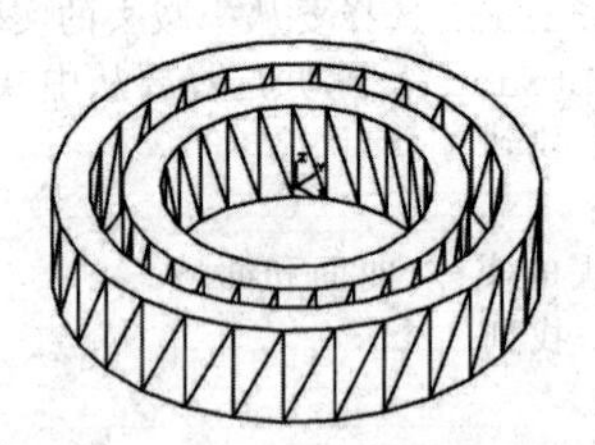

图 7-42 第二次差集结果

```
命令: _cylinder                                         //激活 cylinder 命令
指定底面的中心点或 [三点(3P)/两点(2P)/切点、切点、半径(T)/椭圆(E)]: 0,0,0
指定底面半径或 [直径(D)]: 32
指定高度或 [两点(2P)/轴端点(A)]: 20
命令:                                                   //激活 cylinder 命令
cylinder
指定底面的中心点或 [三点(3P)/两点(2P)/切点、切点、半径(T)/椭圆(E)]: 0,0,0
指定底面半径或 [直径(D)] <32.0000>: 25
指定高度或 [两点(2P)/轴端点(A)] <-20.0000>: 20
命令: _subtract 选择要从中减去的实体、曲面和面域...//激活 subtract 命令
选择对象: 找到 1 个
选择对象:
选择要减去的实体、曲面和面域...
选择对象: 找到 1 个
选择对象:
命令: _hide 正在重生成模型。                              //激活 hide 命令
```

(7) 选择"修改"|"实体编辑"|"并集",对内圈、外圈两个圆柱体进行并集运算。

(8) 绘制底面中心点为(0,0,10),半径为 35,圆管半径为 5 的圆环。

(9) 将圆环与轴承内外圈进行差集运算,消隐后,得到的结果如图 7-43 所示。

(10) 绘制中心点为(35,0,10),半径为 5 的球体。

(11) 选择"修改"|"阵列"|"环形阵列",将创建的球体进行环形阵列,阵列中心为坐标原点,数目为 10。

(12) 将阵列后的球体与轴承进行并集运算,选择"视图"|"消隐"后的结果如图 7-44 所示。

(13) 选择"视图"|"渲染"|"渲染"后的结果如图 7-44 所示。

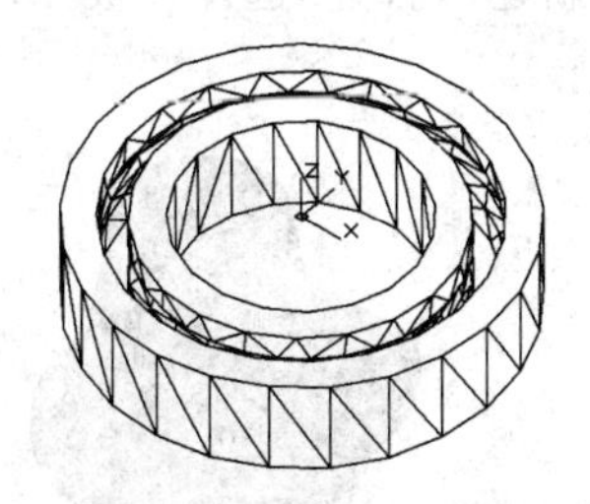

图 7-43　圆环与轴承内外圈进行差集后

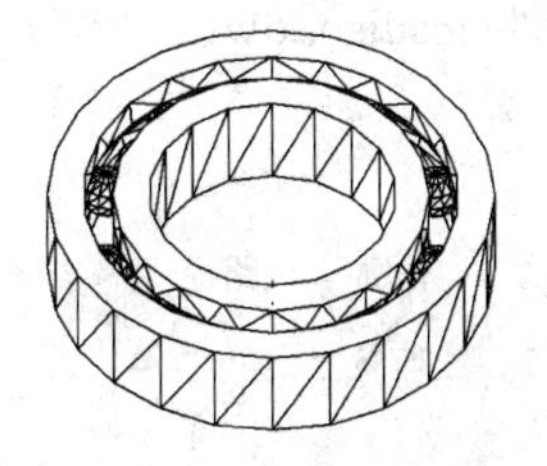

图 7-44　轴承消隐结果

7.6　通过二维图形生成三维实体

7.6.1　拉伸

通过延伸对象的尺寸创建三维实体或曲面,可以拉伸开放或闭合的对象以创建三维曲面或实体,如图 7-45 所示。

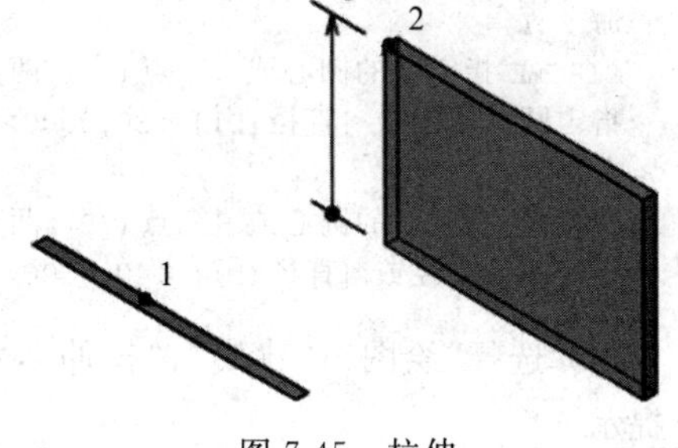

图 7-45　拉伸

1. 命令调用方法

- 菜单:"绘图"|"建模"|"拉伸"。
- 工具栏:(拉伸)按钮。
- 命令行:extrude。
- 命令行:ext(简化命令)。

2. 命令行提示与操作

选择"绘图"|"建模"|"拉伸"后,见命令行:

```
命令:_extrude↙                                 //激活 extrude 命令
当前线框密度:ISOLINES=4,闭合轮廓创建模式=实体
选择要拉伸的对象或 [模式(MO)]:                  //选择绘制好的二维对象
选择要拉伸的对象或 [模式(MO)]:                  //可继续选择对象或按 Enter 键结束选择
指定拉伸的高度或 [方向(D)/路径(P)/倾斜角(T)/表达式(E)] <默认值>:
```

3. 选项说明

(1) 拉伸高度:按指定的高度拉伸出三维建模对象。输入高度值后,根据实际需要,指定拉伸的倾斜角度。如果指定的角度为 0,AutoCAD 则把二维对象按指定高度拉伸成

柱体;如果输入角度值,拉伸后建模截面沿拉伸方向按此角度变化,成为一个棱台或圆台体。

(2) 路径(P):以现有的图形对象作为拉伸创建三维建模对象,如图 7-46 所示。需要注意的是,如果路径曲线与轮廓曲线共面或与轮廓曲线的平面相切,则不能拉伸选定的对象。

4. 项目实战

绘制如图 7-47 所示的旋塞体。

(1) 打开 AutoCAD 2014 软件,选择“文件”|“新建”,打开“选择样板”对话框,选择已有样板文件 acadiso. dwt。

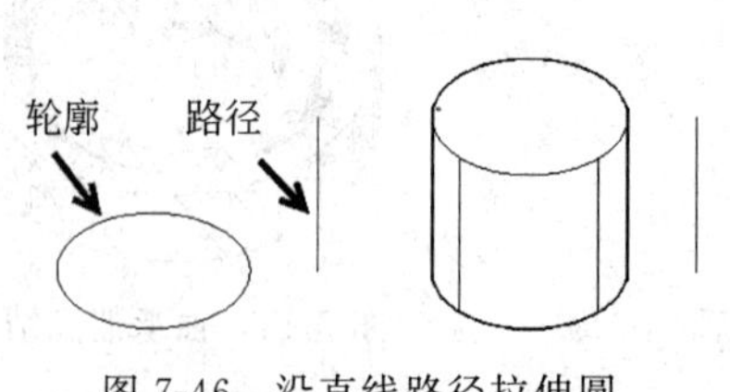

图 7-46　沿直线路径拉伸圆

图 7-47　旋塞体

(2) 选择“视图”|“三维视图”|“西南等轴测”,将视图转换为“西南等轴测”。

(3) 选择“绘图”|“圆”|“圆心、半径”,以(0,0,0)为圆心,以 30、40 和 50 为半径绘制圆。命令行提示:

```
命令: _circle 指定圆的圆心或 [三点(3P)/两点(2P)/切点、切点、半径(T)]: 0,0,0
指定圆的半径或 [直径(D)]: 30
命令:↙                                          //按 Enter 键
CIRCLE 指定圆的圆心或 [三点(3P)/两点(2P)/切点、切点、半径(T)]: 0,0,0
指定圆的半径或 [直径(D)] <30.0000>: 40
命令: ↙                                         //按 Enter 键
CIRCLE 指定圆的圆心或 [三点(3P)/两点(2P)/切点、切点、半径(T)]: 0,0,0
指定圆的半径或 [直径(D)] <40.0000>: 50
```

(4) 选择“绘图”|“建模”|“拉伸”,将半径为 50 的圆拉伸高度为 10 的圆柱体。命令行提示:

```
命令: _extrude
当前线框密度: ISOLINES=4,闭合轮廓创建模式=实体
选择要拉伸的对象或 [模式(MO)]: _MO 闭合轮廓创建模式 [实体(SO)/曲面(SU)] <实体>: _SO
                                                //选择则半径为 50 的圆
选择要拉伸的对象或 [模式(MO)]: 找到 1 个
选择要拉伸的对象或 [模式(MO)]:                  //按 Enter 键
指定拉伸的高度或 [方向(D)/路径(P)/倾斜角(T)/表达式(E)] <默认值>: 10
```

(5) 利用同样的方式拉伸半径为 40 和 30 的圆,倾斜角度为 10,拉伸高度为 80,得到如图 7-48 所示的图形。命令行提示:

```
命令: _extrude
```

```
当前线框密度：ISOLINES=4,闭合轮廓创建模式=实体
选择要拉伸的对象或 [模式(MO)]：_MO 闭合轮廓创建模式 [实体(SO)/曲面(SU)] <实体>：_SO
选择要拉伸的对象或 [模式(MO)]：找到 1 个          //选择半径为 30 的圆
选择要拉伸的对象或 [模式(MO)]：找到 1 个,总计 2 个  //选择半径为 40 的圆
选择要拉伸的对象或 [模式(MO)]：                   //按 Enter 键
指定拉伸的高度或 [方向(D)/路径(P)/倾斜角(T)/表达式(E)] <10.0000>：t
                                                  //确定方式
指定拉伸的倾斜角度或 [表达式(E)] <0>：10           //输入倾斜角度
指定拉伸的高度或 [方向(D)/路径(P)/倾斜角(T)/表达式(E)] <10.0000>：80
                                                  //输入高度
```

(6) 选择“修改”|“实体编辑”|“并集”,将半径为 40 和 50 的拉伸模型合并。命令行提示：

```
命令：_union
选择对象：找到 1 个                                //选择半径为 50 的拉伸模型
选择对象：找到 1 个,总计 2 个                      //选择半径为 40 的拉伸模型
选择对象：                                        //按 Enter 键
```

(7) 选择“修改”|“实体编辑”|“差集”,将前面合并的模型与半径为 30 的拉伸模型进行差集。消隐处理后得到如图 7-49 所示的图形。命令行提示：

```
命令：_subtract 选择要从中减去的实体、曲面和面域...
选择对象：找到 1 个                                //选择前面合并的模型
选择对象：                                        //按 Enter 键
选择要减去的实体、曲面和面域...                     //选择半径为 30 的拉伸模型
选择对象：找到 1 个                                //按 Enter 键
选择对象：
命令：_hide 正在重生成模型。                        //选择"消隐"
```

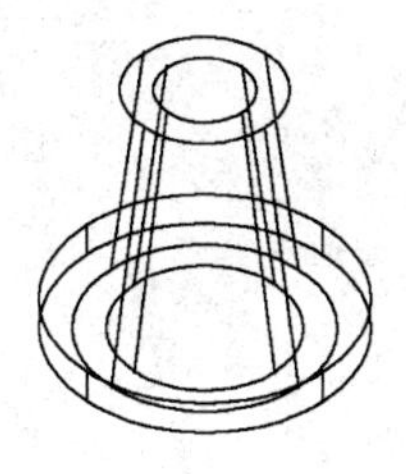

图 7-48　拉伸圆柱

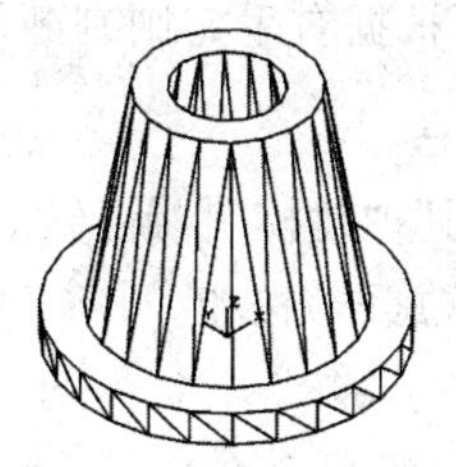

图 7-49　差集结果

(8) 选择“绘图”|“建模”|“圆柱体”,绘制模型体的另一个部分,如图 7-50 所示,命令行提示：

```
命令：_cylinder
指定底面的中心点或 [三点(3P)/两点(2P)/切点、切点、半径(T)/椭圆(E)]：-20,0,50
指定底面半径或 [直径(D)] <15.0000>：15
指定高度或 [两点(2P)/轴端点(A)] <12.1594>：a
指定轴端点：@-50,0,0
命令：                                            //按 Enter 键
CYLINDER
```

```
指定底面的中心点或 [三点(3P)/两点(2P)/切点、切点、半径(T)/椭圆(E)]: -20,0,50
指定底面半径或 [直径(D)] <15.0000>: 20
指定高度或 [两点(2P)/轴端点(A)] <50.0000>: a
指定轴端点: @-50,0,0
```

(9) 选择"修改"|"实体编辑"|"差集",对新创建的半径为 20 和 15 的圆柱体进行差集运算。

(10) 选择"修改"|"实体编辑"|"并集",对所有模型体进行合并,消隐后如图 7-51 所示。

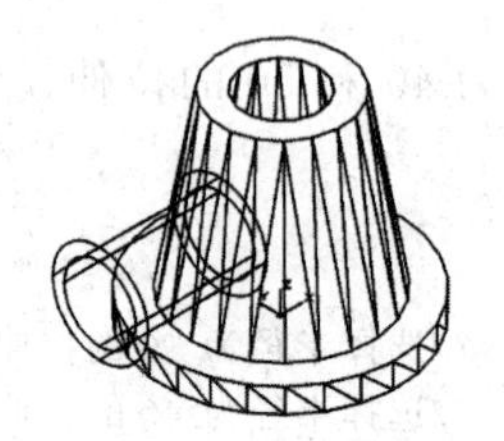

图 7-50 绘制新的圆柱体

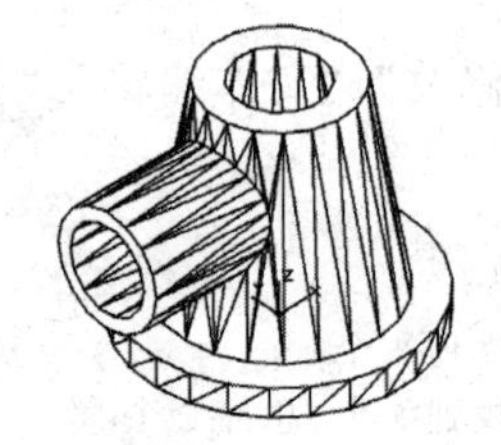

图 7-51 旋塞体结果

7.6.2 旋转

通过绕轴扫掠对象创建三维实体或曲面。如图 7-52 所示,开放轮廓可创建曲面,闭合轮廓则可创建实体或曲面。"模式"选项控制是否创建曲面实体。

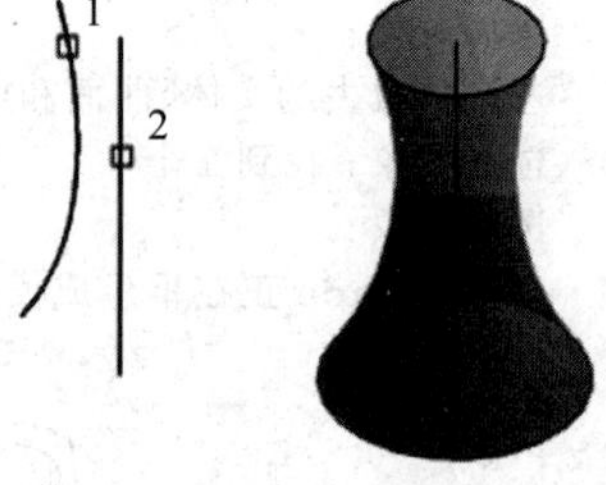

图 7-52 旋转

可旋转的对象包括曲面、椭圆弧、二维实体、实体、二维和三维样条曲线、宽线、圆弧、圆、二维和三维多段线、椭圆、圆和面域。需要注意的是,不能旋转包含在块中的对象或将要自交的对象,可根据右手定则判断旋转的正方向。

1. 命令调用方法

- 菜单:"绘图"|"建模"|"旋转"。
- 工具栏:(旋转)按钮。
- 命令行:revolve。
- 命令行:rev(简化命令)。

2. 操作步骤

选择"绘图"|"建模"|"旋转"后,见命令行:

```
命令: _revolve                                    //激活 revolve 命令
当前线框密度: ISOLINES=4,闭合轮廓创建模式=实体
选择要旋转的对象或 [模式(MO)]: _MO 闭合轮廓创建模式 [实体(SO)/曲面(SU)] <实体>: _SO
                                                  //选择一个对象
选择要旋转的对象或 [模式(MO)]: 找到 1 个
选择要旋转的对象或 [模式(MO)]:                      //按 Enter 键
指定轴起点或根据以下选项之一定义轴 [对象(O)/X/Y/Z] <对象>:x
指定旋转角度或 [起点角度(ST)/反转(R)/表达式(EX)] <360>:
```

3. 选项说明

(1) 指定旋转轴的起点：通过两个点来定义旋转轴，系统将按指定的角度和旋转轴转二维对象。

(2) 对象(O)：指定要用作轴的现有对象。轴的正方向从该对象的最近端点指向最远端点。可以将直线、线性多段线以及实体或曲面的线性边用作轴。

(3) $X(Y/Z)$轴：将当前 UCS 的 $X(Y/Z)$轴正向设定为轴的正方向。如图 7-53 所示，相同图形按不同的轴旋转产生的不同模型结构。

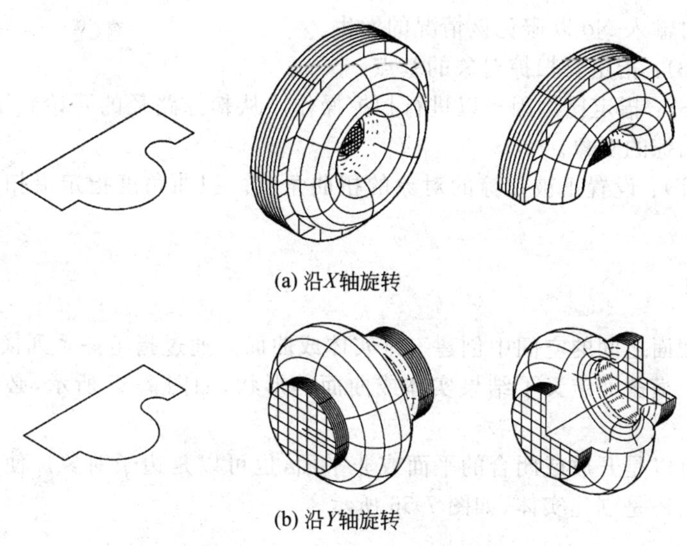

图 7-53　沿不同轴旋转结果

7.6.3　扫掠

通过沿路径扫掠二维对象或者三维对象或子对象来创建三维实体或曲面。如图 7-54 所示，通过沿开放或闭合路径扫掠开放或闭合的平面曲线或非平面曲线(轮廓)，创建实体或曲面。开放的曲线创建曲面，闭合的曲线创建实体或曲面(具体取决于指定的模式)。

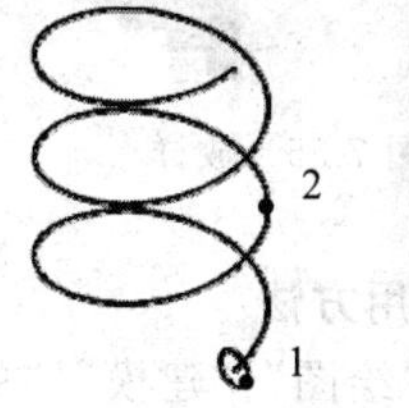

图 7-54　扫掠

1. 命令调用方法

- 菜单："绘图"|"建模"|"扫掠"。
- 工具栏：(扫掠)按钮。
- 命令行：sweep。

2. 操作步骤

选择"绘图"|"建模"|"扫掠"后，见命令行：

```
命令：_sweep                                    //激活 sweep 命令
当前线框密度：ISOLINES=4，闭合轮廓创建模式=实体
```

```
选择要扫掠的对象或 [模式(MO)]: _MO 闭合轮廓创建模式 [实体(SO)/曲面(SU)] <实体>: _SO
选择要扫掠的对象或 [模式(MO)]:                    //选择对象,如图 7-54 中标注为 1 的圆
选择要扫掠的对象或 [模式(MO)]:↙                   //按 Enter 键
选择扫掠路径或 [对齐(A)/基点(B)/比例(S)/扭曲(T)]:
//选择对象,如图 7-54 中标注为 2 的螺旋线
```

3. 选项说明

(1) 对齐(A):指定是否对齐轮廓以使其作为扫掠路径切向的法向。需要注意的是,如果轮廓与路径起点的切向不垂直(法线未指向路径起点的切向),则轮廓将自动对齐。出现对齐提示时输入 No 以避免该情况的发生。

(2) 基点(B):指定要扫掠对象的基点。

(3) 比例(S):指定比例因子以进行扫掠操作。从扫掠路径的开始到结束,比例因子将统一应用到扫掠的对象。

(4) 扭曲(T):设置正被扫掠的对象的扭曲角度。扭曲角度指定沿扫掠路径全部长度的旋转量。

7.6.4 放样

在若干横截面之间的空间中创建三维实体或曲面。通过指定一系列横截面来创建三维实体或曲面。横截面定义了结果实体或曲面的形状,如图 7-55 所示,必须至少指定两个横截面。

放样轮廓可以是开放或闭合的平面或非平面,也可以是边子对象。使用模式选项可选择是创建曲面还是创建实体,如图 7-56 所示。

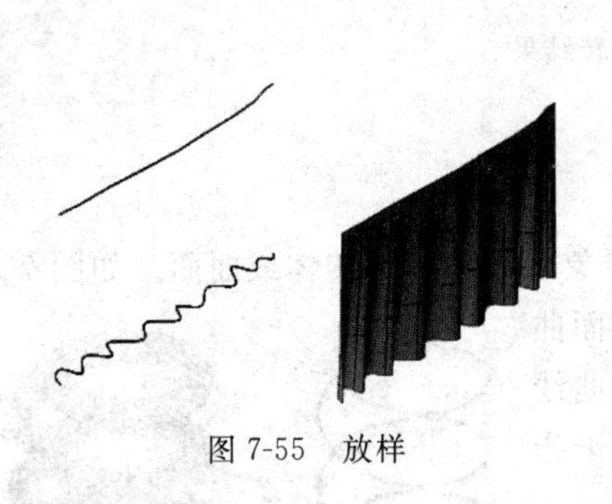

图 7-55 放样

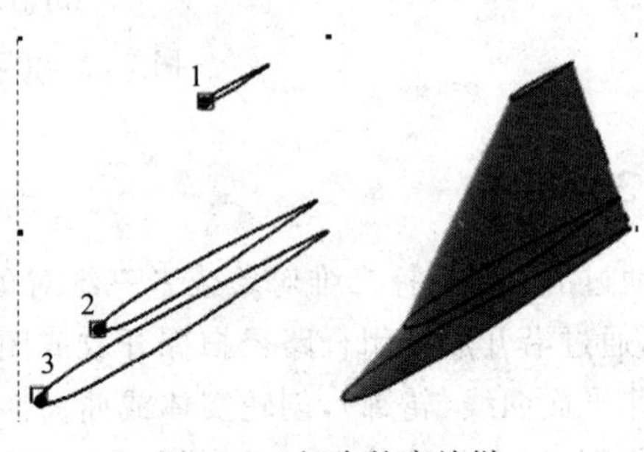

图 7-56 闭合轮廓放样

1. 命令调用方法

- 菜单:"绘图"|"建模"|"放样"。
- 工具栏:(放样)按钮。
- 命令行:loft。

2. 操作步骤

选择"绘图"|"建模"|"放样"后,见命令行:

```
命令: _loft                                       //激活 loft 命令
当前线框密度: ISOLINES=4,闭合轮廓创建模式=实体
按放样次序选择横截面或 [点(PO)/合并多条边(J)/模式(MO)]: _MO 闭合轮廓创建模式 [实体
(SO)/曲面(SU)] <实体>: _SO               //选择放样需要的横截面,至少必须选择两个轮廓
```

```
按放样次序选择横截面或 [点(PO)/合并多条边(J)/模式(MO)]: 找到 1 个
按放样次序选择横截面或 [点(PO)/合并多条边(J)/模式(MO)]: 找到 1 个,总计 2 个
按放样次序选择横截面或 [点(PO)/合并多条边(J)/模式(MO)]:
                                                    //按 Enter 键
选中了 2 个横截面
输入选项 [导向(G)/路径(P)/仅横截面(C)/设置(S)] <仅横截面>: P
选择路径轮廓:                                        //选择路径
```

3. 选项说明

(1) 导向(G)：指定控制放样实体或曲面形状的导向曲线。可以使用导向曲线来控制点如何匹配相应的横截面以防止出现不希望看到的效果(例如结果实体或曲面中的褶皱)。指定控制放样建模或曲面形状的导向曲线。导向曲线是直线或曲线,可通过将其他线框信息添加到对象来进一步定义建模或曲面的形状,如图 7-57 所示。

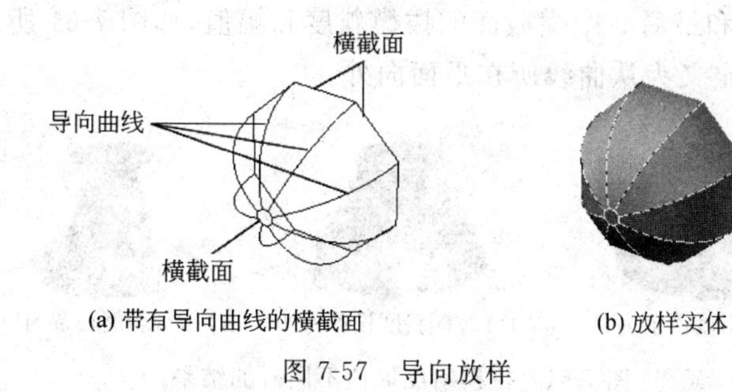

图 7-57　导向放样

(2) 路径(P)：指定放样实体或曲面的单一路径,如图 7-58 所示,路径曲线必须与横截面的所有平面相交。

(3) 仅横截面(C)：在不使用导向或路径的情况下,创建放样对象。

(4) 设置(S)：使用"放样设置"对话框,如图 7-59 所示,控制放样曲面在其横截面处的轮廓。用户还可以闭合曲面或实体。

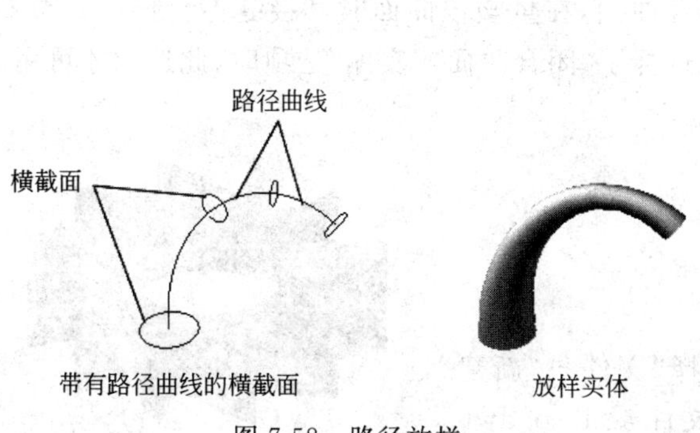

图 7-58　路径放样

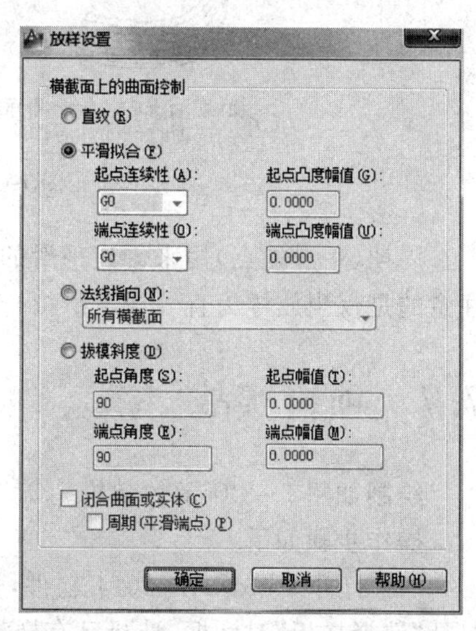

图 7-59　"放样设置"对话框

直纹指定实体或曲面在横截面之间是直纹(直的),并且在横截面处具有鲜明边界,如图 7-60 中左侧图所示;平滑拟合指定在横截面之间绘制平滑实体或曲面,并且在起点横截面和端点横截面处具有鲜明边界,如图 7-60 中右侧图所示。

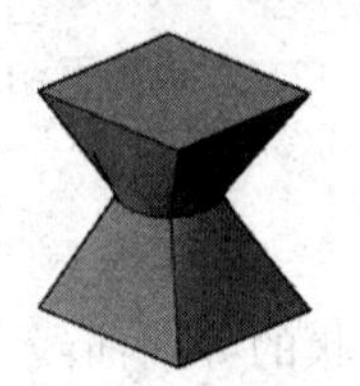
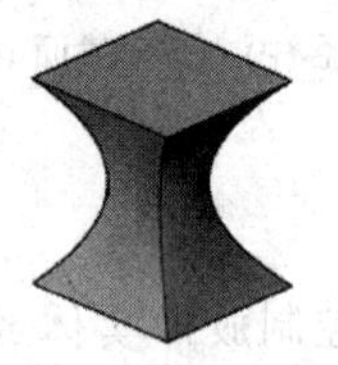

图 7-60 直纹与平滑拟合方式

法线指向用来控制实体或曲面在其通过横截面处的曲面法线。拔模斜度用来控制放样实体或曲面第一个和最后一个横截面的拔模斜度和幅值,如图 7-61 所示。拔模斜度为曲面的开始方向。0 定义为从曲线所在平面向外。

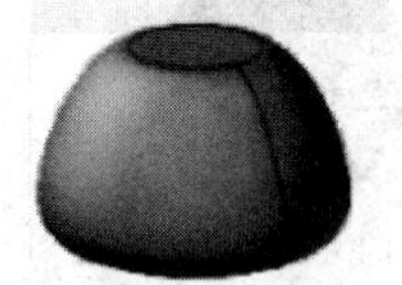

(a) 拔模斜度设置为0° (b) 拔模斜度设置为90° (c) 拔模斜度设置为180°

图 7-61 拔模斜度取值不同时的结果

闭合曲面或实体使横截面形成圆环形图案,以便放样曲面或实体可以形成闭合的圆管,如图 7-62 所示。

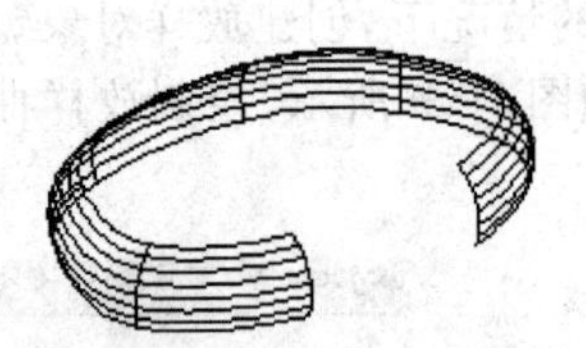
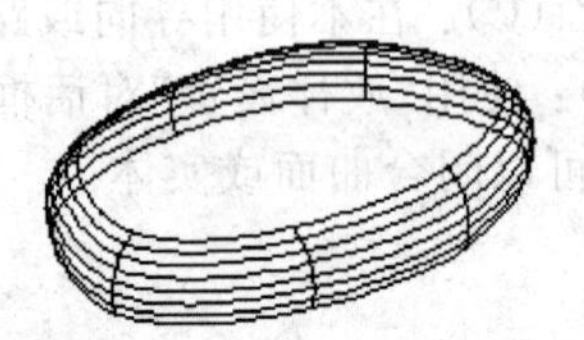

(a) 取消选中“闭合曲面实体”选项时创建的放样 (b) 勾选“闭合曲面实体”选项时创建的放样

图 7-62 闭合曲面不同状态

周期(平滑端点)用来创建平滑的闭合曲面,在重塑该曲面时其接缝不会扭折。需要注意的是仅当放样为直纹或平滑拟合且选择了“闭合曲面或实体”选项时,此选项才可用。

7.7 项目实战

绘制如图 7-63 所示的棘轮。

图 7-63 棘轮

操作步骤如下。

(1) 打开 AutoCAD 2014 软件,选择“文件”|“新建”,打开“选择样板”对话框,选择已有样板文件 acadiso.dwt。

(2) 选择“视图”|“三维视图”|“西南等轴测”,将视图

转换为“西南等轴测”。

(3) 选择“视图”|“圆”|“圆心、半径(R)”,绘制三个半径分别为 90、60 和 40 的同心圆。命令行提示:

```
命令: _circle 指定圆的圆心或 [三点(3P)/两点(2P)/切点、切点、半径(T)]: 0,0,0
指定圆的半径或 [直径(D)]: 90
命令:
CIRCLE 指定圆的圆心或 [三点(3P)/两点(2P)/切点、切点、半径(T)]: 0,0,0
指定圆的半径或 [直径(D)] <90.0000>: 60
命令:
CIRCLE 指定圆的圆心或 [三点(3P)/两点(2P)/切点、切点、半径(T)]: 0,0,0
指定圆的半径或 [直径(D)] <60.0000>: 40
```

(4) 选择“格式”|“点样式”,选择点样式为“×”。等分半径为 60 和 90 的圆,如图 7-64 所示。输入等分命令 divide,按 Enter 键,命令行提示:

```
命令: divide
选择要定数等分的对象:                          //选择半径为 90 的圆
输入线段数目或 [块(B)]: 12                     //输入等分线段数目
命令: divide
选择要定数等分的对象:                          //选择半径为 60 的圆
输入线段数目或 [块(B)]: 12                     //输入等分线段数目
```

(5) 选择“绘图”|“多段线”,分别捕捉内外圆的等分点,绘制棘轮轮齿截面。从俯视角度观察结果如图 7-65 所示。

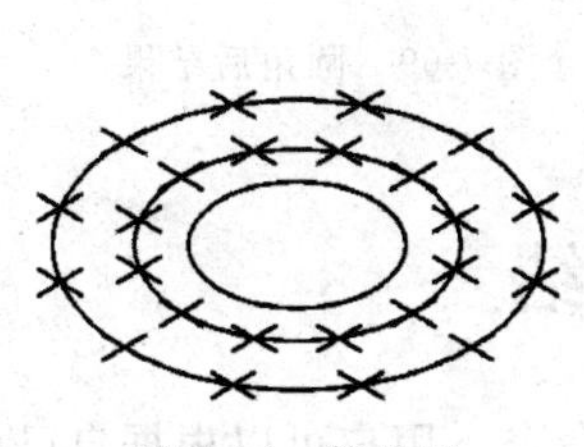
图 7-64　等分圆

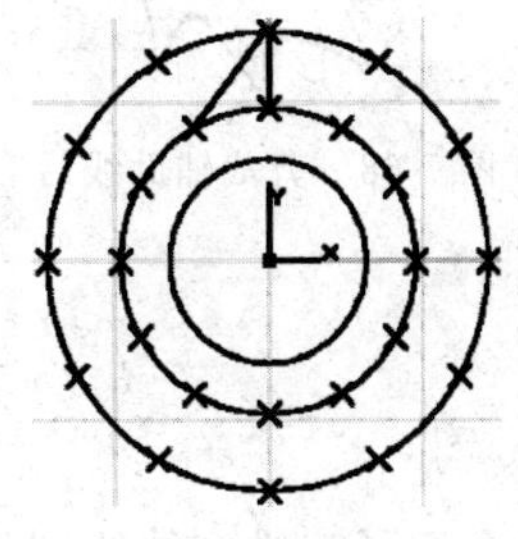
图 7-65　等分圆

(6) 选择“修改”|“阵列”|“环形阵列”,将绘制的多段线进行环形阵列,阵列中心为圆心,数目为 12。

(7) 选择“修改”|“删除”,将半径 90 和 60 的圆删除,并将点样式更改为无,结果如图 7-66 所示。

(8) 打开状态栏中的“正交”按钮( ),打开正交模式;在工具栏中单击“构造线”按钮( ),过圆心绘制两条辅助线。

(9) 选择“修改”|“移动”,将水平辅助线向上移动 45,将竖直辅助线向左移动 11。

(10) 选择“修改”|“偏移”,将移动后的竖直辅助线向右偏移 22,结果如图 7-67 所示。

图 7-66 阵列轮齿

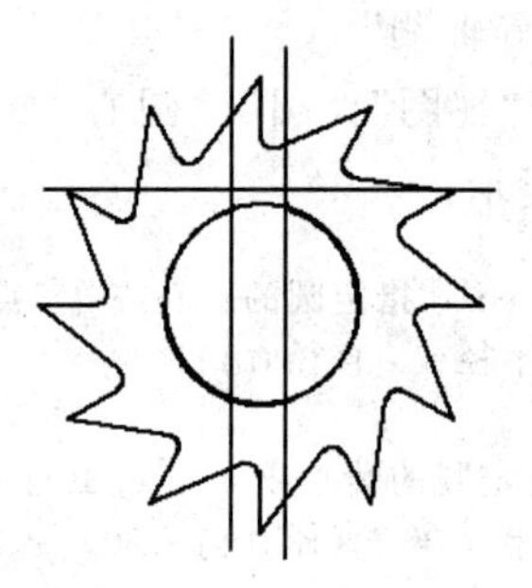
图 7-67 添加辅助线

(11) 选择"修改"|"修改",对辅助线进行剪裁,结果如图 7-68 所示。

(12) 选择"绘图"|"面域",选取全部图形,创建面域。

(13) 选择"修改"|"拉伸",选取全部图形进行拉伸,拉伸高度为 30。

(14) 选择"修改"|"实体编辑"|"差集",将创建的外部轮齿与键槽进行差集运算。

(15) 选择"修改"|"圆角",对棘轮轮齿进行圆角操作,圆角半径为 5。消隐后,结果如图 7-69 所示。

图 7-68 剪裁辅助线后

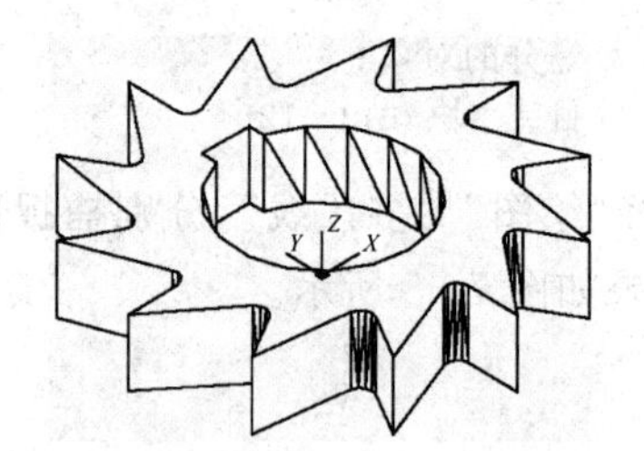

图 7-69 圆角后结果

本章小结

本章主要介绍了三维实体绘制的基本方法和命令。用户可以根据自己的绘图习惯以及需要,通过工具栏、菜单或在命令窗口输入命令等方式执行 AutoCAD 的命令来实现三维模型的基本创建。三维实体模型的创建,需要对软件三维绘图、修改等命令进行综合运用与灵活处理。对于模型结构的充分分析与认识,将会为三维实体的创建打下良好的基础。

思考与练习

1. 利用本章所学"绘制基本三维实体"与"布尔运算"的相关命令绘制如图 7-70 所示的擦写板。

2. 利用本章所学相关命令绘制如图 7-71 所示的小水桶和如图 7-72 所示的手柄。

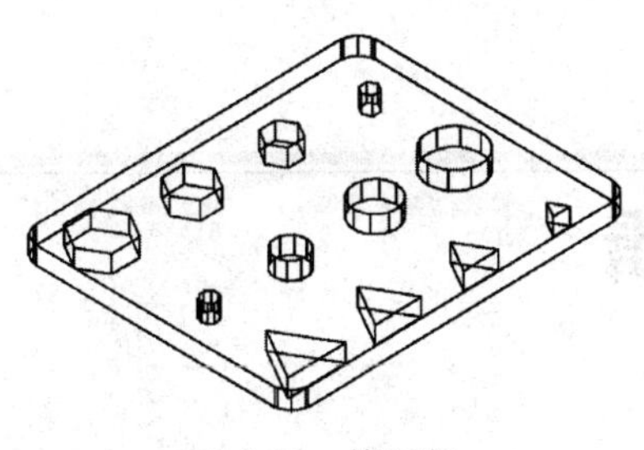

图 7-70　擦写板

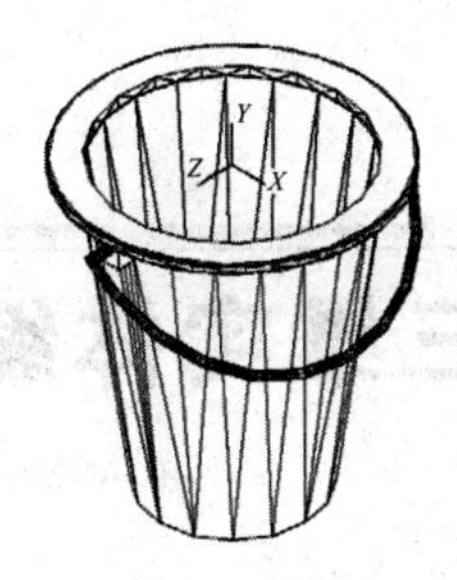

图 7-71　小水桶

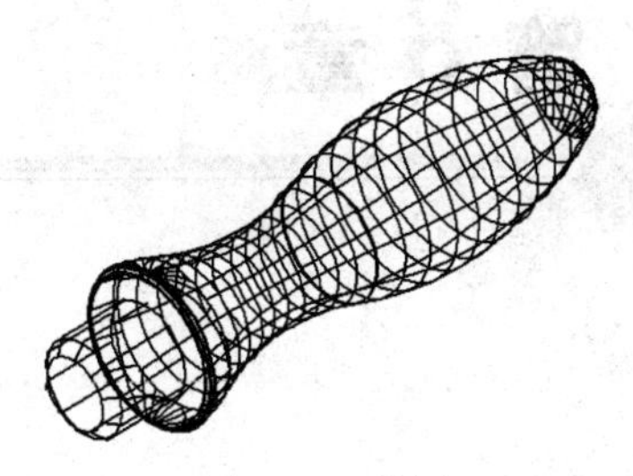

图 7-72　手柄

第 8 章 三维实体编辑

本章要点

- 剖切实体；
- 编辑三维实体；
- 对象编辑。

8.1 剖切实体

8.1.1 剖切

通过剖切或分割现有对象，创建新的三维实体和曲面。剪切平面是通过两个或三个点定义的，方法是指定 UCS 的主要平面，或选择曲面对象（而非网格）。可以保留剖切三维实体的一个或两个侧面，如图 8-1 所示。

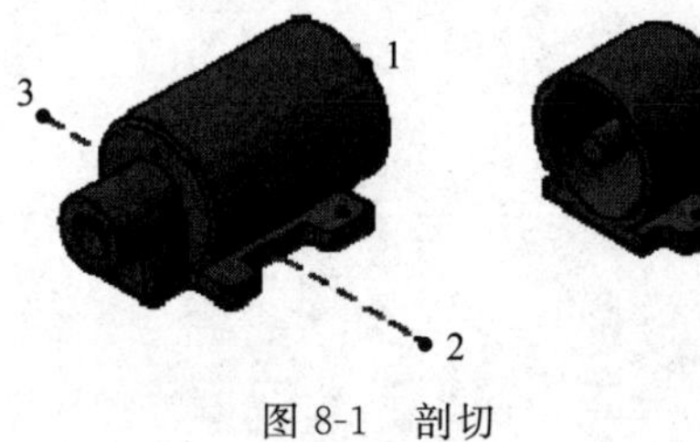

图 8-1 剖切

剖切对象将保留原实体的图层和颜色特性。但是，结果实体或结果曲面对象将不保留原始对象的历史记录。

1. 命令调用方法

- 菜单："修改"|"三维操作"|"剖切"。
- 工具栏：(剖切)按钮。
- 命令行：slice。

2. 项目实战

如图 8-2 所示，实现对长方体的剖切。

操作步骤如下。

(1) 打开 AutoCAD 2014 软件，选择"文件"|"新建"，打开"选择样板"对话框，选择已有样板文件 acadiso. dwt。

(2) 选择"视图"|"三维视图"|"西南等轴测"，将视图转换为"西南等轴测"。

(3) 利用"绘图"|"建模"|"长方体"，绘制如图 8-2 左侧所示的长方体。

(4) 选择"修改"|"三维操作"|"剖切"，见命令行：

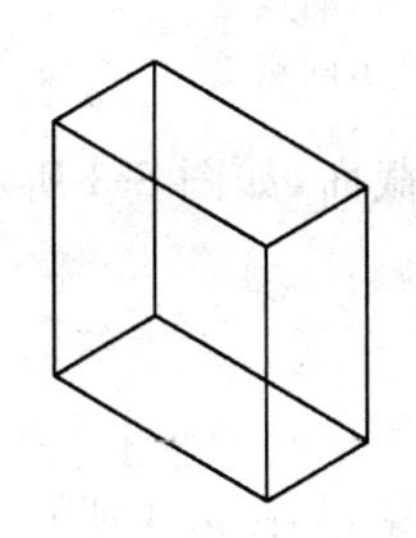
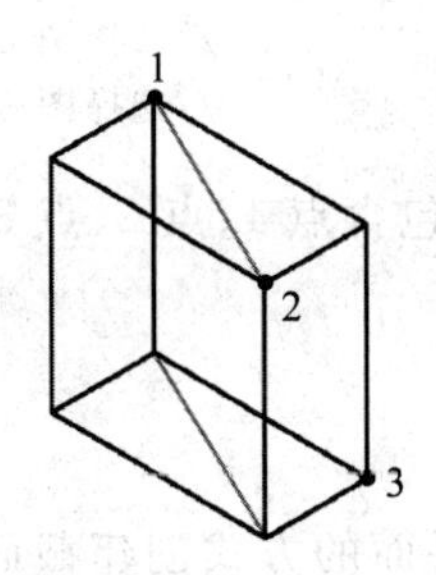

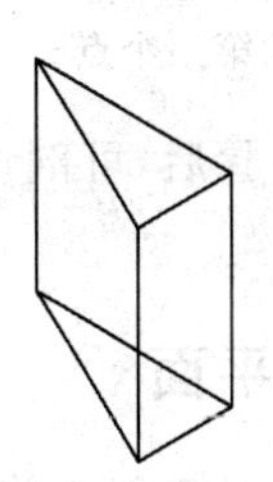

图 8-2　对长方体进行剖切

```
命令: _slice↙                          //激活 slice 命令
选择要剖切的对象: 找到 1 个              //选择长方体
选择要剖切的对象:                       //按 Enter 键;如果需要还可继续选择
指定 切面 的起点或 [平面对象(O)/曲面(S)/Z 轴(Z)/视图(V)/XY(XY)/YZ(YZ)/ZX(ZX)/三点
(3)] <三点>:                            //选择如图 8-2 所示点 1;如果需要可以输入一个选项
指定平面上的第二个点:                    //选择如图 8-2 所示点 2
在所需的侧面上指定点或 [保留两个侧面(B)] <保留两个侧面>:
                                        //选择如图 8-2 所示点 3
```

3. 选项说明

(1) 平面对象(O):将所选择对象的所在平面作为剖切面。

(2) 曲面(S):将剪切平面与曲面对齐。

(3) *Z* 轴:通过平面上指定一点和在平面的 *Z* 轴(法向)上指定另一点来定义剪切平面。

(4) 视图(V):以平行于当前视图的平面作为剖切面。

(5) XY(XY)/YZ(YZ)/ZX(ZX):将剖切平面与当前用户坐标系(UCS)的 *XY* 平面/*YZ* 平面/*ZX* 平面对齐。

(6) 三点(3):以空间三个点确定的平面作为剖切面。确定剖切面后,系统会提示保留一侧或两侧。

8.1.2　剖切截面

使用平面和实体、曲面或网格的交集创建面域。section 命令可创建用于表示三维对象(包括三维实体、曲面和网格)的二维横截面的面域对象。

(1) 命令调用方法。

- 命令行:section。
- 命令行:sec(简化命令)。

(2) 如图 8-3 所示,在图 8-2 右侧图形基础上进行剖切截面,操作步骤如下:

```
命令: section↙                         //激活 section 命令
选择对象: 找到 1 个                      //选择要剖切实体
选择对象:                               //按 Enter 键
指定 截面 上的第一个点,依照 [对象(O)/Z 轴(Z)/视图(V)/XY(XY)/YZ(YZ)/ZX(ZX)/三点(3)]
<三点>:                                 //选择图 8-3 所示的点 1
```

```
指定平面上的第二个点：                  //选择图 8-3 所示的点 2
指定平面上的第三个点：                  //选择图 8-3 所示的点 3
```

进行以上步骤后，可剖切出包含点 1、点 2、点 3 的截面，如图 8-3 所示的左侧移出的截面。

8.1.3 截面平面

以通过三维对象创建剪切平面的方式创建截面对象，如图 8-4 所示。截面平面对象可创建三维实体、曲面和网格的截面。使用带有截面平面对象的活动截面分析模型，并将截面另存为块，以便在布局中使用。

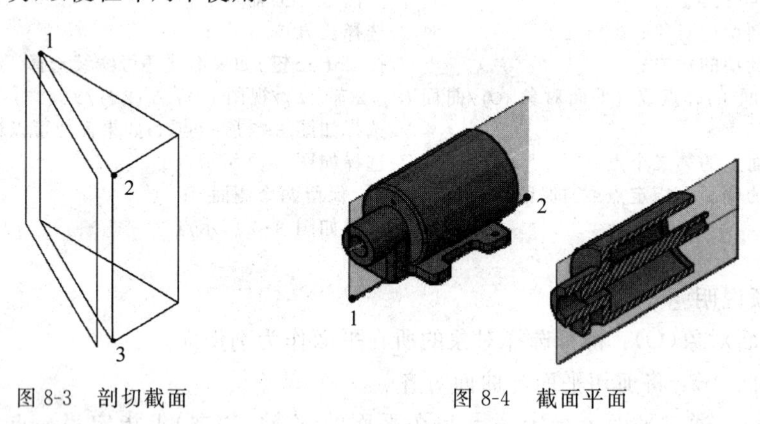

图 8-3 剖切截面　　　　图 8-4 截面平面

1. 命令调用方法

- 菜单："绘图"|"建模"|"截面平面"。
- 工具栏：(截面平面)按钮。
- 命令行：sectionplane。

2. 操作步骤

```
命令：_sectionplane↙                    //激活 sectionplane 命令
选择面或任意点以定位截面线或 [绘制截面(D)/正交(O)]：
指定通过点：                            //设置用于定义截面对象所在平面的第二个点
```

3. 选择说明

(1) 选择面或任意点以定位截面线：选择任意点(不在面上)，可以创建独立于实体的界面对象。第一点可以创建面对象旋转所围绕的点，第二点可创建截面对象。如图 8-5 所示，选择图中点 1、点 2 的位置时，在旋转体中产生的灰色截面。

单击活动截面平面，显示截面实体方向箭头以及编辑夹点，如图 8-6 所示。单击实体方向箭头中心点，或者单击方向箭头，可以改变截面位置，如图 8-7 所示。

(2) 选择实体或者面域上的面：可以产生与该面重合的截面对象。

(3) 在截面平面编辑状态下右击，系统打开如图 8-8 所示的快捷菜单，其中部分主要选项功能如下。

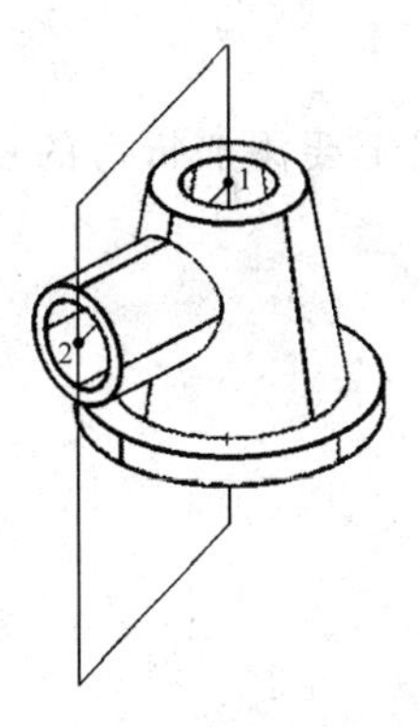

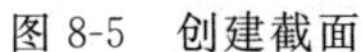

图 8-5　创建截面

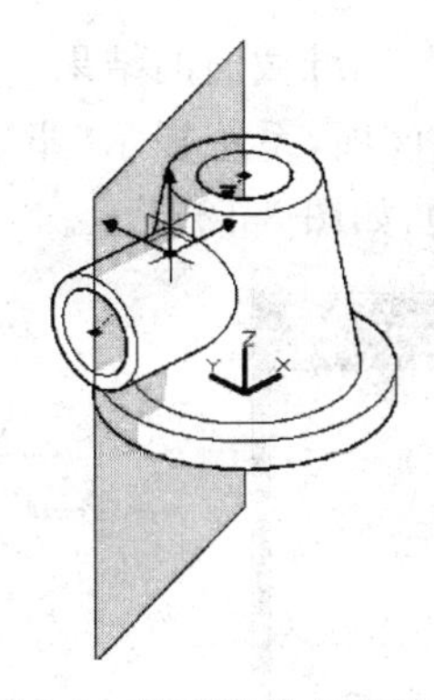

图 8-6　截面实体方向箭头

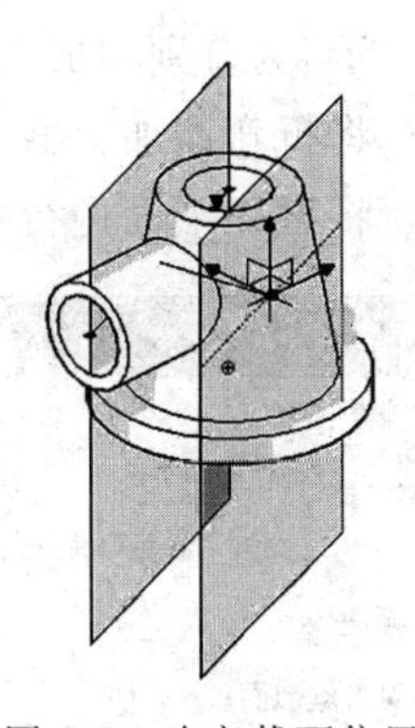

图 8-7　改变截面位置

- 激活活动截面：选择该项，活动截面被激活，可以对其进行编辑。
- 活动截面设置：选择该项，打开如图 8-9 所示的“截面设置”对话框，可以设置截面各项参数。

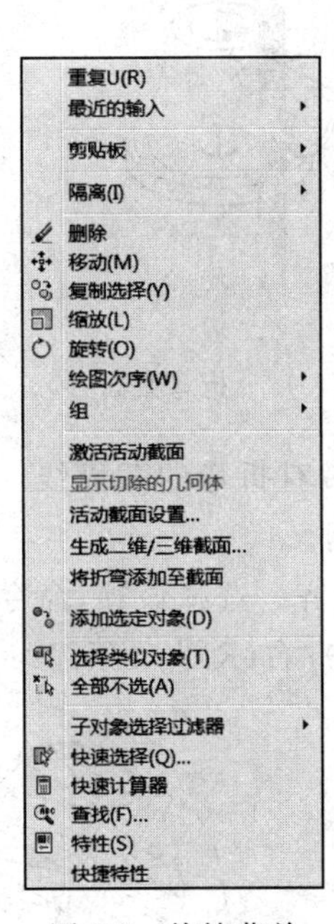

图 8-8　快捷菜单

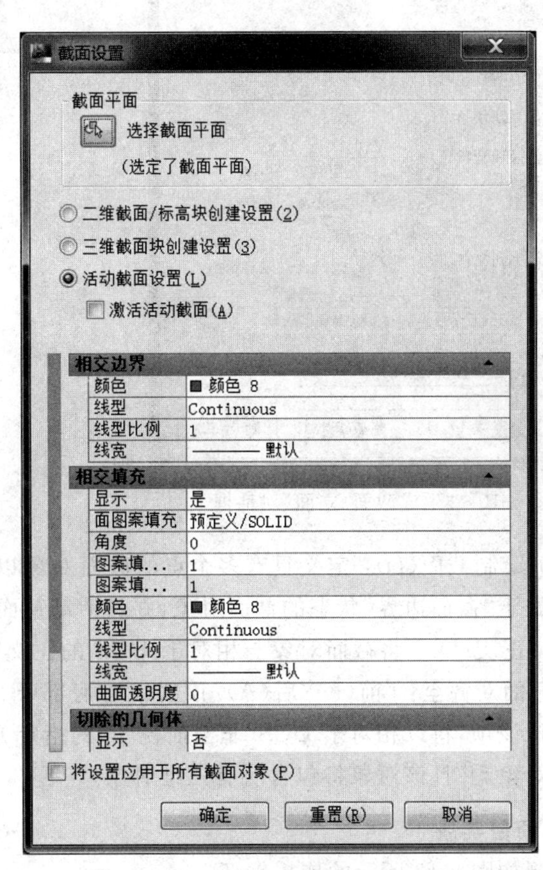

图 8-9　“截面设置”对话框

- 生成二维/三维截面：选择该项，系统打开如图 8-10 所示的“生成截面/立面”对话框。

设置相关参数后，单击“创建”按钮，可以创建相应的图形或文件。如图 8-11 所示，为分别生成二维截面与三维截面的结果。

- 将折弯添加至截面：选择该项，系统提示“指定截面线上要添加折弯的点”，可以将截面平面进行折弯处理，如图 8-12 所示。

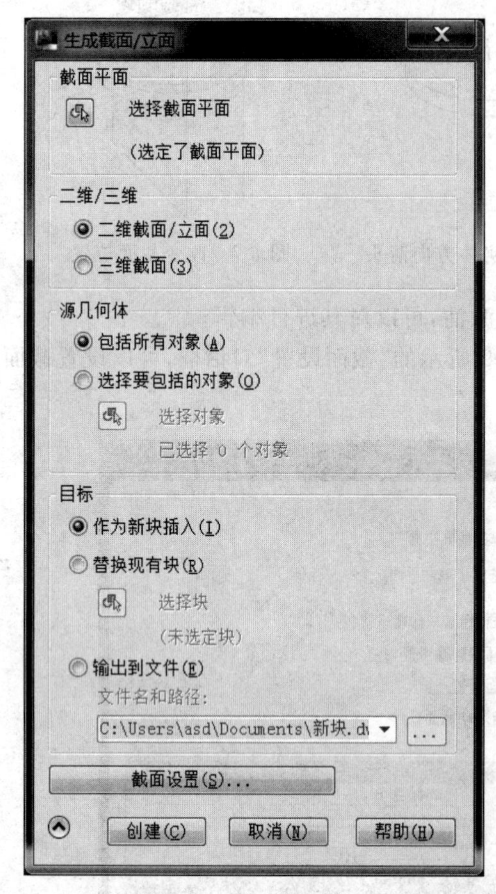

图 8-10 “生成截面/立面”对话框

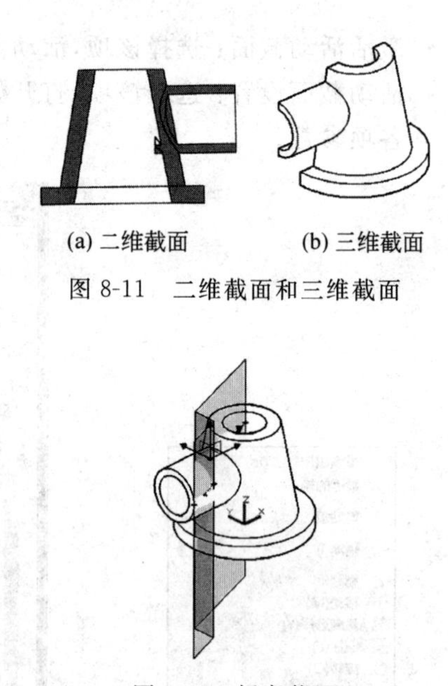

(a) 二维截面　(b) 三维截面

图 8-11 二维截面和三维截面

图 8-12 折弯截面

(4) 绘制截面(D)：定义具有多个点的截面对象以创建带有折弯的截面线。该选项将创建处于“截面边界”状态的截面对象，并且活动截面会关闭。

(5) 正交(O)：将截面对象与相对于 UCS 的正交方向对齐。选择该项，命令提示行为：将截面对齐至：[前(F)/后(A)/顶部(T)/底部(B)/左(L)/右(R)] ＜顶部＞。

选择该项，将以相对于 UCS(非当前视图)的指定方向创建截面对象，并且该对象将包含所有三维对象。

4. 项目实战

绘制如图 8-13 所示的连接轴环。

操作步骤如下。

(1) 打开 AutoCAD 2014 软件，选择“文件”|“新建”，打开“选择样板”对话框，选择已有样板文件 acadiso. dwt。

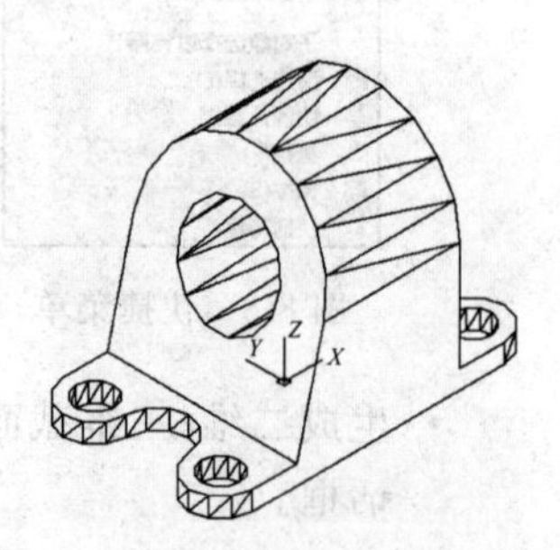

图 8-13 连接轴环

(2) 选择“视图”|“三维视图”|“西南等轴测”，将视图转换

为“西南等轴测”。

(3) 选择“绘图”|“多段线”,命令行提示操作如下：

```
命令：_pline
指定起点：-200,150
当前线宽为 0.0000
指定下一个点或 [圆弧(A)/半宽(H)/长度(L)/放弃(U)/宽度(W)]：@400,0
指定下一点或 [圆弧(A)/闭合(C)/半宽(H)/长度(L)/放弃(U)/宽度(W)]：a
指定圆弧的端点或[角度(A)/圆心(CE)/闭合(CL)/方向(D)/半宽(H)/直线(L)/半径(R)/第二个
点(S)/放弃(U)/宽度(W)]：r
指定圆弧的半径：50
指定圆弧的端点或 [角度(A)]：a
指定包含角：-180
指定圆弧的弦方向 <0>：-90
指定圆弧的端点或
[角度(A)/圆心(CE)/闭合(CL)/方向(D)/半宽(H)/直线(L)/半径(R)/第二个点(S)/放弃(U)/宽
度(W)]：r
指定圆弧的半径：50
指定圆弧的端点或 [角度(A)]：@0,-100
指定圆弧的端点或
[角度(A)/圆心(CE)/闭合(CL)/方向(D)/半宽(H)/直线(L)/半径(R)/第二个点(S)/放弃(U)/宽
度(W)]：r
指定圆弧的半径：50
指定圆弧的端点或 [角度(A)]：a
指定包含角：-180
指定圆弧的弦方向 <0>：-90
指定圆弧的端点或[角度(A)/圆心(CE)/闭合(CL)/方向(D)/半宽(H)/直线(L)/半径(R)/第二个
点(S)/放弃(U)/宽度(W)]：L
指定下一点或 [圆弧(A)/闭合(C)/半宽(H)/长度(L)/放弃(U)/宽度(W)]：@-400,0
指定下一点或 [圆弧(A)/闭合(C)/半宽(H)/长度(L)/放弃(U)/宽度(W)]：a
指定圆弧的端点或[角度(A)/圆心(CE)/闭合(CL)/方向(D)/半宽(H)/直线(L)/半径(R)/第二个
点(S)/放弃(U)/宽度(W)]：r
指定圆弧的半径：50
指定圆弧的端点或 [角度(A)]：a
指定包含角：-180
指定圆弧的弦方向 <180>：90
指定圆弧的端点或
[角度(A)/圆心(CE)/闭合(CL)/方向(D)/半宽(H)/直线(L)/半径(R)/第二个点(S)/放弃(U)/宽
度(W)]：r
指定圆弧的半径：50
指定圆弧的端点或 [角度(A)]：@0,100
指定圆弧的端点或[角度(A)/圆心(CE)/闭合(CL)/方向(D)/半宽(H)/直线(L)/半径(R)/第二个
点(S)/放弃(U)/宽度(W)]：r
指定圆弧的半径：50
指定圆弧的端点或 [角度(A)]：a
指定包含角：-180
指定圆弧的弦方向 <180>：90
指定圆弧的端点或[角度(A)/圆心(CE)/闭合(CL)/方向(D)/半宽(H)/直线(L)/半径(R)/第二个
点(S)/放弃(U)/宽度(W)]：                //直接按 Enter 键结束
```

绘制出如图 8-14 所示的图形。

(4) 选择“绘图”|“圆”|“圆心、半径”，命令行提示操作如下：

```
命令：_circle 指定圆的圆心或 [三点(3P)/两点(2P)/切点、切点、半径(T)]: -200,-100
指定圆的半径或 [直径(D)]: 30
```

绘制出如图 8-15 所示的图形。

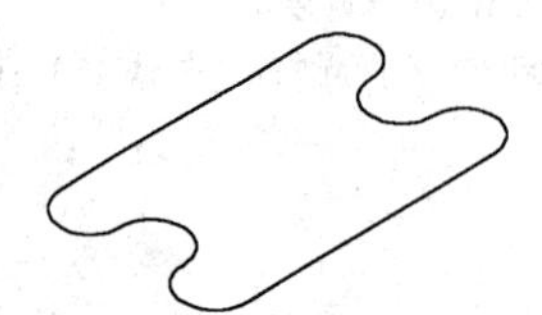

图 8-14 绘制多段线

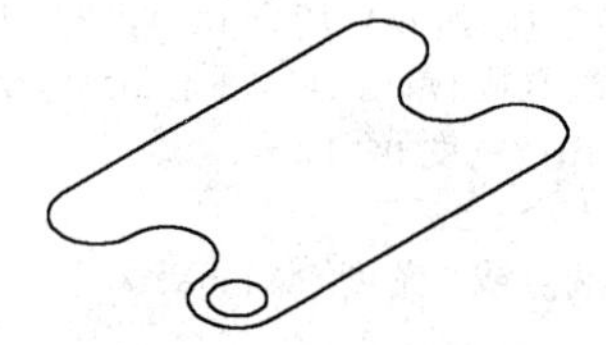

图 8-15 绘制圆

(5) 选择“修改”|“阵列”|“矩形阵列”，命令行提示操作如下：

```
命令：_arrayrect
选择对象：找到 1 个                    //选择圆
选择对象：                             //按 Enter 键
类型=矩形 关联=是
为项目数指定对角点或 [基点(B)/角度(A)/计数(C)] <计数>:
指定对角点以间隔项目或 [间距(S)] <间距>: 200
按 Enter 键接受或 [关联(AS)/基点(B)/行(R)/列(C)/层(L)/退出(X)] <退出>: R
输入 行数 数或 [表达式(E)] <1>: 2
指定 行数 之间的距离或 [总计(T)/表达式(E)] <90>: 200
指定 行数 之间的标高增量或 [表达式(E)] <0>:
按 Enter 键接受或 [关联(AS)/基点(B)/行(R)/列(C)/层(L)/退出(X)] <退出>: C
输入 列数 数或 [表达式(E)] <1>: 2
指定 列数 之间的距离或 [总计(T)/表达式(E)] <90>: 400
按 Enter 键接受或 [关联(AS)/基点(B)/行(R)/列(C)/层(L)/退出(X)] <退出>: X
```

绘制出如图 8-16 所示的图形。

(6) 选择“绘图”|“建模”|“拉伸”，命令行提示操作如下：

```
命令：_extrude
当前线框密度：ISOLINES=4，闭合轮廓创建模式=实体
选择要拉伸的对象或 [模式(MO)]: _MO 闭合轮廓创建模式 [实体(SO)/曲面(SU)] <实体>: _SO
选择要拉伸的对象或 [模式(MO)]: 找到 1 个
选择要拉伸的对象或 [模式(MO)]:
指定拉伸的高度或 [方向(D)/路径(P)/倾斜角(T)/表达式(E)] <35.0000>: 30
```

绘制出如图 8-17 所示的图形。

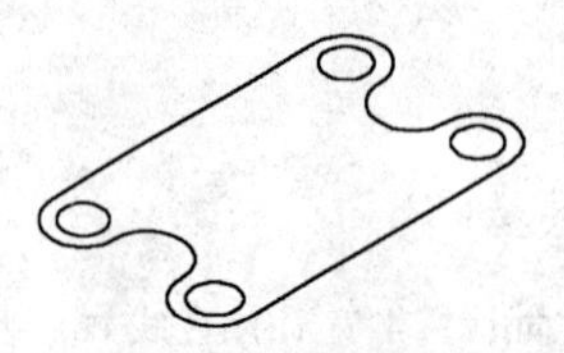

图 8-16 阵列后图形

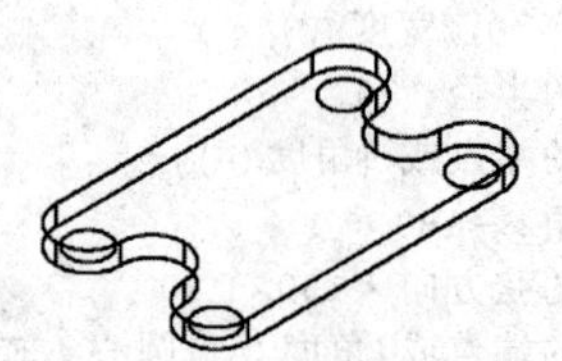

图 8-17 拉伸后图形

(7) 选择"绘图"|"建模"|"差集",将多段线生成的柱体与4个圆生成的柱体进行差集运算,命令行提示操作如下:

```
命令: _subtract 选择要从中减去的实体、曲面和面域......
选择对象: 找到 1个
选择对象:
选择要减去的实体、曲面和面域......
选择对象: 找到 1个
选择对象:
```

差集处理后的图形如图 8-18 所示。

(8) 选择"绘图"|"建模"|"长方体",以(－130,－150,0)(130,150,200)为角点绘制长方体。

(9) 选择"绘图"|"建模"|"圆柱体",绘制底面中心为(130,0,200),底面半径为150,轴端点为(－130,0,200)的一个圆柱体,如图 8-19 所示。

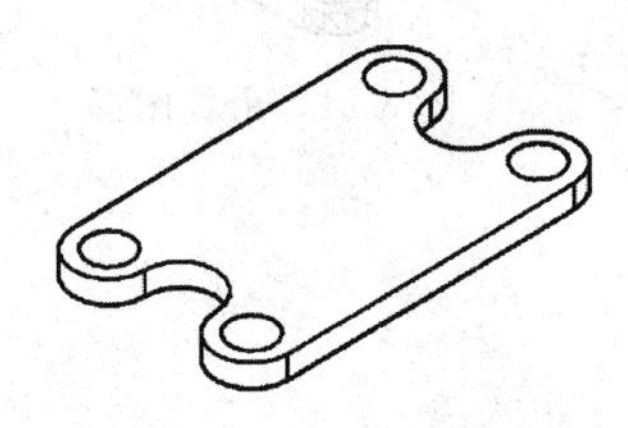

图 8-18 差集处理后图像

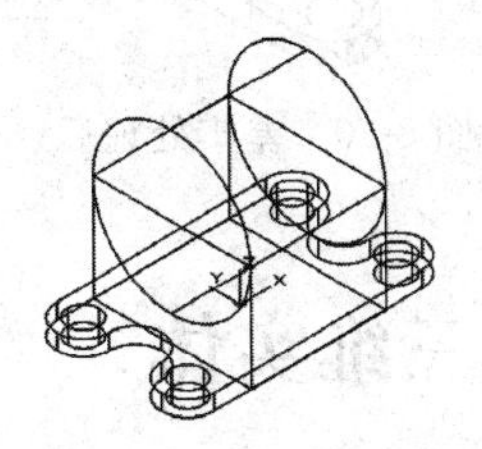

图 8-19 绘制圆柱体

(10) 选择"修改"|"实体编辑"|"并集",选择长方体与圆柱体进行并集运算。

(11) 选择"绘图"|"建模"|"圆柱体",绘制底面中心为(－130,0,200),底面半径为80,轴端点为(130,0,200)的一个圆柱体。

(12) 选择"修改"|"实体编辑"|"差集",选择实体与圆柱体进行差集运算。命令行如下:

```
命令: _cylinder                                             //绘制圆柱体
指定底面的中心点或 [三点(3P)/两点(2P)/切点、切点、半径(T)/椭圆(E)]: -130,0,200
指定底面半径或 [直径(D)] <150.0000>: 80
指定高度或 [两点(2P)/轴端点(A)] <260.0000>: a
指定轴端点: 130,0,200
命令: _subtract 选择要从中减去的实体、曲面和面域......     //差集
选择对象: 找到 1 个
选择对象:
选择要减去的实体、曲面和面域......
选择对象: 找到 1 个
选择对象:
```

差集处理后得到的图形如图 8-20 所示。

(13) 选择"修改"|"三维操作"|"剖切",命令行如下:

```
命令: slice
选择要剖切的对象: 找到 1 个                                  //选择轴环部分
```

```
选择要剖切的对象：
指定 切面 的起点或 [平面对象(O)/曲面(S)/Z 轴(Z)/视图(V)/XY(XY)/YZ(YZ)/ZX(ZX)/三点(3)] <三点>: 3
指定平面上的第一个点: -130,-150,30
指定平面上的第二个点: -130,150,30
指定平面上的第三个点: -50,0,350
在所需的侧面上指定点或 [保留两个侧面(B)] <保留两个侧面>:    //选择如图 8-20 所示一侧
```

(14) 选择"修改"|"实体编辑"|"并集",选择图形进行并集,消隐后如图 8-21 所示。

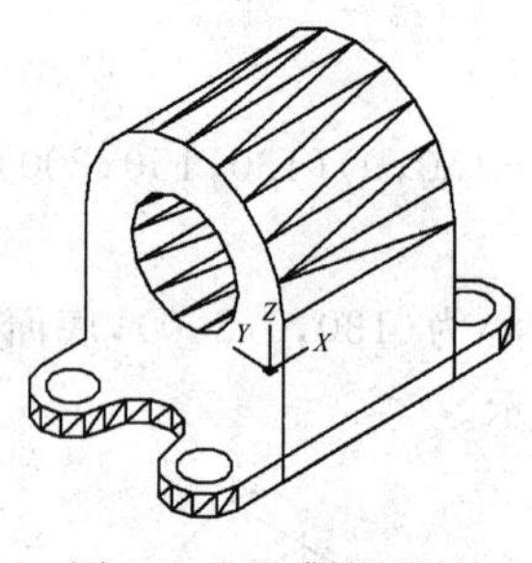

图 8-20　差集处理后

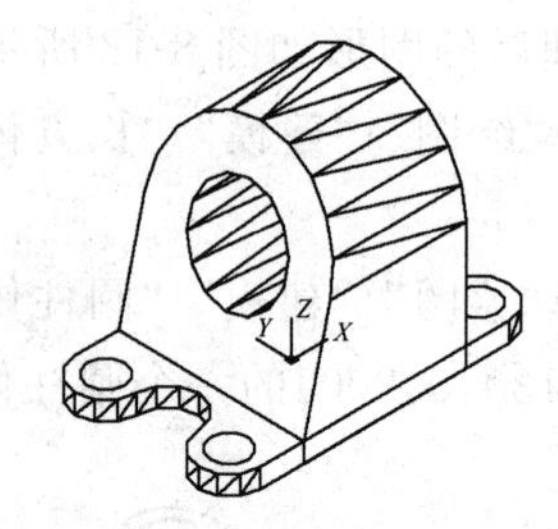

图 8-21　最终图形

8.2　编辑三维实体

8.2.1　三维阵列

保持传统行为用于创建非关联二维矩形或环形阵列,如图 8-22 所示。

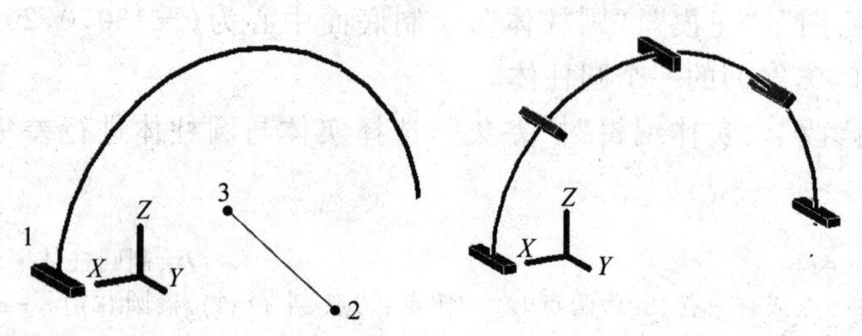

图 8-22　三维阵列

对于三维矩形阵列,除行数和列数外,用户还可以指定 Z 方向的层数。对于三维环形阵列,还可以通过空间中的任意两点指定旋转轴。

整个选择集将被视为单个阵列元素。

1. 命令调用方法

- 菜单:"修改"|"三维操作"|"三维阵列"。
- 工具栏:(三维阵列)按钮。
- 命令行:3darray。

2. 操作步骤

```
命令: 3darray↙                              //激活 3darray 命令
```

```
选择对象:                                    //选择要阵列的对象
选择对象:                                    //选择下一个对象或者直接按 Enter 键结束选择
输入阵列类型 [矩形(R)/环形(P)] <矩形>:         //确定阵列的类型
```

3. 选项说明

(1) 矩形(R):对图形进行矩形阵列复制,使系统默认选项。选择该选项后,命令提示行如下:

```
输入行数 (---) <1>:                          //输入行数
输入列数 (|||) <1>:                          //输入列数
输入层数(...) <1>:                           //输入层数
指定行间距 (---):                            //输入行间距
指定列间距 (|||):                            //输入列间距
输入层间距(...):                             //输入层间距
```

(2) 环形(P):对图形进行环形阵列复制。选择该项后,命令提示行如下:

```
输入阵列中的项目数目:                         //输入阵列的数目
指定要填充的角度 (+=逆时针, -=顺时针) <360>:   //输入环形阵列的圆心角
旋转阵列对象? [是(Y)/否(N)] <Y>:             //确定阵列上的每一个图形是否根据旋转轴线的
                                             位置进行旋转
指定阵列的中心点:                             //输入旋转轴线上的一点坐标
指定旋转轴上的第二点:                         //输入旋转轴线上的另一点坐标
```

如图 8-23 所示,为 3 层 3 行 3 列间距分别为 150 的圆锥体的矩形阵列;如图 8-24 所示,为数量为 6、圆心角为 360°的圆锥体的环形阵列。

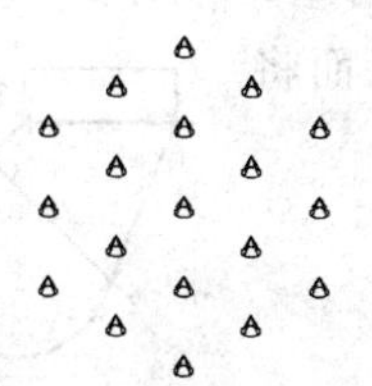

图 8-23　三维图形的矩形阵列

图 8-24　三维图形的环形阵列

8.2.2　三维镜像

创建镜像平面上选定对象的镜像副本。

1. 命令调用方法

- 菜单:"修改"|"三维操作"|"三维镜像"。
- 工具栏:(三维镜像)按钮。
- 命令行:mirror3d。

2. 操作步骤

```
命令: _mirror3d                              //激活 mirror3d 命令
选择对象:                                    //选择要镜像的对象
选择对象:                                    //选择下一个对象或直接按 Enter 键结束选择
```

```
指定镜像平面 (三点) 的第一个点或 [对象(O)/最近的(L)/Z 轴(Z)/视图(V)/XY 平面(XY)/YZ 平面(YZ)/ZX 平面(ZX)/三点(3)] <三点>:
是否删除源对象? [是(Y)/否(N)] <否>:          //确定是否删除源对象
```

3. 选项说明

(1) 对象(O)：使用选定平面对象的平面作为镜像平面。

(2) *Z* 轴(Z)：根据平面上的一个点和平面法线上的一个点定义镜像平面。

(3) 视图(V)：将镜像平面与当前窗口中通过指定点的视图平面对齐。

(4) *XY* 平面(*XY*)/*YZ* 平面(*YZ*)/*ZX* 平面(*ZX*)：将镜像平面与一个通过指定点的标准平面(*XY*、*YZ* 或 *ZX*)对齐，如图 8-25 所示。

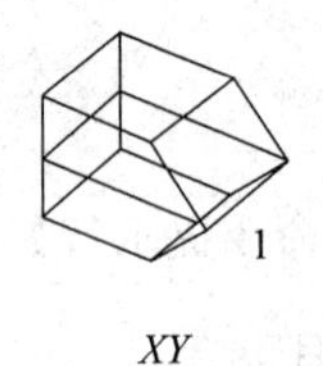

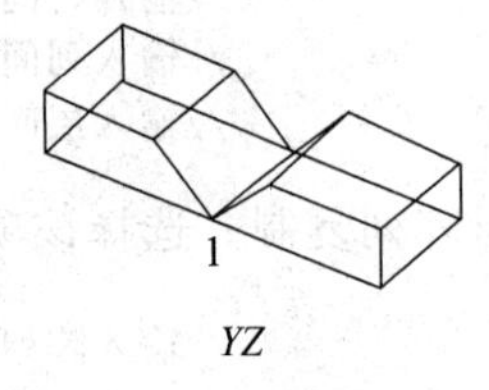

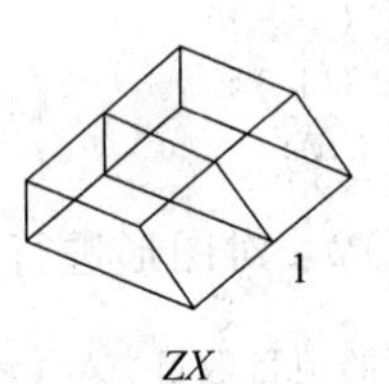

图 8-25 不同面的对齐

(5) 三点(3)：通过三个点定义镜像平面。如果通过指定点来选择此选项，将不显示“在镜像平面上指定第一点”的提示。

8.2.3 对齐对象

在二维和三维空间中将对象与其他对象对齐，如图 8-26 所示，可以指定一对、两对或三对源点和定义点以移动、旋转或倾斜选定的对象，从而将它们与其他对象上的点对齐。

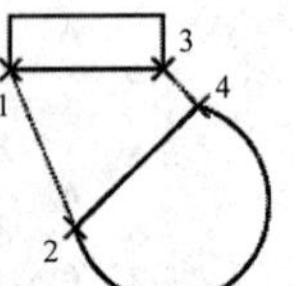

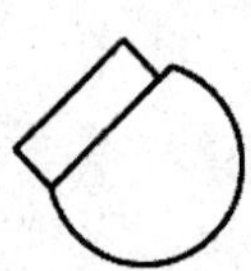

图 8-26 对齐对象

1. 命令调用方法

- 菜单：“修改”|“三维操作”|“对齐”。
- 工具栏：(对齐)按钮。
- 命令行：align。
- 命令行：al(简化命令)。

2. 操作步骤

```
命令: _align                    //激活 align 命令
选择对象:                       //选择要对齐的对象,例如选择图 8-26 中的长方形
选择对象:                       //选择另一个要对齐的对象或按 Enter 键结束选择，例如选择图 8-26 中的半圆形指定一对、两对或三对源点和定义点,以对齐选定对象
指定第一个源点:                 //选择图 8-26 中的点 1
指定第一个目标点:               //选择图 8-26 中的点 2
指定第二个源点:                 //选择图 8-26 中的点 3
指定第二个目标点:               //选择图 8-26 中的点 4
指定第三个源点或 <继续>:        //按 Enter 键,结束选择
```

是否基于对齐点缩放对象？[是(Y)/否(N)] <否>：　　　//输入 N 后得到图 8-26 中的右侧图形

8.2.4　三维移动

在三维视图中，显示三维移动小控件以实现在指定方向上按指定距离移动三维对象。如图 8-27 所示，使用三维移动小控件，可以自由移动选定的对象和子对象，或将移动约束到轴或平面。

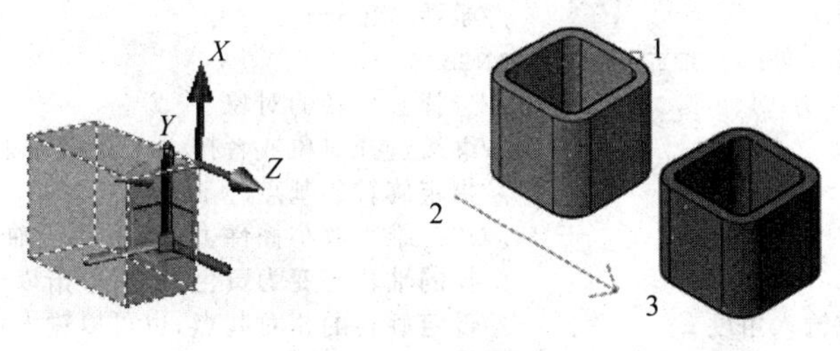

图 8-27　三维移动

1. 命令调用方法

- 菜单："修改"|"三维操作"|"三维移动"。
- 工具栏：(三维移动)按钮。
- 命令行：3dmove。

2. 操作步骤

命令：_3dmove　　　//激活 3dmove 命令
选择对象：找到 1 个　　　//选择要移动的对象
选择对象：　　　//按 Enter 键，结束选择
指定基点或 [位移(D)] <位移>：　　　//指定基点
指定第二个点或 <使用第一个点作为位移>：　　　//指定第二点

8.2.5　三维旋转

在三维视图中，显示三维旋转小控件以协助绕基点旋转三维对象，如图 8-28 所示。使用三维旋转小控件，用户可以自由旋转选定的对象和子对象，或将旋转约束到轴。默认情况下，三维旋转小控件显示在选定对象的中心。

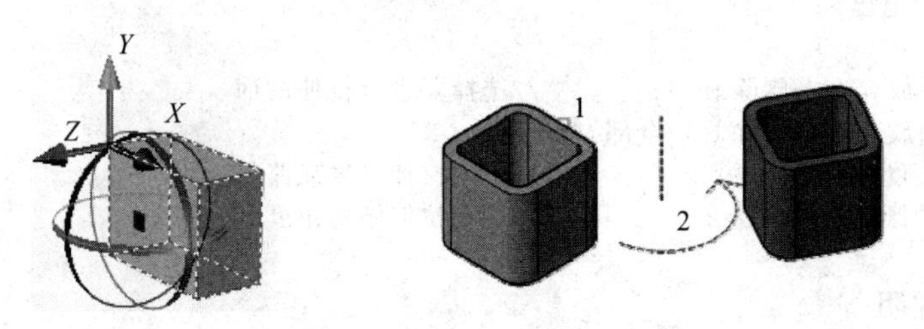

图 8-28　三维旋转

1. 命令调用方法

- 菜单："修改"|"三维操作"|"三维旋转"。
- 工具栏：(三维旋转)按钮。
- 命令行：3drotate。

2. 操作步骤

```
命令: _3drotate                          //激活 3drotate 命令
UCS 当前的正角方向: ANGDIR=逆时针 ANGBASE=0
选择对象:                                //选择被旋转的对象
选择对象:                                //继续选择对象或者按 Enter 键结束选择
指定基点:                                //指定旋转的基点
拾取旋转轴:                              //在三维缩放小控件上,指定旋转轴。移动鼠标直至要选
                                           择的轴轨迹变为黄色,然后单击以选择此轨迹
指定角的起点或输入角度:                  //设定旋转的相对起点,也可以输入角度值
指定角度端点:                            //绕指定轴旋转对象,单击结束旋转
```

8.3 对象编辑

编辑三维实体对象的面和边。

8.3.1 拉伸面

1. 命令调用方法

- 菜单："修改"|"实体编辑"|"拉伸面"。
- 工具栏：(拉伸面)按钮。
- 命令行：solidedit。

2. 操作步骤

```
命令: _solidedit
实体编辑自动检查: solidcheck=1
输入实体编辑选项 [面(F)/边(E)/体(B)/放弃(U)/退出(X)] <退出>: _face
输入面编辑选项
[拉伸(E)/移动(M)/旋转(R)/偏移(O)/倾斜(T)/删除(D)/复制(C)/颜色(L)/材质(A)/放弃(U)/
退出(X)] <退出>:
_extrude
选择面或 [放弃(U)/删除(R)]:              //选择要进行拉伸的面
选择面或 [放弃(U)/删除(R)/全部(ALL)]:
指定拉伸高度或 [路径(P)]:                //指定拉伸高度或路径
指定拉伸的倾斜角度 <0>:                  //指定拉伸倾斜角度
```

3. 选项说明

(1) 拉伸(E)：在 X、Y 或 Z 方向上延伸三维实体面，可以通过移动面来更改对象的形状。

(2) 指定拉伸高度：按指定的高度值来拉伸面。指定拉伸的倾斜角度后，完成拉伸操作。

(3) 路径(P)：沿指定的路径曲线拉伸面。如图 8-29 所示，为通过路径拉伸长方

体的结果。

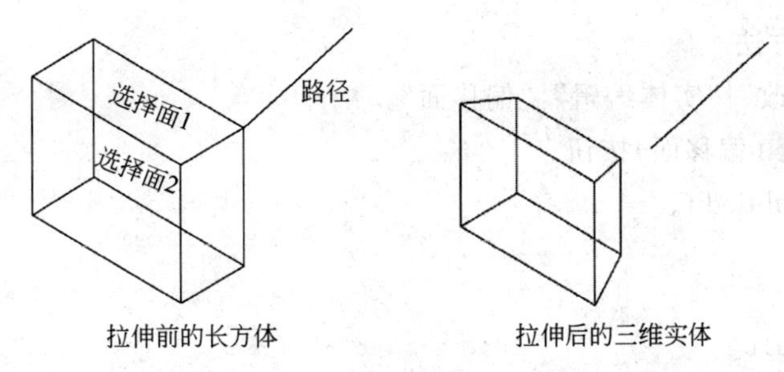

图 8-29　拉伸长方体的面

8.3.2　移动面

沿指定的高度或距离移动选定的三维实体对象的面，如图 8-30 所示，一次可以选择多个面。

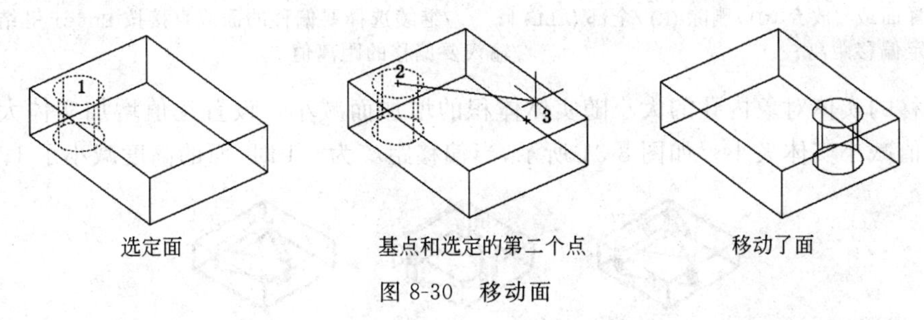

图 8-30　移动面

1. 命令调用方法

- 菜单："修改"|"实体编辑"|"移动面"。
- 工具栏：(移动面)按钮。
- 命令行：solidedit。

2. 操作步骤

```
命令：_solidedit
实体编辑自动检查：solidcheck=1
输入实体编辑选项 [面(F)/边(E)/体(B)/放弃(U)/退出(X)] <退出>：_FACE
输入面编辑选项
[拉伸(E)/移动(M)/旋转(R)/偏移(O)/倾斜(T)/删除(D)/复制(C)/颜色(L)/材质(A)/放弃(U)/
退出(X)] <退出>：
_move
选择面或 [放弃(U)/删除(R)]：            //选择要进行移动的面
选择面或 [放弃(U)/删除(R)/全部(ALL)]：  //继续选择要移动的面或直接按 Enter 键结束选择
指定基点或位移：                        //输入具体的坐标值或选择关键点
指定位移的第二点：                      //输入具体的坐标值或选择关键点
```

8.3.3　偏移面

按指定的距离或通过指定的点，将面均匀地偏移。正值会增大实体的大小或体积，负值会减小实体的大小或体积。

1. 命令调用方法

- 菜单:"修改"|"实体编辑"|"偏移面"。
- 工具栏:(偏移面)按钮。
- 命令行:solidedit。

2. 操作步骤

```
命令: _solidedit
实体编辑自动检查: solidcheck=1
输入实体编辑选项 [面(F)/边(E)/体(B)/放弃(U)/退出(X)] <退出>: _FACE
输入面编辑选项
[拉伸(E)/移动(M)/旋转(R)/偏移(O)/倾斜(T)/删除(D)/复制(C)/颜色(L)/材质(A)/放弃(U)/
退出(X)] <退出>:
_offset
选择面或 [放弃(U)/删除(R)]:          //选择要进行偏移的面
选择面或 [放弃(U)/删除(R)/全部(ALL)]:  //继续选择要偏移的面或直接按 Enter 键结束选择
指定偏移距离:                        //输入要偏移的距离值
```

偏移的实体对象内孔的大小随实体体积的增加而减小。设置正值增加实体大小,或设置负值减小实体大小。如图 8-31 所示,当偏移距离为-1 时,面的高度减小了 1。

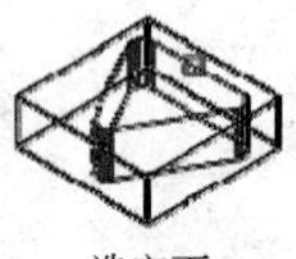
选定面

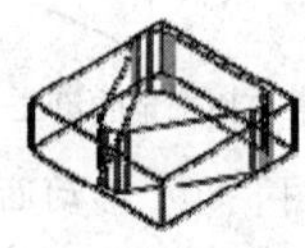
面偏移=1

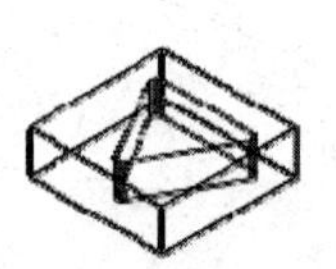
面偏移=-1

图 8-31 偏移面

8.3.4 删除面

可删除圆角和倒角边,并在稍后进行修改。如果更改生成无效的三维实体,将不删除面。

1. 命令调用方法

- 菜单:"修改"|"实体编辑"|"删除面"。
- 工具栏:(删除面)按钮。
- 命令行:solidedit。

2. 操作步骤

```
命令: _solidedit
实体编辑自动检查: solidcheck=1
输入实体编辑选项 [面(F)/边(E)/体(B)/放弃(U)/退出(X)] <退出>: _FACE
输入面编辑选项
[拉伸(E)/移动(M)/旋转(R)/偏移(O)/倾斜(T)/删除(D)/复制(C)/颜色(L)/材质(A)/放弃(U)/
退出(X)] <退出>:
```

```
_erase
选择面或 [放弃(U)/删除(R)]:            //选择要删除的面
```

3. 项目实战

绘制如图 8-32 所示的镶块。

操作步骤如下：

(1) 打开 AutoCAD 2014 软件，选择"文件"|"新建"，打开"选择样板"对话框，选择已有样板文件 acadiso.dwt。

(2) 选择"视图"|"三维视图"|"西南等轴测"，将视图转换为"西南等轴测"。在命令行输入 ISOLINES，设置线框密度为 10。

(3) 选择"绘图"|"建模"|"长方体"，以坐标原点为角点，创建长 50，宽 100，高 20 的长方体，见命令行：

图 8-32　镶块

```
命令: _box
指定第一个角点或 [中心(C)]: 0,0,0
指定其他角点或 [立方体(C)/长度(L)]: l
指定长度: 50
指定宽度: 100
指定高度或 [两点(2P)]: 20
```

(4) 选择"绘图"|"建模"|"圆柱体"，以长方体右侧面底边中点为圆心，创建半径为 50，高 20 的圆柱，如图 8-33 所示。

(5) 选择"修改"|"实体编辑"|"并集"，将长方体与圆柱体进行并集运算，如图 8-34 所示。

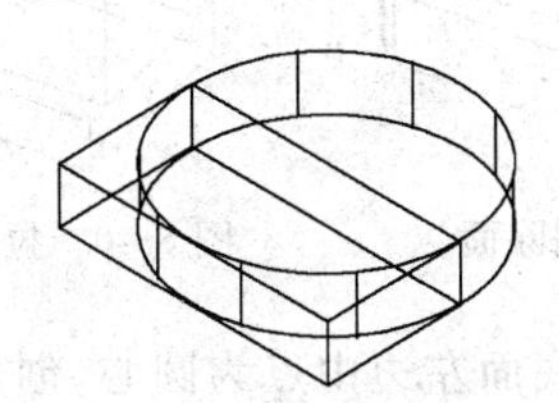
图 8-33　绘制长方体与圆柱体

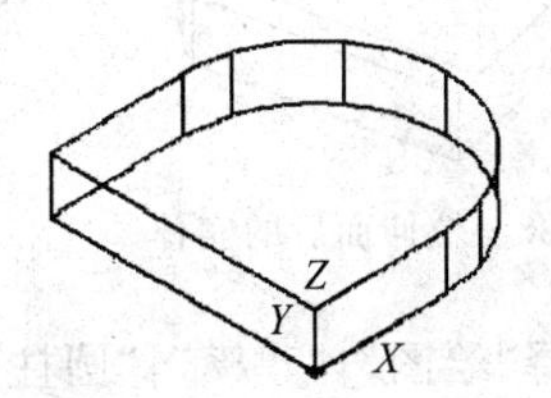

图 8-34　并集后实体

(6) 选择"修改"|"三维操作"|"剖切"，以 *ZX* 为剖切面，指定剖切面上的点为(0,10,0)和(0,90,0)，对实体进行对称剖切，保留实体中部，结果如图 8-35 所示。

(7) 选择"修改"|"三维操作"|"剖切"，以 *ZX* 为剖切面，指定剖切面上的点为(0,90,0)，对实体进行对称剖切，保留实体中部，结果如图 8-36 所示。

(8) 选择"修改"|"复制"，将剖切后的实体向上复制一个，如图 8-37 所示。

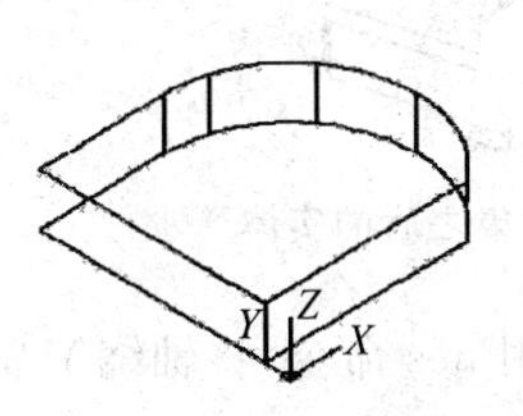

图 8-35　第一次剖切后实体

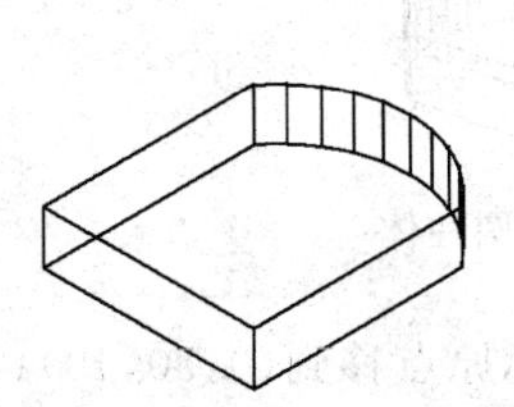
图 8-36　第二次剖切后的实体

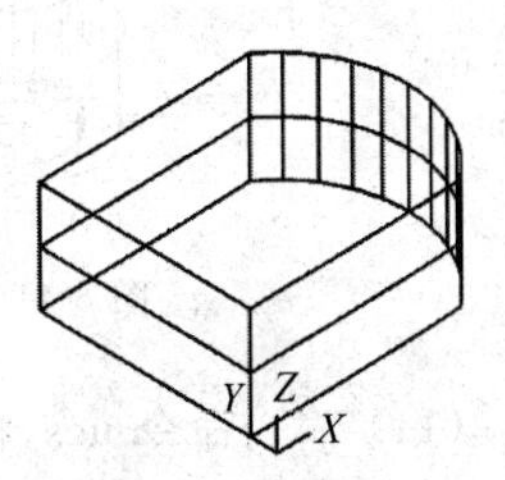

图 8-37　复制实体

(9) 选择“修改”|“实体编辑”|“拉伸面”，选取复制出来的上面的实体左右两侧面拉伸高度为－10，结果如图 8-38 所示。命令行如下：

```
命令：_solidedit
实体编辑自动检查：solidcheck=1
输入实体编辑选项 [面(F)/边(E)/体(B)/放弃(U)/退出(X)] <退出>：_FACE
输入面编辑选项
[拉伸(E)/移动(M)/旋转(R)/偏移(O)/倾斜(T)/删除(D)/复制(C)/颜色(L)/材质(A)/放弃(U)/
退出(X)] <退出>：
_extrude
选择面或 [放弃(U)/删除(R)/全部(ALL)]：找到一个面。      //选择一侧的面
选择面或 [放弃(U)/删除(R)/全部(ALL)]：找到一个面。      //选择另一侧的面
选择面或 [放弃(U)/删除(R)/全部(ALL)]：                  //按 Enter 键结束选择
指定拉伸高度或 [路径(P)]：-10
指定拉伸的倾斜角度 <0>：0
```

(10) 选择“修改”|“实体编辑”|“删除面”，删除如图 8-39 所示的上部实体两侧选中的虚线面。

(11) 选择“修改”|“实体编辑”|“拉伸面”，将实体顶面向上拉伸 40，结果如图 8-40 所示。

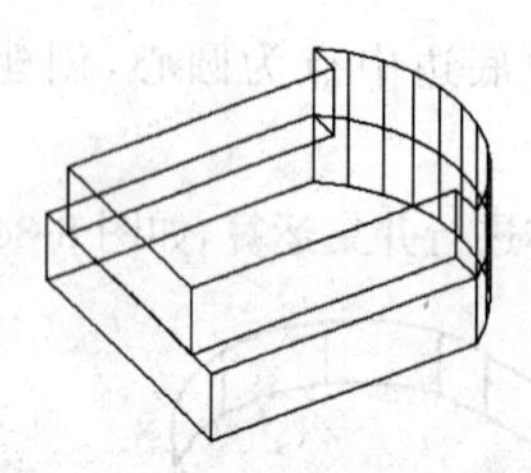

图 8-38 拉伸面后的实体

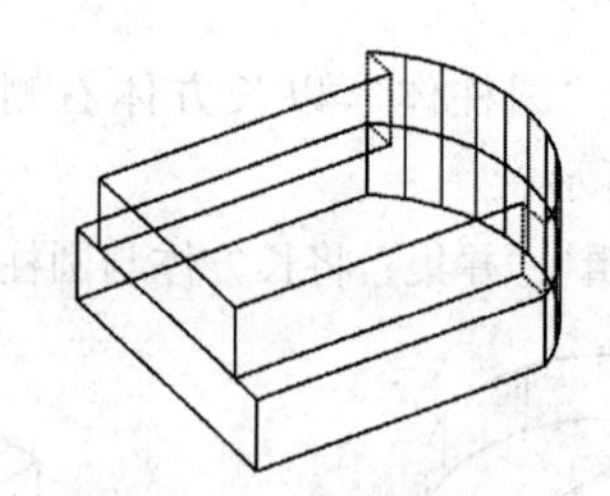

图 8-39 删除面

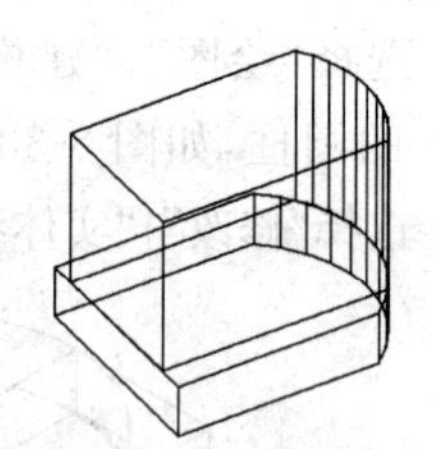

图 8-40 拉伸顶面

(12) 选择“绘图”|“建模”|“圆柱体”，以实体底面左边中点为圆心，创建半径为 10，高为 20 的圆柱。再用同样的方式，以 R 为 10 圆柱的顶面圆心为中心点，创建半径为 40，高为 40 的圆柱和半径为 25，高为 60 的圆柱，如图 8-41 所示。

(13) 选择“修改”|“实体编辑”|“差集”，将实体与三个圆柱体进行差集运算，结果如图 8-42 所示。

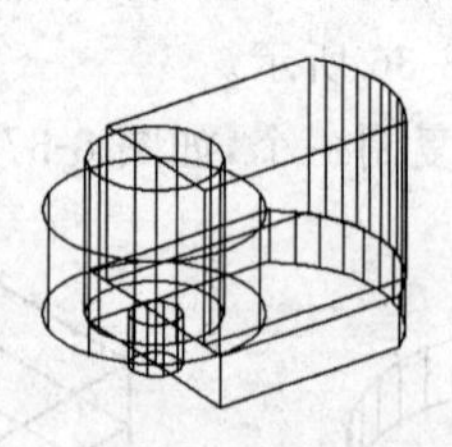

图 8-41 创建圆柱体

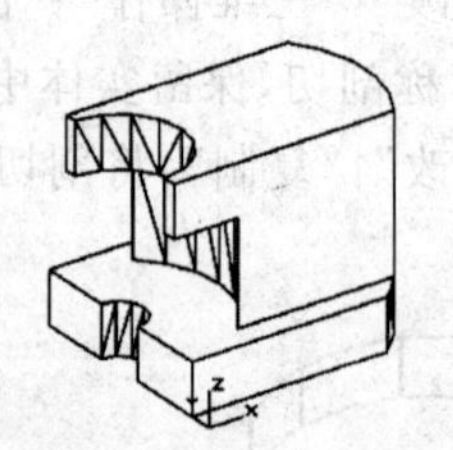

8-42 差集之后的实体

(14) 输入命令 ucs，将坐标原点移到(0,50,40)；再次使用 ucs 命令，将轴绕 Y 轴旋转 90°。命令提示如下：

```
命令: ucs
当前 ucs 名称: *没有名称*
指定 ucs 的原点或 [面(F)/命名(NA)/对象(OB)/上一个(P)/视图(V)/世界(W)/X/Y/Z/Z 轴(ZA)]
<世界>: @0,50,40                    //输入新的原点坐标
指定 X 轴上的点或 <接受>:            //按 Enter 键结束
命令: ucs
当前 ucs 名称: *没有名称*
指定 ucs 的原点或 [面(F)/命名(NA)/对象(OB)/上一个(P)/视图(V)/世界(W)/X/Y/Z/Z 轴(ZA)]
<世界>: y                           //确定轴向
指定绕 Y 轴的旋转角度 <90>: 90      //输入旋转角度
```

(15) 选择"绘图"|"建模"|"圆柱体",以新的坐标原点为底面圆心,创建半径为 5,高 100 的圆柱,如图 8-43 所示。

(16) 选择"修改"|"实体编辑"|"差集",将实体与小圆柱体进行差集运算,结果如图 8-44 所示。

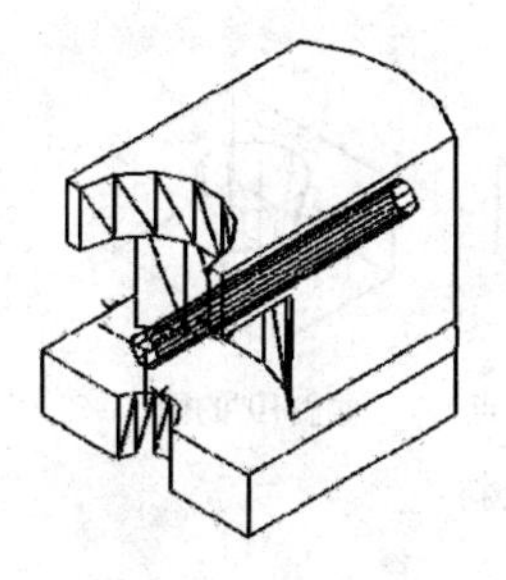

图 8-43　绘制小圆柱

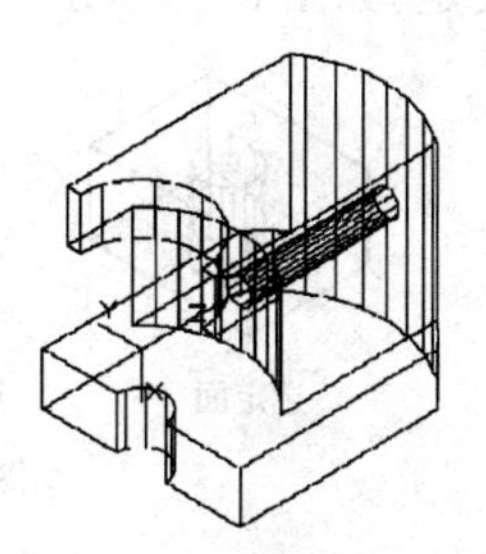

图 8-44　差集后结果

8.3.5　旋转面

绕指定的轴旋转一个或多个面或实体的某些部分。可以通过旋转面来更改对象的形状,建议将此选项用于小幅调整。

1. 命令调用方法

- 菜单:"修改"|"实体编辑"|"旋转面"。
- 工具栏:(旋转面)按钮。
- 命令行:soldedit。

2. 操作步骤

```
命令: _solidedit
实体编辑自动检查: solidcheck=1
输入实体编辑选项 [面(F)/边(E)/体(B)/放弃(U)/退出(X)] <退出>: _face
输入面编辑选项
[拉伸(E)/移动(M)/旋转(R)/偏移(O)/倾斜(T)/删除(D)/复制(C)/颜色(L)/材质(A)/放弃(U)/
退出(X)] <退出>:
_rotate
选择面或 [放弃(U)/删除(R)]:          //选择要旋转的面
选择面或 [放弃(U)/删除(R)/全部(ALL)/继续选择要旋转的面或直接按 Enter 键结束选择
```

```
指定轴点或 [经过对象的轴(A)/视图(V)/X 轴(X)/Y 轴(Y)/Z 轴(Z)] <两点>:
                          //选择一种确定轴线的方式,如图 8-45 所示,通过两个点来确定旋转轴
指定旋转角度或 [参照(R)]:           //输入旋转角度
```

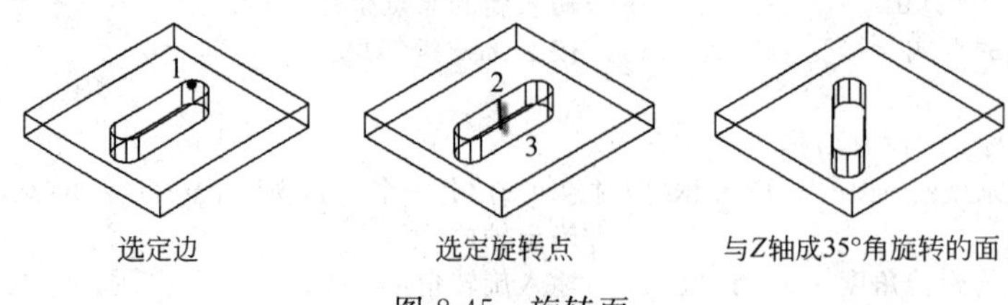

图 8-45 旋转面

8.3.6 倾斜面

以指定的角度倾斜三维实体上的面。倾斜角的旋转方向由选择基点和第二点(沿选定矢量)的顺序决定,如图 8-46 所示。

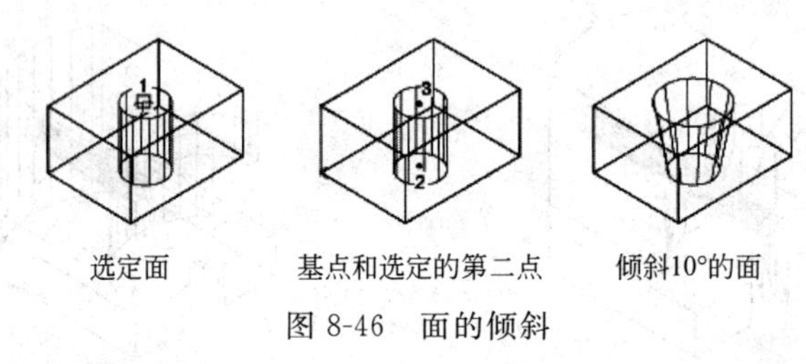

图 8-46 面的倾斜

1. 命令调用方法

- 菜单:"修改"|"实体编辑"|"倾斜面"。
- 工具栏:(倾斜面)按钮。
- 命令行:soldedit。

2. 操作步骤

```
命令: _solidedit
实体编辑自动检查: solidcheck=1
输入实体编辑选项 [面(F)/边(E)/体(B)/放弃(U)/退出(X)] <退出>: _face
输入面编辑选项
[拉伸(E)/移动(M)/旋转(R)/偏移(O)/倾斜(T)/删除(D)/复制(C)/颜色(L)/材质(A)/放弃(U)/
退出(X)] <退出>:
_TAPER
选择面或 [放弃(U)/删除(R)]:           //选择要倾斜的面
选择面或 [放弃(U)/删除(R)/全部(ALL)]//继续选择要倾斜的面或直接按 Enter 键结束选择
指定基点:                            //选择倾斜的基点(倾斜后不动的点),如图 8-46 所示的
                                       点 2 位置
指定沿倾斜轴的另一个点:              //选择另一点(倾斜后改变方向的点),如图 8-46 所示的
                                       点 3
指定倾斜角度:                         //输入倾斜角度,倾斜角度必须在 -90°和 90°之间且非零
```

8.3.7 复制面

将面复制为面域或体。

1. **命令调用方法**

- 菜单："修改"|"实体编辑"|"复制面"。
- 工具栏：(复制面)按钮。
- 命令行：solidedit。

2. **操作步骤**

```
命令: _solidedit
实体编辑自动检查: solidcheck=1
输入实体编辑选项 [面(F)/边(E)/体(B)/放弃(U)/退出(X)] <退出>: _face
输入面编辑选项
[拉伸(E)/移动(M)/旋转(R)/偏移(O)/倾斜(T)/删除(D)/复制(C)/颜色(L)/材质(A)/放弃(U)/
退出(X)] <退出>:
_copy
选择面或 [放弃(U)/删除(R)]:            //选择要复制的面
选择面或 [放弃(U)/删除(R)/全部(ALL)]:  //继续选择要复制的面或直接按 Enter 键结束选择
指定基点或位移:                        //输入基点坐标或位移
指定位移的第二点:                      //输入第二点坐标
```

8.3.8　着色面

修改面的颜色。着色面可用于亮显复杂三维实体模型内的细节。

1. **命令调用方法**

- 菜单："修改"|"实体编辑"|"着色面"。
- 工具栏：(着色面)按钮。
- 命令行：solidedit。

2. **操作步骤**

```
命令: _solidedit
实体编辑自动检查: solidcheck=1
输入实体编辑选项 [面(F)/边(E)/体(B)/放弃(U)/退出(X)] <退出>: _FACE
输入面编辑选项
[拉伸(E)/移动(M)/旋转(R)/偏移(O)/倾斜(T)/删除(D)/复制(C)/颜色(L)/材质(A)/放弃(U)/
退出(X)] <退出>:
_color
选择面或 [放弃(U)/删除(R)]:            //选择要着色的面
选择面或 [放弃(U)/删除(R)/全部(ALL)]:  //继续选择要着色的面或直接按 Enter 键结束选择。此时
                                       系统会打开"选择颜色"对话框,根据需要选择合适的颜
                                       色作为要着色面的颜色即可
```

8.3.9　复制边

将三维实体上的选定边复制为二维圆弧、圆、椭圆、直线或样条曲线，如图 8-47 所示。

1. **命令调用方法**

- 菜单："修改"|"实体编辑"|"复制边"。

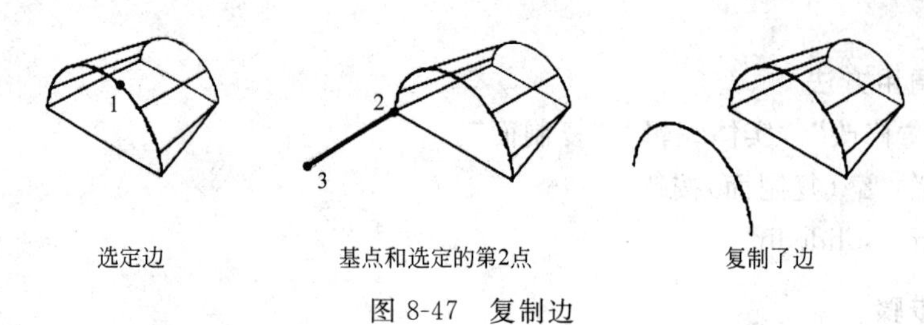

图 8-47　复制边

- 工具栏：(复制边)按钮。
- 命令行：solidedit。

2. 操作步骤

```
命令：_solidedit
实体编辑自动检查：solidcheck=1
输入实体编辑选项 [面(F)/边(E)/体(B)/放弃(U)/退出(X)] <退出>：_EDGE
输入边编辑选项[复制(C)/着色(L)/放弃(U)/退出(X)] <退出>：_COPY
选择边或 [放弃(U)/删除(R)]：          //选择要复制的边,如图 8-47 点 1 位置上的边
选择面或 [放弃(U)/删除(R)]：          //继续选择要复制的边或直接按 Enter 键结束选择
指定基点或位移：                      //确定复制基准点,如图 8-47 点 2 位置所示
指定位移的第二点：                    //确定复制目标点,如图 8-47 点 3 位置所示
```

8.3.10　着色边

更改三维实体对象上各条边的颜色。

1. 命令调用方法

- 菜单："修改"|"实体编辑"|"着色边"。
- 工具栏：(着色边)按钮。
- 命令行：solidedit。

2. 操作步骤

```
命令：_solidedit
实体编辑自动检查：solidcheck=1
输入实体编辑选项 [面(F)/边(E)/体(B)/放弃(U)/退出(X)] <退出>：_EDGE
输入边编辑选项[复制(C)/着色(L)/放弃(U)/退出(X)] <退出>：_COLOR
选择边或 [放弃(U)/删除(R)]：          //选择要着色的边
选择面或 [放弃(U)/删除(R)]：          //继续选择要着色的边或直接按 Enter 键结束选择
```

此时系统会打开"选择颜色"对话框，根据需要选择合适的颜色作为要着色边的颜色即可。

8.3.11　压印边

在选定的对象上压印另一个对象。为了使压印操作成功，被压印的对象必须与选定对象的一个或多个面相交。"压印"选项仅限于：圆弧、圆、直线、二维和三维多段线、椭圆、样条曲线、面域、体和三维实体等对象可执行。

1. 命令调用方法

- 菜单："修改"|"实体编辑"|"压印边"。
- 工具栏：(压印边)按钮。
- 命令行：imprint。

2. 操作步骤

```
命令:_imprint                              //激活 imprint 命令
选择三维实体或曲面:                          //选择三维实体,如图 8-48 的 1 所示
选择要压印的对象:                            //选择要压印的对象,如图 8-48 的 2 所示
是否删除源对象 [是(Y)/否(N)] <N>:
```

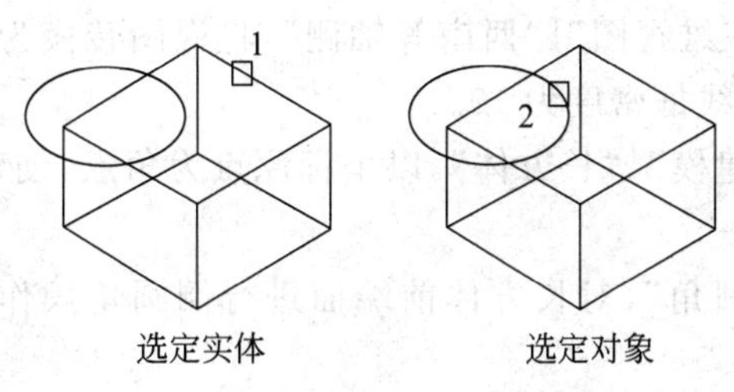

图 8-48　在体上压印图形

8.3.12　抽壳

用指定的厚度创建一个空的薄层。可以为所有面指定一个固定的薄层厚度,通过选择面可以将这些面排除在壳外。一个三维实体只能有一个壳。通过将现有面偏移出其原位置来创建新的面,如图 8-49 所示。

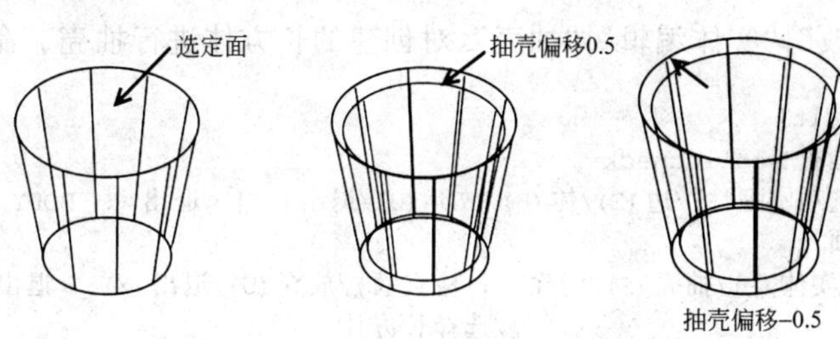

图 8-49　偏移抽壳

1. 命令调用方法

- 菜单："修改"|"实体编辑"|"抽壳"。
- 工具栏：(抽壳)按钮。
- 命令行：solidedit。

2. 操作步骤

```
命令:_solidedit                            //激活 solidedit 命令
实体编辑自动检查:SOLIDCHECK=1
输入实体编辑选项 [面(F)/边(E)/体(B)/放弃(U)/退出(X)] <退出>:_BODY
输入体编辑选项
```

```
[压印(I)/分割实体(P)/抽壳(S)/清除(L)/检查(C)/放弃(U)/退出(X)]<退出>:_SHELL
选择三维实体:                        //选择三维实体
删除面或 [放弃(U)/添加(A)/全部(ALL)]://选择开口面
删除面或 [放弃(U)/添加(A)/全部(ALL)]://继续选择或者直接按 Enter 键结束选择
输入抽壳偏移距离:                    //指定壳体的厚度值,如图 8-49 所示
```

3. 项目实战

绘制如图 8-50 所示的固定板。

操作步骤如下。

(1) 打开 AutoCAD 2014 软件,选择"文件"|"新建",打开"选择样板"对话框,选择已有样板文件 acadiso.dwt。

(2) 选择"视图"|"三维视图"|"西南等轴测",将视图转换为"西南等轴测"。在命令行输入 ISOLINES,设置线框密度为 10。

(3) 选择"绘图"|"建模"|"长方体",以坐标原点为角点,创建长 200,宽 40,高 80 的长方体。

(4) 选择"修改"|"圆角",对长方体前端面进行倒圆角操作,圆角半径为 8,结果如图 8-51 所示。

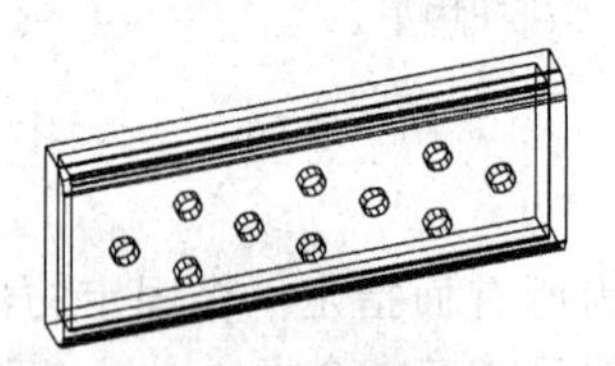

图 8-50 固定板

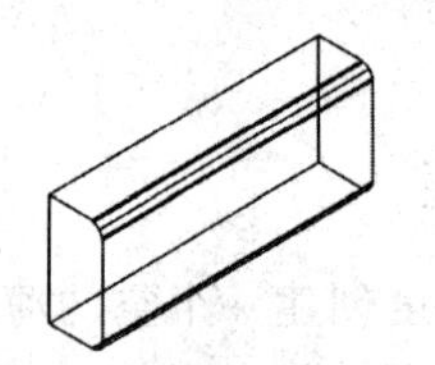

8-51 倒圆角后长方体

(5) 选择"修改"|"实体编辑"|"抽壳",对创建的长方体进行抽壳。命令行提示:

```
命令:_solidedit
实体编辑自动检查:solidcheck=1
输入实体编辑选项 [面(F)/边(E)/体(B)/放弃(U)/退出(X)]<退出>:_BODY
输入体编辑选项
[压印(I)/分割实体(P)/抽壳(S)/清除(L)/检查(C)/放弃(U)/退出(X)]<退出>:_SHELL
选择三维实体:                        //选择长方体
删除面或 [放弃(U)/添加(A)/全部(ALL)]://按 Enter 键
输入抽壳偏移距离:5                   //结果如图 8-52 所示
```

(6) 选择"修改"|"三维操作"|"剖切",剖切创建的长方体,结果如图 8-53 所示。命令提示如下:

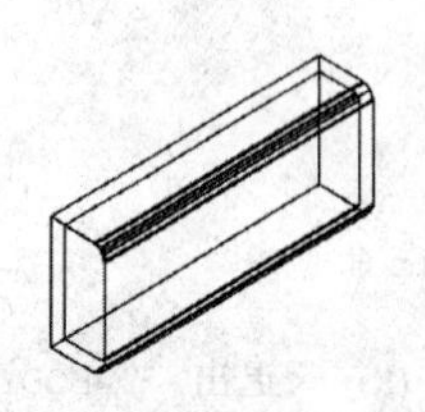

图 8-52 抽壳后的长方体

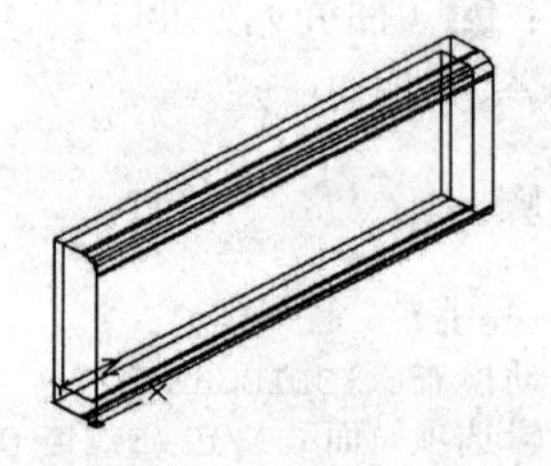

图 8-53 剖切长方体

```
命令: _slice
选择要剖切的对象: 找到 1 个              //选择长方体
选择要剖切的对象:                        //按 Enter 键结束选择
指定 切面 的起点或 [平面对象(O)/曲面(S)/Z 轴(Z)/视图(V)/XY(XY)/YZ(YZ)/ZX(ZX)/三点
(3)] <三点>: zx                          //按 Enter 键
指定 ZX 平面上的点 <0,0,0>:              //捕捉长方体顶面左边的中点
在所需的侧面上指定点或 [保留两个侧面(B)] <保留两个侧面>:
                                         //在长方体前侧单击,保留前侧
```

(7) 切换到前视图状态。选择“绘图”|“建模”|“圆柱体”,分别以(25,40)、(50,25)为圆心,创建半径为 5,高为−5 的圆柱,结果如图 8-54 所示。

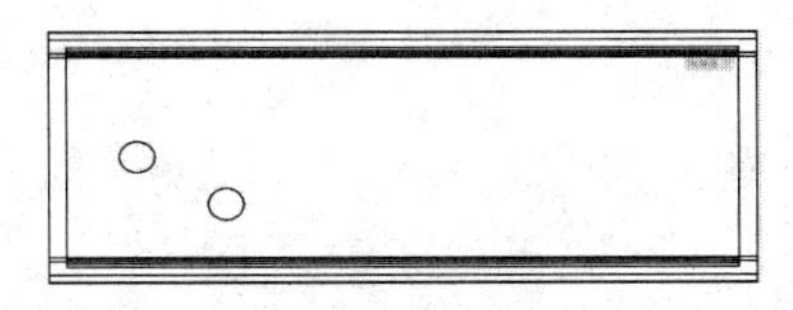

图 8-54　创建圆柱体

(8) 选择“修改”|“三维操作”|“三维阵列”,将创建的圆柱体分别进行 2 行 3 列,以及 1 行 4 列的矩形阵列,行间距为 30,列间距为 50。回到“西南等轴测”视图后,结果如图 8-55 所示。

(9) 选择“修改”|“实体编辑”|“差集”命令,将创建的长方体与所有圆柱体进行差集运算。

(10) 选择“视图”|“消隐”后,结果如图 8-56 所示。

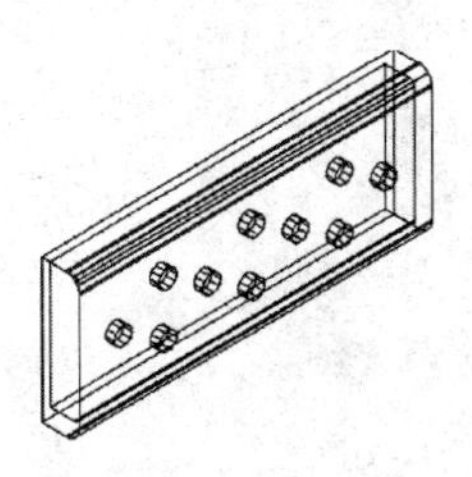

图 8-55　阵列圆柱

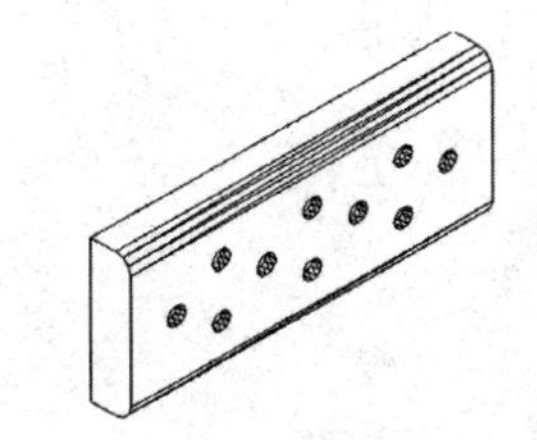

图 8-56　差集、消隐后的固定板

本章小结

本章主要介绍了三维实体编辑的基本方法和命令。用户可以根据自己的绘图习惯以及需要,通过工具栏、菜单或在命令窗口输入命令等方式执行 AutoCAD 的命令来实现对三维模型的编辑与修改。对三维实体的编辑方法,可以丰富对三维模型的控制与修改方法,加深对三维模型的认识和理解,并对模型进行更加灵活的编辑。

思考与练习

1. 利用本章所学内容,绘制如图 8-57 所示的轴支架。
2. 利用本章所学内容,绘制如图 8-58 所示的摇杆。

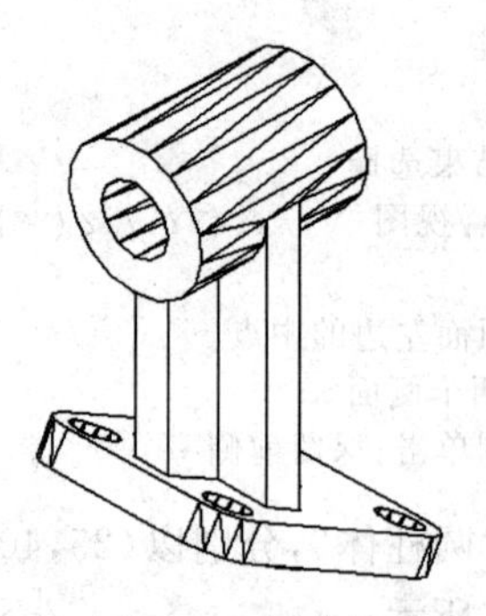

图 8-57　轴支架

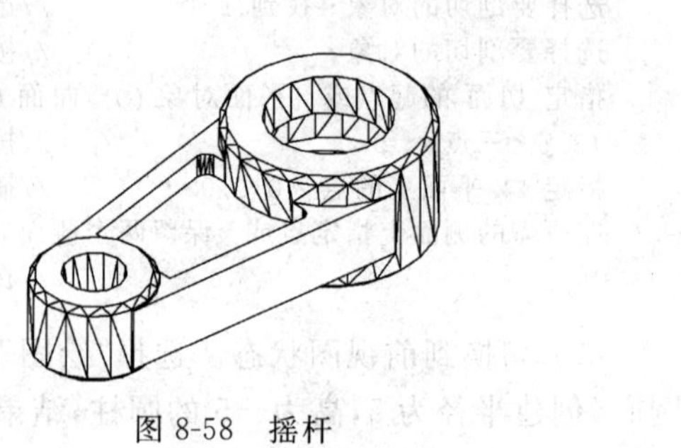

图 8-58　摇杆

第3篇　实　战　篇

第 9 章

常见平面图设计

本章要点

- 熟练运用基本绘图工具；
- 熟练掌握图像编辑工具；
- 熟练应用各种绘图技巧。

9.1 综合实战 1——绘制吊钩

分析：利用图层编辑、直线、圆、偏移、圆角、倒角、修剪等绘制如图 9-1 所示的吊钩图形。

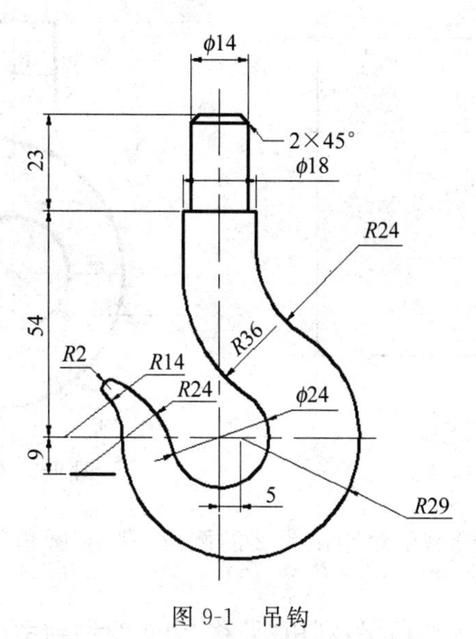

图 9-1 吊钩

操作步骤如下。

(1) 打开 AutoCAD 2014 软件，选择“文件”|“新建”，打开“选择样板”对话框，选择已有样板文件 acadiso.dwt。

(2) 在“格式”菜单中选择“图层”命令打开图层特性管理器设置图层，创建“中心线”、

“轮廓线”、“尺寸线”三个图层,并编辑图层特性,如图 9-2 所示。

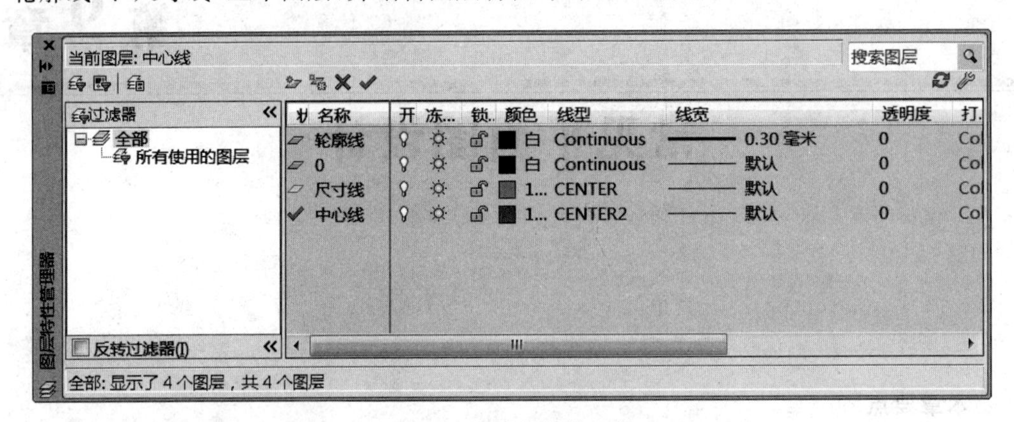

图 9-2　图层特性管理器

(3) 将“中心线”层设为当前层,使用“直线”和“偏移”命令绘制中心线,如图 9-3 所示。

(4) 将“轮廓线”层设为当前层,利用“直线”命令绘制间距为 14 和 18 的线段,利用“圆”绘制半径为 29、直径为 24 的圆,效果如图 9-4 所示。

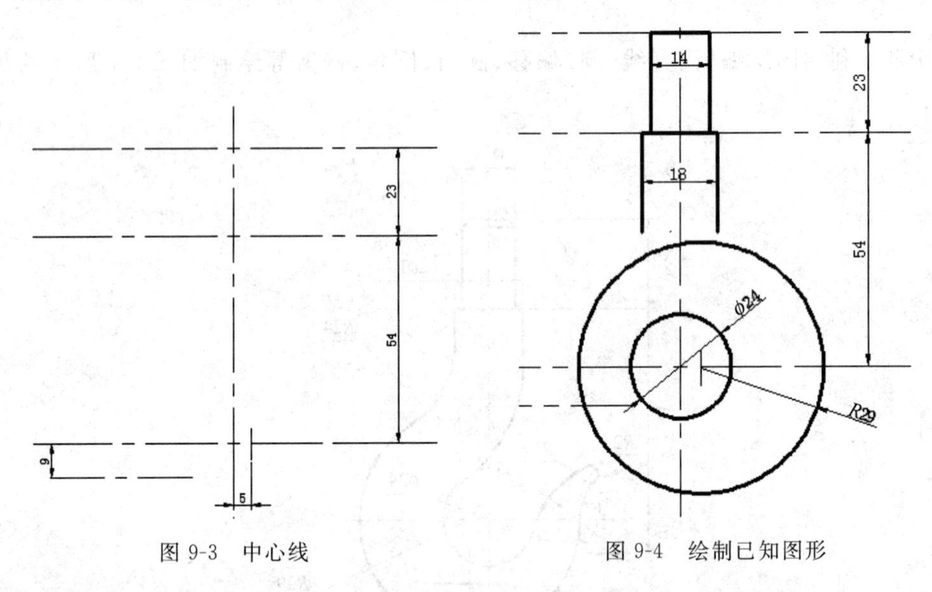

图 9-3　中心线　　图 9-4　绘制已知图形

(5) 利用“倒角”命令绘制倒角距离为 2 的倒角,利用“圆角”命令绘制半径为 24 和 36 的圆角,效果如图 9-5 所示。

(6) 将“中心线”层设为当前层,利用“偏移”命令绘制辅助线确定半径为 24 的圆心,偏移距离为 24,偏移对象为直径 24 的圆,偏移后的圆与间距为 9 的线段相交于点 A,A 点即为与直径 24 的圆相切、半径为 24 的圆,效果如图 9-6 所示。

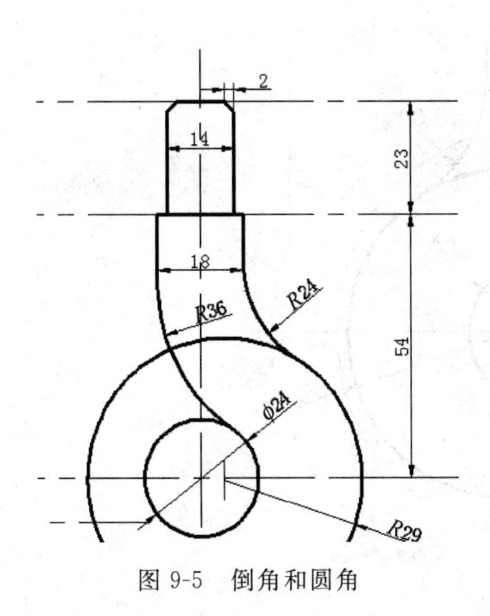

图 9-5　倒角和圆角

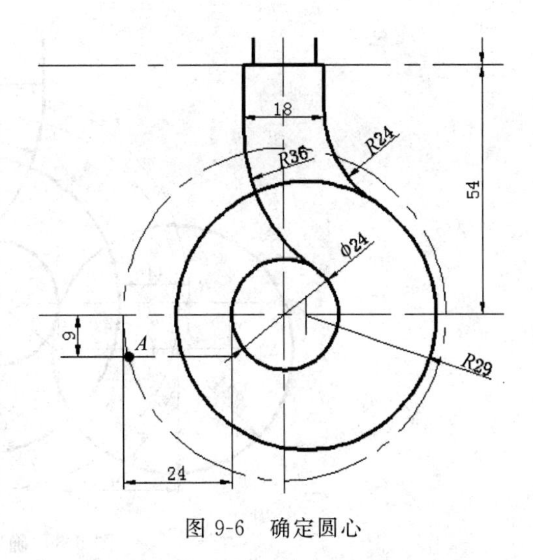

图 9-6　确定圆心

【技巧提示】

绘制两个相切的圆，可以利用“偏移”工具确定相切圆的圆心。

(7) 将“轮廓线”层设为当前层，以 A 点为圆心绘制半径为 24 的圆，效果如图 9-7 所示。

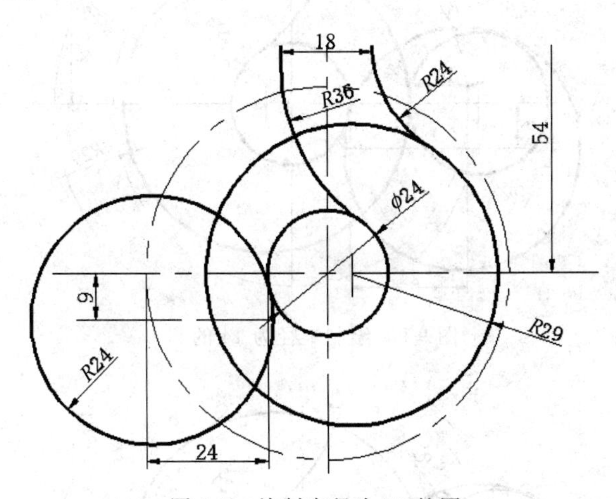

图 9-7　绘制半径为 24 的圆

(8) 将“中心线”层设为当前层，利用“偏移”命令绘制辅助线确定半径为 14 的圆心，偏移距离为 14，偏移对象为半径 29 的圆，偏移后的圆与中心线相交于点 B，B 点即为与半径 29 的圆相切、半径为 14 的圆，效果如图 9-8 所示。

(9) 将“轮廓线”层设为当前层，以 B 点为圆心绘制半径为 14 的圆，效果如图 9-9 所示。

(10) 利用“圆”命令绘制与半径为 14 和半径为 24 相切的圆，利用“切、切、半径”绘制半径为 2 的圆，效果如图 9-10 所示。

(11) 利用“修剪”命令进行修剪，并删除多余线段，最终效果如图 9-11 所示。

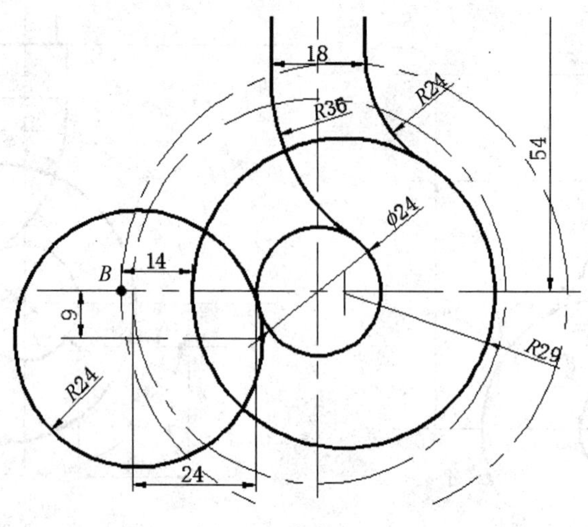

图 9-8 确定圆心

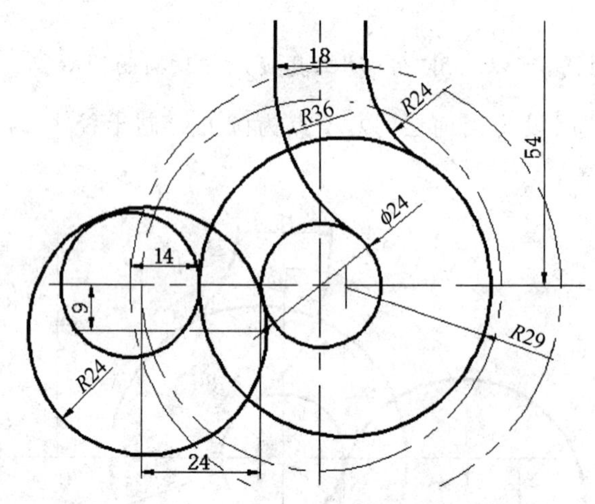

图 9-9 绘制半径为 14 的圆

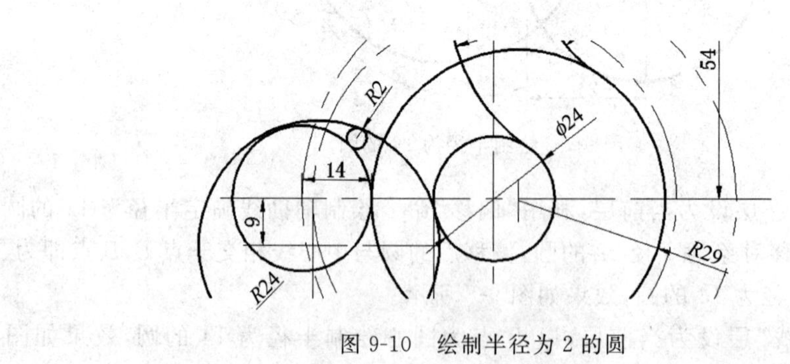

图 9-10 绘制半径为 2 的圆

(12) 将“尺寸线”层设为当前层。按照要求绘制尺寸线,效果如图 9-1 所示。

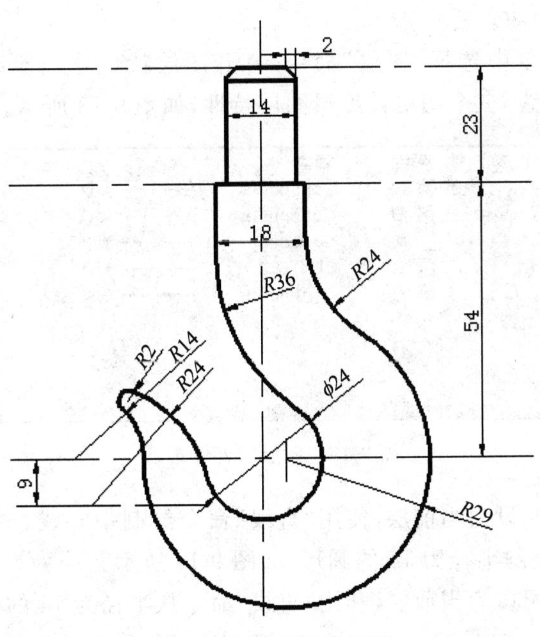

图 9-11　修剪后的效果

9.2　综合实战 2——绘制平面图

分析：利用图层编辑、直线、圆、偏移、修剪等绘制如图 9-12 所示的平面图形。

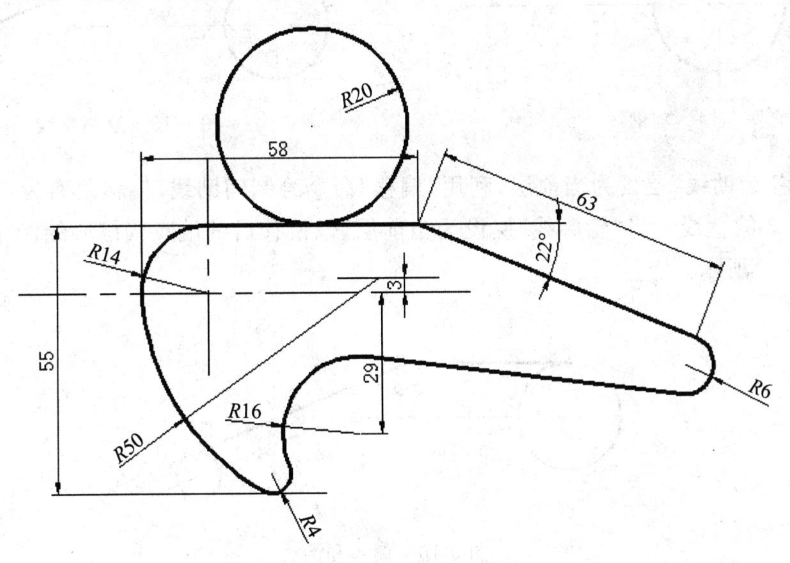

图 9-12　平面图

操作步骤如下。

(1) 打开 AutoCAD 2014 软件，选择"文件"|"新建"，打开"选择样板"对话框，选择已

有样板文件 acadiso. dwt。

(2) 在“格式”菜单中选择“图层”命令，打开图层特性管理器设置图层，创建“辅助线”、“轮廓线”、“尺寸线”三个图层并编辑图层特性，如图 9-13 所示。

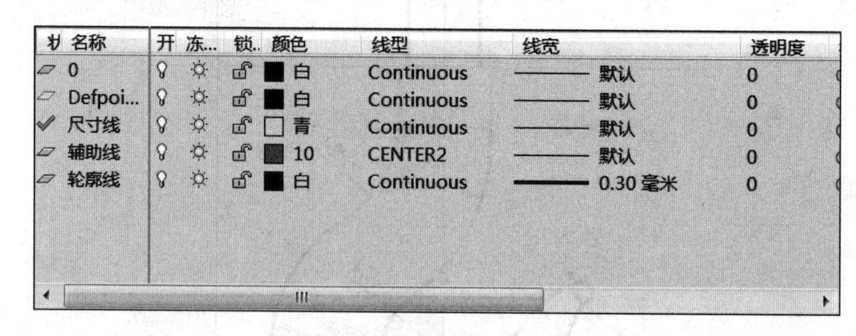

状	名称	开	冻...	锁..	颜色	线型	线宽	透明度
	0				白	Continuous	默认	0
	Defpoi...				白	Continuous	默认	0
✓	尺寸线				青	Continuous	默认	0
	辅助线				10	CENTER2	默认	0
	轮廓线				白	Continuous	0.30 毫米	0

图 9-13　图层特性管理器

(3) 将“辅助线”层设为当前层，使用“直线”命令绘制中心线。将“轮廓线”层设为当前层，使用“圆”命令绘制半径为 14 的圆形，如图 9-14 所示。

(4) 将“轮廓线”层设为当前层，利用“直线”命令从半径为 14 的圆的顶部绘制一条水平直线，直线长度为 44(58－14＝44)。再利用“直线”命令绘制长度为 63，角度为 22°的直线，如图 9-15 所示。

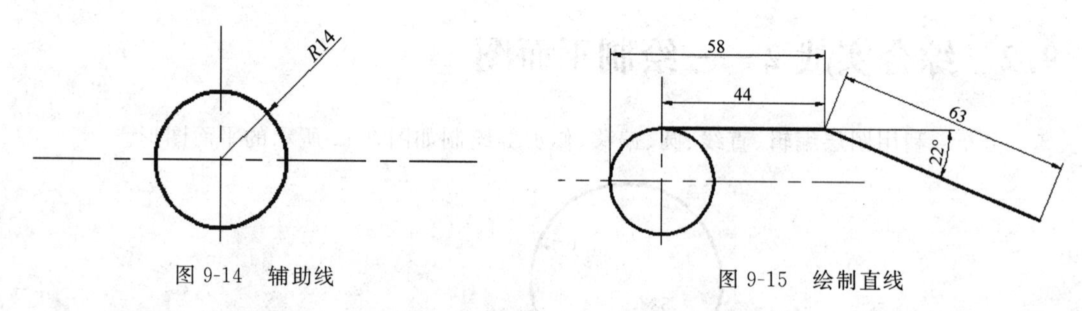

图 9-14　辅助线　　　　图 9-15　绘制直线

(5) 将“辅助线”层设为当前层，利用“偏移”命令绘制辅助线，偏移距离为 6，偏移对象为长度为 63 的直线。将“轮廓线”层设为当前层，以偏移后的端点为圆心绘制半径为 6 的圆，如图 9-16 所示。

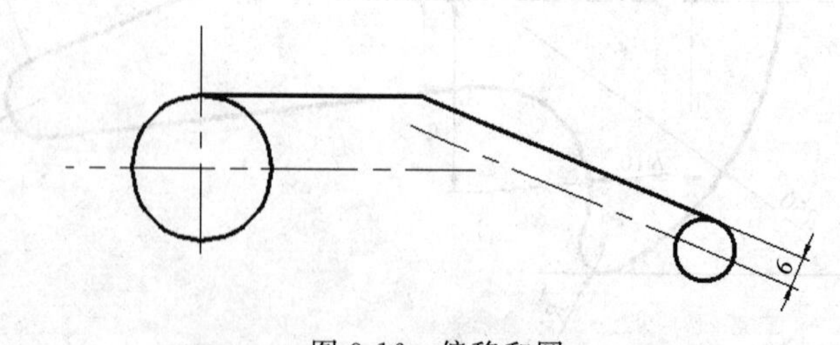

图 9-16　偏移和圆

(6) 将“辅助线”层设为当前层，利用“圆”命令，以半径为 14 的圆为圆心绘制半径为 36 的圆(两圆内切 50－14＝36)。利用“偏移”命令绘制辅助线，偏移距离为 3，偏移对象为半径为 14 的圆的中心水平线，如图 9-17 所示。

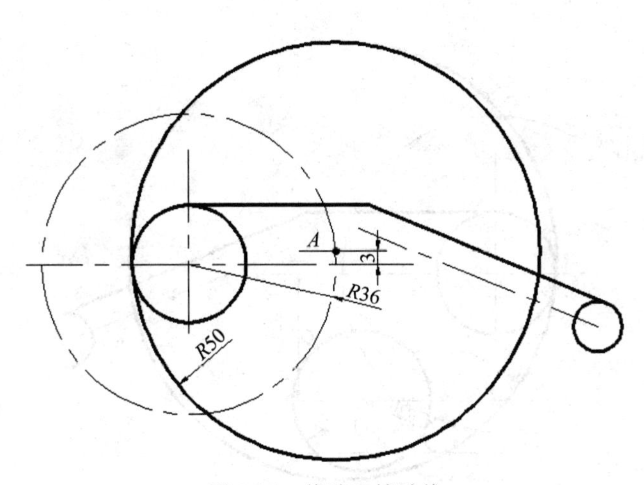

图 9-17 偏移和辅助线

（7）将“轮廓线”层设为当前层，利用“圆”命令以步骤（6）中绘制的圆和偏移线为交点，A 为圆心绘制半径为 50 的圆，如图 9-17 所示。

（8）将“辅助线”层设为当前层，利用“偏移”命令绘制辅助线，偏移距离为 55，偏移对象为长度为 44 的直线。将“轮廓线”层设为当前层，利用“圆”命令“相切-相切-半径”画出半径为 4 的圆，如图 9-18 所示。

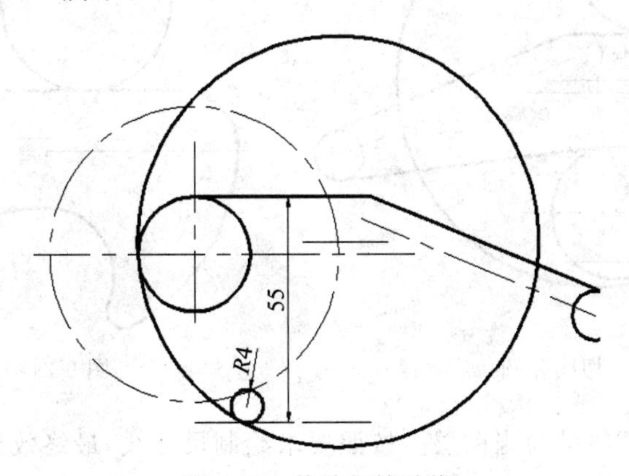

图 9-18 偏移和辅助线

（9）将“辅助线”层设为当前层，利用“圆”命令，以半径为 4 的圆为圆心绘制半径为 20 的圆（两圆外切 16＋4＝20）。利用“偏移”命令绘制辅助线，偏移距离为 29，偏移对象为半径为 14 的圆的中心水平线，如图 9-19 所示。

（10）将“轮廓线”层设为当前层，利用“圆”命令以步骤（9）中绘制的圆和偏移线为交点，A 为圆心绘制半径为 16 的圆，如图 9-19 所示。

（11）利用“直线”命令和切点捕捉，绘制与半径 16 和半径 6 相切线。利用“圆”命令，绘制最上面的半径为 20 的圆，如图 9-20 所示。

（12）利用“修剪”命令进行修剪，并删除多余线段，最终效果如图 9-21 所示。

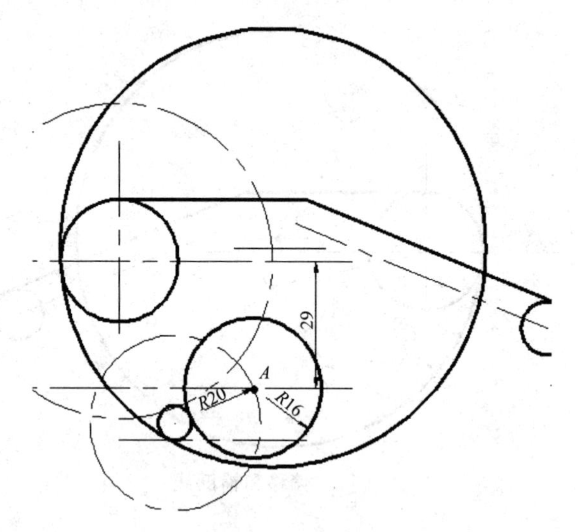

图 9-19 绘制圆

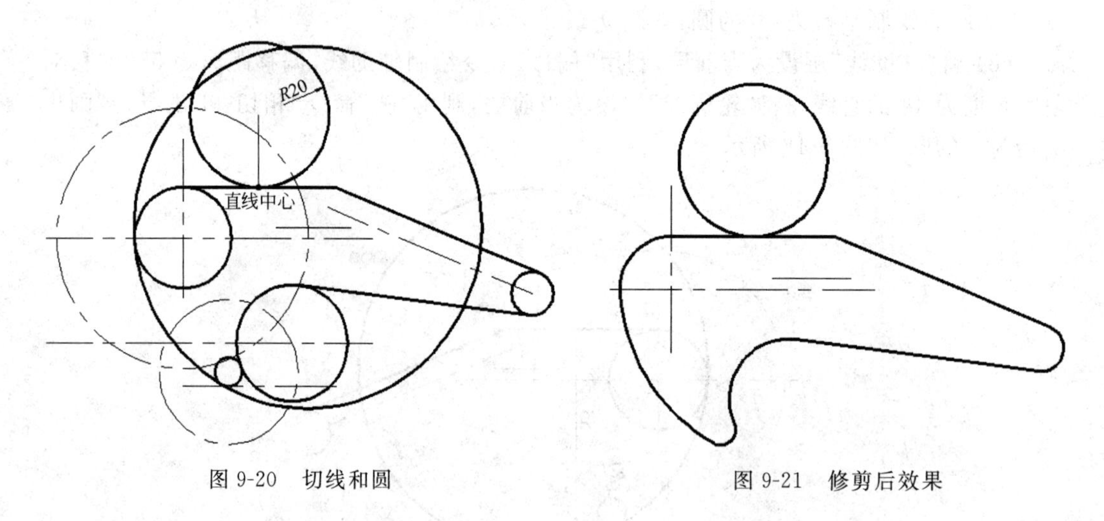

图 9-20 切线和圆

图 9-21 修剪后效果

(13) 将“尺寸线”层设为当前层。按照要求绘制尺寸线,最终效果如图 9-12 所示。

9.3 综合实战 3——绘制平面图

分析:利用图层编辑、直线、圆、圆弧、圆角、点、偏移、修剪等绘制如图 9-22 所示的平面图形。

操作步骤如下。

(1) 打开 AutoCAD 2014 软件,选择“文件”|“新建”,打开“选择样板”对话框,选择已有样板文件 acadiso. dwt。

(2) 在“格式”菜单中选择“图层”命令,打开图层特性管理器设置图层,创建“辅助线”、“轮廓线”、“尺寸线”三个图层并编辑图层特性,如图 9-23 所示。

(3) 将“辅助线”层设为当前层,使用“直线”命令绘制长为 120 的垂直线。将“轮廓

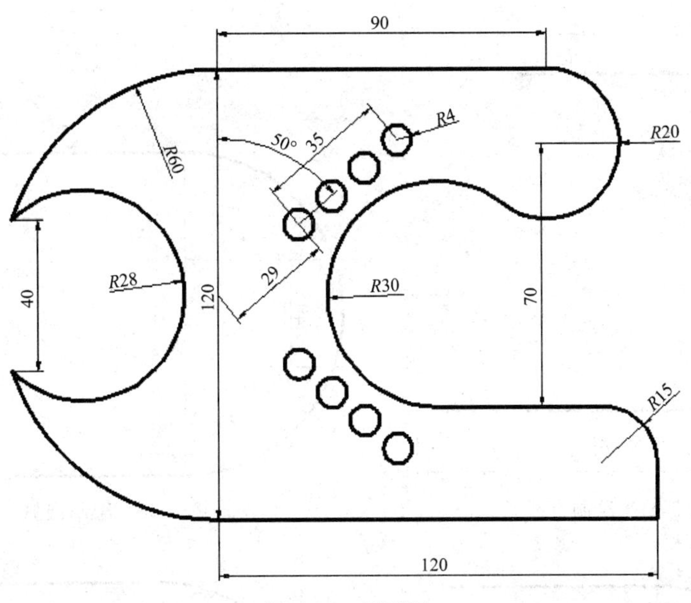

图 9-22　平面图

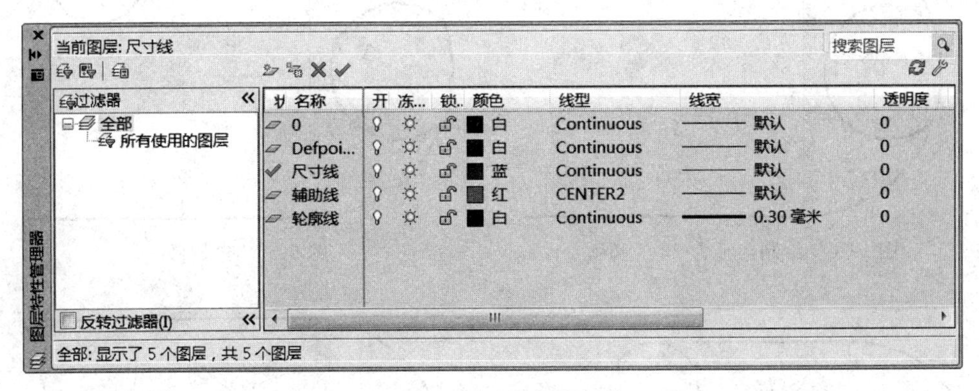

图 9-23　图层特性管理器

线”层设为当前层，使用“直线”分别绘制长为 90 和 120 的水平线，如图 9-24 所示。

(4) 将“辅助线”层设为当前层，使用“直线”命令绘制两条间距为 40 的水平线。将“轮廓线”层设为当前层，使用“圆弧”命令“起点，圆心，端点”绘制圆弧，如图 9-25 所示。

(5) 使用“圆弧”命令“起点，端点，半径”绘制半径为 28 的圆弧，如图 9-26 所示。

(6) 使用“圆”命令，绘制半径为 20 的圆，如图 9-27 所示。

(7) 使用“直线”命令绘制距半径为 20 圆的圆心 70 的直线。使用“圆”命令“相切，相切，半径”绘制与半径为 20 和直线相切且半径为 30 的圆，如图 9-28 所示。

(8) 使用“圆角”工具，创建半径为 15 的圆角。将“辅助线”层设为当前层，设置极轴追踪角度为 40，使用“直线”命令，绘制从长 120 垂直线的中心开始、长度为 29 和 35 的直线，如图 9-29 所示。

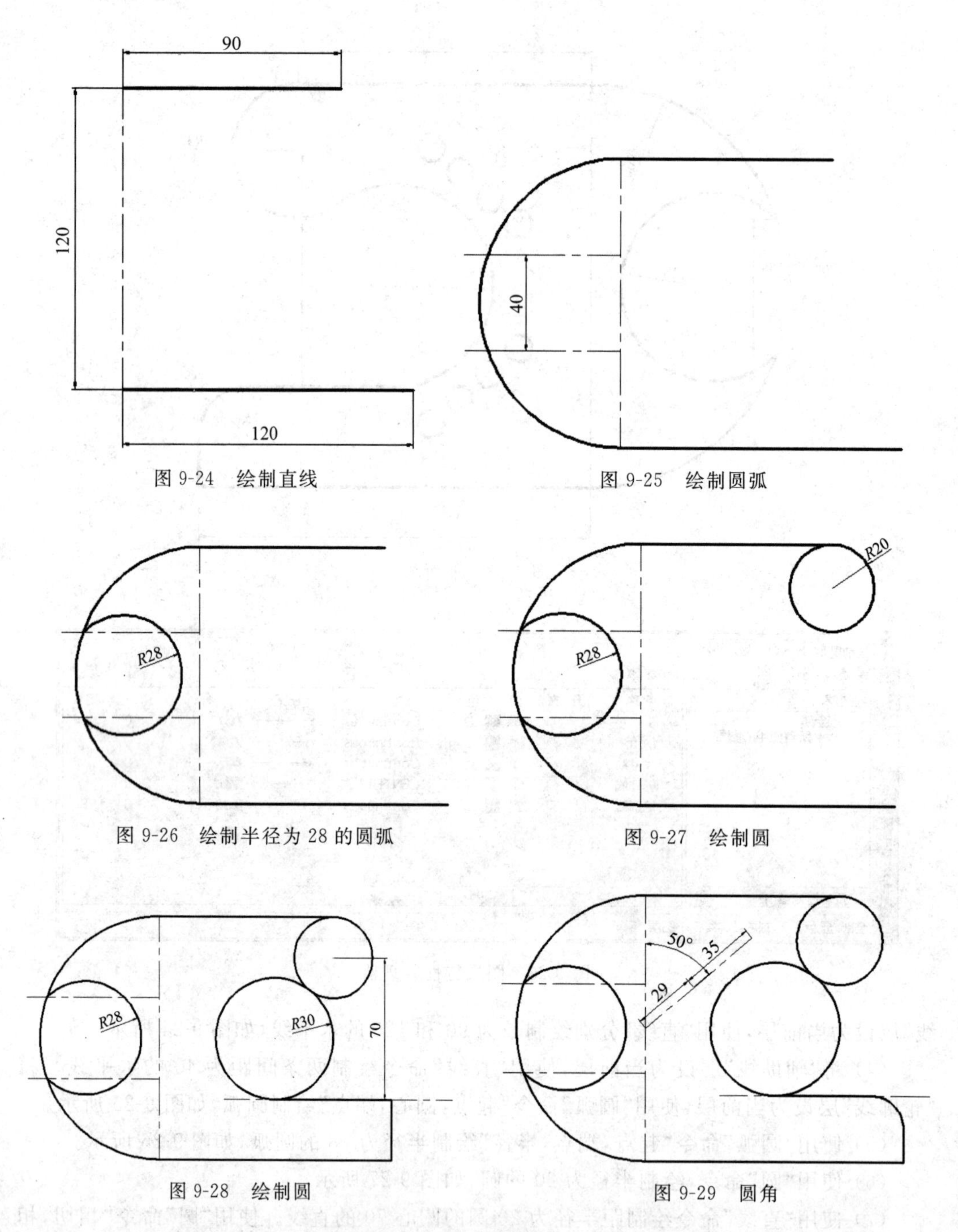

图 9-24 绘制直线

图 9-25 绘制圆弧

图 9-26 绘制半径为 28 的圆弧

图 9-27 绘制圆

图 9-28 绘制圆

图 9-29 圆角

(9) 在菜单中选择“格式”|“点样式”，在弹出的对话框中选择第二行第三个样式。使用“点”命令“定数等分”，三等分长度为 35 的线段，如图 9-30 所示。

(10) 将“轮廓线”层设为当前层，使用“圆”以等分点为圆心绘制 4 个半径为 4 的圆。使用“镜像”命令镜像 4 个圆，效果如图 9-31 所示。

(11) 利用“修剪”命令进行修剪，并删除多余线段，最终效果如图 9-32 所示。

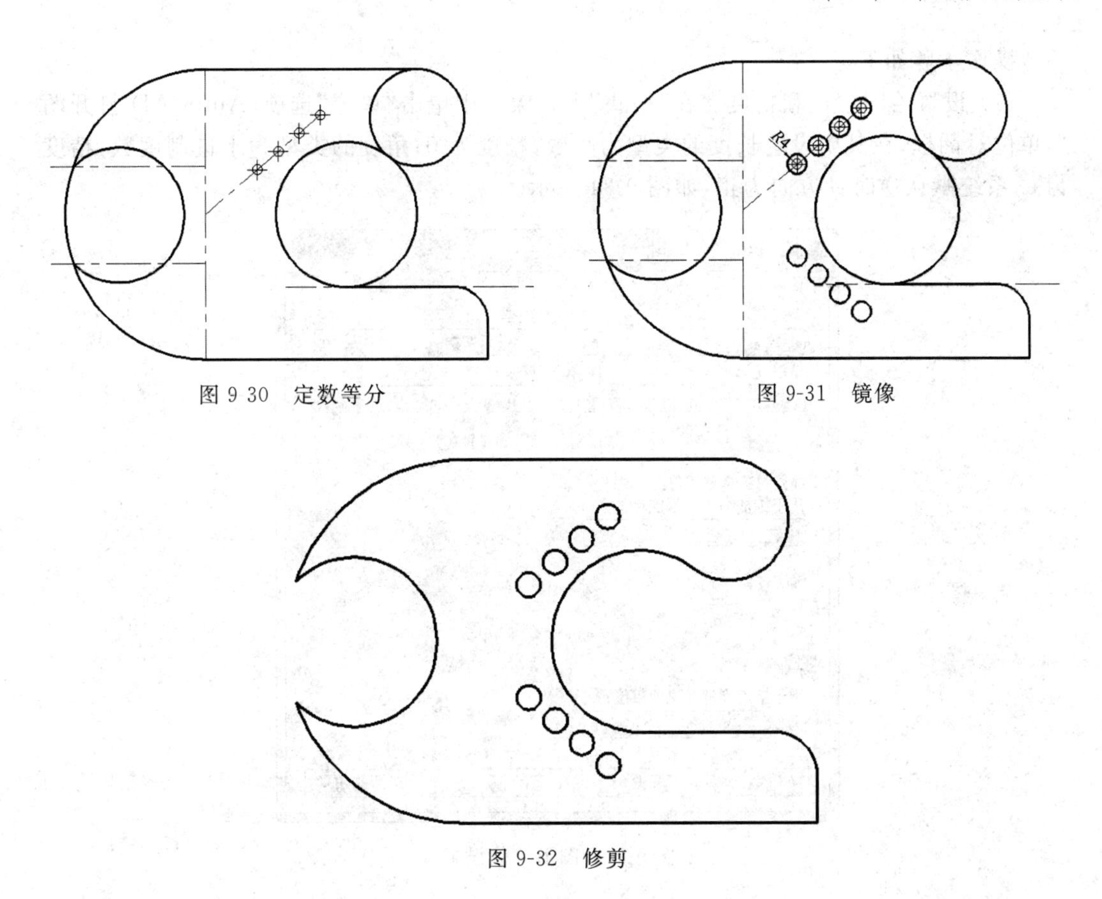

图 9 30　定数等分

图 9-31　镜像

图 9-32　修剪

(12) 将“尺寸线”层设为当前层。按照要求绘制尺寸线，效果如图 9-22 所示。

9.4　综合实战 4——制作样板文件

分析：利用样板文件建立统一的单位和精度、图形边界、图层样式、文字样式、标注样式，利用样板文件形成统一的零件图设置。制作零件图的样板文件要严格遵守国家标准的有关规定，使用标准线型，设置适当图形界限以便能包含最大操作区，将捕捉和栅格设置为在操作区操作的尺寸，按标准的图纸尺寸打印图形。最终效果如图 9-33 所示。

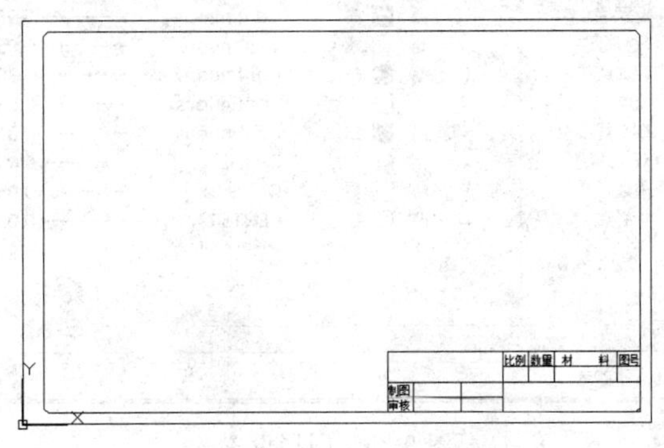

图 9-33　样板文件

操作步骤如下。

(1) 设置绘图单位和精度。在“格式”下拉菜单中单击“单位”选项，AutoCAD 打开图形单位对话框，在其中设置长度的类型为小数，精度为 0；角度的类型为十进制度数，精度为 0，系统默认逆时针方向为正，如图 9-34 所示。

图 9-34　图形单位设置

(2) 设置图形边界。单击“格式”，再选择“图形界限”命令。在提示信息下输入图纸左下角坐标(0,0)，并按 Enter 键。在提示信息下输入图纸右上角点坐标(297,210)，并按 Enter 键。图幅设置为 A4 大小。

(3) 设置图层。绘制零件图通常设置成如图 9-35 所示的 8 个图层，设置图层有中心线、粗实线、细实线、文字、标注尺寸、虚线、双点化线。

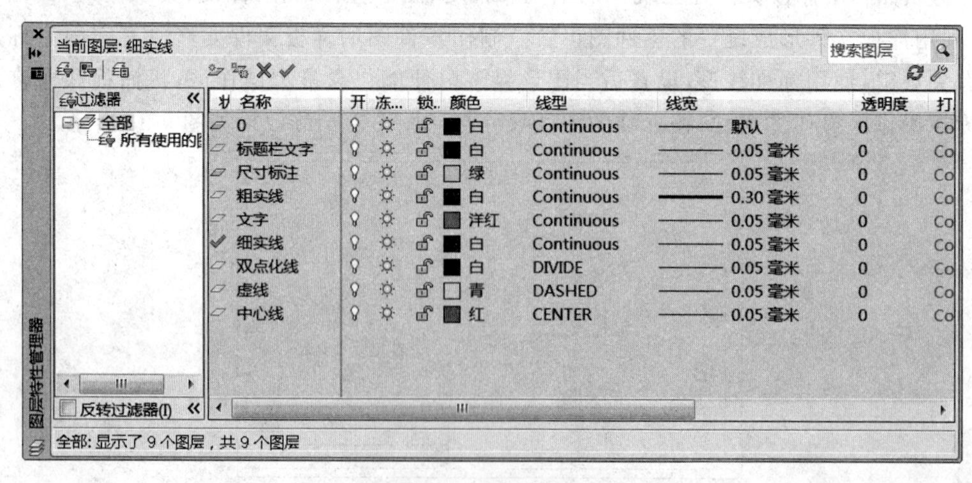

图 9-35　图层设置

(4) 设置文字样式。单击“格式”菜单项，再选择“文字样式”命令，打开“文字样式”对话框，单击“新建”按钮，创建文字样式如图 9-36 所示。

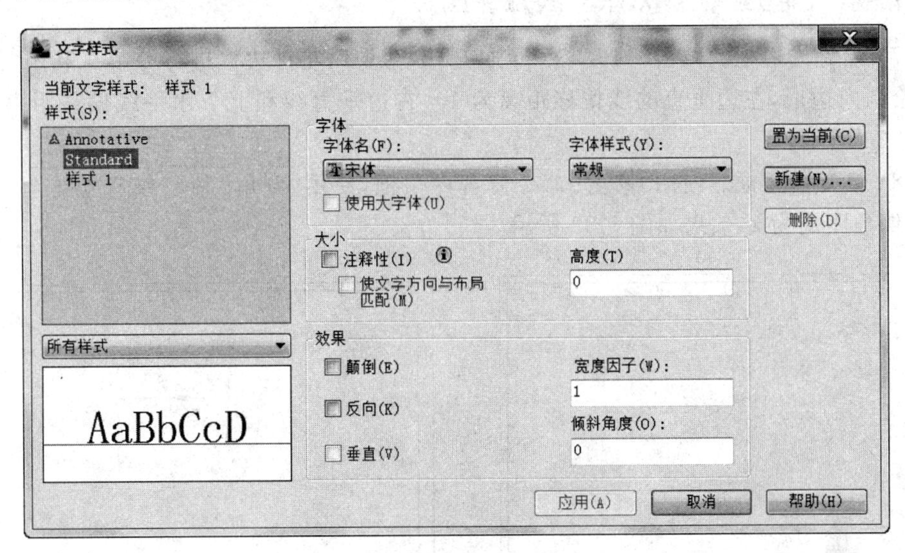

图 9-36　“文字样式”对话框

(5) 设置尺寸标注样式，设置方法参见第 3 章的内容。尺寸标注样式主要用来标注图形中的尺寸，对于不同种类的图形，尺寸标注的要求也不尽相同。通常采用 ISO 标准，通过修改和替代进行标注样式的修改。根据图中标注样式建立新的标注样式，如角度样式，线性直径等。

(6) 绘制图框线。通过图框来确定绘图的范围，使所有的图形绘制在图框线之内。可以设置外边框和内边框。此处利用矩形绘制图框线，外边框大小为 297×210，效果如图 9-37 所示。

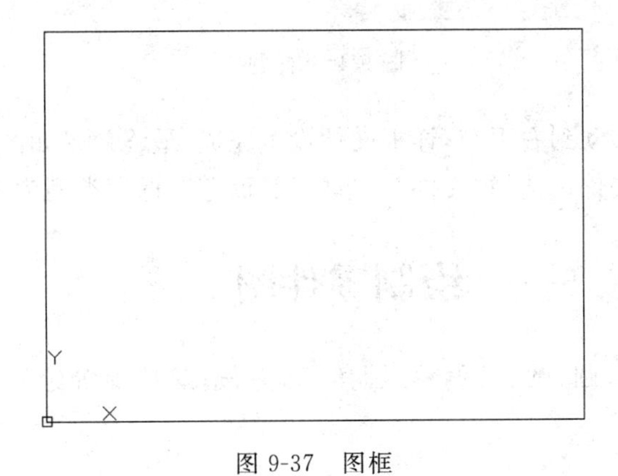

图 9-37　图框

命令提示行如下：

```
命令：_rectang
指定第一个角点或 [倒角(C)/标高(E)/圆角(F)/厚度(T)/宽度(W)]：0,0,0   //坐标原点
指定另一个角点或 [面积(A)/尺寸(D)/旋转(R)]：d                       //利用尺寸绘图
```

```
指定矩形的长度 <10>: 297                                    //矩形长度
指定矩形的宽度 <10>: 210                                    //矩形宽度
指定另一个角点或 [面积(A)/尺寸(D)/旋转(R)]:
```

(7) 绘制内边框。单击"修改"菜单项,选择"分解",将外边框进行分解。利用"偏移"命令绘制内边框,左边垂直的线偏移距离为10,右边垂直线和上下水平线偏移距离为5,如图9-38所示。

(8) 修剪内边框。使用"修剪"命令修剪内边框,使用"倒角"命令令内边框4个角作倒角,倒角距离为2,效果如图9-39所示。

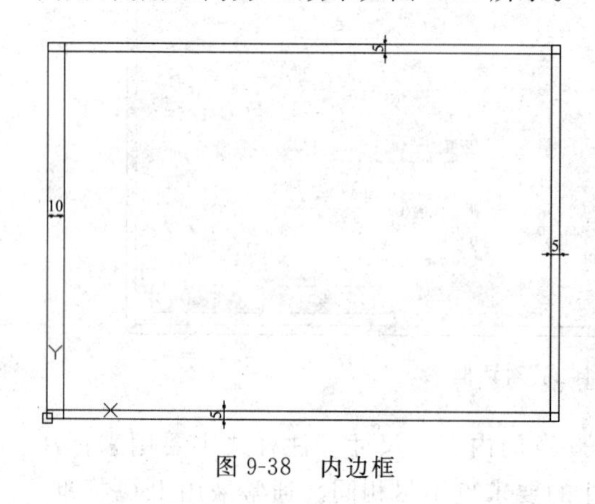

图 9-38　内边框

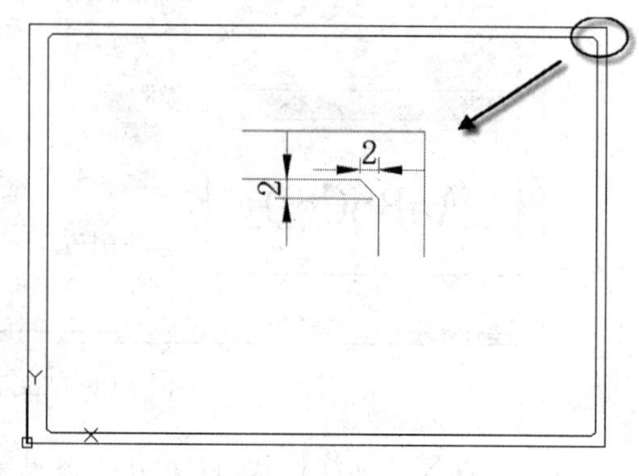

图 9-39　修剪内边框

(9) 绘制标题栏。使用"直线"命令绘制表格,如图9-40所示。

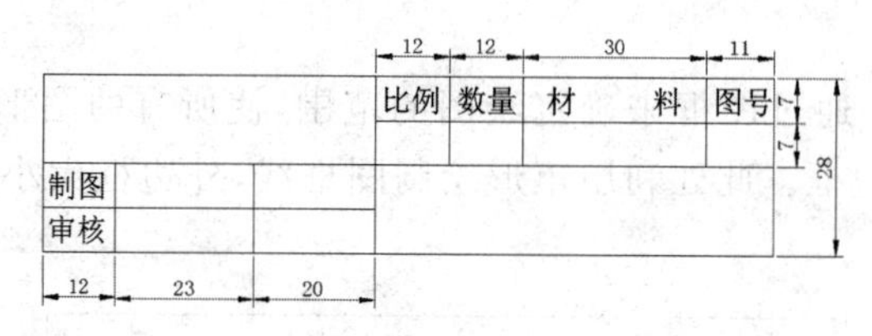

图 9-40　标题栏

(10) 将标题栏移动到右下角,样板文件设置完成,最终效果如图9-33所示。

(11) 保存样板文件。选择"文件"菜单中的"保存",保存类型为DWT,文件名为A4。

9.5　综合实战5——绘制零件图

分析:利用直线、圆、圆弧、偏移、圆角、修剪、追踪捕捉等绘制如图9-41所示的零件图。

操作步骤如下。

(1) 打开AutoCAD 2014软件,选择"文件"|"新建",打开"选择样板"对话框,选择上一个案例中创建的样板文件A4.dwt。

(2) 绘制左视图。将"中心线"层设为当前层,使用"直线"命令绘制中心线。将"粗实线"层设为当前层,使用"圆"和"圆弧"命令绘制如图9-42所示的图形。使用"直线"绘制长 75 和 58 的直线，再绘制相应的连接线。

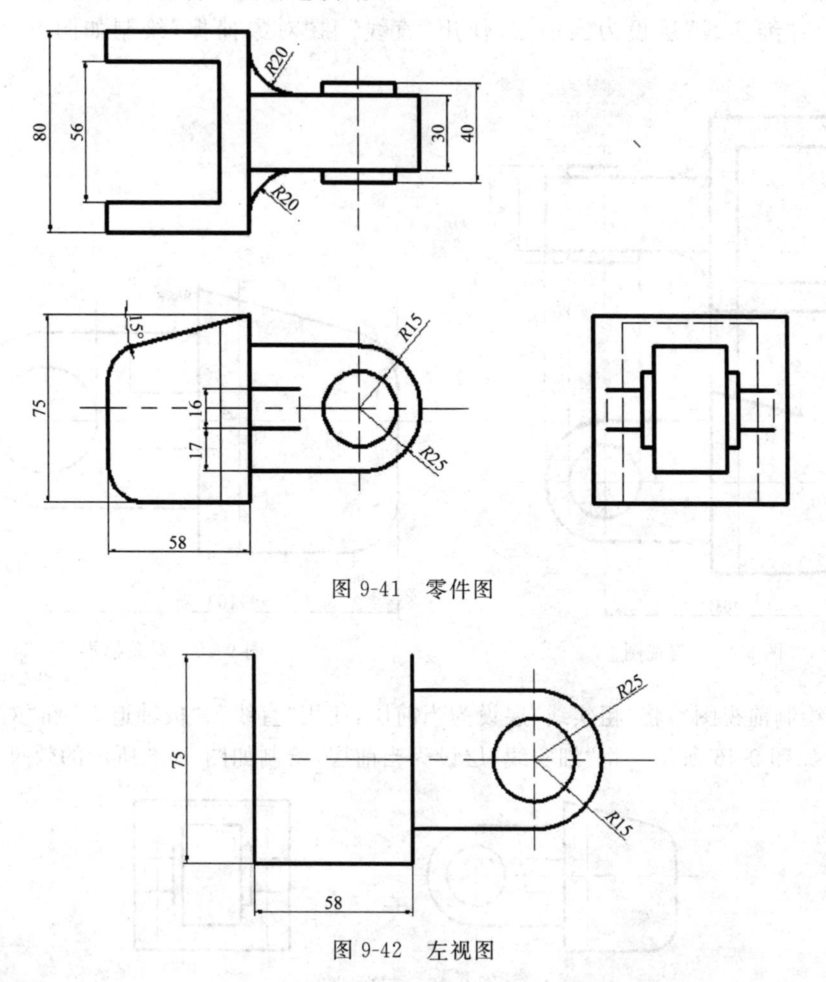

图 9-41　零件图

图 9-42　左视图

(3) 使用“直线”命令和“极轴追踪”绘制角度为 15°的直线(此处直线绘制长一些与垂直的线进行相交)，如图 9-43 左图所示。使用“圆角”命令绘制两个半径为 15 的圆角，如图 9-43 右图所示。

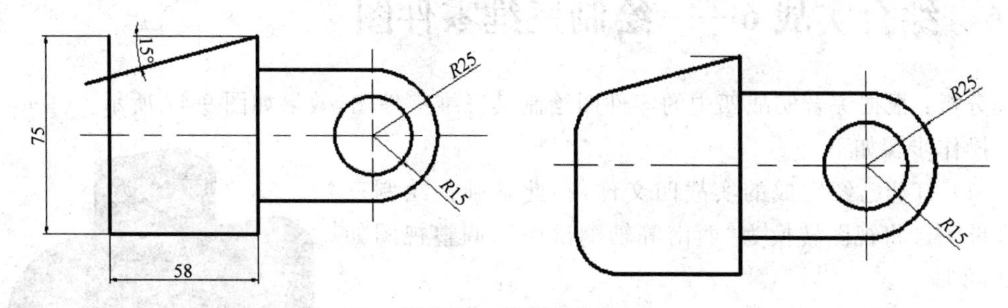

图 9-43　绘制细实线

(4) 绘制俯视图。将“中心线”层设为当前层，使用“直线”命令、“极轴追踪”和“对象捕捉”绘制俯视图的中心线。将“粗实线”层设为当前层，使用“直线”、“圆角”、“极轴追踪”

和“对象捕捉”绘制图形,如图 9-44 所示。

(5) 将“细实线”层设为当前层,使用“直线”和“对象捕捉”绘制如图 9-45 所示的效果。

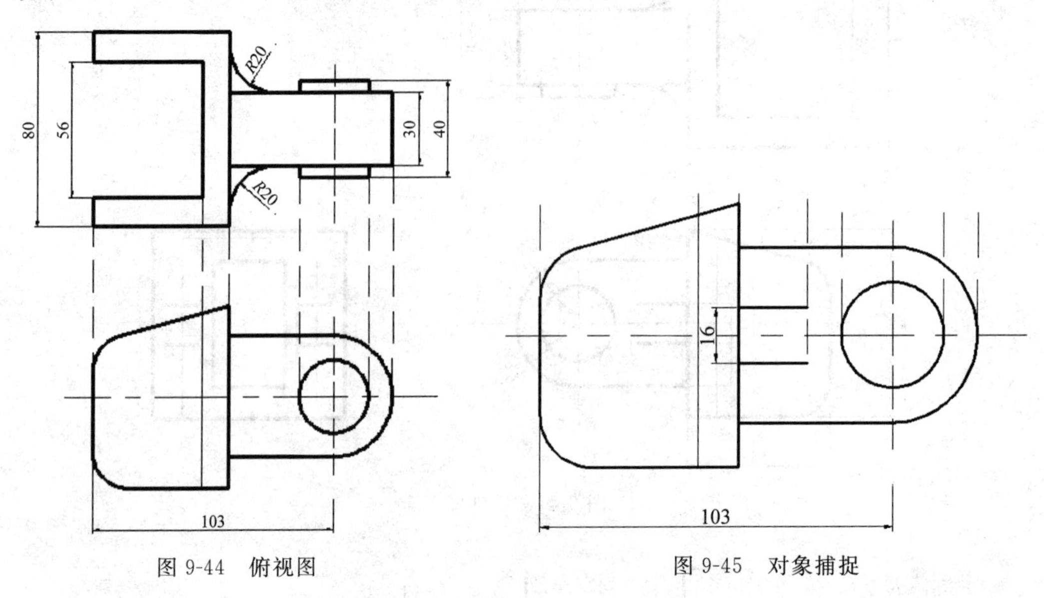

图 9-44 俯视图

图 9-45 对象捕捉

(6) 绘制前视图。将“粗实线”层设为当前层,使用“直线”、“极轴追踪”和“对象捕捉”绘制图形如图 9-46 所示。将“细实线”层设为当前层,绘制如图 9-46 所示的效果。

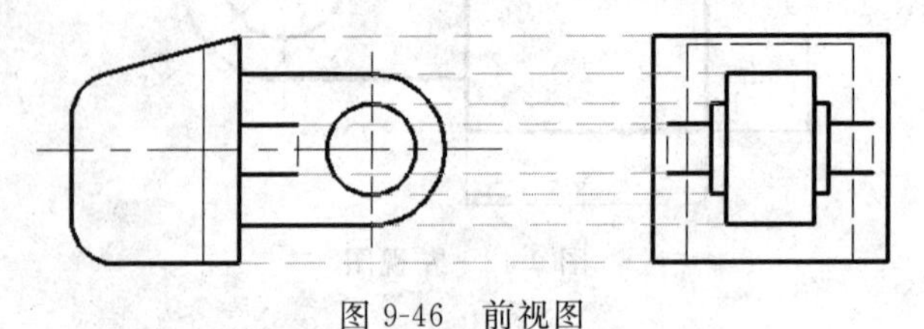

图 9-46 前视图

(7) 将“尺寸标注”层设为当前层。按照要求绘制尺寸线,最终效果如图 9-41 所示。

9.6 综合实战 6——绘制三维零件图

分析:根据综合实战四中的零件图绘制其三维零件图,效果如图 9-47 所示。

操作步骤如下。

(1) 打开已经完成的实战四文件,在此基础上绘制三维零件图。将视图转换为“西南等轴测试图”,调整视图如图 9-48 所示。

(2) 将视图中的视觉样式调整为“灰度”,如图 9-49 所示,这样方便观察三维模型。

(3) 使用“修改/复制”命令,复制如图 9-50 所示的图

图 9-47 平面图

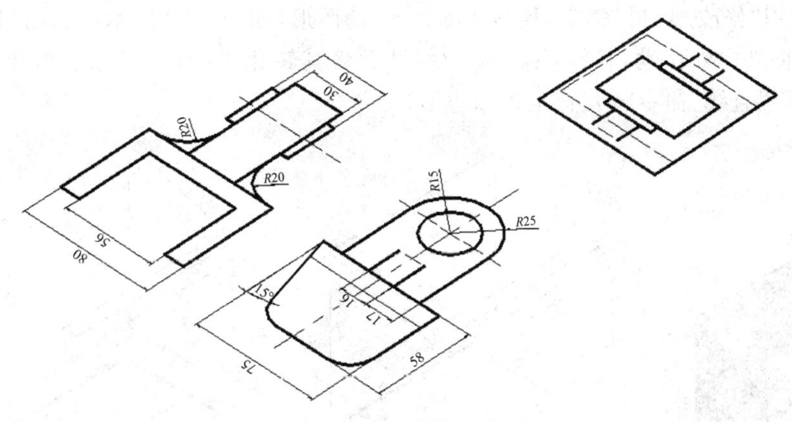

图 9-48　西南等轴测试图

图 9-49　视觉样式

形。使用“绘图/面域”命令，将其转换为面域。使用“绘制”菜单中的“建模/三维旋转”命令，将该面域旋转 90°，如图 9-50 所示。

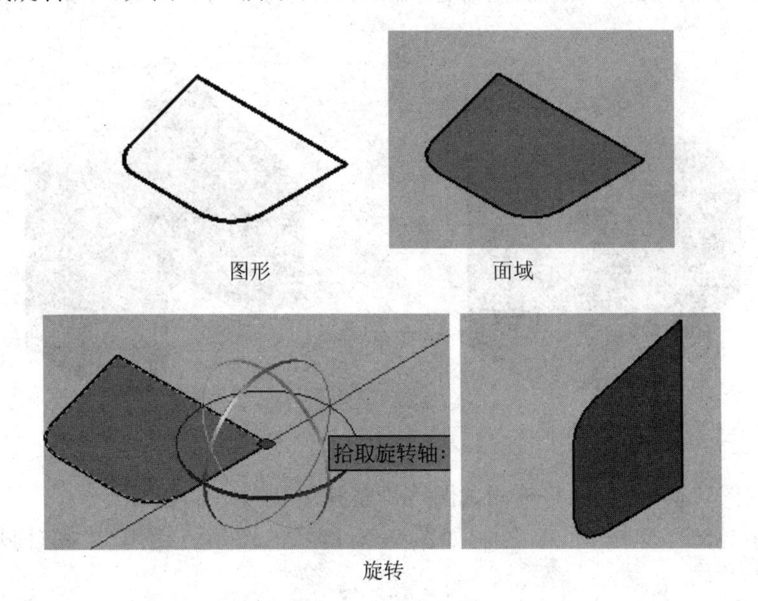

图 9-50　转化面域

(4) 使用“绘制”菜单中的“建模/拉伸”命令，将底面进行拉伸，拉伸距离为 80，如图 9-51 所示。

(5) 使用“修改/复制”命令，复制宽度为56的图形，如图9-52所示。利用“建模/三维移动”命令将其向外移动，移动距离为12。最后将其转化为面域(三条直线不能组成面域，可以使用“直线”命令将其补全成四边形)。

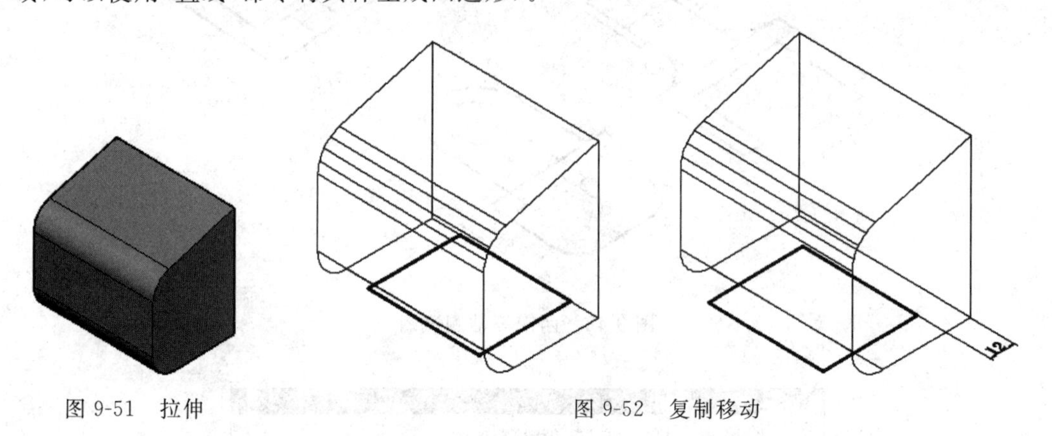

图9-51 拉伸　　图9-52 复制移动

【技巧提示】

复制移动时选择线段中心作为基点，移动到拉伸对象下边沿的中心，这样位置容易对齐。

(6) 使用“绘制”菜单中的“建模/拉伸”命令，将其进行拉伸，拉伸距离为75，如图9-53所示。

(7) 使用“绘制”菜单中的“建模/布尔”命令进行布尔运算。选择“差集”，效果如图9-54所示。

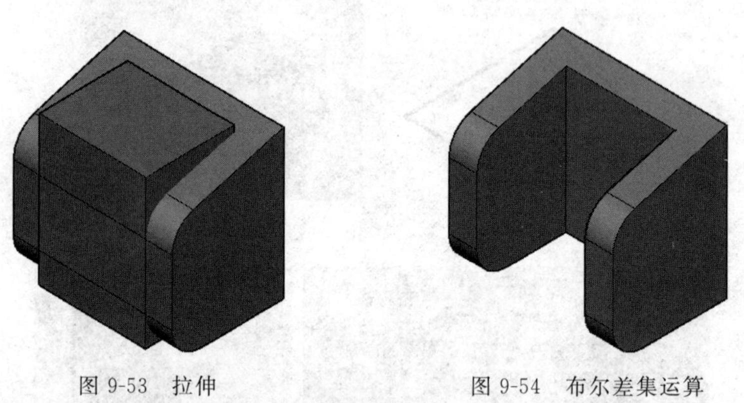

图9-53 拉伸　　图9-54 布尔差集运算

(8) 将视图转换为“东南等轴测试图”，调整视图如图9-55所示。

(9) 使用“修改/复制”命令，复制如图9-56所示的图形。使用“绘图/面域”命令，将其转换为面域。

(10) 使用“绘制”菜单中的“建模/三维旋转”命令，将该面域旋转90°，如图9-57所示，并利用“三维移动”移动到正确的位置。

(11) 使用“绘制”菜单中的“建模/拉伸”命令，将两个面域进行拉伸，一个拉伸距离为30，一个拉伸距离为40，如图9-58所示。

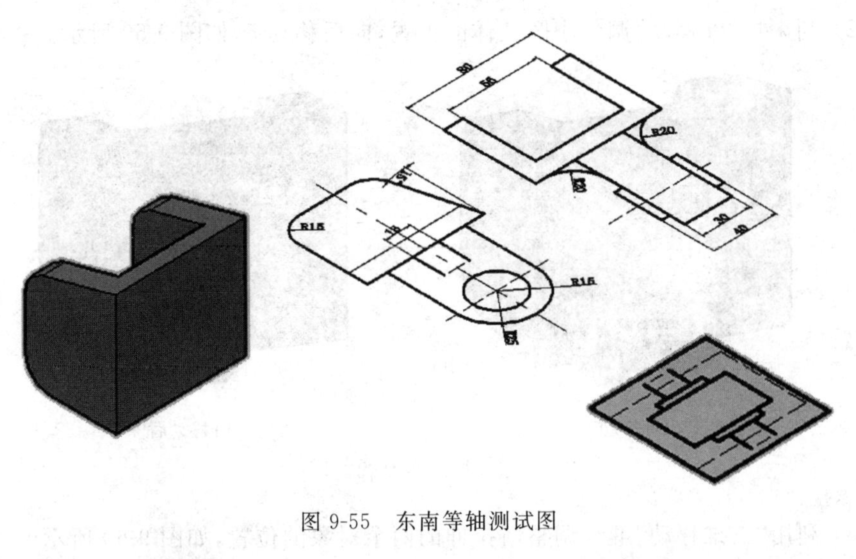

图 9-55　东南等轴测试图

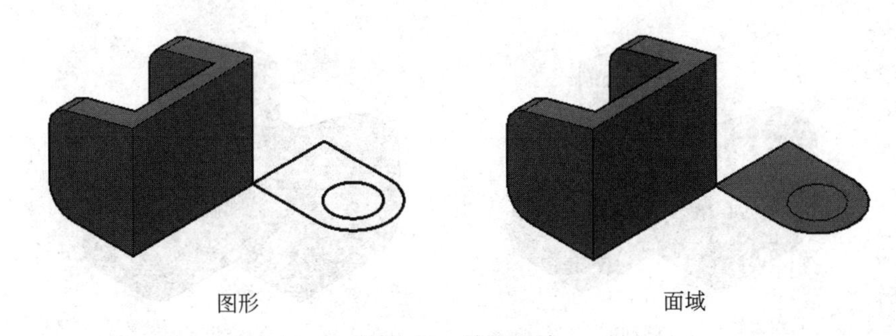

图 9-56　转化面域

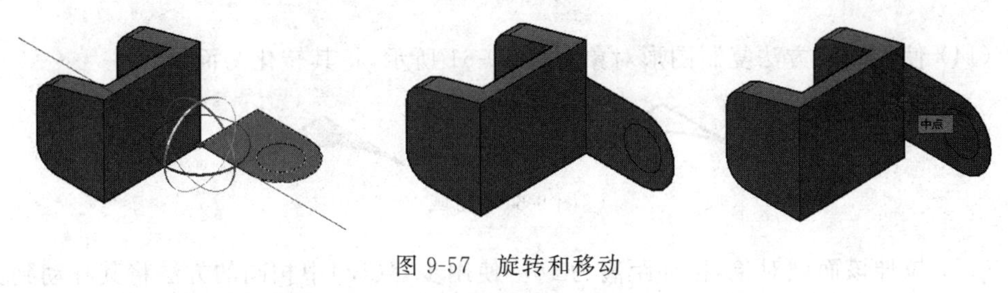

图 9-57　旋转和移动

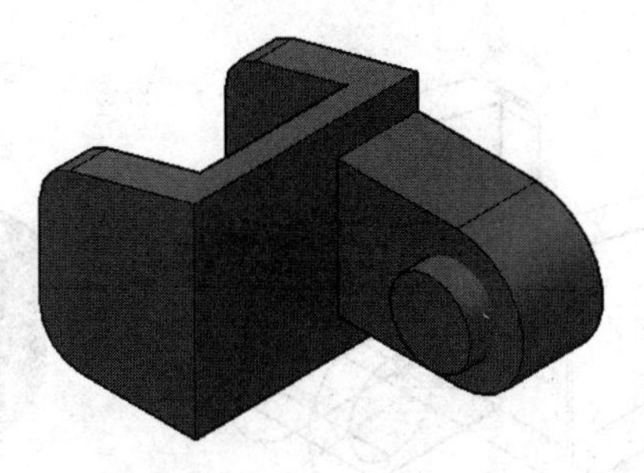

图 9-58　拉伸

（12）利用“三维移动”调整小圆柱体的位置，向后移动 5，如图 9-59 所示。

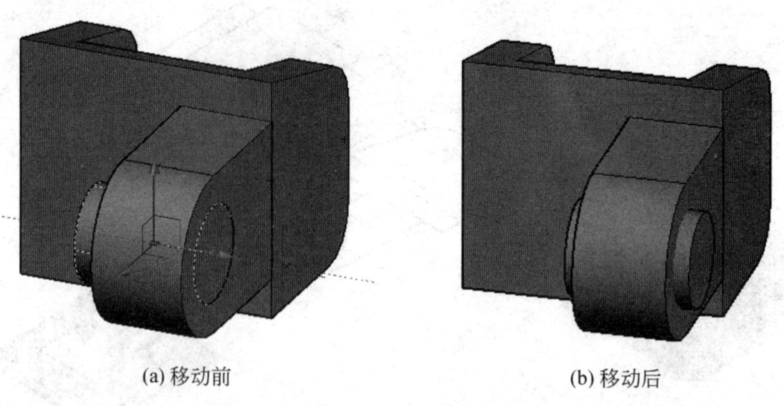

(a) 移动前　　(b) 移动后

图 9-59　三维移动

（13）利用“三维移动”继续调整新拉伸的两个对象的位置，如图 9-60 所示。

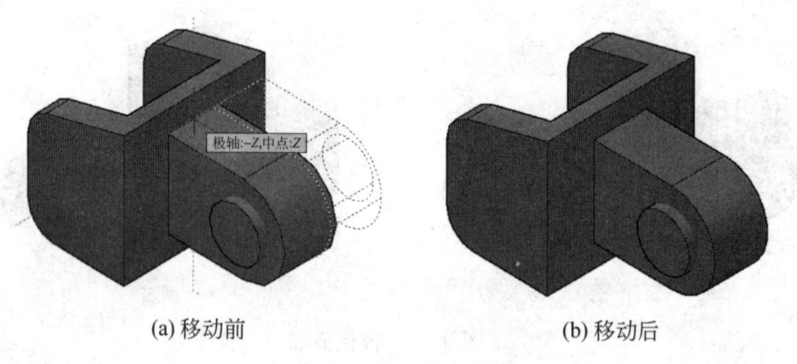

(a) 移动前　　(b) 移动后

图 9-60　三维移动

（14）使用相同方法复制图形对象，如图 9-61 所示，将其转化为面域。

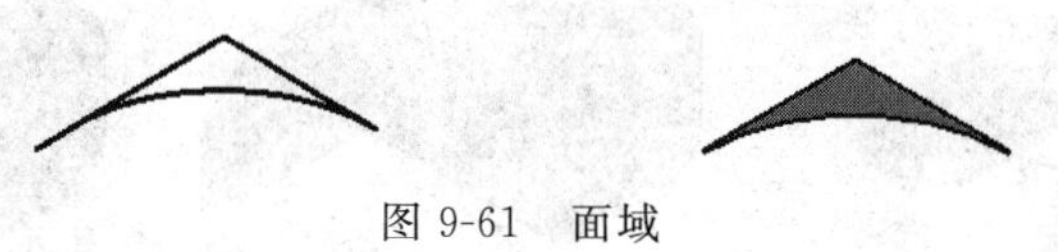

图 9-61　面域

（15）拉伸该面域对象，拉伸距离为 16。使用步骤(13)中相同的方法将其移动到正确的位置，如图 9-62 所示。

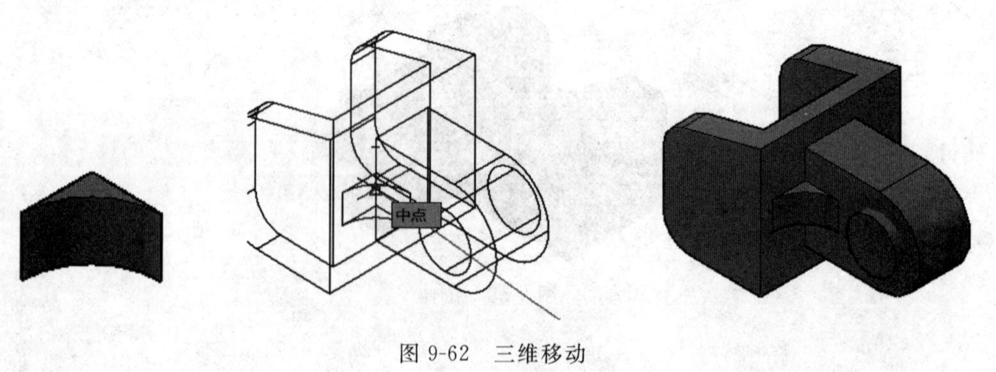

图 9-62　三维移动

(16) 使用“镜像”命令，复制得到另一边，最终效果如图 9-63 所示。

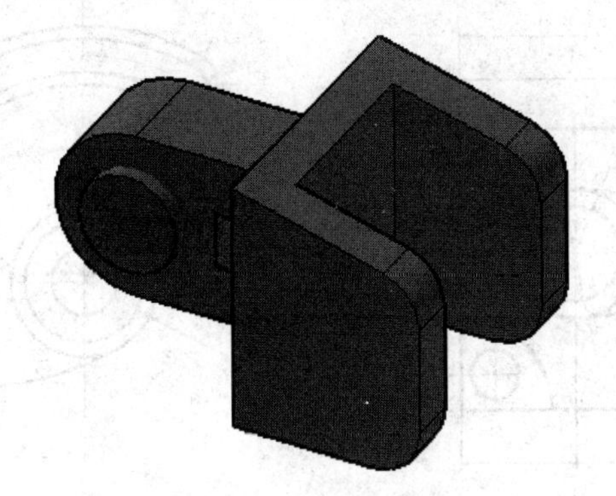

图 9-63 三维零件图

本 章 小 结

本章主要介绍了综合使用 AutoCAD 常用绘图命令和修改命令进行平面图形的绘制与编辑。通过练习熟练掌握绘图技巧，巩固基础知识，提高实际绘图能力。

思考与练习

1. 利用 AutoCAD 工具绘制以下图形，如图 9-64 所示。
2. 利用 AutoCAD 工具绘制以下图形，如图 9-65 所示。

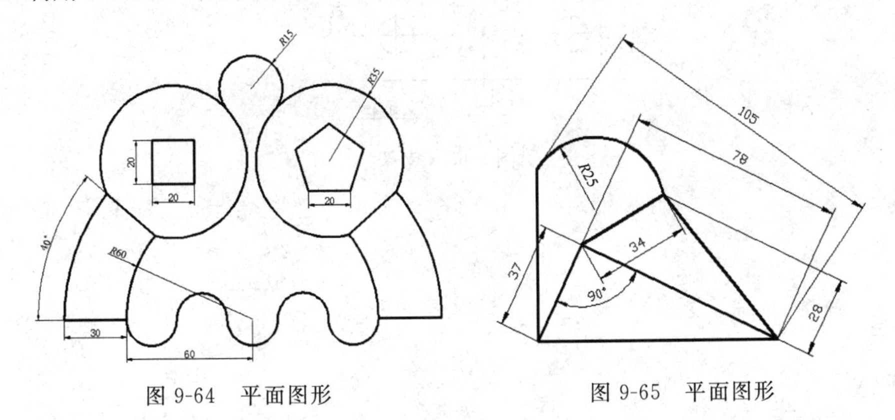

图 9-64 平面图形　　图 9-65 平面图形

3. 利用 AutoCAD 工具绘制以下图形，如图 9-66 所示。
4. 利用 AutoCAD 工具绘制以下图形，如图 9-67 所示。
5. 利用 AutoCAD 工具绘制以下支架图形和三维模型，如图 9-68 所示。

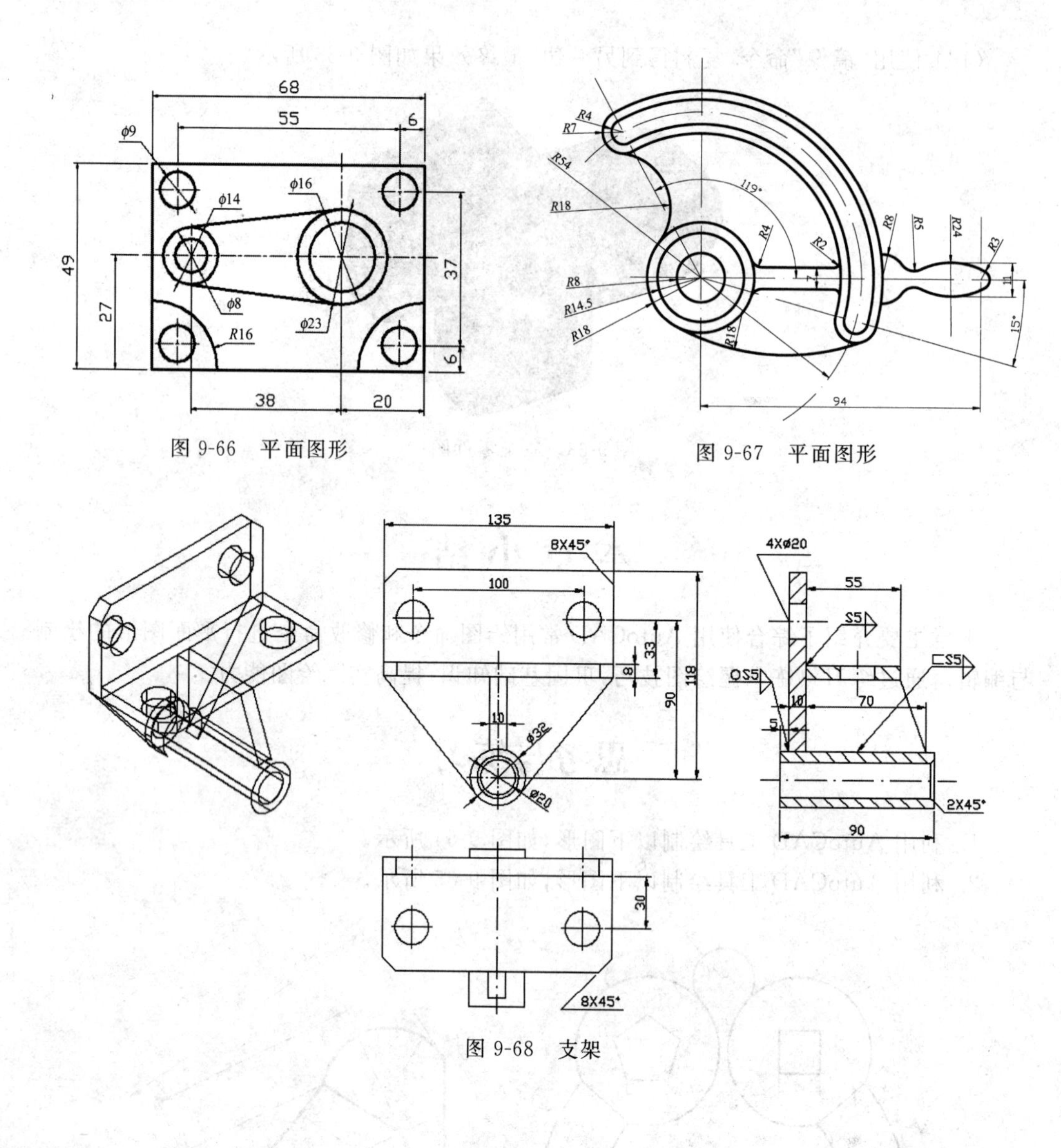

图 9-66　平面图形

图 9-67　平面图形

图 9-68　支架

第 10 章

建筑装潢设计

本章要点

- 了解建筑绘图的相关知识,掌握绘制建筑图的步骤;
- 熟练应用图层、多线、建筑标注绘制相关图纸;
- 掌握 CAD 常用绘图命令、编辑命令。

10.1 建筑设计基础知识

在绘制建筑图之前,需要了解与建筑设计行业相关的制作标准和规定。

1. 图纸的分类

建筑物一般由三大部分组成,屋顶部分、墙身及楼地面部分和基础部分。施工图根据不同的专业内容可分为建筑施工图(简称建施)、结构施工图(简称结构)、设备施工图。

其中建筑施工图主要表示房屋的总体布局、内外形状、大小、构造等。建筑施工图主要由建筑设计总说明、建筑总平面图、建筑平面图、建筑立面图、建筑剖面图及建筑详图组成。

2. 图纸的幅面规格

图纸幅面的基本尺寸规定有 5 种,其代号分别为 A0、A1、A2、A3 和 A4。各个图纸对应的尺寸如表 10-1 所示,同一项工程的图纸不宜多于两种幅面。

表 10-1 图纸尺寸对照表

幅面	A0	A1	A2	A3	A4
尺寸/mm	841×1189	594×841	420×594	297×420	210×297

3. 常用图纸的比例

建筑图纸的尺寸一般都比较大,出图时一般采用相应的比例进行缩放,保证图纸的准确性。常用的图纸比例如表 10-2 所示。

表 10-2 常用的图纸比例

图　　名	常用比例	必要时可用比例
建筑总平面	1∶500;1∶1000;1∶2000; 1∶5000;	1∶2500;1∶10000
竖向布置、管线综合图、断面图等	1∶100;1∶200;1∶500 1∶1000;1∶2000	1∶300;1∶5000
平面图、立面图、剖面图、结构布置图、设备布置图等	1∶50;1∶100;1∶200	1∶150;1∶300;1∶400
内容比较简单的平面图	1∶200;1∶400	1∶500
详图	1∶1;1∶2;1∶5;1∶10; 1∶20;1∶25;1∶50	1∶3;1∶15;1∶30;1∶40; 1∶60

4. 建筑设计图的线型

线型有实线、虚线、单点长画线、双点长画线、折断线和波浪线等，其中有些线型还分粗、中、细三种。常用的设置见表 10-3。

表 10-3 常用线型设置

名　称		线　型	线　宽	用　途
实线	粗	————	b	主要可见轮廓线
	中	————	0.5b	可见轮廓线
	细	————	0.25b	可见轮廓线、图例线
虚线	粗	--------	b	见各专业制图标准
	中	--------	0.5b	不可见轮廓线
	细	--------	0.25b	不可见轮廓线、图例线

10.2 综合实战 1——餐桌和餐椅

分析：利用直线、矩形等绘图工具、圆角编辑、修剪工具、阵列复制工具等绘制如图 10-1 所示的餐桌和餐椅。

操作步骤如下。

(1) 绘制餐桌。利用矩形工具绘制如图 10-2 所示的正方形。利用偏移工具，以偏移

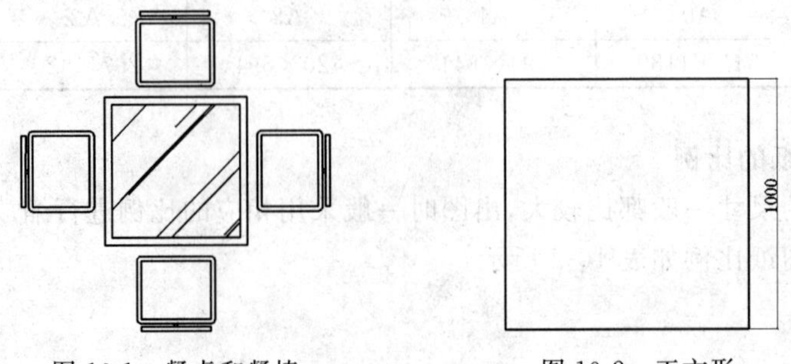

图 10-1 餐桌和餐椅　　　图 10-2 正方形

距离为 50 制作第二个正方形，如图 10-3 所示。利用填充工具在第二个正方形中填充 AR-RRoof，放大 10 倍，角度为 45°，如图 10-4 所示。

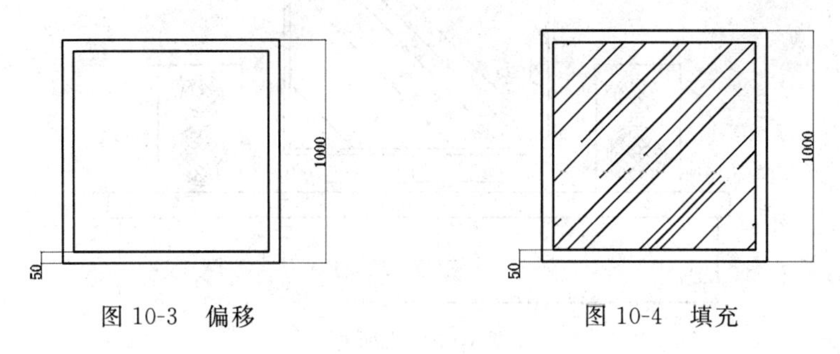

图 10-3　偏移　　　　图 10-4　填充

(2) 绘制餐椅。利用矩形工具绘制如图 10-5 所示的矩形。利用偏移工具，以偏移距离为 30 制作第二个正方形，如图 10-6 所示。利用圆角工具制作圆角，圆角半径为 32，效果如图 10-7 所示。

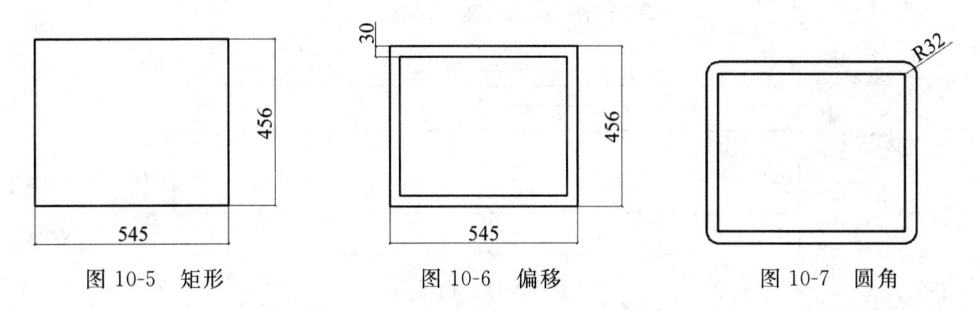

图 10-5　矩形　　　　图 10-6　偏移　　　　图 10-7　圆角

(3) 绘制餐椅靠背。按照如图 10-8 所示的尺寸，利用直线、矩形工具进行绘制。

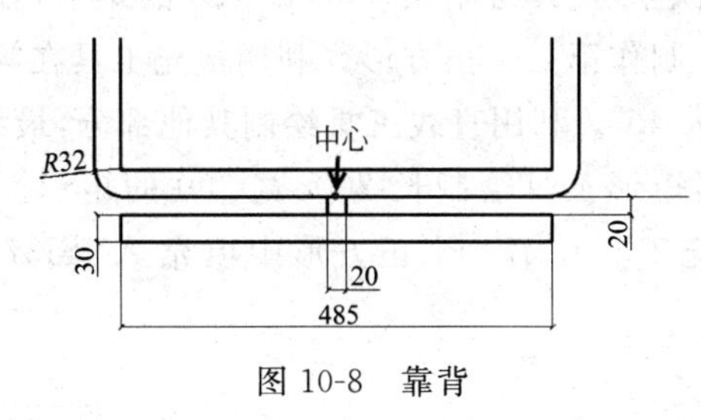

图 10-8　靠背

(4) 阵列。选择餐椅，单击“环形阵列”，以餐桌中心为阵列基点，项目数为 4。最终效果如图 10-1 所示。

10.3　综合实战 2——视听柜

分析：利用直线、矩形等绘图工具、圆角编辑、修剪工具、镜像复制工具等绘制如图 10-9 所示的餐桌和餐椅。

操作步骤如下。

(1) 绘制柜子。利用矩形工具绘制如图 10-10 所示的圆角矩形，圆角半径为 15。利用直线工具，绘制如图 10-11 所示的图形。

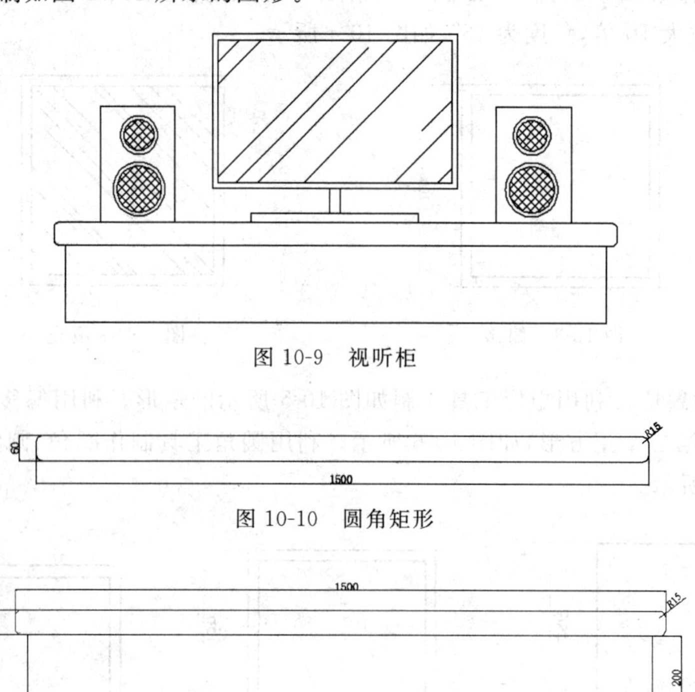

图 10-9　视听柜

图 10-10　圆角矩形

图 10-11　柜子

(2) 绘制电视。利用矩形工具绘制长 650，宽 400 的矩形，如图 10-12 所示。利用偏移工具，以偏移距离为 15 制作第二个正方形。利用填充工具在第二个正方形中填充 AR-RRoof，放大 10 倍，角度为 45°。利用直线工具绘制其他部分，最终效果如图 10-12 所示。

(3) 绘制音箱。利用矩形工具绘制长 200，宽 300 的矩形。利用圆绘制半径为 40、50、60、70 的圆。利用填充工具在第二个正方形中填充 ANSI37，放大 5 倍，最终效果如图 10-13 所示。

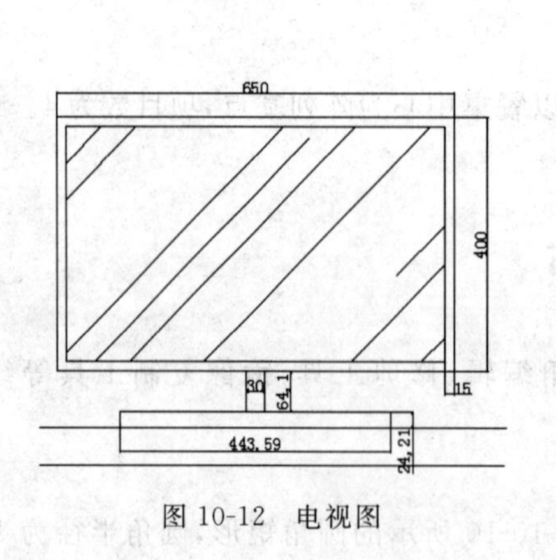

图 10-12　电视图

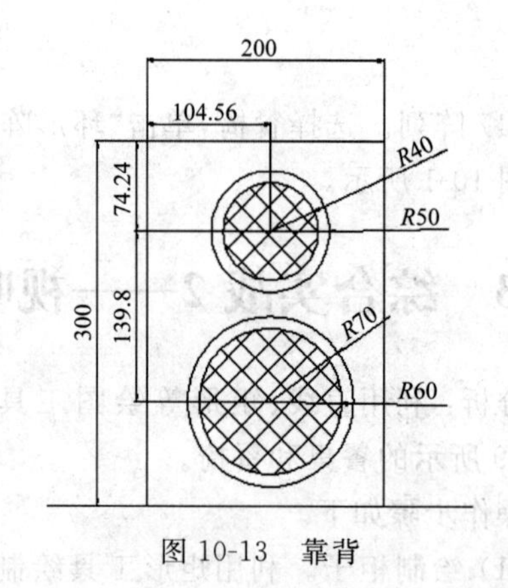

图 10-13　靠背

(4) 阵列。选择餐椅，单击“环形阵列”，以餐桌中心为阵列基点，项目数为 4。最终效果如图 10-1 所示。

(5) 利用镜像，复制得到电视另一侧的音箱。

10.4　综合实战 3——绘制户型平面图

分析：利用图层编辑、多线绘图工具、多线编辑、修剪工具、移动工具、缩放工具等绘制如图 10-14 所示的户型平面图。

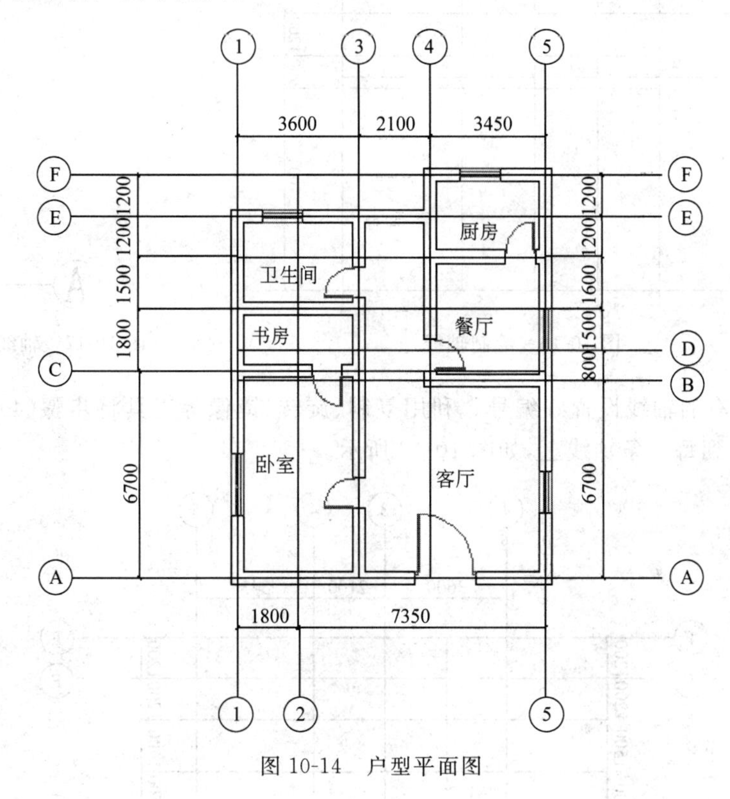

图 10-14　户型平面图

操作步骤如下。

(1) 打开 AutoCAD 2014 软件，选择“文件”|“新建”，打开“选择样板”对话框，选择已有样板文件 acadiso.dwt。

(2) 设置图层。在命令提示行中输入 LA 或单击工具栏上的“图层特定”按钮，打开图层特性管理器，按照图 10-15 设置图层。

状	名称	开	冻结	锁	颜色	线型
✓	0	♀	☼	🔓	■ 白	Continuous
▱	轴线	♀	☼	🔓	■ 红	ACAD_ISO02...
▱	墙体	♀	☼	🔓	■ 253	Continuous
▱	其他	♀	☼	🔓	■ 白	Continuous
▱	门窗	♀	☼	🔓	□ 青	Continuous
▱	标注	♀	☼	🔓	□ 绿	Continuous

图 10-15　图层设置

(3) 绘制轴线。将图层切换到轴线层，利用直线和偏移工具绘制如图 10-16 所示的轴线。

(4) 绘制轴线编号。利用圆、直线、文字工具绘制轴线标记，如图 10-17 所示。

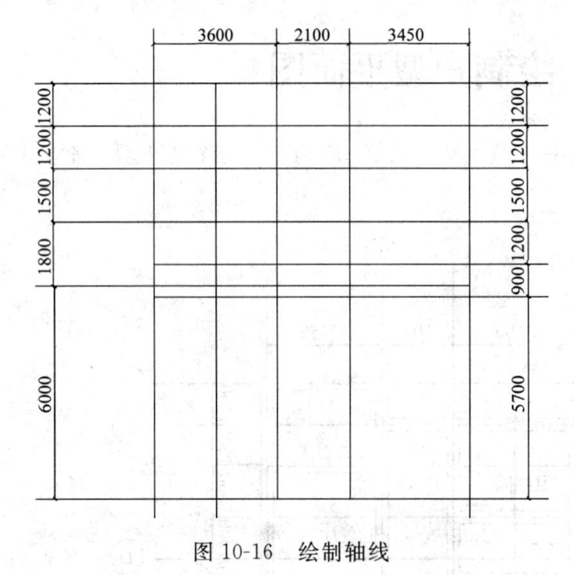

图 10-16　绘制轴线

图 10-17　轴线编号

(5) 为所有的轴线设置好编号。利用复制、旋转、镜像等工具将步骤(4)中绘制好的轴线编号添加到每一条轴线上，如图 10-18 所示。

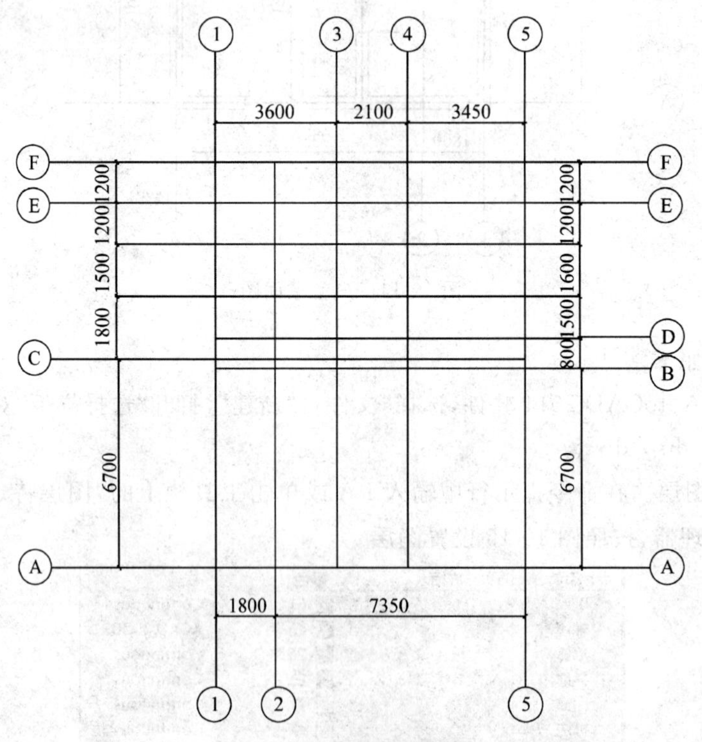

图 10-18　添加轴线编号

提示：水平采用字幕 A～Z 进行编号，但不适用大写字母 I，因为容易和数字 1 混淆。垂直轴线采用数字编号。

(6) 绘制墙体。将图层切换到墙体层。选择多线，其中“对正＝无，比例＝370.00，样式＝STANDARD”，按照图 10-19 绘制多线。

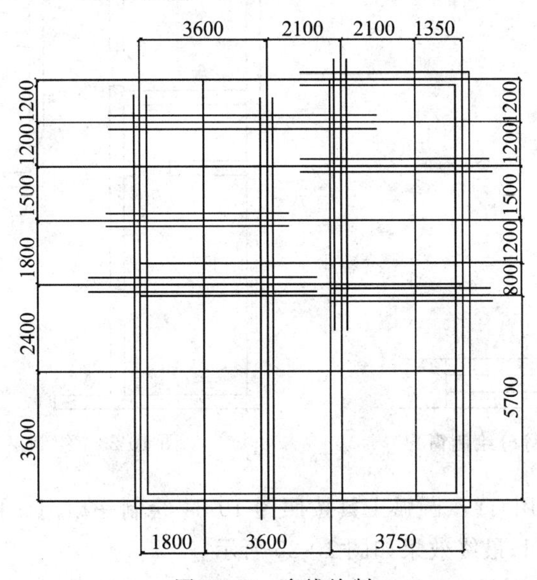

图 10-19　多线绘制

(7) 修改墙体。选择“修改”|“对象”|“多线”，参照图 10-20 修改墙体。

(8) 将多线进行分解。给墙体开门和开窗之前需要将多线进行分解，选择作为墙体的全部多线，单击工具栏上的分解按钮(　)或在命令行中输入 EXPLODE。

(9) 修剪得到窗框和门框。按照如图 10-21 所示的尺寸绘制辅助线，并利用修剪工具，修剪得到窗框和门框。

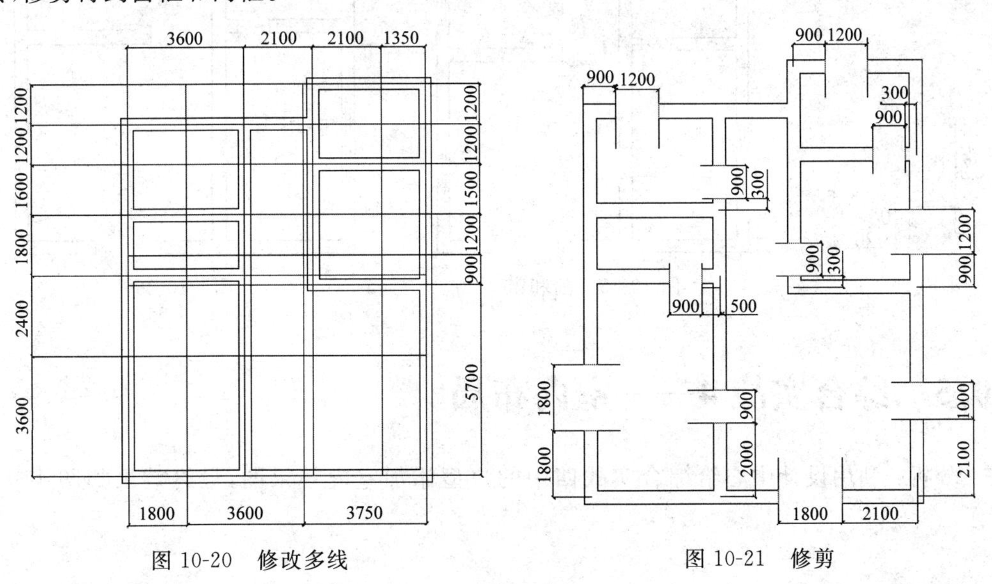

图 10-20　修改多线

图 10-21　修剪

(10) 绘制窗户。窗户的绘制方法,按照墙的厚度等分三份,再利用直线进行连接,效果如图 10-22 所示。使用相同方法绘制得到所有窗户效果,如图 10-23 所示。

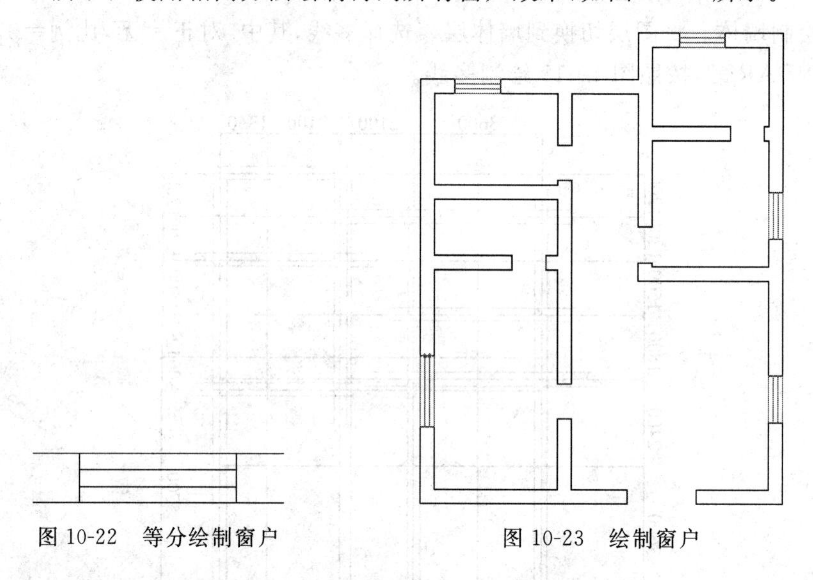

图 10-22 等分绘制窗户　　图 10-23 绘制窗户

(11) 绘制门。利用直线、圆弧工具按照图 10-24 绘制一扇门。再利用移动、复制、缩放工具绘制出所有的门,最终效果如图 10-25 所示。

(12) 输入文字。利用文字工具输入文字,如图 10-26 所示。

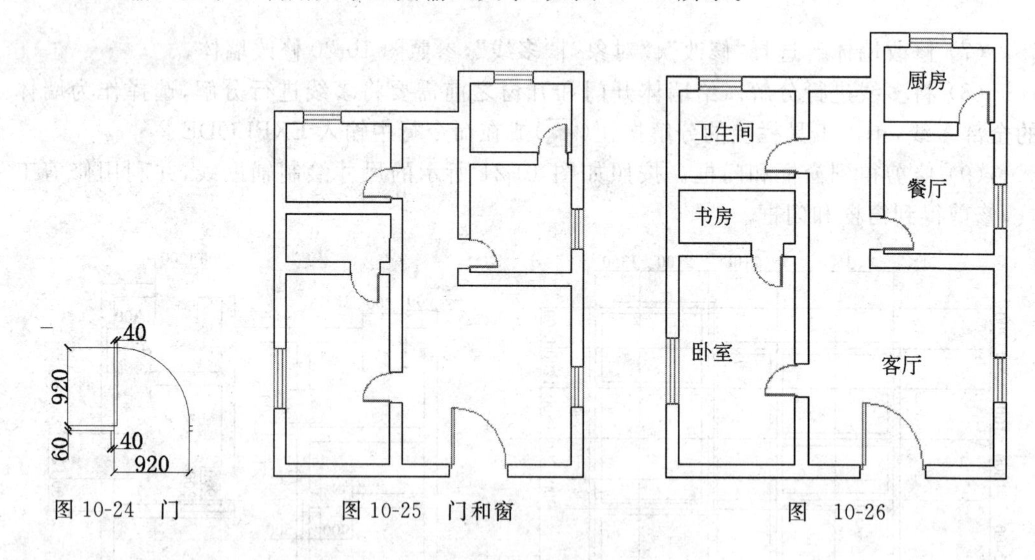

图 10-24 门　　图 10-25 门和窗　　图 10-26

10.5 综合实战 4——室内布局

分析:利用设计中心给综合实战四中的户型添加室内效果图,最终效果如图 10-27 所示。

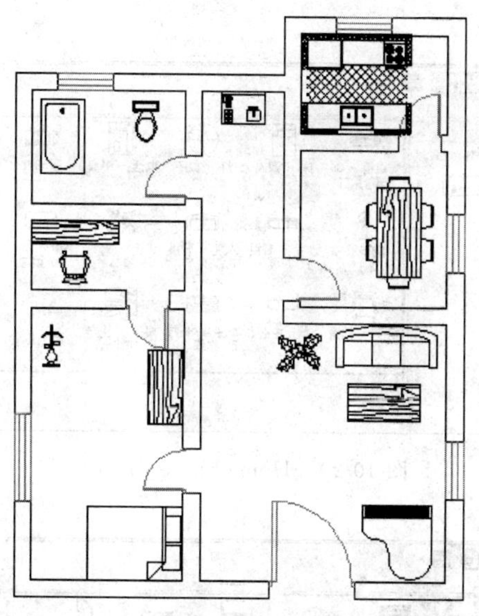

图 10-27　室内效果图

(1) 打开设计中心。单击“工具”|“选项板”|“设计中心”，或按快捷键 Ctrl＋2，打开“设计中心”对话框，如图 10-28 所示。找到 AutoCAD 2014/Sample/DesignCenter。

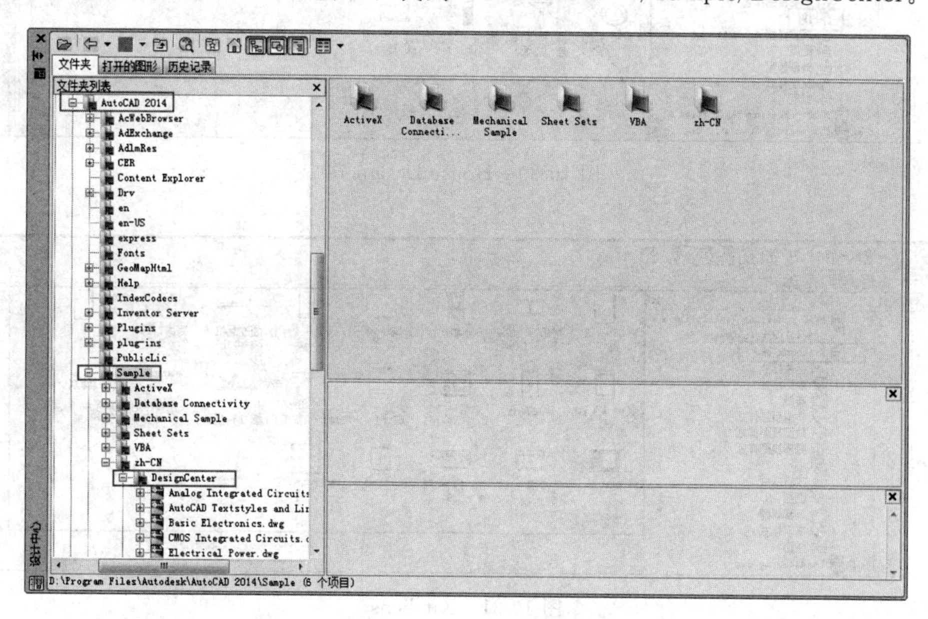

图 10-28　设计中心

(2) 插入设计中心图块。选择 Home Space Planner 下的“块”，将合适的块插入平面图中，如图 10-29 所示。

(3) 插入设计中心图块。选择 House Designer 下的“块”，将合适的块插入平面图中，如图 10-30 所示。

(4) 插入设计中心图块。选择 Kitchens 下的“块”，将合适的块插入平面图中，如

图 10-31 所示。

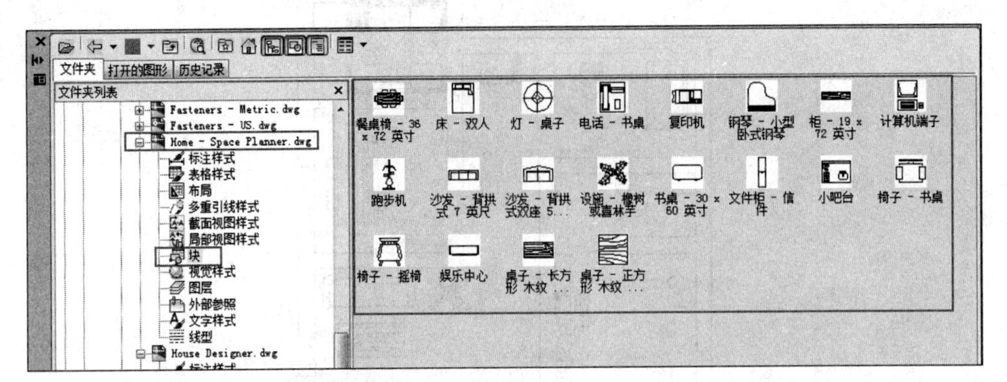

图 10-29 Home Space Planner

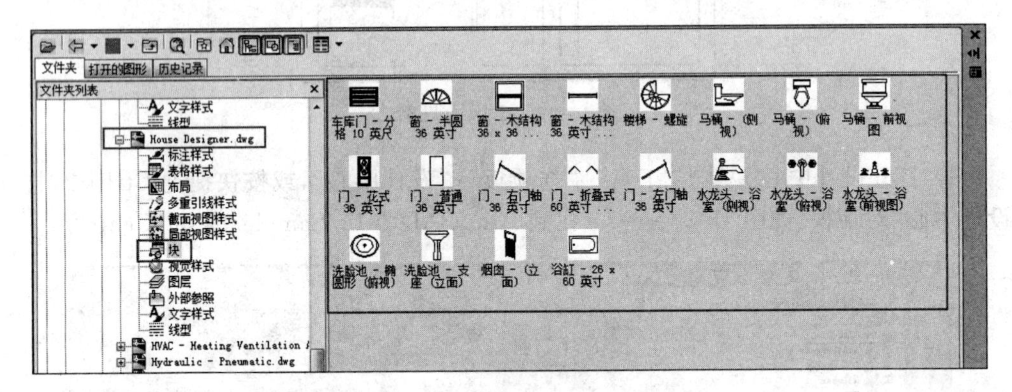

图 10-30 House Designer

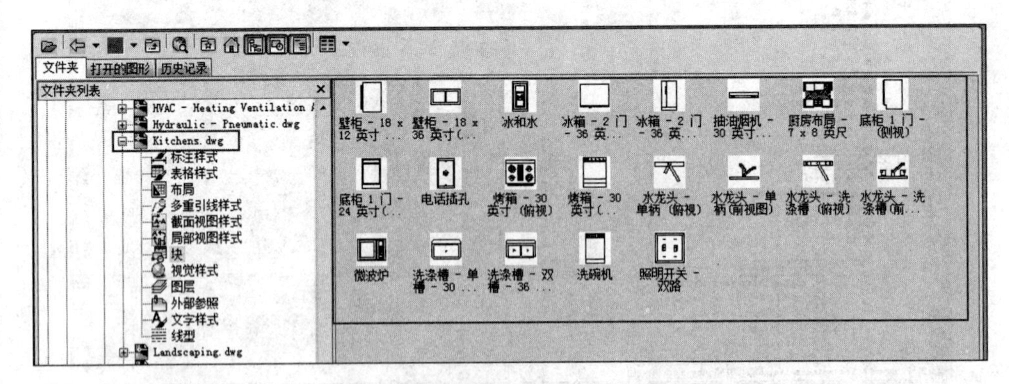

图 10-31 Kitchens

(5) 插入好的块如图 10-32 所示。将它们通过缩放、旋转、复制等方法，放到房屋平面图中合适的位置上，最终效果如图 10-27 所示。

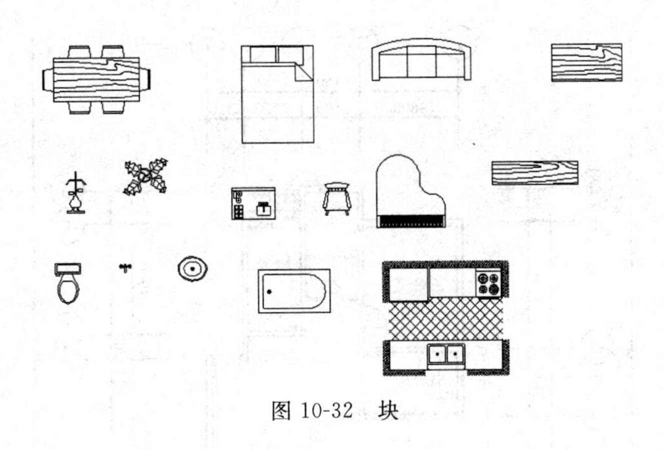

图 10-32　块

本 章 小 结

本章主要介绍了利用 AutoCAD 2014 设置建筑装潢平面图，通过这章的学习使大家掌握建筑平面图的绘制方法和块引用，了解建筑设计的基本知识，为深入学习建筑装潢设计打下基础。

思考与练习

1. 利用所学知识绘制如图 10-33 所示的沙发和茶几。

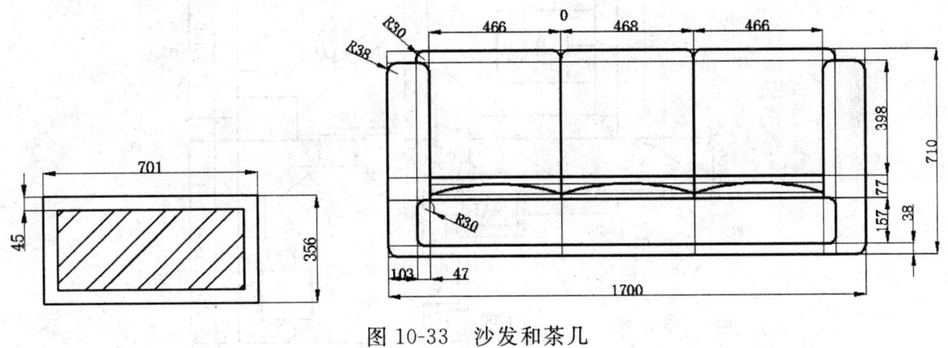

图 10-33　沙发和茶几

2. 利用所学知识绘制如图 10-34 所示的平面图。
3. 利用所学知识绘制如图 10-35 所示的平面图。

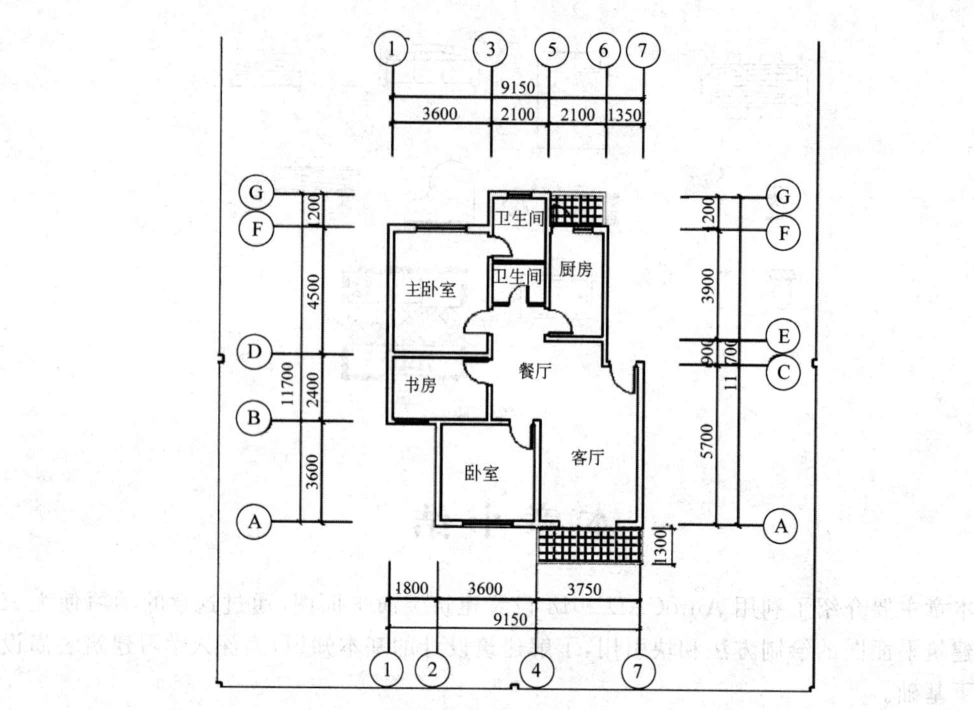

图 10-34　户型平面图(1)

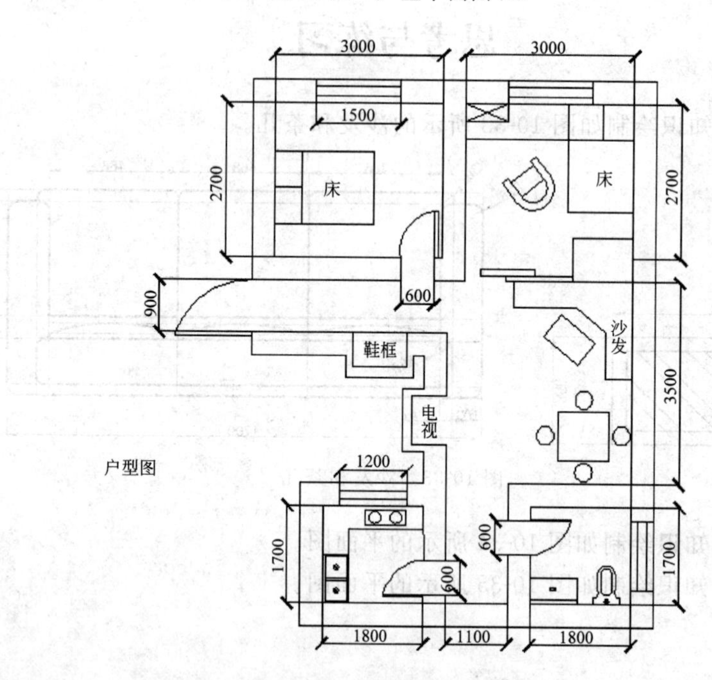

图 10-35　户型平面图(2)

第 11 章

园林艺术设计

本章要点

- 熟练运用基本绘图工具；
- 熟练掌握图像编辑工具；
- 熟练应用各种绘图技巧；
- 熟练掌握具有工程实践意义的实际操作技能。

11.1 综合实战 1——花钵立面图

分析：利用直线、圆弧、样条曲线、偏移、镜像、修剪等命令绘制如图 11-1 所示的花钵立面图形。

操作步骤如下。

(1) 打开 AutoCAD 2014 软件，选择“文件”|“新建”，打开“选择样板”对话框，选择已有样板文件 acadiso. dwt。

(2) 使用“直线”命令，在正交状态下，绘制如图 11-2 所示的水平直线和垂直线。

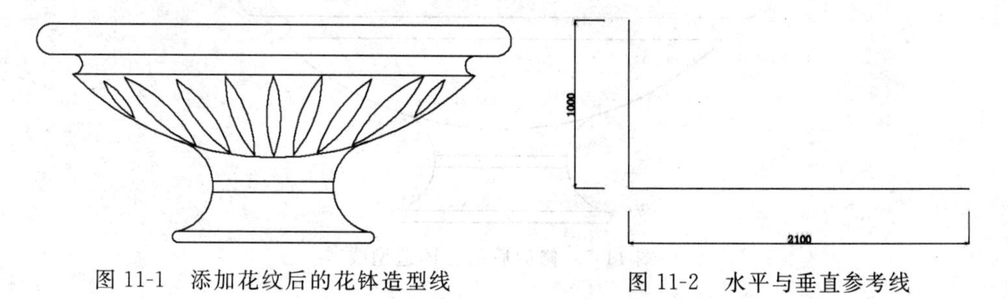

图 11-1 添加花纹后的花钵造型线　　图 11-2 水平与垂直参考线

(3) 使用“偏移”命令，在正交状态下，从水平直线和垂直线的交点处开始绘制如图 11-3 所示的辅助线，水平直线的偏移距离分别为 100、500、200、500、200、500、100，垂直线的偏移距离分别为 50、180、50、110、380、90、70、70。

(4) 使用“圆弧”命令，绘制如图 11-4 所示的半径为 70、45 和 25、从上到下的三组圆弧。

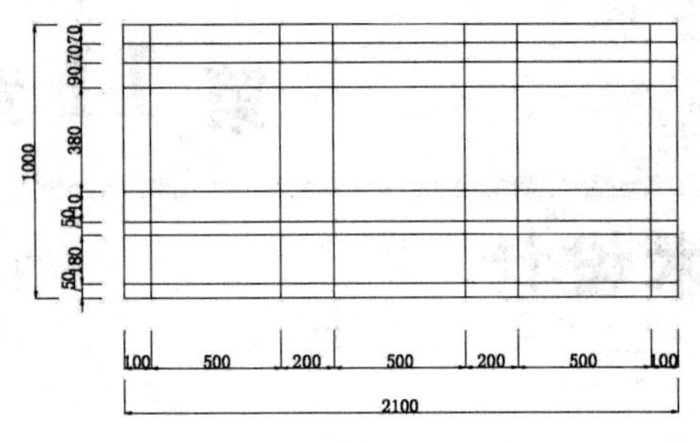

图 11-3 偏移生成的辅助线

图 11-4 绘制花钵上下两侧圆弧造型线

(5) 继续使用“圆弧”命令,绘制如图 11-5 所示的端点位置固定、圆心为已知水平直线中点的圆弧。

(6) 继续使用“圆弧”或“样条曲线”命令、夹点编辑命令绘制如图 11-6 所示的端点位置固定的圆弧;再以已知的两条水平直线中点的连线为对称点,利用镜像命令复制花钵另一侧轮廓弧线。

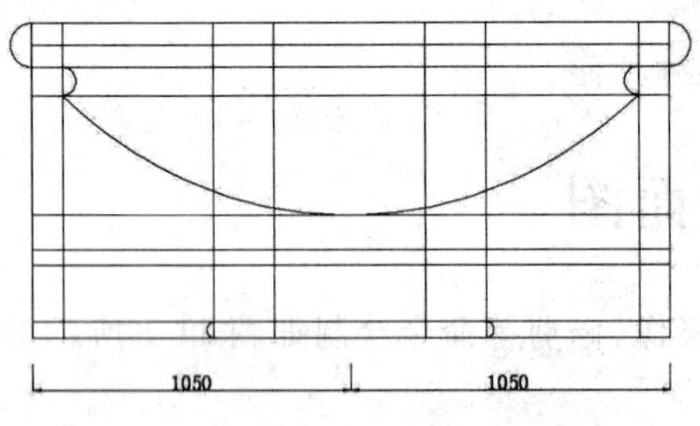

图 11-5 绘制花钵中部造型线

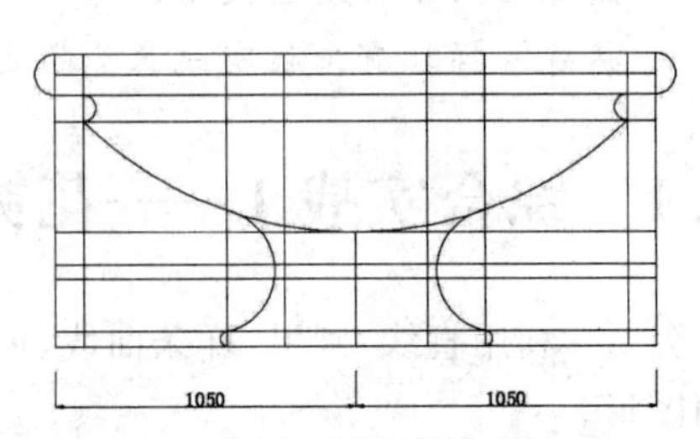

图 11-6 绘制花钵基座造型线

(7) 使用“剪切”编辑命令对辅助线进行修剪,并删除多余的辅助线,得到如图 11-7 所示的花钵轮廓线。

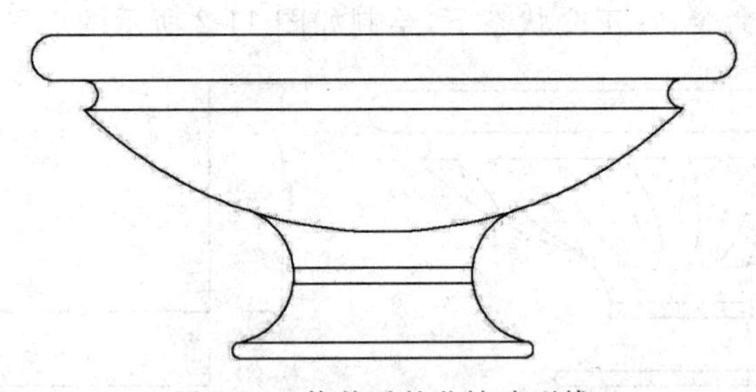

图 11-7 修剪后的花钵造型线

(8) 使用“样条曲线”命令和镜像命令绘制花钵表面的花纹,得到如图 11-1 所示的花钵轮廓线。

11.2 综合实战 2——园灯立面图

分析：利用矩形、直线、圆弧、圆、偏移、镜像、修剪、复制等命令绘制如图 11-8 所示的园灯立面图形。

操作步骤如下：

(1) 打开 AutoCAD 2014 软件，选择“文件”|“新建”，打开“选择样板”对话框，选择已有样板文件 acadiso.dwt。

(2) 单击“矩形”命令，绘制 5 个大小不同的矩形为灯座，其尺寸分别为 600×60、500×60、500×650、400×50 和 500×150，再以各矩形中心点为移动基点、使用捕捉命令将 5 个矩形移动对齐，效果如图 11-9 所示。

(3) 单击“圆弧”命令，连接最下面两个矩形的左上角点画弧，再将弧线镜像至矩形右侧角点，并删除从下数第二个矩形，效果如图 11-10 所示。

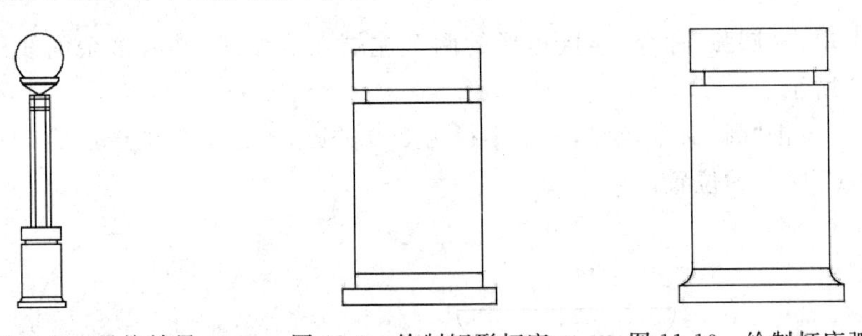

图 11-8　园灯立面最终效果　　图 11-9　绘制矩形灯座　　图 11-10　绘制灯座弧线

(4) 单击“矩形”命令，绘制三个大小不同的矩形为灯杆，其尺寸分别为 1600×140、1600×60、1600×60，再以灯座最上面的矩形中心点为移动基点、使用捕捉命令将三个矩形移动对齐，效果如图 11-11 所示。

(5) 使用“偏移”命令，在正交状态下，将灯杆最上面的三个矩形进行分解，然后将三条水平直线向下依次偏移 40、100、40 距离，效果如图 11-12 所示。

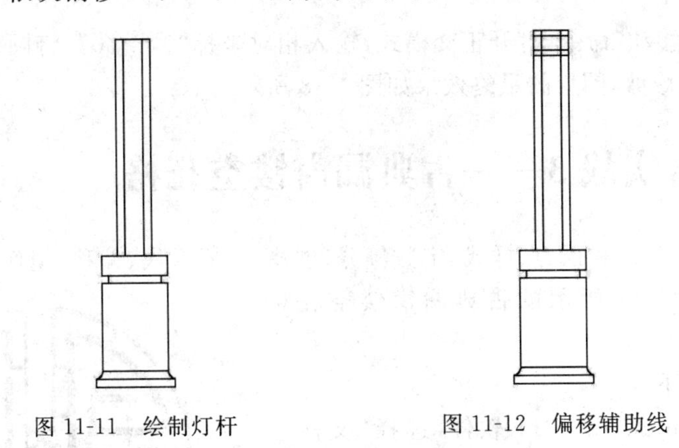

图 11-11　绘制灯杆　　图 11-12　偏移辅助线

(6) 单击“矩形”命令，绘制一个尺寸为 50×20 的矩形，作为灯头与等干的支撑点，并将其移动对齐至灯杆中心位置，如图 11-13 所示。

(7) 单击“直线”命令，以支撑点矩形的右上角点为起点，输入相对极坐标“@220，30”，绘制一条斜线，再以此矩形中线点为参考镜像线，使用镜像命令，镜像复制斜线至左上角点，效果如图 11-14 所示。

(8) 单击“直线”命令，连接两条斜线端点作一条新的水平参考线，然后分别在斜线的端点处输入相对坐标“@0,20”,连接此两点成一条水平直线,再绘制一个尺寸为 490×60 的矩形,并将其移动对齐至灯水平参考线的中心位置,效果如图 11-15 所示。

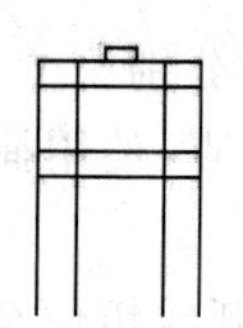

图 11-13 绘制灯头支撑点

图 11-14 绘制辅助线

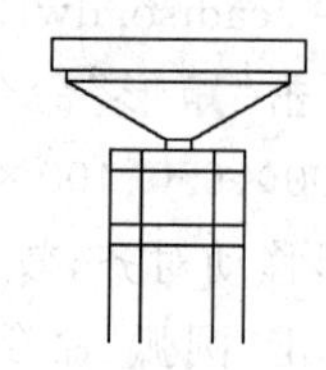

图 11-15 绘制水平参考线和矩形

(9) 单击“圆弧”命令,连接矩形的两个左端点成弧线,并将多余的线段删除,效果如图 11-16 所示。

(10) 单击“圆”命令,绘制一个半径为 300 的圆,再以矩形的中心为端点,将圆移动至如图 11-17 所示的位置。

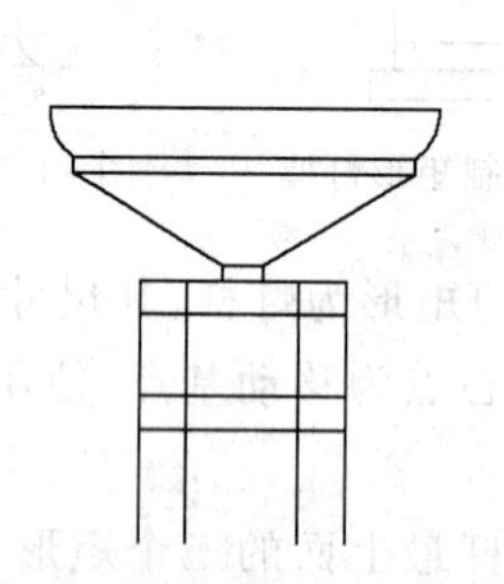

图 11-16 修剪矩形外轮廓为弧线

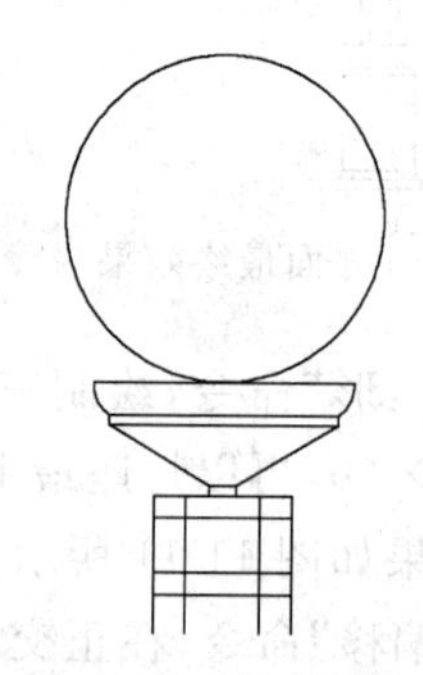

图 11-17 绘制园灯

(11) 单击“移动”命令,打开正交模式,输入相对坐标“0,−60”,将圆向下移动 60,再将多余的线进行修剪,园灯的最终效果如图 11-8 所示。

11.3 综合实战 3——古典漏窗镂空花格

分析:利用直线、圆弧、点样式、定数等分、创建块、插入块、偏移、镜像、修剪及填充等命令绘制如图 11-18 所示的古典漏窗镂空花格图形。

操作步骤如下。

(1) 打开 AutoCAD 2014 软件,选择“文件”|“新建”,打开“选择样板”对话框,选择已有样板文件 acadiso. dwt。

(2) 使用“圆”命令,绘制半径为 970 和 1000、如图 11-19 所示的同心圆;再利用“直线”命令绘制通过圆心、且分别为水平和垂直的两条辅助线。

图 11-18 填充完毕的古典镂空窗格

(3) 使用“偏移”命令,将水平辅助线上下各偏移 50，垂直辅助线左右各偏移 80，偏移后将原有的两条辅助线删除，并对其进行修剪，效果如图 11-20 所示。

（4）继续使用“偏移”命令，将两条垂直线分别向左右偏移 30，偏移后将多余的交叉线段剪除，修剪后的效果如图 11-21 所示。

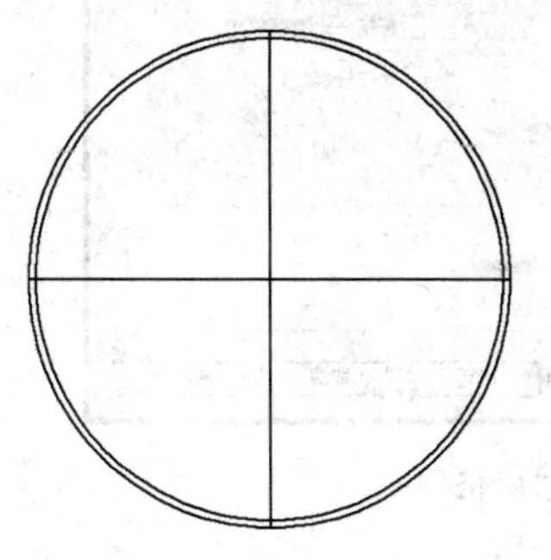

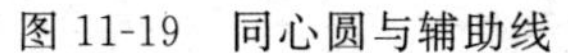

图 11-19　同心圆与辅助线

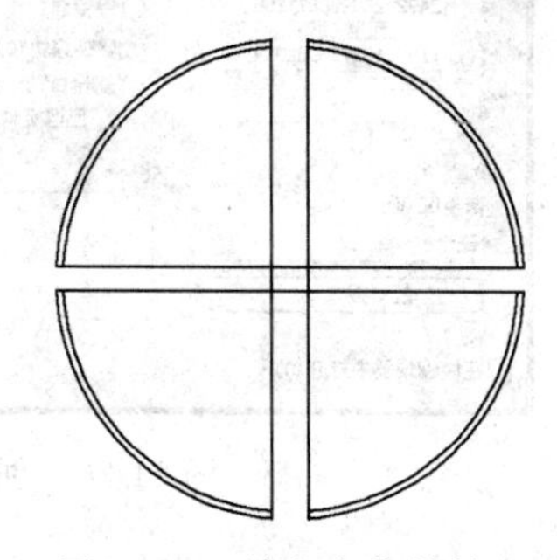

图 11-20　镂空窗格外轮廓

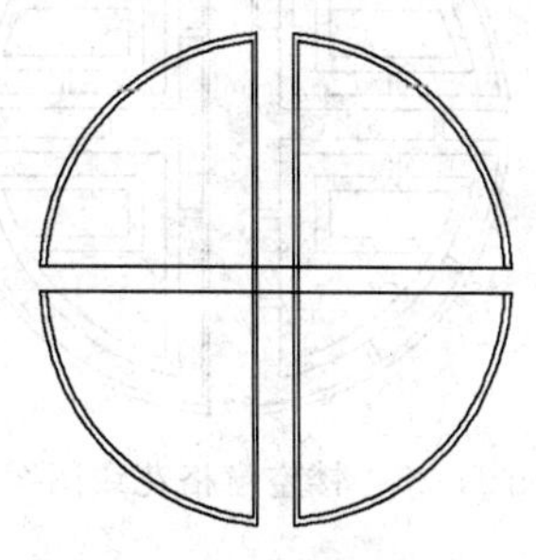

图 11-21　镂空窗格中心轮廓线

（5）继续使用“偏移”命令，将水平线、垂直线和弧线均向内偏移两次，偏移距离分别为 80 和 50，再将偏移后得到的双水平线和垂直线再向内分别平移 160 和 80，然后将多余的交叉线段剪除，修剪后的效果如图 11-22 所示。

（6）使用“镜像”命令，以通过远点的水平线和垂直线为参考线，将 1/4 图样镜像出其他窗格轮廓，镜像后的效果如图 11-23 所示。

（7）先使用“点样式”命令给点选择一个特殊的样式，再使用点的“定数等分”将窗格圆弧进行三等分，结果如图 11-24 所示。

图 11-22　镂空窗格 1/4 图样

图 11-23　镂空窗格图样

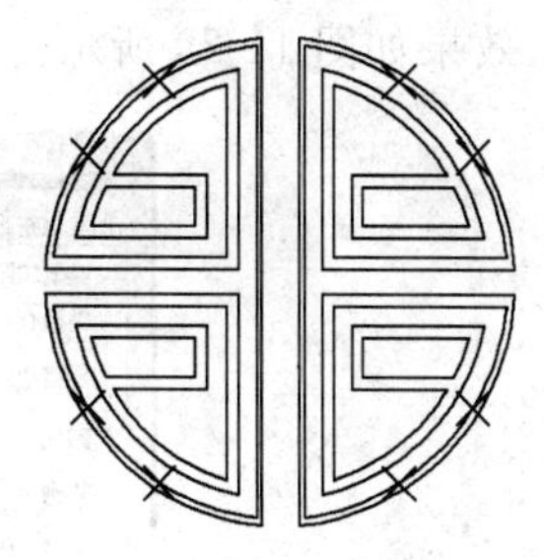

图 11-24　镂空窗格圆弧三等分

（8）使用“直线”命令连接圆心与等分点的连线，再利用“剪切”命令将其剪切到圆弧图案的中间，将直线偏移 30，然后利用“镜像”命令制造其他窗格间的连线，最后将橡胶的窗格连线进行剪切，结果如图 11-25 所示。

（9）使用“创建块”命令将已经绘制好的窗格创建为块，设定圆心为插入点，并将块命名为“窗格”，结果如图 11-26 所示。

（10）使用“直线”命令绘制偏移距离为 30，顶点为移经水平线段中心的中部窗格的中部窗线，并使用“修剪”命令剪除多余的交叉窗线，结果如图 11-27 所示。

（11）使用“插入块”命令、以圆心为插入点，将块“窗格”等比例缩小至 0.08 倍后插入窗格中部，结果如图 11-28 所示。

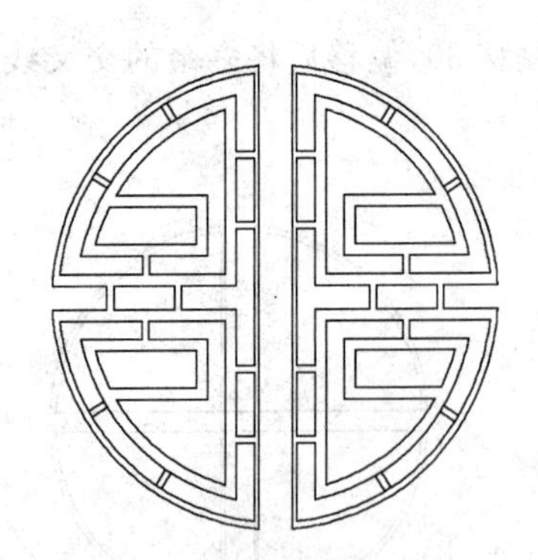

图 11-25 镂空窗格花纹图案效果

图 11-26 创建“窗格”块

图 11-27 窗格中心窗线

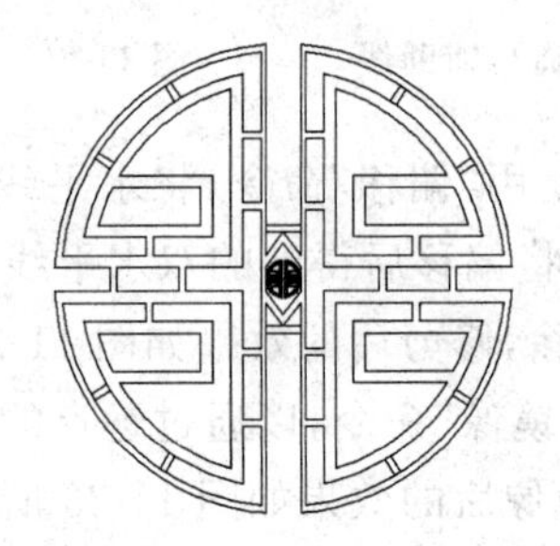

图 11-28 古典镂空窗格

(12) 执行“图案填充”命令，在“图案填充和渐变色”对话框中选择 SOLID 样式进行填充，效果如图 11-29 所示。

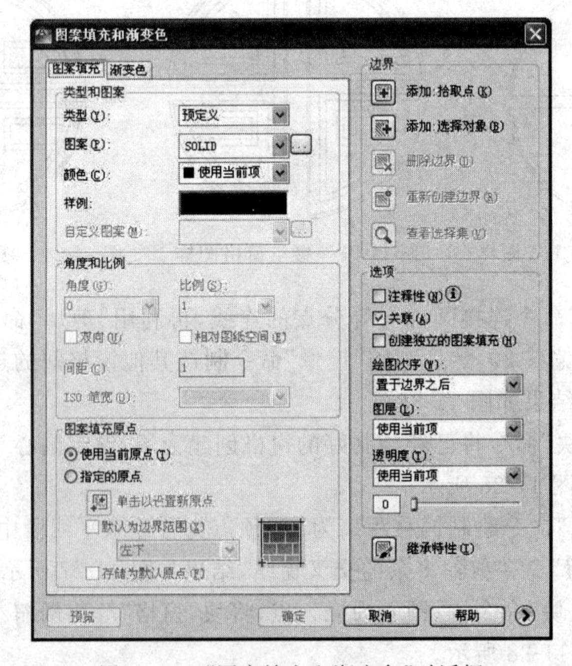

图 11-29 “图案填充和渐变色”对话框

(13) 单击拾取点按钮,拾取填充范围,单击"确定"按钮,得到填充效果如图 11-18 所示的古典镂空窗格。

11.4　综合实战 4——欧式圆亭立面图

分析:利用直线、圆弧、圆、多段线、矩形、偏移、镜像、修剪、复制等命令绘制如图 11-30 所示的欧式圆亭立面图形。

操作步骤如下。

(1) 打开 AutoCAD 2014 软件,选择"文件"|"新建",打开"选择样板"对话框,选择已有样板文件 acadiso. dwt。

(2) 单击"直线"命令,分别绘制长度为 4120 和 3860 的水平直线和垂直线,效果如图 11-31 所示。

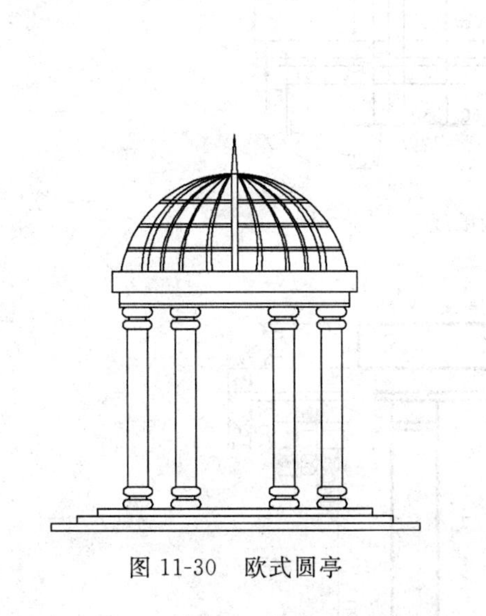

图 11-30　欧式圆亭

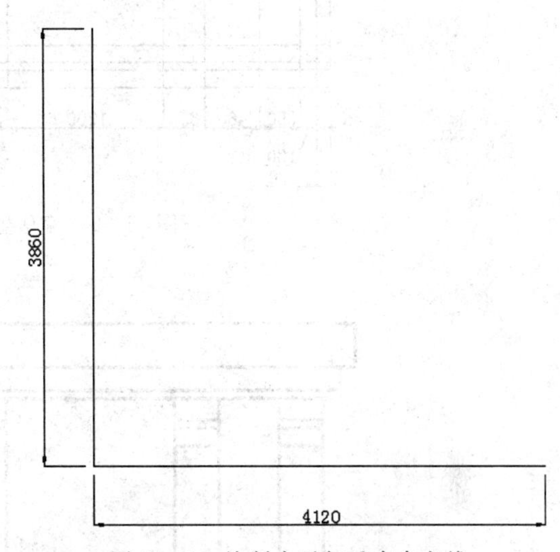

图 11-31　绘制水平与垂直参考线

(3) 使用"偏移"命令,在正交状态下,从水平直线和垂直线的交点处开始绘制如图 11-32 所示的辅助线,水平直线的偏移距离分别为 120、130、350、460、350、1300、350、460、350、130、120,垂直线的偏移距离分别为 150、60、140、2580、140、60、160、60、180、340。

(4) 使用"剪切"编辑命令对辅助线进行修剪,并删除多余的辅助线,得到如图 11-33 所示的欧式圆亭轮廓线。

(5) 单击"直线"命令,沿辅助线中心作一条垂直线,将垂直线与圆亭圆盖的交点设为 A,再将这条中心线向左右各偏移 50,效果如图 11-34 所示。

(6) 单击"圆"命令,以点 A 为圆心,绘制一个半径为 1940 的圆,然后将中心垂直辅助线删除,效果如图 11-35 所示。

(7) 单击"修剪"命令,对圆和垂直辅助线进行修剪,如图 11-36 所示。

(8) 使用"偏移"命令,在正交状态下,指定最上一条水平线为参考对象,将其依次偏移 340、50、340、50、340、50 的距离,并将圆亭轮廓外的偏移线进行修剪,效果如图 11-37 所示。

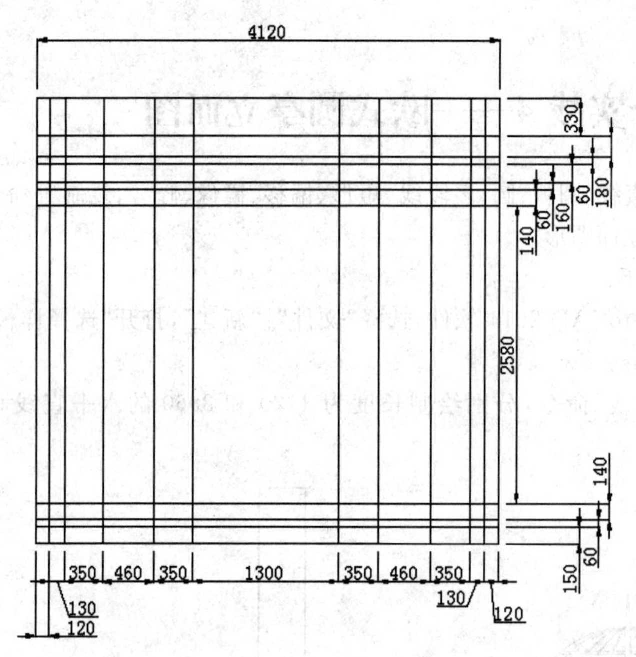

图 11-32 偏移生成辅助线

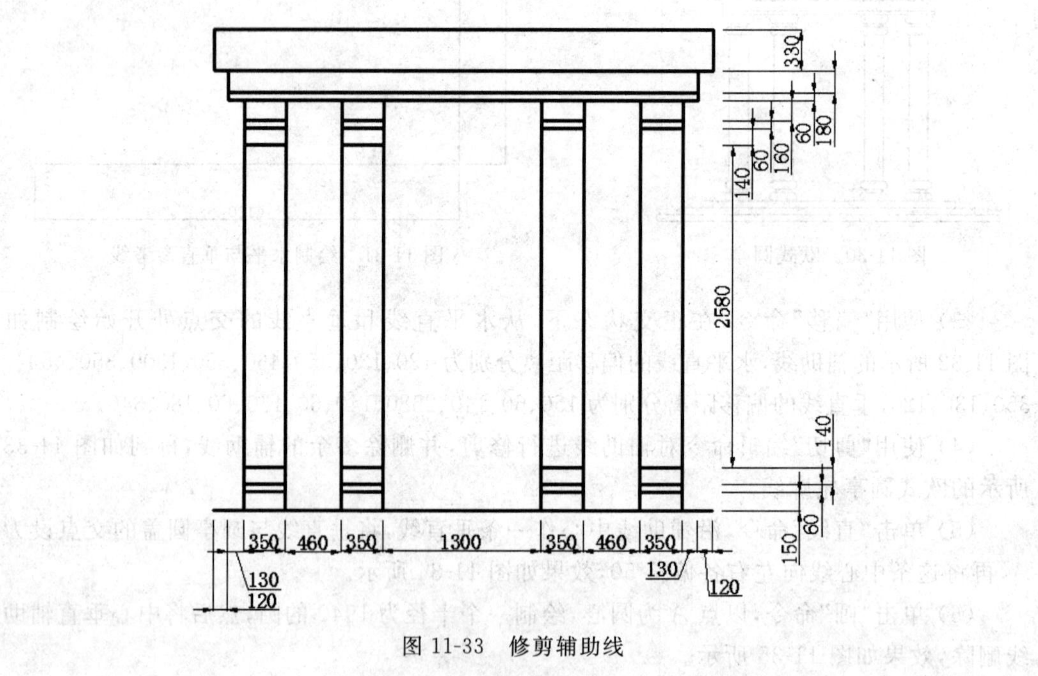

图 11-33 修剪辅助线

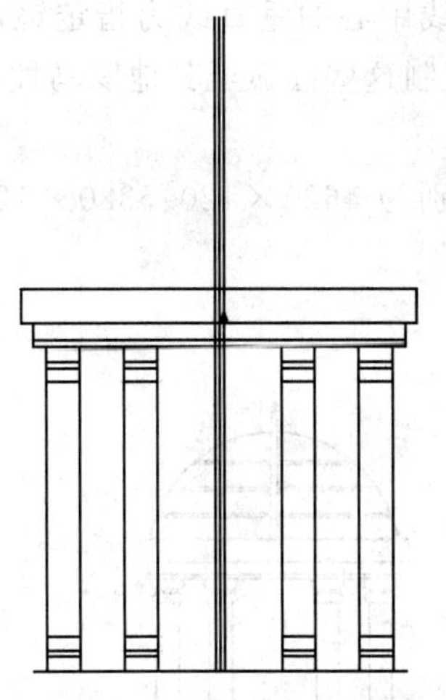
图 11-34　绘制中心垂直辅助线并偏移辅助线

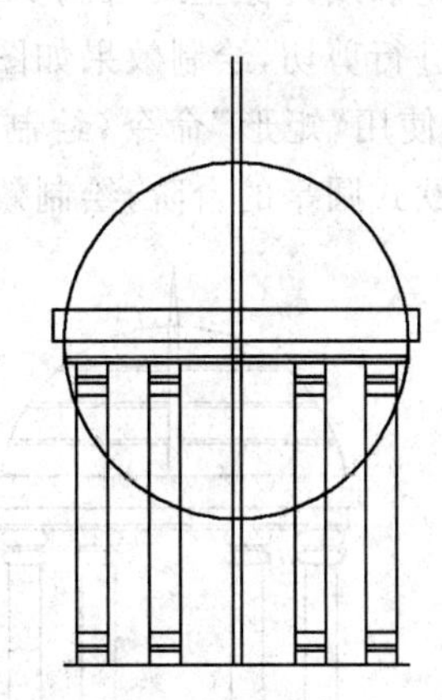
图 11-35　绘制圆并删除中心垂直辅助线

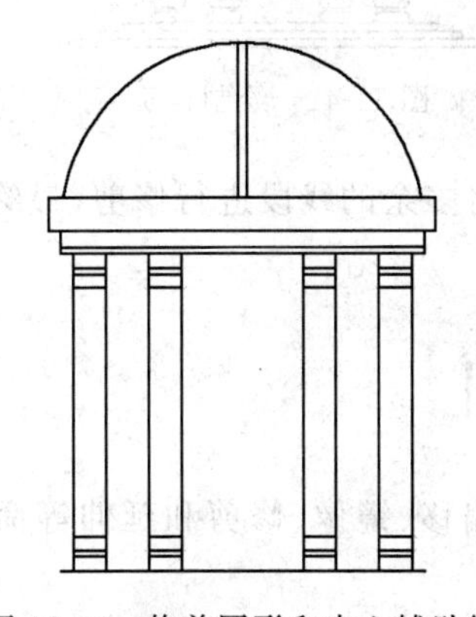
图 11-36　修剪圆形和中心辅助线

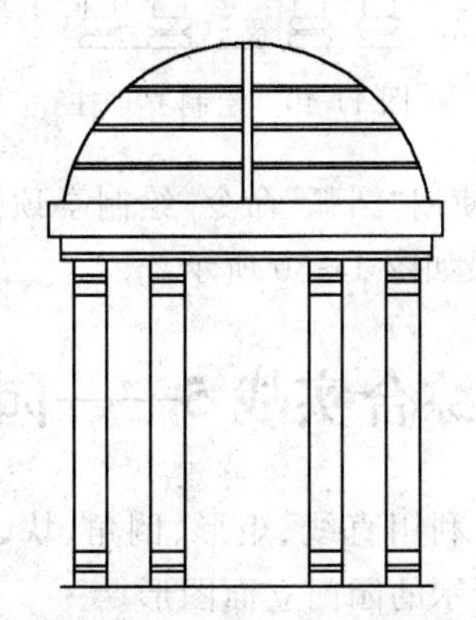
图 11-37　偏移修剪后的辅助线

(9) 使用“多段线”命令，为欧式圆亭绘制一个避雷针，效果如图 11-38 所示。

(10) 使用“圆弧”命令，从左数第一根柱子开始，由下至上分别以 75、30、70、70、30、80 为半径画弧，绘制效果如图 11-39 所示的欧式圆亭罗马柱。

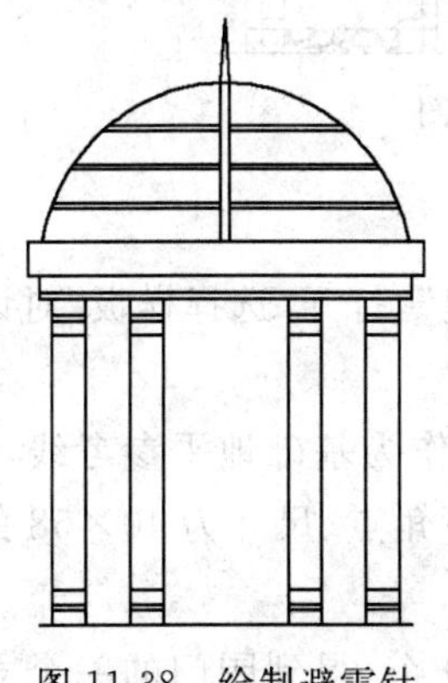
图 11-38　绘制避雷针

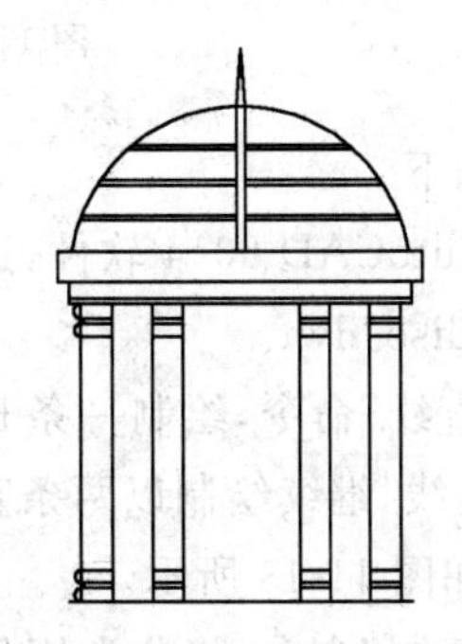
图 11-39　绘制罗马柱外轮廓线

(11) 使用“镜像”命令，以通过最下一条水平直线中心的垂直线为指定镜像线，将罗马柱左侧轮廓线镜像至最右侧罗马柱，然后再分别复制这些圆弧至其他罗马柱，最后将多余的线段进行剪切，绘制效果如图 11-40 所示。

(12) 使用“矩形”命令，绘制三个矩形，尺寸分别为 4620×120、5320×120、6220×120，作为欧式圆亭的台阶，绘制效果如图 11-41 所示。

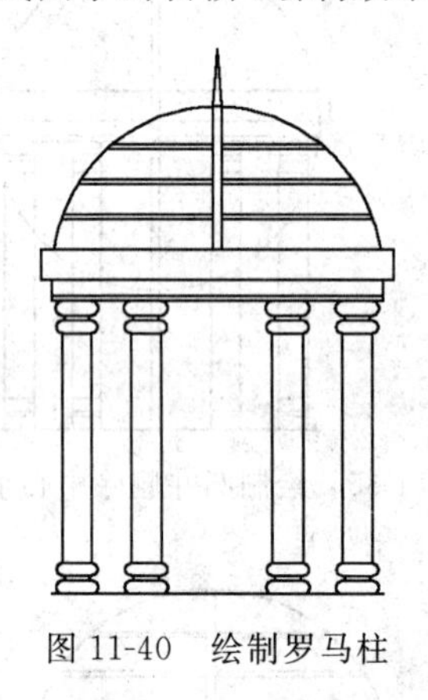

图 11-40　绘制罗马柱

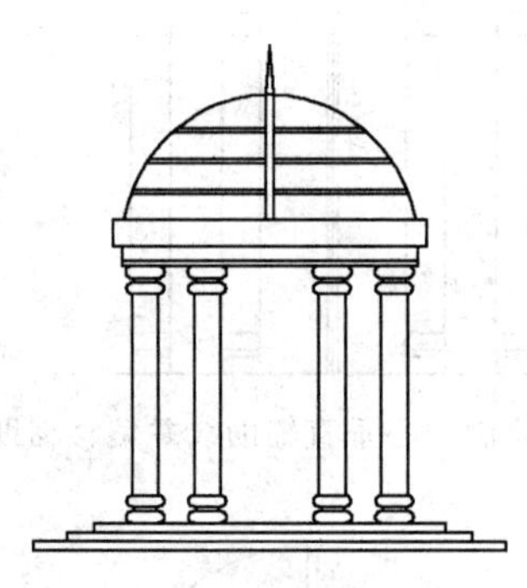

图 11-41　绘制台阶

(13) 使用“圆弧”命令，绘制亭顶弧线造型，再将多余的线段进行修剪，最终绘制的欧式圆亭效果如图 11-30 所示。

11.5　综合实战 5——园门立面图

分析：利用直线、矩形、倒角、块、填充、移动、偏移、镜像、修剪和延伸等命令绘制如图 11-42 所示的园门立面图形。

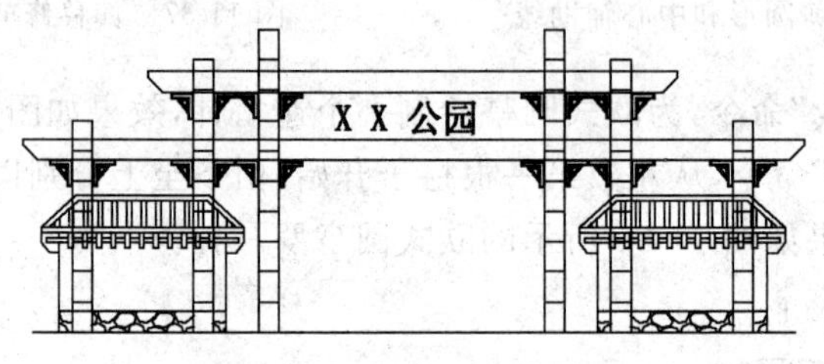

图 11-42　园门立面效果图

操作步骤如下。

(1) 打开 AutoCAD 2014 软件，选择“文件”|“新建”，打开“选择样板”对话框，选择已有样板文件 acadiso. dwt。

(2) 使用“直线”命令，绘制一条长为 1500 的直线作为基础地平参考线，再绘制一条通过它的中心垂线，继续绘制以两条直线的交点为右下角点、尺寸为 40×58 的矩形，向左平移 260，效果如图 11-43 所示。

(3) 使用“复制”命令，将这个矩形分别向上复制 9 个，得到园门的一个立柱，效果如图 11-44 所示。

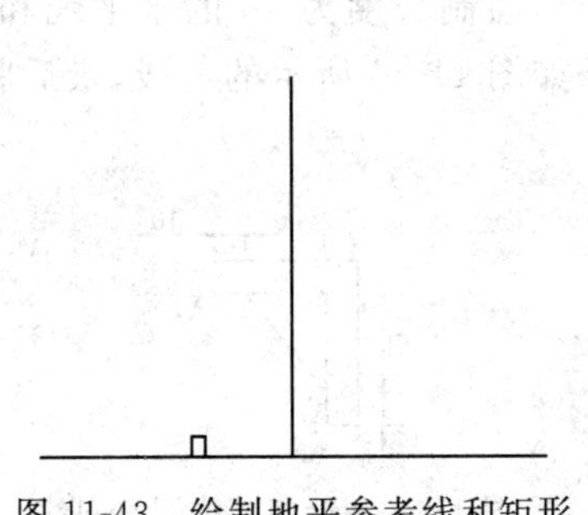

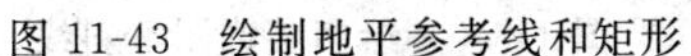

图 11-43　绘制地平参考线和矩形

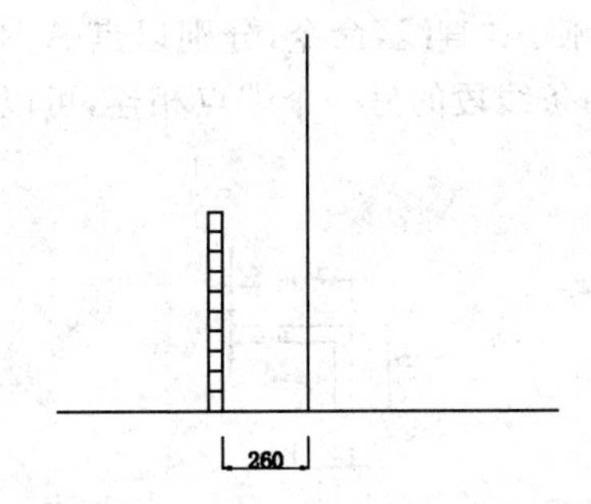

图 11-44　纵向复制矩形

(4) 将此立柱向左复制两组，彼此距离分别为 90 和 200，其中一组由 9 个矩形组成，另一组为 7 个矩形组成，效果如图 11-45 所示。

(5) 将这三组门柱以中心垂直线为镜像线进行镜像复制，再将参考地平线向上依次偏移 330 和 130 的距离，效果如图 11-46 所示。

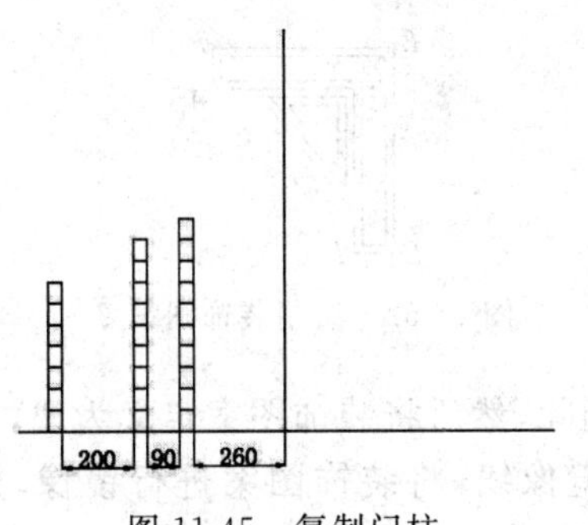

图 11-45　复制门柱

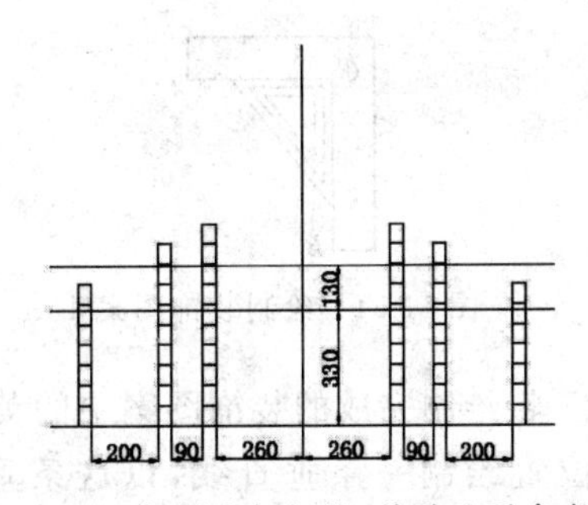

图 11-46　复制右侧门柱、偏移地平参考线

(6) 使用"矩形"命令，分别绘制尺寸为 1040×40、1540×40 的两个矩形，并将它们移动至偏移的两条辅助线与垂直参考线的交点位置，然后删除两条水平辅助线，效果如图 11-47 所示。

(7) 使用"倒角"命令，指定第一、第二倒角距离均为 29，将这两个矩形的直角进行倒角操作，效果如图 11-48 所示。

(8) 使用"直线"命令，绘制两条互相垂直交叉于同一点的直线，长度分别为 45 和 50 的水平直线和竖直直线，再将这两条直线分别向右、向下偏移 10，最后将多余的交叉直线剪除，效果如图 11-49 所示。

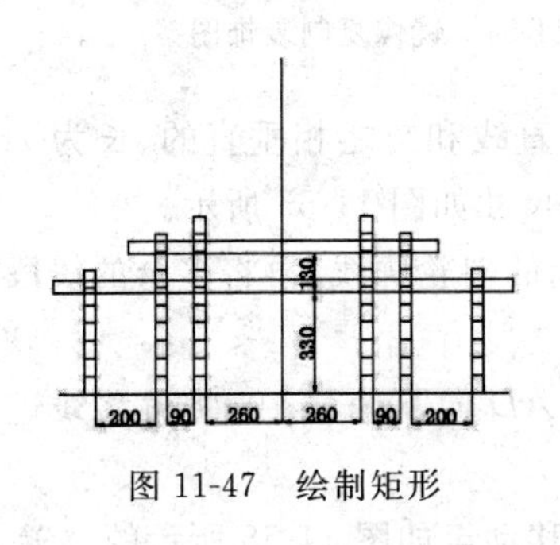

图 11-47　绘制矩形

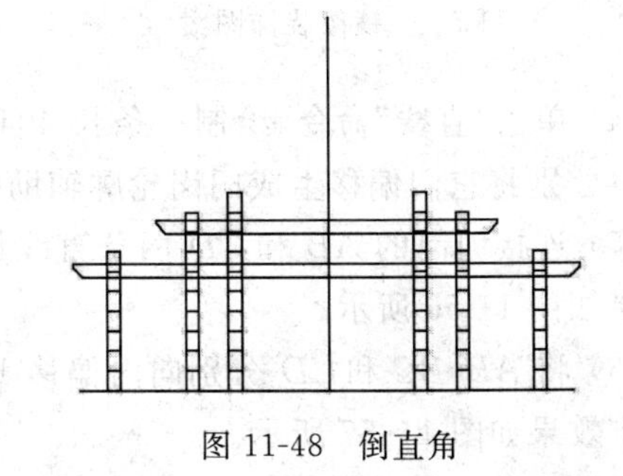

图 11-48　倒直角

(9) 使用“直线”命令，分别以点 A 和 B 为端点，绘制长度为 10 的水平线和垂直线，再将这两条线段的另一个端点相连，可以得到一条如图 11-50 所示的斜线，最后将这两条直线删除。

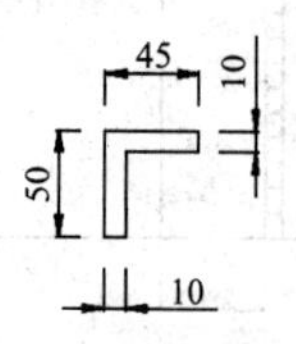

图 11-49 绘制装饰图案矩形

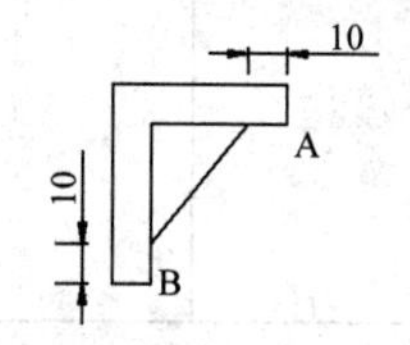

图 11-50 绘制装饰图案斜线

(10) 使用“偏移”命令，将 AB、BC 和 AC 分别向内依次偏移 2 的距离，并将多余的线段进行修剪，效果如图 11-51 所示。

(11) 使用“偏移”命令，将装饰图案的 AC、BC、DE、DF 分别向内依次偏移 2 的距离，并将多余的线段进行修剪，效果如图 11-52 所示。

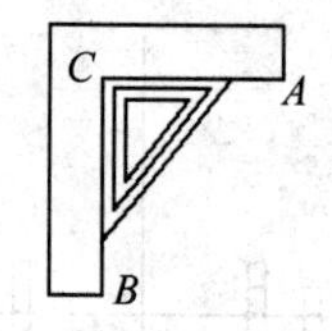

图 11-51 绘制装饰图案-1

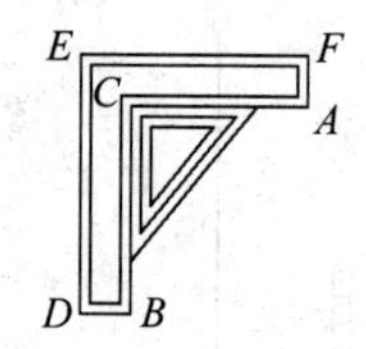

图 11-52 绘制装饰图案-2

(12) 将绘制完成的装饰图案中的英文字母删除，然后将装饰图案定义为块，在其左侧任意位置绘制一条垂直线，以这条垂直线为镜像线，将装饰图案进行镜像，效果如图 11-53 所示。

(13) 先将镜像参考线删除，再将不同方向的装饰图案移动至立柱与横梁的不同交点处，效果如图 11-54 所示。

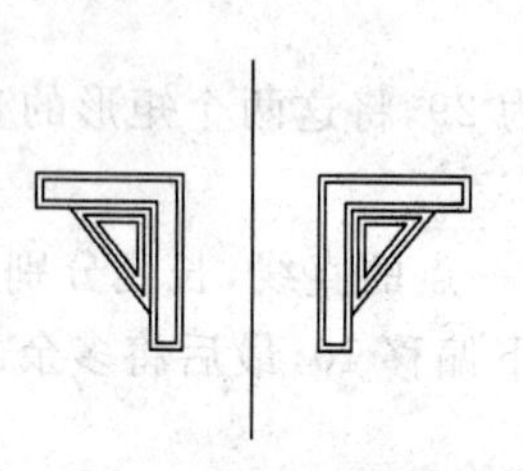

图 11-53 镜像装饰图案

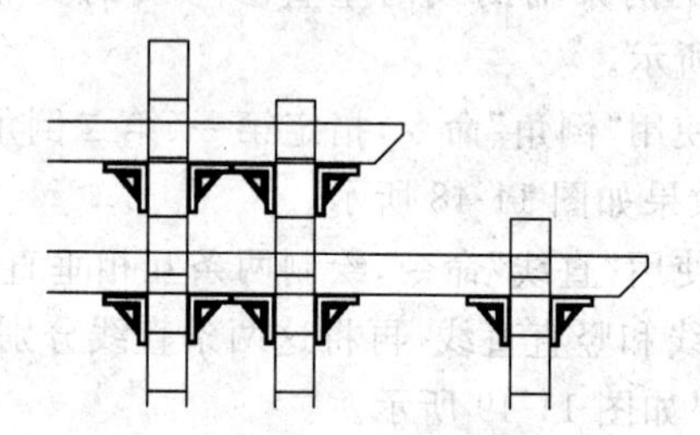

图 11-54 镜像复制装饰图案

(14) 单击“直线”命令，绘制一条长 404 的水平直线和与之相垂直的、长为 263 的竖直线，再分别将它们偏移生成门岗轮廓辅助线，具体尺寸如图 11-55 所示。

(15) 连接门岗的 AB 和 CD 两条直线作为门岗的斜轮廓线，再将多余的线段进行修剪，效果如图 11-56 所示。

(16) 将 AB、BC 和 CD 分别向内偏移 10，再将 AD 向下偏移 10，将偏移线进行修剪和连接，效果如图 11-57 所示。

(17) 绘制一个尺寸为 384×10 的矩形，将矩形移动至如图 11-58 所示的位置。

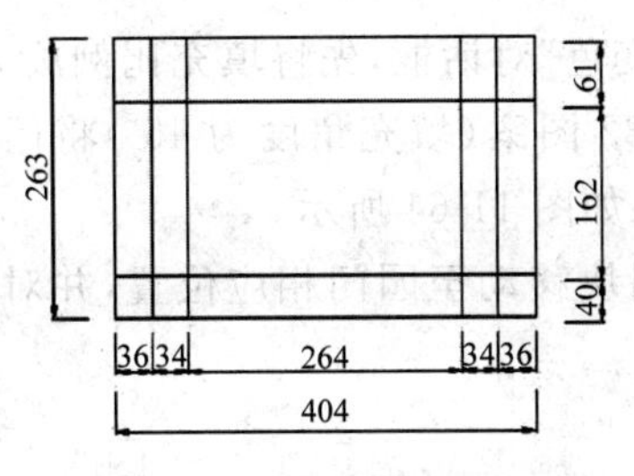

图 11-55　门岗轮廓辅助线

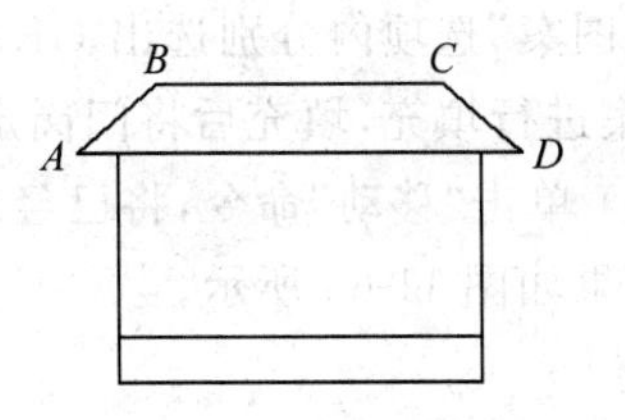

图 11-56　门岗轮廓线

(18) 将矩形向下移动 10 的距离，再将重叠的线段进行修剪，效果如图 11-59 所示。

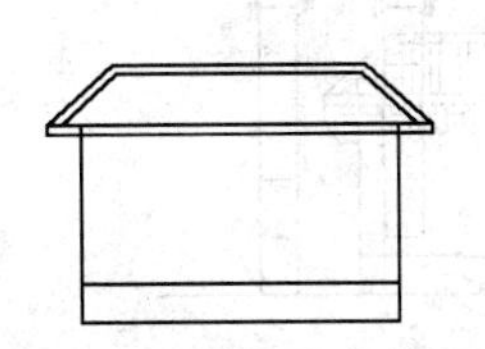

图 11-57　门岗装饰线

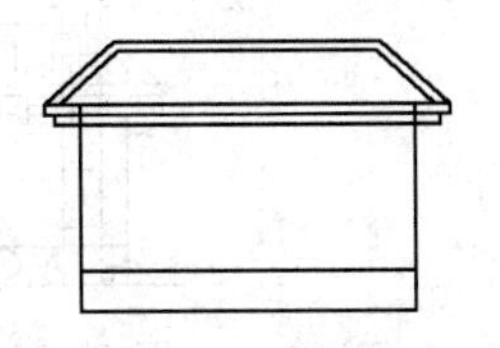

图 11-58　门岗装饰矩形

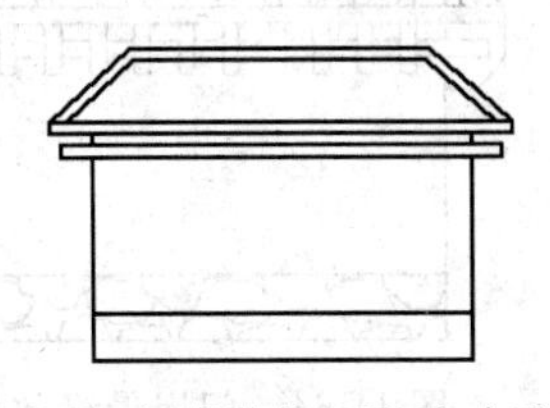

图 11-59　门岗装饰矩形移动后效果

(19) 以点 A 为端点，向下绘制一条长度为 20 的垂直线 AE，再以点 B 为端点，绘制一条长度为 40 的垂直线 BC，再以点 C 为端点，绘制一条长度为 20 的水平直线 CD，连接 ED，将重叠直线进行修剪，最后以门岗的中轴线为镜像线，将直线 AE、ED、DC 镜像至门岗的右侧，效果如图 11-60 所示。

(20) 绘制两个尺寸分为 10×20 和 10×10 的矩形，并将两个矩形移动对齐后，再移动至效果如图 11-61 所示。

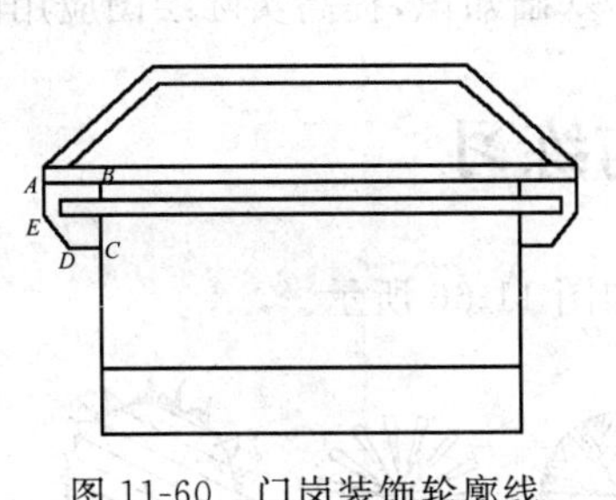

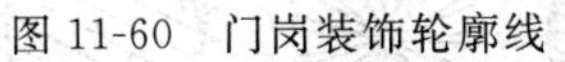

图 11-60　门岗装饰轮廓线

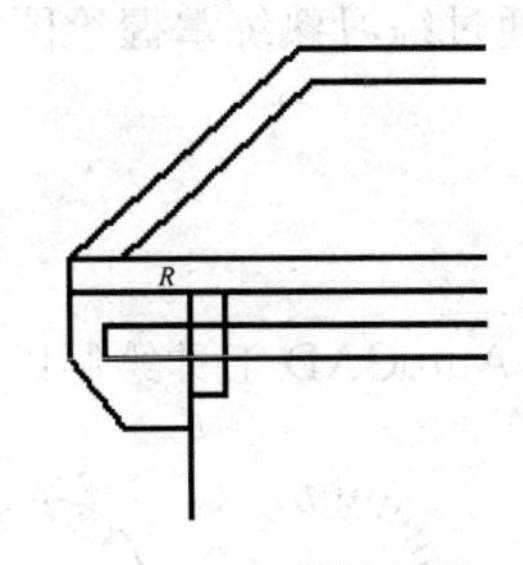

图 11-61　装饰矩形

(21) 将这两个矩形向右移动 18，再单击“复制”命令，以点 F 为第一指定点，在阵列模式下，输入阵列数目 11，再以点 G 为第二指定点复制这两个矩形，效果如图 11-62 所示。

(22) 将这些矩形内部的线段全部进行修剪，效果如图 11-63 所示。

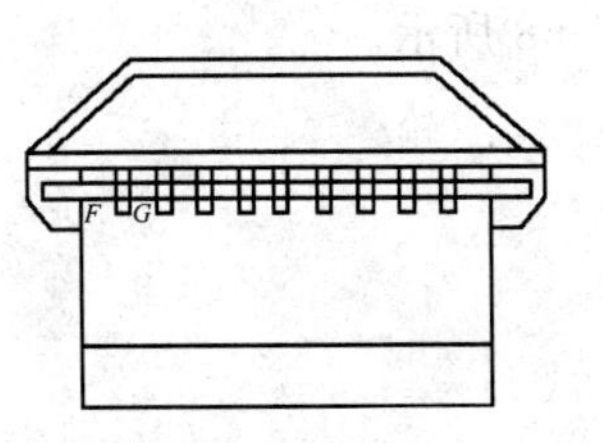

图 11-62　阵列模式复制矩形

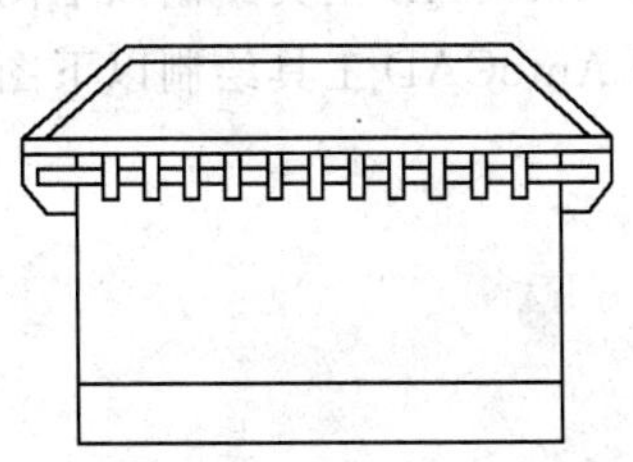

图 11-63　修剪后的装饰矩形

(23) 单击“填充”命令，弹出“图案填充与渐变色”对话框，先将填充比例放大至 3 倍，然后在“图案”选项内分别选出 GRAVEL、ANSI32 图案（填充角度为 45°）将门岗的上下装饰图案进行填充，填充后将门岗定义为块，效果如图 11-64 所示。

(24) 单击“移动”命令，将已经绘制好的门岗块移动至园门相应位置，并对门岗进行修剪，效果如图 11-65 所示。

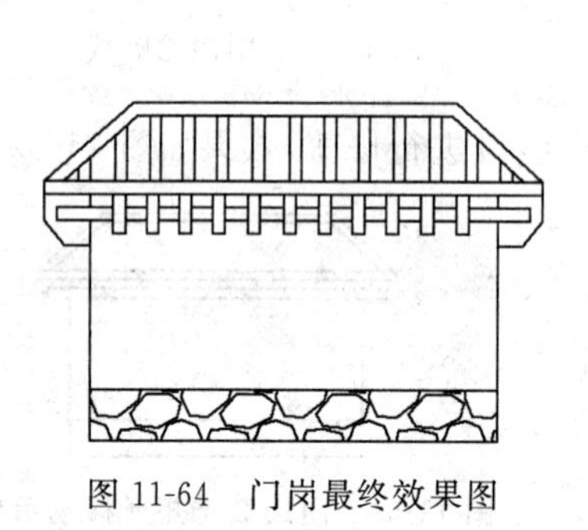

图 11-64 门岗最终效果图

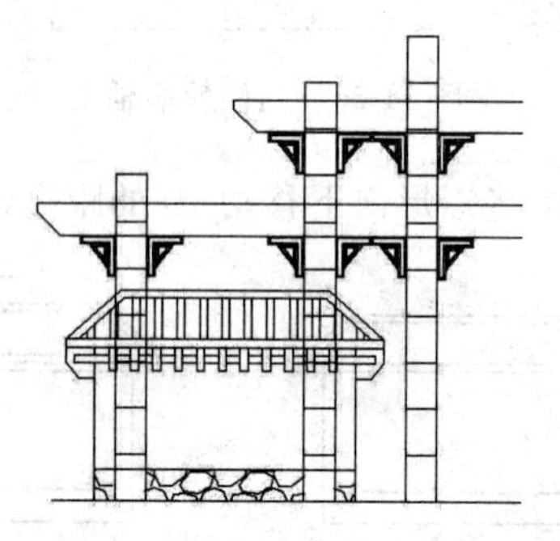

图 11-65 门岗最终位置图

(25) 单击“镜像”命令，以中心垂直线为镜像线，将门岗镜像，园门最终立面效果如图 11-42 所示。

本章小结

本章主要介绍了综合使用 AutoCAD 常用绘图命令和修改命令进行平立面图形的绘制与编辑。通过练习熟练掌握绘图技巧，巩固基础知识，提高实际绘图应用能力。

思考与练习

1. 利用 AutoCAD 工具绘制以下图形，如图 11-66 所示。

图 11-66 树木图例

2. 利用 AutoCAD 工具绘制以下图形，如图 11-67 所示。
3. 利用 AutoCAD 工具绘制以下图形，如图 11-68 所示。

图 11-67　圆桌圆墩图例

图 11-68　园林广场装饰图案

附录

AutoCAD 2014 快捷键大全

F1：获取帮助
F2：实现作图窗和文本窗口的切换
F3：控制是否实现对象自动捕捉
F4：数字化仪控制
F5：等轴测平面切换
F6：控制状态行上坐标的显示方式
F7：栅格显示模式控制
F8：正交模式控制
F9：栅格捕捉模式控制
F10：极轴模式控制
F11：对象追踪式控制
Ctrl＋A：全选
Ctrl＋B：栅格捕捉模式控制(F9)
Ctrl＋C：将选择的对象复制到剪切板上
Ctrl＋D：开/关坐标值
Ctrl＋E：确定轴测图方向
Ctrl＋F：控制是否实现对象自动捕捉(F3)
Ctrl＋G：栅格显示模式控制(F7)
Ctrl＋H：pickstyle
Ctrl＋I：空
Ctrl＋J：重复执行上一步命令
Ctrl＋K：超级链接
Ctrl＋L：正交开/关
Ctrl＋M：打开选项对话框
Ctrl＋N：新建图形文件
Ctrl＋O：打开图像文件
Ctrl＋P：打开打印对话框
Ctrl＋Q：退出

Ctrl＋R：空
Ctrl＋S：保存文件
Ctrl＋T：数字化仪关
Ctrl＋U：极轴模式控制(F10)
Ctrl＋V：粘贴剪贴板上的内容
Ctrl＋W：对象追踪式控制(F11)
Ctrl＋X：剪切所选择的内容
Ctrl＋Y：重做
Ctrl＋Z：取消前一步的操作
Ctrl＋1：打开特性对话框
Ctrl＋2：打开图像资源管理器
Ctrl＋3：打开工具选项板
Ctrl＋4：图纸集管理器
Ctrl＋5：信息选项板
Ctrl＋6：打开图像数据原子
Ctrl＋7：标记集管理器
Ctrl＋8：超级计算器
Ctrl＋9：隐藏/显示命令行
Ctrl＋0：隐藏/显示快捷图标
AA：测量区域和周长(area)
AL：对齐(align)
AR：阵列(array)
AP：加载 * lsp 程系
AV：打开视图对话框(dsviewer)
SE：草图设置
① 捕捉和栅格
② 极轴追踪
③ 对象捕捉
④ 动态输入
ST：打开字体设置对话框(style)
SO：绘制二围面(2D solid)
SP：拼音的校核(spell)
SC：缩放比例(scale)
SN：栅格捕捉模式设置(snap)
DT：文本的设置(dtext)
DI：测量两点间的距离
OI：插入外部对相
A：绘圆弧

B：定义块
C：画圆
D：尺寸资源管理器
E：删除
F：倒圆角
G：对相组合
H：填充
I：插入
J：合并
K：空
L：直线
M：移动
N：空
O：偏移
P：移动
Q：空
R：redraw
S：拉伸
T：文本输入
U：恢复上一次操作
V：设置当前坐标
W：定义块并保存到硬盘中
X：炸开
Y：空
Z：缩放

参 考 文 献

[1] 张思发. 计算机图形图像处理[M]. 北京：高等教育出版社，2008.

[2] 志远. AutoCAD 制图快捷命令一览通[M]. 北京：化学工业出版社，2010.

[3] 周峰. 图形创意 500 例[M]. 武汉：湖北美术出版社，2010.

[4] 张景春. AutoCAD 2012 中文版基础教程[M]. 北京：中国青年出版社，2011.

[5] 腾龙科技. AutoCAD 2010 机械制图[M]. 北京：清华大学出版，2011.

[6] 陈志民. 中文版 AutoCAD 2013 从入门到精通[M]. 北京：机械工业出版社，2012.

[7] CAD/CAM/CAE 技术联盟. AutoCAD 2012 中文版从入门到精通[M]. 北京：清华大学出版社，2012.

推荐网站

[1] 教程网. http://bbs. jcwcn. com.

[2] 脚本之家. http://www. jb51. net.

[3] 中国教程网. http://bbs. jcwcn. com.

[4] 中国机械 CAD 论坛. http://www. jxcad. com. cn.

[5] 网易学院. http://design. yesky. com.

[6] 21 互联远程教育网. http://dx. 21hulian. com.

[7] 素材精品屋. http://www. sucaiw. com.

[8] 敏学网. http://www. minxue. net.

参考文献

[1] [illegible][M].北京:[illegible]出版社,2008.

[2] [illegible]AutoCAD[illegible][M].北京:[illegible]出版社,2010.

[3] [illegible][M].[illegible]出版社,[illegible].

[4] [illegible]AutoCAD 2013中文版[illegible][M].北京:[illegible]出版社,[illegible].

[5] [illegible]AutoCAD 2010[illegible][M].北京:[illegible]出版社,2010.

[6] [illegible]AutoCAD[illegible][M].[illegible]出版社,[illegible].

[7] [illegible]AutoCAD 2012中文版[illegible][M].北京:[illegible]大学出版社,[illegible]

[illegible],2012.

推荐网站

[1] [illegible]网.http://[illegible].com

[2] [illegible]网.http://www.[illegible]

[3] 中国[illegible]网.http://[illegible].cn/[illegible]

[4] [illegible]网.http://www.[illegible].com.cn

[5] [illegible]网.http://design.[illegible].com

[6] [illegible]网.http://[illegible].com

[7] [illegible]网.http://www.[illegible]

[8] [illegible]网.http://www.[illegible].net